Günter J. Eppert

Flüssigchromatographie

HPLC – Theorie und Praxis

Günter J. Eppert

Flüssigchromatographie

HPLC – Theorie und Praxis

Mit 112 Abbildungen, 31 Tabellen
und 62 Aufgaben mit Lösungen

Doz. Dr. rer. nat. habil. Günter J. Eppert
SEPSERV Separation Service Berlin
Helmholtzstr. 2–9
10587 Berlin

Das Buch ist eine überarbeitete und erweiterte Fassung des 1979 und 1988 unter dem Titel „Einführung in die Schnelle Flüssigchromatographie" in zwei Auflagen erschienenen Werkes (ISBN 3-528-16854-4)

ISBN 978-3-540-67022-3   ISBN 978-3-642-59129-7 (eBook)
DOI 10.1007/978-3-642-59129-7

Vorwort zur dritten Auflage

1977 wurde das erste Manuskript des vorliegenden Buches abgeschlossen. Es erschien 1978 bzw. 1979 in den Verlagen Akademie-Verlag Berlin und Friedrich Vieweg & Sohn, Braunschweig, unter dem Titel „Einführung in die Schnelle Flüssigchromatographie". Die „Einführung" war bis 1990 auch Grundlage meiner Vorlesungen über „Moderne Flüssigchromatographie" an der Technischen Hochschule Merseburg. Sie wurde so einmal mehr dem ursprünglichen Anliegen – „die Einführung einer modernen Methode in die analytische Praxis zu beschleunigen" – gerecht.

1988 brachten beide Verlage die zweite, neubearbeitete Auflage heraus. Die dritte, wiederum überarbeitete und stark erweiterte Auflage liegt nun unter dem Titel „Flüssigchromatographie, Theorie und Praxis" vor.

Der grundsätzliche Aufbau des Buches wurde bei allen Bearbeitungen beibehalten: ein ausgewogenes Verhältnis theoretischer und experimenteller Fakten, die einem breiten Leserkreis die vielfältigen Möglichkeiten der modernen Flüssigchromatographie Schritt für Schritt erschließen sollen.

Größter Wert ist bei der Abfassung des Buches auch auf eine klare Darstellung und auf die Richtigstellung verwaschener Definitionen und Begriffe gelegt worden.

In diesem Sinne erhoffen Autor und Verlag für die neue Auflage ein unvermindert reges Interesse der Fachkollegen.

Mein Dank gilt Herrn Dr. Peter Heitmann für die EDV-gerechte Manuskriptgestaltung einschließlich der Anfertigung des Registerteils sowie für sachdienliche Diskussionen und meiner Frau für ihr stetes Verständnis und das Lesen der Korrekturen.

Hinweise zu fachlichen Problemen oder Irrtümern nehme ich gern entgegen.

Berlin, August 1996

G. Eppert

Aus dem Vorwort zur ersten Auflage

Dieses Buch ... wurde mit der Zielstellung geschrieben, die Einführung einer modernen Methode in die analytische Praxis zu beschleunigen, und wendet sich an Chemiker, Pharmazeuten, Biochemiker und Beschäftigte in chemischen, pharmazeutischen, biochemischen und klinisch-chemischen Laboratorien sowie an Studierende.

Der Band soll eine erste Arbeitsgrundlage und Bindeglied zu umfangreicheren Monographien sein. Sein knapper Umfang und die gleichzeitig angestrebte vertiefende Darstellung wichtiger Sachverhalte machten eine Stoffbeschränkung notwendig. ...

Besondere Aufmerksamkeit galt bei der Manuskripterarbeitung solchen theoretischen Zusammenhängen, die zum vollen Verständnis der chromatographischen Vorgänge bzw. zur erfolgreichen Anwendung notwendig sind. Dabei wurde berücksichtigt, daß erfahrungsgemäß oft die Zeit fehlt, durch Benutzung einschlägiger Literatur Anschluß an Nachbardisziplinen herzustellen.

Eine Reihe praktischer Hinweise sollte die Zusammenstellung leistungsfähiger Apparaturen erleichtern.

Mein Dank gilt Frau H. Ludwig für ihre Hilfe bei der Fertigstellung des druckreifen Manuskriptes sowie Herausgebern und Verlag.

G. Eppert

Wie ist dieses Buch zu lesen?

Suchen Sie zunächst Kapitel aus, die für Sie von besonderem Interesse sein könnten. Arbeiten Sie als Einsteiger bestimmte Abschnitte, mit denen Sie Schwierigkeiten haben, später durch.

Fühlen Sie sich aber bereits als „alter Hase" und Experte auf chromatographischem Gebiet, dann „test it yourself"! Fangen Sie gleich mit den Fragen und Übungen an. Entscheiden Sie *danach*, wie gründlich Ihre Lektüre ausfallen sollte.

Die Kontrollfragen und Problemlösungen im Kapitel 14 wurden ungefähr nach steigendem Schwierigkeitsgrad geordnet und umfassen neben theoretischen bewußt praxisnah gehaltene Beispiele bis hin zur Fehlersuche am Gerät. Sie sollen nicht nur ein „diskreter Prüfer" für den Leser sein, sondern stellen auch eine Ergänzung des Buches dar. Eine gewisse Redundanz und Vertiefung bestimmter Sachverhalte bei den Antworten ist durchaus beabsichtigt.

Viel Erfolg!

Der Autor

Inhaltsverzeichnis

1 Einführung

Die Geschichte der Chromatographie beginnt im 19. Jahrhundert mit der Entdeckung der frontalen Papierchromatographie („Kapillaranalyse") [1]. Auf der Grundlage der TSWETTschen Arbeiten entwickelte sich nach der Jahrhundertwende die Säulen-Flüssigchromatographie, deren höchste Entwicklungsstufe die moderne Flüssigchromatographie darstellt.

Im Jahre 1903 zeigte der russische Botaniker M. S. TSWETT vor der Biologischen Sektion der Warschauer Naturforschenden Gesellschaft, daß sich bei der Elution der Blattfarbstoffe an Adsorptionssäulen unterschiedliche Farbzonen ausbilden. Wenig später nannte er die neue Trennmethode Chromatographie[1] [2]. Mit der Wortwahl entstand ein interessantes Kryptonym, denn das russische Wort Cvet bedeutet Farbe.

Das Wort Chromatographie wird schon im 18. Jahrhundert als Synonym für Chromatologie (Farbenlehre) gebraucht. Es stellt also ein Lehnwort aus der Farbenkunde dar, dessen Bedeutungswandel erst in der Gegenwart perfekt wurde.

Heute charakterisiert der Begriff Chromatographie das Grundprinzip einer Vielzahl von Methoden, Techniken und Verfahren, die aus Wissenschaft und Technik nicht mehr wegzudenken sind.

Eine stärkere Verbreitung der Säulen-Elutionschromatographie an Adsorbenzien begann dann 1931, ausgehend von R. KUHNs Laboratorium in Heidelberg.

Die Chromatographie an Adsorbenzien ist in erster Linie für lipophile Stoffe geeignet. Eine Methode zur Untersuchung hydrophiler Verbindungen fehlte, bis MARTIN und SYNGE 1941 die Verteilungschromatographie an wasserbeladenem Kieselgel fanden. Sie legten schon damals wichtige theoretische Grundlagen für die Methode [3] (Nobelpreis 1952). Ferner kündigten sie in ihrer epochemachenden Arbeit die Gas-flüssig-Chromatographie und die Hochleistungs-Flüssigchromatographie an: „Very refined separations of volatile substances should therefore be possible in a column in which permanent gas is made to flow over gel impregnated with a non-volatile solvent in which the substances to be separated approximately obey RAOULT's law". Und ebenda S. 1363. „...the HETP[2] is proportional to the rate of flow of liquid and to the square of the particle diameter. Thus the smallest HETP should be obtainable by using *very small particles* and a *high pressure* difference across the length of the column."

Zunächst entwickelte MARTIN mit CONSDEN und GORDON die moderne Papierchromatographie (1944). Diese Elutionsvariante fand alsbald außerordentlich große Verbreitung. Das Prinzip wurde bereits in einer Arbeit von W. G. BROWN (1939) verwirklicht.

Ein Jahr früher (1938) hatten ISMAILOW und SCHRAJBER im Ukrainischen Institut für Experimentelle Pharmazie der UdSSR in Charkov die TSWETTsche Methode an dünnen Adsorbensschichten auf Objektträgern erprobt und auf diese Weise die Dünnschichtchromatographie (Zirkularmethode) gefunden. Diesmal blieb es E. STAHL und seiner Schule (ab 1958) vorbehalten, die Methode in ihrer heutigen Form einzuführen.

---

[1] *griech.*: χρωμα – Farbe; γραφειν – schreiben

[2] *engl.*: Height equivalent to a theoretical plate (HETP) – Höhenäquivalent eines theoretischen Bodens

MARTIN verwirklichte seine Idee der Gas-flüssig-Chromatographie zusammen mit JAMES in einer grundlegenden Arbeit über „Gas-flüssig-Verteilungschromatographie" (1952). Sie sollte die Analytik sehr nachhaltig beeinflussen. Zuvor entdeckte MARTIN mit HOWARD die „Reversed phase-Verteilungschromatographie", eine Methode, die in der modernen Flüssigchromatographie als Umkehrphasenchromatographie (Hydrophobe Chromatographie) eine zentrale Bedeutung erlangte.

Seine Idee der Anwendung kleiner Partikel bei hohen Drücken hat MARTIN nicht verwirklicht, und erst rund 15 Jahre Gaschromatographie schufen solide Voraussetzungen für eine durchgreifende Weiterentwicklung der klassischen Flüssigchromatographie zur Hochleistungsmethode. Dessenungeachtet entstanden in der Zwischenzeit bedeutende neue chromatographische Arbeitsgebiete.

Als 1935 die Synthese von Ionentauschern auf Kunstharzbasis gelungen war, fand während des 2. Weltkrieges die Chromatographie anorganischer Ionen eine forcierte Entwicklung (Manhattan Projekt[1] , USA). Nach dem Kriege erlangten die Ionentauscher in der Biochemie Bedeutung. Der Aminosäure-Analysator von S. MOORE und W. H. STEIN (Nobelpreis 1972) kann als erster moderner Flüssigchromatograph angesehen werden.

Nach der Einführung vernetzter Polydextrangele (J. PORATH und P. FLODIN 1959) und etwas später der vernetzten Polystyrengele (J. C. MOORE 1964) zur Molekülgrößen-Ausschlußchromatographie erfuhren zwei weitere wichtige Methoden eine starke Verbreitung: die Gelfiltrationschromatographie für wäßrige Systeme und die Gelpermeationschromatographie zur Untersuchung wasserunlöslicher Polymerer in organischen Lösungsmitteln.

Schließlich sei die Affinitätschromatographie (bioselektive Adsorption) erwähnt, die sich nach Anwendung des Bromcyans zur Immobilisierung Aminogruppen haltiger Affinitätsliganden an Polysacchariden (R. AXÉN, J. PORATH, S. ERNBACK 1967) rasch zu einem eigenständigen Arbeitsgebiet der Biochemie entwickelte.

Ab Mitte der sechziger Jahre wurde MARTINs Erkenntnis, daß kleine Trägerpartikel unter Verwendung höherer Drücke kleine Trennstufen und damit hohe Leistungsfähigkeit ergeben sollten, theoretisch und experimentell umgesetzt (J. C. GIDDINGS, J. F. K. HUBER, L. R. SNYDER, J. H. KNOX u. a.).

Interessanterweise teilte E. V. PIEL um diese Zeit ein ziemlich unbeachtet gebliebenes Experiment mit: An gefälltem Kieselgel (0,013 µm) erreichte er in kurzen Glaskapillaren bei 250 bar nach 40 Sekunden die Trennung verschiedener Farbstoffe [4].

Von den bis dahin meist verwendeten Teilchengrößen um 100 µm [5] ging man rasch zu immer kleineren, eng fraktionierten Materialien über. Zwischen 1975 und 1980 setzten sich bereits die porösen 10 µm Silikagelpartikel allgemein durch, und der Trend ging weiter zu den 5 µm Teilchen. Gegenwärtig sind analytische Trennsäulen mit vorwiegend 5 und 3 µm Trägern auf dem Markt.

Noch kleinere Teilchen erlauben eine weitere signifikante Steigerung der Leistungsfähigkeit chromatographischer Trennsäulen. Die nach konventionellen Verfahren hergestellten Mikropartikel zeigen allerdings relativ breite Korngrößenverteilungen.

---

[1] Code für das Atombombenentwicklungsprojekt

Monodisperse („monosized") Mikrosphären, d. h. Partikel einheitlicher Korngröße, haben hier ihre Chance.

Gegenwärtig bemüht man sich intensiv um die Vermarktung unporöser monodisperser sphärischer Silikagele von 1,5 µm Partikeldurchmesser. Mit solchen Teilchen lassen sich ≥ 300000 TP/m[1] erreichen. Sie wurden 1983 durch K. K. UNGER zur Chromatographie von Proteinen eingeführt.

Für die Chromatographie an kleinkörnigen Materialien waren Fortschritte in der Fülltechnik (J. J. KIRKLAND 1971) und ein kommerzielles Träger-Angebot die wichtigsten Voraussetzungen. Kommerzielle Interessen brachten letztlich auch die Entwicklung mit immer leistungsfähigeren Geräten modernster Technologie (Mikroelektronik, Computertechnik) enorm schnell voran.

Die Verwendung der kleinen Korngrößen führte über die zum Schutz der Hauptsäule im Handel befindlichen „Guard"-Säulen zu den sehr kurzen „schnellen Säulen" konventioneller Dicke. Ferner kamen ab 1976 (SCOTT und KUCERA) die englumigen (Microbore) gepackten Säulen mit Durchmessern um 1 mm zum Einsatz. Der weitere Trend war durch das Bestreben zur Miniaturisierung (ISHII 1977) sowie durch die Einführung von Kapillarsäulen in die Flüssigchromatographie charakterisiert (TSUDA, NOVOTNY und ISHII 1978). Solide gerätetechnische Voraussetzungen für den breiten Einsatz englumiger Kapillaren sind allerdings noch zu schaffen.

Während einerseits die Miniaturisierung in der analytischen Anwendung der Flüssigchromatographie fortschreitet, kann man auf der anderen Seite einen bemerkenswerten Durchbruch der präparativen und technischen Chromatographie feststellen. Auch der Einsatz der Flüssigchromatographie zur Prozeßkontrolle ist zu verzeichnen.

Beachtliche Erfolge bei der im doppelten Wortsinn immer „schnelleren Entwicklung" der Flüssigchromatographie waren die Herstellung sphärischer Träger (LE PAGE, DE VRIES, C. HORVÁTH, J. J. KIRKLAND) und die hydrolysestabile Fixierung organischer Reste auf anorganischen Trägern, insbesondere solcher mit Alkylketten. Auch hier stand, wie oft, die Gaschromatographie Pate.

Das erste internationale Symposium über Säulen-Flüssigchromatographie im Mai 1973 in Interlaken demonstrierte überzeugend den erreichten Stand.

Inzwischen ist die Flüssigchromatographie ein wesentlicher Bestandteil der modernen Analytik und der präparativen Trenntechnologien. Viele innovative Nachbardisziplinen wie Kapillarelektrophorese, Feldflußfraktionierung, Superkritische Fluidchromatographie und die Kombinationstechniken[2] konnten neben ihr entstehen. Ein weites Feld von „High Performance Liquid Phase Separations"[3] tut sich auf.

Im Gegensatz zur Gaschromatographie, die in erster Linie nach Siedepunkten trennt, nutzt man in der Flüssigchromatographie die selektiven Effekte zweier Phasen. Die Flüssigchromatographie zeigt sich der Gaschromatographie auf Grund der großen Zahl

---

[1] TP/m: theoretische Trennstufen pro Meter (fiktiver) Säulenlänge

[2] vgl. G. J. EPPERT, Leitfaden ausgewählter Trennmethoden, Leipzig, Stuttgart 1994.
Bezugsquelle: SEPSERV Separation Service Berlin.

[3] Neuer Titel der Symposien über Säulen-Flüssigchromatographie ab 1996.

zur Verfügung stehender Trennsysteme und in bezug auf die Anzahl methodisch zugänglicher Stoffe als eindeutig überlegen.[1]

Zur Unterscheidung der modernen Flüssigchromatographie von der klassischen Chromatographie wurden in der Vergangenheit die Bezeichnungen *Hochdruck*-Flüssigchromatographie, *Hochleistungs*-Flüssigchromatographie und *Schnelle* Flüssigchromatographie gebraucht.[2] Inzwischen erscheint es legitim, auf diese „Vorsätze" zu verzichten.

---

[1] Nur etwa zwanzig Prozent der bekannten Verbindungen lassen sich gaschromatographisch untersuchen.

[2] *engl.*: High Pressure Liquid Chromatography, High Performance Liquid Chromatography (HPLC), High Speed Liquid Chromatography (HSLC)

2 Allgemeine theoretische Grundlagen

2.1 Prinzip der Flüssigchromatographie. Definition und Grundbegriffe

Unter Chromatographie versteht man den Stofftransport durch ein für den Stoffaustausch selektives Zweiphasensystem, bewirkt durch Relativbewegung der Phasen. Eine Phase ist stets kompakt, die andere fluid[1,2] [1].

Nach dieser Definition kann der Stofftransport sowohl durch gleichzeitige Bewegung beider Phasen[3] als auch durch Fortbewegen einer Phase allein erfolgen. Es ist gleichgültig, ob Einzelkomponenten oder Substanzgemische chromatographiert werden.

Die Definition gilt für beliebig dimensionalisierte (also ebenfalls für dreidimensionale natürliche) Prozesse. Auch verfahrenstechnische Lösungen und mikroanalytische Problemstellungen sind eingeschlossen. Die Probe darf dem chromatographischen Phasensystem diskontinuierlich oder kontinuierlich, mit oder ohne Hilfsstoffe zugeführt werden. Im letzteren Fall bilden die Probenanteile selbst die Fluidphase (direkte Frontal- oder direkte Verdrängungschromatographie, vgl. Kapitel 13). Schließlich kann die Probe von vornherein Bestandteil des Phasensystems sein (Vakanzchromatographie, inverse Chromatographie).

In der Vakanzchromatographie ist die Probe kontinuierlicher Bestandteil der fluiden Phase. Injiziert man reines Elutionsmittel, wird die Probenkonzentration in diesem Augenblick für alle Komponenten erniedrigt. Dementsprechend wandern sog. Vakanzen („Leerpeaks") durch die Trennsäule, deren Wanderungsgeschwindigkeit den Verteilungskonstanten der Komponenten entspricht. Das so erhaltene Vakanzchromatogramm ist mit dem konventionellen Chromatogramm im Bereich linearer Isothermen vollkommen identisch, nur daß die Peaks in umgekehrter Richtung erscheinen („negative Peaks").

Ist die Probe dauernder Bestandteil der Kompaktphase (z. B. ein im Elutionsmittel unlösliches Untersuchungsmaterial), spricht man von inverser Chromatographie.

Das vorliegende Buch wird sich (von Kapitel 13 abgesehen) auf die Flüssig-Elutionschromatographie im analytischen Maßstab mit diskontinuierlicher Probenzuführung zur Fluidphase beschränken. Außer in Abschnitt 13.1 soll nur letztere den Stofftransport

---

[1] *lat.:* compactus – festgefügt; fluidus – fließend

[2] Während die in den offiziellen IUPAC-Regeln von 1973 für Chromatographie gegebene Definition schlechterdings kaum brauchbar war, kann man sich mit der jetzt aufgenommenen Version [2] prinzipiell einverstanden erklären, obwohl sie das Wesentliche immer noch nicht trifft. Sie lautet: „Chromatographie ist eine physikalische Trennmethode, bei der die zu trennenden Komponenten zwischen zwei Phasen getrennt werden, von denen eine stationär ist (stationäre Phase), während sich die andere (die mobile Phase) in einer bestimmten Richtung bewegt." – *Chromatographie ist vordergründig ein Stofftransportphänomen, das auch in der Natur unabhängig von irgendwelchen „Methoden" wirkt [3, 4], und Trennungen finden nur zwischen entsprechend selektiven Phasen statt usw. (s. o.).*

[3] Eine gleichzeitige Bewegung *beider* Phasen erfolgt bei allen Gegenstromprozessen („True Moving Bed"-Chromatographie) und bei Querstromprozessen, weswegen man in solchen Fällen nicht von einer stationären Phase sprechen kann. Prinzipiell läßt sich sogar die Fluidphase stationär halten und dafür die Kompaktphase bewegen [5].

bewirken, während die Kompaktphase stets stationär gehalten wird. Man spricht in diesem Falle von der „mobilen" und „stationären" Phase.

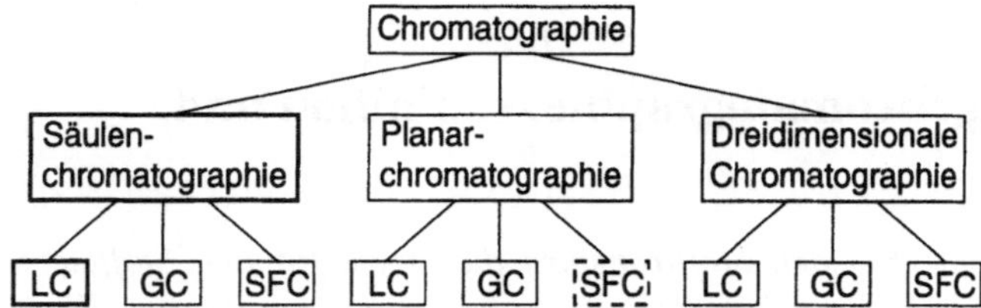

Bild 2.1   Zur Systematik der Chromatographie: Hauptgliederung
Ebenen: (1) Prinzip, (2) System bzw. Methodik, (3) Prozesse bzw. Methoden
LC – Flüssigchromatographie: GC – Gaschromatographie; SFC – Superkritische Fluidchromatographie

Es ist heute nicht mehr möglich, bei angemessenem Umfang das Gesamtgebiet chromatographischer Methoden und Techniken zu beschreiben. In den Übersichten (Bild 2.1 und 2.2) wurden alle die Kästchen halbfett umrandet, deren Inhalt im Rahmen des vorliegenden Bandes behandelt wird.

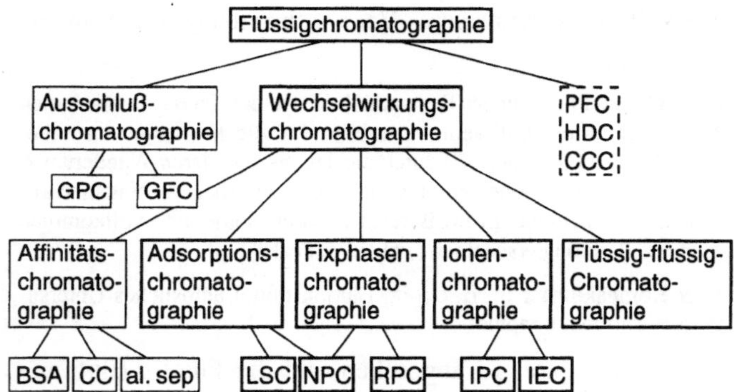

Bild 2.2   Zur Systematik der Chromatographie: Gliederung der Flüssigchromatographie[1]
BSA – Bioselektive Adsorptionschromatographie; CC – Kovalentchromatographie; CCC – Gegenstromchromatographie; GFC – Gelfiltrationschromatographie; GPC – Gelpermeationschromatographie; HDC – Hydrodynamische Chromatographie; IEC – Ionentauschchromatographie; IPC – Ionenpaarchromatographie; LSC – Flüssig-fest-Chromatographie; NPC – Normalphasenchromatographie; PFC –Perfusionschromatographie; RPC – Umkehrphasenchromatographie; al. sep. – sonstige Trennungen
Zur Definition des Begriffes Wechselwirkungschromatographie siehe Abschn. 2.2. Unter Ionenchromatographie wird in diesem Buch jede Art Chromatographie von Ionen verstanden.

---

[1] Zur Schreibweise in diesem Buche sei folgendes vermerkt: Bei der Verbindung von Substantiven mit dem Wort Chromatographie wird kein Bindestrich benutzt. Jeder weitere Begriff ist mit diesen Begriffen durch einen Bindestrich verbunden. Es steht daher Gelfiltrationschromatographie, aber Hochleistungs-Flüssigchromatographie. Stellt jedoch das Wort Chromatographie innerhalb der Zusammensetzung einen selbständigen Begriff dar, heißt es entsprechend Duden z. B. Flüssig-fest-Chromatographie.

Auf die Ausschlußchromatographie und auf die Affinitätschromatographie wird nicht näher eingegangen. Hierfür existieren eigenständige Arbeitstechniken und entsprechende Monographien (siehe Abschnitt „Weiterführende und alternative Literatur" im Kapitel 15).

In letzter Zeit macht eine Methode mit dem Namen Perfusionschromatographie (PFC) auf sich aufmerksam. Sie dient zur schnellen Chromatographie von Biopolymeren (vgl. [6]). Die verwendeten (organischen) Träger-Partikel besitzen sehr große Porenkanäle von 600–800 nm Durchmesser, die das gesamte Korn durchdringen und auf diese Weise auch eine Probenwanderung durch das Korn erlauben.

Die sog. hydrodynamische Chromatographie (HDC) [7] wird zur Untersuchung von Kolloiden in einem Partikelbereich von $10–10^5$ nm benutzt. Die verwendeten Träger sind unporös, und der Trennprozeß spielt sich im Gegensatz zur Perfusionschromatographie nur innerhalb des Trennsäulentotvolumens ab.

Eine als Gegenstrom(Counter current)chromatographie (CCC) bezeichnete kontinuierliche Technik mit zwei flüssigen Phasen stellt die Weiterentwicklung der Gegenstromverteilung in diskreten Elementen (CRAIG-Verteilung) dar. Die gewählte Bezeichnung [8] entspricht nicht der Definition für Chromatographie.

Die Auftrennung eines Substanzgemisches innerhalb des chromatographischen Phasensystems kommt dadurch zustande, daß die mit der Geschwindigkeit der Fluidphase durch die Trennsäulenfüllung (Kompaktphase) wandernden Einzelkomponenten nach Übergang in die Wirkphase (Bild 2.3) unterschiedlich verzögert werden. Die Zeit, in der sie nicht mit der Fluidphase wandern, heißt Nettoretentionszeit[1]. Voraussetzung für unterschiedliche Retentionszeiten sind unterschiedliche Verteilungskonstanten (s. Abschn. 2.2.).

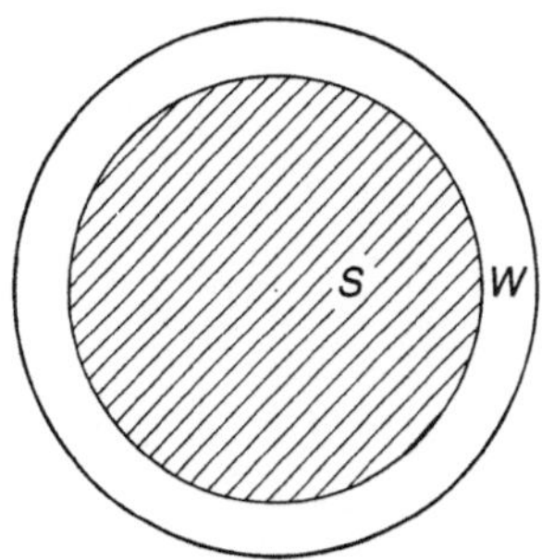

Bild 2.3
Schema zur Definition der Kompaktphase
W – chromatographisch aktive Wirkphase;
S – Stütz- oder Trägerphase

Zur Durchführung aller notwendigen chromatographischen Operationen wird eine Vorrichtung benötigt, die man zweckmäßig als System betrachtet und Chromatograph nennt. Im Sinne der Systemtheorie handelt es sich um ein *lineares zeitinvariantes dynamisches System* (s. u.). Der Chromatographierende (Chromatographer) interessiert sich in erster Linie für den Response[2] des Gesamtsystems auf die durch die Probeninjektion vorgegebene Eingangsfunktion (Input). Man nennt diesen Response Chromatogramm[3].

Ein Chromatogramm besteht aus reproduzierbaren Änderungen eines Grundsignals während der Zeit t, beispielsweise in differentialer, analoger Form wie in Bild 2.4

---

[1] *lat.:* retinere – zurückhalten. Die Nettoretentionszeit ist die Retentions- oder Rückhaltezeit im engeren Sinne und ergibt sich (vgl. Abschn. 2.5), wenn man von der Gesamtaufenthaltszeit einer Substanz in der Trennsäule (Bruttoretentionszeit) ihre Aufenthaltszeit in der fluiden Phase (Mobilzeit) abzieht.

[2] *lat.:* responsio – Antwort

[3] *griech.:* το γραμμα – Geschriebenes

(unterer Teil) aus einer Folge von Chromatogrammbergen P in der Zeitspanne t_A (Trenn-, Analysen-, Untersuchungszeit). Jeder solche Signalpeak gibt prinzipiell den bei Verlassen der Apparatur vorliegenden zeitlichen Konzentrationsverlauf einer Substanz im Elutionsmittel wieder.

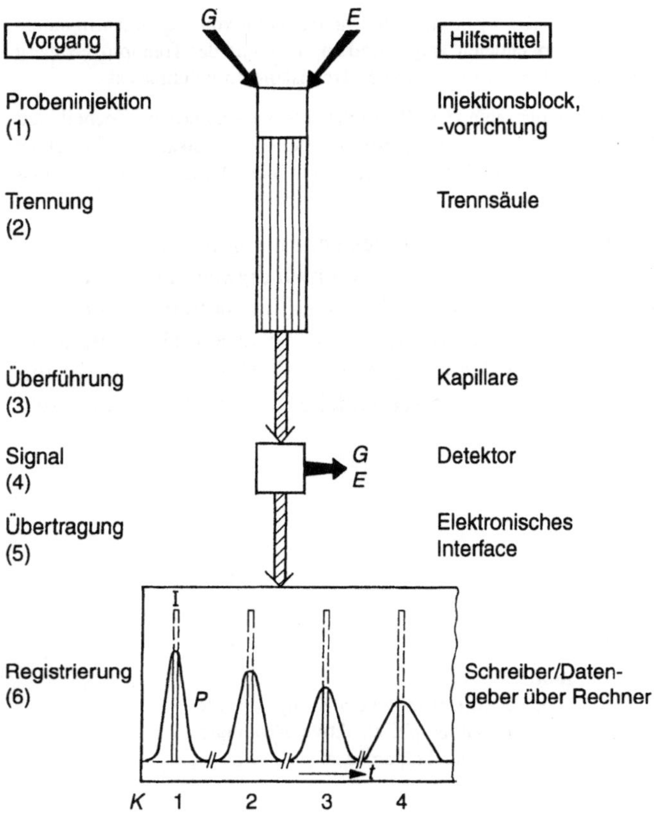

Bild 2.4   Prinzip der modernen Flüssigchromatographie
G – Gemisch der Komponenten K 1, 2, 3 … n; E – mittels Hochdruckpumpe zugeführte Elutionsflüssigkeit; P – Peak; I – zugehörige Impulsfläche (stark verkleinert); t – Zeit

Das kybernetische System bezeichnet man als linear, wenn jeder als Eingangsgröße zulässigen Linearkombination[1] eine Linearkombination von Wirkungen entspricht. Zeitinvarianz bedeutet, daß es für das Ausgangssignal gleichgültig ist, wann das Eingangssignal (Probe) in das System eingegeben wurde. Ein dynamisches System liegt vor, weil das chromatographische Ausgangssignal außer vom Eingangssignal von einer Anzahl unabhängiger Teilsysteme abhängt (Bild 2.4): von der Injektionsvorrichtung, der Trennsäule, der Überführungskapillare, vom Detektor sowie vom elektronischen Interface und dem Datengeber („Hardware").

---

[1] Ausdrücke der Form $p_1 x_1 + p_2 x_2 + … + p_n x_n$ (p_i – Koeffizienten der Linearkombination)

Infolge statistisch wirkender Einflüsse, die in den nachfolgenden Abschnitten behandelt werden, verbreitern sich die anfänglich rechteckförmigen Probenimpulse I (Bild 2.4) von Teilsystem zu Teilsystem. Sie nehmen angenähert die Form von GAUSS-Verteilungen an, die um so flacher ausfallen, je später die betreffende Substanz eluiert wird.

Die Verteilungsbreite jeder Substanz i, ihre Peakbreite, wird durch eine Größe charakterisiert, die Varianz oder Dispersion heißt. Nach den Regeln der Wahrscheinlichkeitsrechnung ist die Varianz σ_i^2 einer Summe von Zufallsgrößen gleich der Summe aller Teilvarianzen σ_{in}^2. Somit gilt für die Vorgänge $\langle 1 \rangle$ bis $\langle 6 \rangle$:

$$\sigma_i^2 = \sigma_{i1}^2 + \sigma_{i2}^2 + \sigma_{i3}^2 + \cdots + \sigma_{i6}^2 = \sum_{n=1}^{6} \sigma_{in}^2 \ . \tag{2.1}$$

Es ist einleuchtend, daß sich im Chromatogramm, dessen Länge durch t_A festgelegt ist, um so mehr Peaks unterbringen lassen, je kleiner ihre Varianzen σ_i^2 sind. Für $\sigma_i^2 \rightarrow 0$ ginge die Peakzahl gegen Unendlich. Kleinste Unterschiede in der Wanderungsgeschwindigkeit würden getrennte Peaks ergeben.

In der Praxis muß jedoch jede Trennung mit einem mehr oder weniger großen σ_i^2 der Einzelpeaks erkauft werden.

Das Hauptproblem der Chromatographie ist demnach ein Optimierungsproblem: Die Peaks müssen hinreichend große Abstände besitzen. Gleichzeitig sollen sie schmal bleiben, damit kurze Analysenzeiten und hohe Empfindlichkeiten erreicht werden. Dabei kommt es, wie ersichtlich, nicht allein darauf an, Hochleistungs-Trennsäulen zu entwickeln. Vielmehr müssen alle Teilsysteme in ihrem dynamischen Verhalten aufeinander abgestimmt sein – eine Aufgabe, die in erster Linie den Geräteproduzenten obliegt. Der Chromatographer kümmert sich um die „Software". Er wählt die geeignetsten Phasensysteme und legt entsprechende Geräteparameter fest.

2.2 Die Verteilungskonstante

Zwischen den Konzentrationen eines Stoffes, der in zwei nicht mischbaren, miteinander in Berührung befindlichen Flüssigkeiten (Phasen) gelöst ist, stellt sich ein Verteilungsgleichgewicht ein.

Hat der gelöste Stoff i in den Phasen 1 und 2 die chemischen Potentiale $\mu_{i1} = \mu_{i1}^{o} + RT \ln a_{i1}$, und $\mu_{i2} = \mu_{i2}^{o} + RT \ln a_{i2}$, gilt im Gleichgewichtszustand (Bedingung $\mu_{i1} = \mu_{i2}$, siehe Lehrbücher der physikalischen Chemie)

$$\ln \frac{a_{i1}}{a_{i2}} = \frac{\mu_{i2}^{o} - \mu_{i1}^{o}}{RT} \ . \tag{2.2}$$

a_{i1} und a_{i2} sind die Gleichgewichtsaktivitäten, μ_i^{o} die auf den reinen Stoff bezogenen Standardpotentiale, die somit für beide Phasen gleiche Werte haben. Hieraus folgt

$$\frac{a_{i2}}{a_{i1}} = \frac{x_{i2} \cdot f_{i2}}{x_{i1} \cdot f_{i1}} = 1 \tag{2.3a}$$

und bei Normierung der Aktivitätskoeffizienten auf die ∞ verdünnten Lösungen ($\gamma = 1$)

$$\frac{x_{i2} \cdot \gamma_{i2}}{x_{i1} \cdot \gamma_{i1}} = K_i^{\mathrm{th}}.$$

(2.3b)

Im Falle hoher (unendlicher) Verdünnung geht der Aktivitätskoeffizient f_i in seinen Grenzwert $f_{i\infty}$ über. Umformen von Gl. (2.3a) liefert dann

$$x_{i2} / x_{i1} = f_{i1\infty} / f_{i2\infty} = K_i^{\mathrm{th}}.$$

(2.4)

K_i^{th} ist die thermodynamische Verteilungskonstante. Sie hängt mit der freien Standardenthalpie des Phasenübergangs wie folgt zusammen:

$$\Delta G_i^{\mathrm{o}} = -RT \ln K_i^{\mathrm{th}}.$$

(2.5)

ΔG_i^{o} stellt die partielle molare freie Standardenthalpie des hypothetischen Phasenübergangs dar, d. h. die Änderung der freien Enthalpie, wenn 1 Mol des Stoffes i unter Standardbedingungen aus dem Volumen der fluiden Phase in das Wirkvolumen (vgl. Bild 2.3) der kompakten Phase übergeht.

Da für verdünnte Lösungen der Molenbruch x der Konzentration c proportional ist, kommt man von Gl. (2.3b) ($\gamma_{i1} = \gamma_{i2} = 1$) und Gl. (2.4) unmittelbar zu dem von W. NERNST 1890 in den „Göttinger Nachrichten" erstmals formulierten und später nach ihm benannten Verteilungssatz[1]. In der für die Chromatographie üblichen Schreibweise lautet er:

$$K_i = \frac{Konzentration\ in\ der\ kompakten\ (station\ddot{a}ren)\ Phase}{Konzentration\ in\ der\ fluiden\ (mobilen)\ Phase}.$$

(2.6a)

Gleichung (2.6a) läßt sich folgendermaßen darstellen:

$$K_i = \frac{m_{\mathrm{K}}}{m_{\mathrm{F}}} \cdot \frac{V_{\mathrm{F}}}{V_{\mathrm{K}}} = k_i \cdot \frac{V_{\mathrm{F}}}{V_{\mathrm{K}}} = k_i \cdot \beta_{\mathrm{F/K}}.$$

(2.6b)

k_i kennzeichnet das Massenverteilungsverhältnis, β wird Phasenverhältnis genannt[2].

In der Flüssigchromatographie ist die fluide Phase immer eine Flüssigkeit, es gilt $V_{\mathrm{F}} \equiv V_{\mathrm{M}}$. Unter V_{K} hat man hingegen exakt das Wirkvolumen der Kompaktphase zu verstehen. Dieses ist nur für die Flüssig-flüssig-Chromatographie definiert. In allen anderen Fällen muß $V_{\mathrm{K}} = V_{\mathrm{W}}$ aus Modellvorstellungen[3] abgeleitet werden.

Gleichung (2.6) charakterisiert eine lineare Verteilungsisotherme (Bild 2.5, Kurve a). In diesem Fall ist das Gleichgewicht nur von der Temperatur und nicht von der Konzentration abhängig („lineare Chromatographie"). Je steiler die Isotherme ansteigt, um so größer ist $K_i = c_{\mathrm{K}}/c_{\mathrm{F}}$, d. h., um so größer ist die Aufenthaltswahrscheinlichkeit der Molekeln in der Kompaktphase und um so kleiner ist ihre (scheinbare) Wanderungs-

---

[1] Voraussetzung für die Gültigkeit des Satzes ist außer der Nichtmischbarkeit der Phasen und geringen Konzentrationen des Stoffes i, daß i in beiden Phasen im gleichen Molekularzustand vorliegt (keine Dissoziation oder Assoziation).

[2] IUPAC-Empfehlung. Die Bezeichnung Phasenverhältnis ist allerdings auch für den reziproken Wert üblich, weshalb sich die Indizierung empfiehlt.

[3] V_{W} (Volumen der Wirkphase) = Masse der Kompaktphase in der Säule × spezifische Trägeroberfläche × Schichtdicke der Wirkphase. Bei Fixphasen läßt sich V_{W} näherungsweise berechnen.

geschwindigkeit. Umgekehrt bedeutet geringe Isothermensteigung eine kleine Verteilungskonstante und schnelle Peakwanderung.

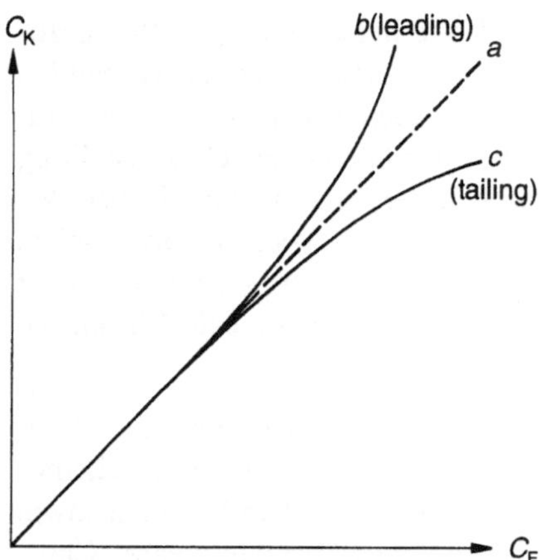

Bild 2.5 Verteilungsisothermen (schematisch)
c_K, c_F – Konzentration in der kompakten bzw. fluiden Phase

Die Verteilungsisothermen können mit wachsender Konzentration mehr oder weniger stark von der Linearität abweichen. Man erhält zur c_F-Achse hohl gewölbte (konkave) oder erhaben gewölbte (konvexe) Formen. Beide führen zu asymmetrischen Peaks. Im Falle konkaver Isothermen (c) ist die Peakrückseite verflacht, sog. Tailing, im Falle konvexer Isothermen (b) die Peakvorderseite, sog. Leading („nichtlineare Chromatographie").

Diese Peakverformung ist leicht erklärbar: Betrachtet man die Isotherme c, so gilt im nichtlinearen Teil für $c_1 < c_2$ $K_1 > K_2$. Das bedeutet, daß hohe Konzentrationen schneller wandern als niedrige und deshalb Peakvorder- und Peakrückseite zurückbleiben müssen. Man sagt auch, die Vorderfront ist selbstverschärfend, die Rückfront wird diffus und zeigt Tailing. Im Falle b gilt für $c_1 < c_2$ $K_1 < K_2$. Das Peakmaximum wandert dadurch langsamer als seine Vorder- und Rückseite. Es tritt Leading auf, z. B. in der Flüssig-flüssig-Verteilungschromatographie bei überladenen Trennsäulen.

Je größer im Falle c die insgesamt aufgegebene Probenmenge ist, um so kleiner wird die Retentionszeit des betreffenden Peaks. Bei konvexer Verteilungsisotherme (Fall b) gilt das Umgekehrte.

Thermodynamisch interpretierbares Peaktailing ist typisch für die Adsorptionschromatographie und hat seine Ursache in den Besonderheiten der inhomogenen Oberflächenstruktur der Adsorbenzien.

Den Chromatographer, der moderne HPLC betreibt, interessiert meistens ein Tailing, das, wie J. C. GIDDINGS zeigen konnte, auch bei Vorliegen einer linearen Isotherme auftreten kann. Das ist z. B. gelegentlich an RP-Phasen der Fall. Dieses Tailing hat kinetischen Ursprung. Es rührt von sekundären Zentren mit einer gegenüber den primären, retentionszeitbestimmenden Zentren vergleichsweise stärkeren Wechselwirkung bzw. ungünstigeren Kinetik für das Gelöste her. Durch solche sekundären Wechselwirkungen werden wenige Moleküle stark zurückgehalten und nur langsam freigegeben, sobald der Hauptpeak die Zentren passiert hat[1]. „Kinetisches Tailing" ist im Gegensatz zum „thermodynamischen Tailing" durch die Probenmenge weit weniger zu beeinflussen.

Abgesehen von diesem Tailing, das man bei der Trägerherstellung gezielt auszuschließen sucht und das der Chromatographer durch aufmerksames Arbeiten vermeiden kann, spielt die Kinetik für die Peakverbreiterung während des gesamten chromatographischen Prozesses eine herausragende Rolle. Der bei der Gleichgewichtseinstellung mehr oder weniger verzögerte Massenübergang zwischen den Phasen (kinetischer Widerstand) führt zu der in Abschnitt 2.1 schon erwähnten fortgesetzten symmetrischen Verbreiterung der Peaks. Die Peaks müssen prinzipiell um so breiter werden, je länger die Substanzen in der Säule wandern. Das bezeichnet man als „nichtideale Chromatographie".

Somit sind folgende Kategorien des Stoffaustausches zu unterscheiden: die *ideale* lineare Chromatographie und die *ideale* nichtlineare Chromatographie mit praktisch momentaner Gleichgewichtseinstellung und vernachlässigbaren kinetischen Effekten sowie die *nichtideale* lineare Chromatographie und die *nichtideale* nichtlineare Chromatographie mit den durch kinetische Effekte bewirkten praxisrelevanten Peakformen.

Für die Temperaturabhängigkeit der Verteilungskonstanten gilt analog zur VAN'T HOFFschen Reaktionsisobare

$$\left(\frac{\partial \ln K_i^{th}}{\partial T} \right)_p = \frac{\Delta H_i^o}{RT^2} \,. \tag{2.7a}$$

ΔH_i^o ist die partielle molare Standardenthalpie des Stoffübergangs aus der Fluid- in die Kompaktphase. Führt man in Gl. (2.7a) $\partial(1/T) = - \partial T/T^2$ ein, ergibt sich unmittelbar die Steigung $-\Delta H_i^o/R$ der zugrunde liegenden Funktion $\ln K_i^{th} = f(1/T)$. Im allgemeinen sinkt der Wert für die Verteilungskonstante mit steigender Temperatur.

Die Verteilungskonstanten besitzen für die Flüssigchromatographie umfassende Bedeutung. Wenn man in der Lage ist, sie vorauszuberechnen, lassen sich exakte Aussagen zum Verlauf der Stofftrennungen machen. Der Weg hierzu führt entsprechend Gl. (2.4) über Berechnungen der Aktivitätskoeffizienten, die ein Maß für die Abweichungen vom jeweiligen thermodynamisch idealen Verhalten infolge der Wechselwirkungen des gelösten Stoffes mit den Molekülen der beiden chromatographischen Phasen sind. Man kann sagen, die Trennung erfolgt in der Flüssigchromatographie überhaupt nur deshalb, weil sich die Aktivitätskoeffizienten der gelösten Stoffe i von eins unterscheiden.

Wird Gl. (2.5) umgeformt und werden außerdem ΔH^o und ΔS^o mittels

$$\Delta G^o = \Delta H^o - T\Delta S^o \tag{2.7b}$$

eingeführt, ergibt sich

---

[1] Der triviale Fall kinetischen Tailings bei linearer Isotherme liegt vor, wenn die Apparatur Mängel zeigt. Sie bewirken, daß Substanz bei Peakdurchgang in Hohlräume gelangt, aus denen sie anschließend nur wesentlich langsamer entweichen kann.

$$K_i^{\text{th}} = \exp(-\Delta G_i^0 / RT) = \exp - \left(\frac{\Delta H_i^0 - T\Delta S_i^0}{RT} \right). \tag{2.8}$$

ΔS_i^0 ist die partielle molare Standardentropie für den Phasenübergang des Stoffes i.

Nach Gl. (2.8) sind zwei Grenzfälle zu erwarten: Wenn $\Delta S^0 \approx 0$ wird, ist die Stoffverteilung weitgehend Enthalpie kontrolliert und temperatur*abhängig*. Es dominieren dann die Wechselwirkungen zwischen den gelösten Stoffen und dem Phasensystem. Für alle hier einzuordnenden Methoden wurde in Bild 2.2 der Oberbegriff Wechselwirkungschromatographie gewählt. Ist hingegen $\Delta H^0 \approx 0$, dann liegen die Bedingungen zur Ausschlußchromatographie entsprechend der Molekülgröße vor (SEC[1]). Es überwiegen Entropie kontrollierte Permeations- und Ausschlußphänomene, und je nach Verwendung von organischen Lösungsmitteln oder Wasser unterscheiden wir zwischen Gelpermeationschromatographie (GPC) und Gelfiltrationschromatographie (GFC). Entsprechend Gl. (2.8) sollten solche Trennungen weitgehend temperatur*unabhängig* sein, was die Praxis der SEC bestätigt.

Die Verteilungskonstante kann auch aus kinetischen Vorstellungen abgeleitet werden. Es sei m' die Molekelzahl in der Kompaktphase (Index K) bzw. in der fluiden Phase (Index F). Die Zahlen müssen sich wie die Aufenthaltswahrscheinlichkeiten bzw. wie die durchschnittlichen Aufenthaltszeiten t der Molekeln in beiden Phasen verhalten:

$$m_K'/m_F' = t_K/t_F . \tag{2.9}$$

Falls die Moleküle ausschließlich mit der Geschwindigkeit der fluiden Phase wandern, verstreicht zwischen Injektion und Detektion die Zeit t_M (Mobilzeit), meist Totzeit oder Durchbruchszeit des Inertpeaks genannt. Verzögerte Moleküle erscheinen nach der Zeit t_{Ri} (Gesamtretentionszeit). Die Differenz beider Zeiten $t_{Ri}' = (t_{Ri} - t_M)$ ist die uns schon bekannte Nettoretentionszeit, während der sich die Moleküle im Mittel in der Kompaktphase aufhalten. Gleichung (2.9) erhält somit die Form

$$m_K'/m_F' = t_{Ri}'/t_M \quad \text{bzw.} \tag{2.10a}$$

$$k_i = m_K/m_F = V_{Ri}'/V_M , \tag{2.10b}$$

wenn man mit der Molmasse und mit der Volumengeschwindigkeit $\dot{V}$ der strömenden fluiden Phase erweitert. Volumina außerhalb der Trennsäule (Injektionsblock, Verbindungsleitungen, Detektor) sind vernachlässigt. Multiplikation des Zählers und Nenners von Gl. (2.10b) mit X und Umformung ergibt

$$\frac{m_K/X}{m_F/V_M} = V_{Ri}' \cdot \frac{1}{X} = \text{konst.} \tag{2.11}$$

Die linke Seite von Gl. (2.11) ist offensichtlich mit der in Gl. (2.6a) definierten Verteilungskonstanten identisch, wobei X die Bezugsgröße der Kompaktphase sein soll: ihr Wirkvolumen V_W (Flüssig-flüssig-Chromatographie), ihre Masse m bzw. ihre Oberfläche A (Flüssig-fest-Chromatographie) oder ihre Ionentauschkapazität (Ionentauschchromatographie). Somit gilt

---

[1] *engl.*: Molecular size exclusion chromatography

$$V'_{Ri} = K_i \cdot X \quad \text{bzw.}$$
(2.12a)

$$V_{Ri} = V_M + K_i \cdot X \,.$$
(2.12 b)

Aus Gl. (2.12a) folgt:

Die Verzögerungsvolumina (Verzögerungszeiten) zweier Substanzen verhalten sich wie ihre Verteilungskonstanten.

$V'_{Ri}/X \equiv V_{gi}$ nennt man *spezifisches Nettoretentionsvolumen.*

Gleichung (2.12b) ist die *Grundgleichung der idealen linearen Chromatographie.*

2.3 Diffusion, GAUSS-Verteilung

Unter Diffusion versteht man den „von selbst" verlaufenden Übergang eines Stoffes von höherer zu niedrigerer Konzentration infolge Wärmebewegung der Moleküle. Diffusion ist bei allen Vorgängen in der chromatographischen Apparatur wirksam. Sie begünstigt in den meisten Fällen[1] die Peakdispersion (Bild 2.4 ⟨1⟩ bis ⟨4⟩).

Die Diffusion in Lösungen, die hier interessiert, läßt sich durch die beiden FICKschen Gesetze beschreiben. Es gilt:

$$\frac{\mathrm{d}n}{\mathrm{d}t} = -qD_i \frac{\mathrm{d}c}{\mathrm{d}x} \,.$$
(2.13a)

Der Diffusionskoeffizient D_i ($\mathrm{cm^2s^{-1}}$) drückt die Menge des Stoffes i aus, die beim Konzentrationsgefälle $\mathrm{d}c/\mathrm{d}x = 1$ pro Sekunde durch die Querschnittseinheit von q diffundiert. Er ist von der Natur des gelösten Stoffes, dem Lösungsmittel, der Temperatur und in gewissem Umfang von der Konzentration abhängig. Die Diffusionsgeschwindigkeit nimmt mit steigender Temperatur zu und mit wachsender Molmasse ab. Für organische Moleküle mittlerer Molmasse in üblichen organischen Lösungsmitteln liegt D_i bei Zimmertemperatur in der Größenordnung von $10^{-5}\,\mathrm{cm^2s^{-1}}$.

Betrachtet man Konzentrationsgradienten des gelösten Stoffes $-\partial c/\partial x$ zum Zeitpunkt t an hintereinanderliegenden Querschnitten q_{x1} und q_{x2}, so unterscheiden sich die Gradienten um $(\partial^2 c/\partial x^2)_t \cdot \mathrm{d}x$. Die Konzentration des gelösten Stoffes wächst entsprechend in der Schicht $\mathrm{d}x$ im Intervall $\mathrm{d}t$ um

$$\left(\frac{\partial c}{\partial t}\right)_x = D_i \left(\frac{\partial^2 c}{\partial x^2}\right)_t \,.$$
(2.13b)

Diese zweite FICKsche Gleichung verknüpft die zeitliche Konzentrationsänderung in einzelnen Querschnitten mit der Konzentrationsänderung längs einer Koordinatenachse zum Zeitpunkt t. Ihre Lösung führt zu einer GAUSS-Verteilung. Ein Vergleich der betreffenden Gleichung mit Gl. (2.19) ergibt die wichtige, als Gleichung von EINSTEIN und SMOLUCHOWSKI bekannte Beziehung

$$\sigma_L^2 = 2D_i t \,.$$
(2.14)

---

[1] vgl. Abschn. 2.4.1.2

σ entspricht dem mittleren (quadratischen) Diffusionsweg (vgl. Gl. (2.20)) der gelösten Teilchen in einer Richtung.

Diffusionskoeffizienten niedermolekularer Verbindungen in verdünnten Lösungen lassen sich bei meist guter Übereinstimmung zu experimentellen Werten mit Hilfe der WILKE-CHANG-Gleichung berechnen [9]

$$D_i = \frac{7{,}4 \cdot 10^{-8} \cdot T \sqrt{\beta \, M_L}}{\eta_L \cdot V_{Mi}^{0,6}} \ \left[cm^2 s^{-1} \right].$$

(2.15)

Darin ist M_L die Molmasse und η_L die dynamische Viskosität [cP oder mPa·s] des Lösungsmittels. β heißt Assoziationsparameter und definiert die effektive Molmasse des Lösungsmittels in Hinblick auf den Diffusionsprozeß. Für nicht assoziierende Lösungsmittel beträgt β 1, für Wasser 2,6. Nicht assoziierende Lösungsmittel sind z. B. Kohlenwasserstoffe, Aromaten und Ether. Assoziierende Lösungsmittel sind z. B. Alkohole mit $\beta_{Methanol} = 1{,}9$, $\beta_{Ethanol} = 1{,}5$.

$V_{Mi} = M_i/\rho_i$ [cm^3/mol] stellt das Molvolumen des gelösten Stoffes i dar und ist der einzige Parameter, der in Gl. (2.15) für den Analyten steht.

Werden gemischte Lösungsmittel verwendet, müssen die Werte für β und M_L über den Molenbruch der Gemischzusammensetzung errechnet werden. Im Falle einer binären Mischung der Lösungsmittel 1 und 2 gilt $\overline{\beta} = x_1 \cdot \beta_1 + x_2 \cdot \beta_2$ und für $\overline{M}_L$ $\overline{M}_L = x_1 \cdot M_1 + x_2 \cdot M_2$.

Die GAUSS-Verteilung oder ideale statistische Verteilung wird wegen ihrer Bedeutung für die Theorie der Chromatographie nachfolgend eingehender diskutiert. Man benötigt die Funktion z. B. auch bei der Untersuchung von Korngrößenverteilungen (vgl. Abschn. 3.4.1.2.) und zu Fehlerbetrachtungen (vgl. Abschn. 9.6.4.).

Durch Kombination zweier e-Funktionen ergibt sich sehr einfach eine Gleichung, deren Graph symmetrisch und glockenförmig ist.

$$f(x) = a \cdot e^{-bx^2}$$

(2.16)

(Konstanten a, $b > 0$).

Wir formen sie um und leiten einige nützliche Beziehungen ab.

Setzt man $b = h^2$ und führt a auf h zurück, wobei das Funktionsintegral (Fläche) zwischen $x = -\infty$ und $+\infty$ gleich 1 gesetzt wird, ergibt sich $a = h/\sqrt{\pi}$ ($h > 0$), und Gl. (2.16) gewinnt die Form

$$f(x) = h \cdot e^{-h^2 x^2} / \sqrt{\pi} \ .$$

(2.17)

$f(x)$ ist durch h eindeutig bestimmt. Man wählt jedoch eine die Kurvenbreite charakterisierende Größe, und zwar den halben Abstand der Wendepunkte. Diese Größe heißt Standardabweichung σ, ihr Quadrat Varianz der Verteilung (vgl. Abschn. 2.1.).

Durch Nullsetzen der zweiten Ableitung von Gl. (2.17) ergibt sich

$$\sigma^2 = 1/(2h^2).$$

(2.18)

Aus Gl. (2.17) und Gl. (2.18) erhält man die GAUSS-Verteilung in der üblichen Form symmetrisch zu $x = 0$

$$f(x) = \frac{1}{\sigma\sqrt{2\pi}} \cdot e^{-\frac{1}{2}\left(\frac{x}{\sigma}\right)^2}. \tag{2.19}$$

Statt x kann auch die Abweichung $(x - \mu)$ vom arithmetischen Mittel μ eingeführt werden. Dann liegt die Kurve symmetrisch zu μ. In der Chromatographie entspricht μ der mittleren Verweilzeit (Bruttoretentionszeit) t_{Ri} der Substanz i in der Säule.

Die Varianz σ^2 einer beliebigen Wahrscheinlichkeitsdichtefunktion $f(x)$ berechnet sich gemäß

$$\sigma^2 = \int_{-\infty}^{+\infty} (x-\mu)^2 f(x)\mathrm{d}x. \tag{2.20}$$

Sie stellt gewissermaßen das (gewogene) arithmetische Mittel der Quadrate der Abweichungen vom Mittelwert μ dar. Der Mittelwert (Erwartungswert) ist gegeben zu

$$\mu = \int_{-\infty}^{+\infty} x f(x)\mathrm{d}x. \tag{2.21}$$

Vom Mittelwert hat man den häufigsten (dichtesten) Wert am Kurvenmaximum zu unterscheiden. Nur im Falle der regulären Verteilung (GAUSS-Verteilung) sind beide Größen identisch.

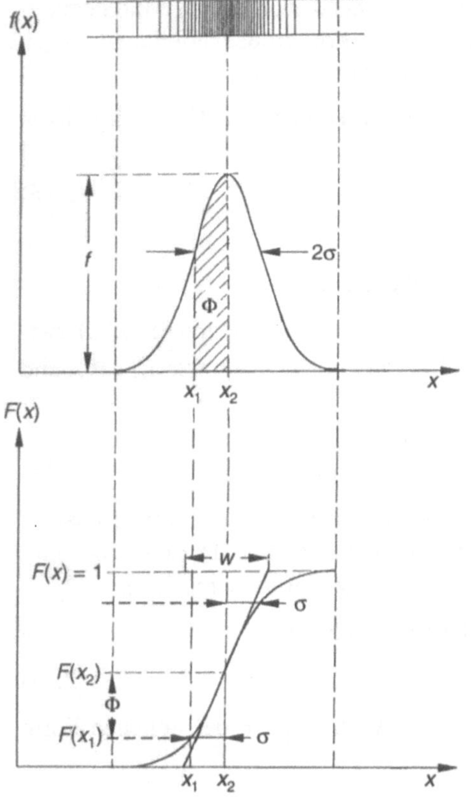

Bild 2.6
Dichtefunktion $f(x)$ und Verteilungsfunktion $F(x)$ einer GAUSS-Verteilung.
Erläuterung des Parameters w im Abschn. 13.1

Die Anwendung von Gl. (2.20) auf Gl. (2.19) ergibt natürlich $\sigma^2 = \sigma^2$. Im Falle einer Rechteckverteilung (Rechteckimpuls) mit der Breite b und der Höhe $1/b$, was z. B. dem Substanzprofil zu Beginn der Chromatographie entspricht, erhält man mittels Gl. (2.20) $\sigma^2 = 1/12b^2$.

Die Integration der Dichtefunktion zwischen $-\infty$ und $+\infty$ führt zur Verteilungsfunktion $F(x)$ (Wahrscheinlichkeit der Zufallsgröße):

$$F(x) = \int_{-\infty}^{x} f(x)\mathrm{d}x \,. \tag{2.22}$$

Sie nähert sich asymptotisch dem Wert $F(x) = 1$ und besitzt beim Maximum der Dichtekurve einen Wendepunkt (Bild 2.6).

Setzt man in Gl. (2.19) $x = 0$, resultiert der Ordinatenwert im Peakmaximum

$$f = 1 / (\sigma\sqrt{2\pi}) \tag{2.23}$$

und durch Integration zwischen $-\infty$ und $+\infty$ die Kurvenfläche

$$A = \sqrt{2\pi} \cdot \sigma \cdot f = 1 \,. \tag{2.24}$$

Sie beträgt zwischen $-\sigma$ und $+\sigma$ (Wendepunktabstand) 0,6826, d. h. rund 68 % aller Werte x liegen im Intervall $\pm\sigma$, oder: die Wahrscheinlichkeit, daß die Zufallsgröße im Intervall $\pm\sigma$ liegt, beträgt rund 68 %. Umformen von Gl. (2.19) ergibt

$$\sigma = x / \sqrt{2 \ln[f/f(x)]} \,. \tag{2.25}$$

Mit Gl. (2.25) lassen sich die Gesamtpeakbreiten z in unterschiedlichen Höhen durch σ ausdrücken (Tab. 2.1). Die Wendetangenten der Dichtefunktion schneiden die Abszisse im Abstand $z = 4\sigma$. Für z in halber Peakhöhe erhält man mit $f(x) = 1/2f$

$$z_{1/2} = 2\sqrt{2 \ln 2} \cdot \sigma \,. \tag{2.26}$$

Mittels Gl. (2.24) und Gl. (2.26) errechnet sich $z_{1/2} \cdot f$ zu 0,94 der Peakfläche. Diese häufig angewendete „Höhe-mal-Halbwertsbreite"-Methode liefert demnach um 6 % zu niedrige absolute Flächenwerte.

Tabelle 2.1 Normierte Höhenwerte und Breiten der GAUSS-Funktion (Dichtefunktion)

Höhe $f(x)/f$	Gesamtbreite z/σ	Höhe $f(x)/f$	Gesamtbreite z/σ
1,000	0	0,100	4,3
0,882	1	0,044	5
0,607	2*	0,011	6
0,500	2,35	$2,2 \cdot 10^{-3}$	7
0,135	4**	$3,7 \cdot 10^{-6}$	10

* entspricht Wendepunktabstand
** entspricht Abstand der Tangentenschnittpunkte mit der Grundlinie

2.4 Die Peakdispersion

Im Abschn. 2.1 wurde bereits die Minimierung der Peakdispersion als zentrales Problem der modernen Elutionschromatographie herausgestellt. Wenngleich der Hauptbeitrag zur Dispersion im Regelfall stets durch die Trennsäule, genauer: durch das chromatographische Phasensystem zustande kommt, so haben gerade die Erfolge bei der Herstellung immer wirksamerer Trennsäulen die Bedeutung der früher völlig unbeachteten äußeren Varianzen entscheidend aufgewertet. Für die Kapillar-Flüssigchromatographie beispielsweise ist die hinreichende Eliminierung dieser Varianzen mindestens genauso schwierig wie die Herstellung der engen Kapillaren selbst.

Der vorliegende Abschnitt befaßt sich daher zunächst mit dem Einfluß der Vorgänge $\langle 1 \rangle$, $\langle 3 \rangle$, $\langle 4 \rangle$, $\langle 5 \rangle$ und $\langle 6 \rangle$ (Bild 2.4) auf die Peakdispersion grundsätzlich und behandelt darauf aufbauend die Dispersion der Trennung.

2.4.1 Dispersion außerhalb der Trennsäule

Eine wichtige Bedingung für erfolgreiche Trennungen wird nur erfüllt, wenn die Summe aller externen Varianzbeiträge σ_{ex}^2 des chromatographischen Systems (Flüssigchromatograph) wesentlich kleiner ist als der Varianzbeitrag σ_S^2 der Trennsäule:

$$\sigma_{ex}^2 \leq \Theta^2 \sigma_S^2 \ , \tag{2.27}$$

mittels Gl. (2.38b) formuliert:

$$\sigma_{Vex}^2 \leq \Theta^2 \frac{V_{Ri}^2}{N} \qquad (\Theta^2 \ll 1) . \tag{2.28}$$

Betragen die äußeren (externen) Varianzbeiträge z. B. 20 % ($\Theta^2 = 0{,}2 = 20$ %), so verschlechtert sich die Peakauflösung R_S (Abschn. 2.5) immerhin um 10 %, wie sich mittels Gl. (2.75a) leicht zeigen läßt.

Man sieht insbesondere aus der letzten Beziehung, daß bei schnellen Peaks mit kleinen Retentionswerten und ebenso bei Verwendung hochwertiger Trennsäulen mit hohen Bodenzahlen N nur entsprechend kleine Werte für σ_{ex}^2 zulässig sind.

2.4.1.1 Dispersion der Probeneinführung

Bereits die Einführung der Substanz in das Phasensystem bringt einen beachtlichen Varianzbeitrag.

Man muß unterscheiden zwischen der Probendosierung (= Probenabmessung)[1], die i. allg. mit einer graduierten Dosierspritze erfolgt und keinen Varianzbeitrag beisteuert, und der darauf folgenden Injektion der abgemessenen Probe auf die Säule.

Die Probeninjektion wurde früher über ein Septum oder mittels geeigneter Ventilschleusen direkt aus der Dosierspritze vorgenommen. Heute bedient man sich automatisierter Lösungen (vgl. Abschn. 7.2). Sehr verbreitet sind Schleifenventile (Rheodyne, Valco), bei denen der Probenpfropfen zunächst in eine abgegrenzte Schleife mit ruhendem Elu-

---

[1] *griech.*: δοσις – Gabe

ens dosiert wird. Die Schleife kann ganz oder teilweise mit Probe gefüllt werden. Im letzteren Fall sollte das Dosiervolumen nicht weniger als 1/10 des Schleifenvolumens betragen. Nach Umschalten auf den Eluensstrom befördert dieser den Probenpfropfen als Probenimpuls auf die Trennsäule.

Im Gegensatz zur unmittelbaren Injektion aus der Spritze (Spritzeninjektion), bei der Injektionsgeschwindigkeit und Flußgeschwindigkeit $\dot{V}$ des Eluens nicht übereinstimmen und leicht zusätzliche Varianzen auftreten, sind bei Schleifeninjektionen beide Größen gleich. Allerdings wird jeder Pfropfen (vgl. Abschn. 2.4.1.2) durch Profilbildung etwas verbreitert, weswegen man viskose Proben vor der Schleifeninjektion hinreichend mit Eluens verdünnen sollte.

Gemäß Abschn. 2.3 berechnet sich die Varianz σ_t^2 eines idealen Probenimpulses zu $\sigma_t^2 = t^2/12$ bzw. unter Berücksichtigung des Flusses $\dot{V}$ zu $\sigma_V^2 = V^2/12$. V ist das Impuls- oder Probenvolumen. Allgemeiner ausgedrückt lautet die Gleichung für die Impulsvarianz

$$\sigma_V^2 = \frac{V^2}{12} \cdot f_x^2 \,. \tag{2.29a}$$

Der Faktor f_x^2 trägt dem vom Injektortyp, von der Länge der Zuleitung Injektor – Trennsäule sowie vom Verhältnis Probenvolumen/Dosierschleifenvolumen verursachten zusätzlichen Mischungsanteil σ_{mix}^2 Rechnung. Man nimmt f_x^2 mit 3 bis 5 an.

Die für praktisches Arbeiten wichtige Frage zielt natürlich auf das maximale Probenvolumen V_{max} ab, das unter gegebenen Bedingungen injiziert werden kann, ohne daß es zu erheblichen Verlusten an Trennstufen kommt. Um hierzu Aussagen machen zu können, kombinieren wir die Gleichungen (2.27), (2.28) und (2.29a) zu (2.29b)

$$\sigma_V^2 = \frac{V^2}{12} \cdot f_x^2 \le \Theta^2 \cdot \sigma_S^2 = \Theta^2 \frac{V_{Ri}^2}{N} \tag{2.29b}$$

und erhalten nach Einführen von Gl. (2.105) an Stelle von σ_S

$$V_{max} = \left(\sqrt{12}/f_x\right) \cdot \Theta \cdot \frac{\pi}{4} \cdot \varepsilon_m \cdot d_S^2 \sqrt{H_T \cdot L}\,(1 + k_i)\,. \tag{2.29c}$$

Während $\sqrt{12} = 3{,}46$ und $f_x = \sqrt{3} = 1{,}73$ bzw. $\sqrt{5} = 2{,}24$ festliegen, ist die Wahl des Zahlenwertes für Θ willkürlich. Erlaubt man eine Auflösungsverschlechterung von rd. 2,5 % (entsprechend 5 % externen Varianzbeitrages), d. h. $\Theta^2 = 0{,}05$ bzw. $\Theta = 0{,}22$ [10], beträgt der Konstantenbeitrag in Gl. (2.29c) mit $\varepsilon_m = 0{,}7$ an Fixphasen im Mittel 0,2. Wir schreiben für V_{max} unter Einführung der Konstante

$$V_{max} = \text{const} \cdot d_S^2 \sqrt{H_T \cdot L}\,(1 + k_i) \tag{2.29d}$$

und im Falle $k_i = 0$ nach Berücksichtigung von $\sqrt{H_T \cdot L} = L/\sqrt{N}$

$$V_{max} = 0{,}2 \cdot d_S^2 \cdot L/\sqrt{N} \quad (\text{const} = 0{,}2)\,. \tag{2.29e}$$

Bei mehr Toleranz, z. B. mit $\Theta^2 = 0{,}2$ (s. o.), lautet die Gleichung

$$V_{max} = 0{,}4 \cdot d_S^2 \cdot L/\sqrt{N}\,. \tag{2.29f}$$

Für gleiche N-Werte lassen dickere Säulen wesentlich größere Probenvolumina als etwa Microbore-Säulen zu. Eine Verdoppelung des Durchmessers ergibt offensichtlich viermal soviel Probenvolumen, die doppelte Säulenlänge aber nur das 1,4fache Probenvolumen. V_{max} liegt unter den üblichen Arbeitsbedingungen der HPLC im Mikroliterbereich (siehe Aufgabe Nr. 14.4.5).

Man kann V_{max} erheblich steigern, sofern die Probe in einem Lösungsmittel löslich ist, dessen Elutionsstärke wesentlich unter der des Eluens liegt. Das Eluens komprimiert dann den eingeführten Impuls ähnlich wie bei der Gradientenelution (vgl. Bild 8.4) von der Impuls-Rückflanke her, so daß sich das maximale Probenvolumen im Verhältnis des Molekülanteils im Eluens zum Molekülanteil im Probenlösungsmittel erhöhen läßt. Beide Lösungsmittel müssen selbstverständlich vollständig mischbar sein.

Aus Gl. (2.29c) erhält man für das unter diesen Bedingungen zulässige Injektionsvolumen V'_{max}

$$V'_{max} = V_{max} \cdot \frac{\left(1 + k'_i\right)}{\left(1 + k_i\right)} \qquad \left(k'_i > k_i\right).$$

(2.29g)

k'_i entspricht dem Kapazitätsfaktor (s. S. 37), den die Substanz i bei der Elution durch das gewählte Probenlösungsmittel haben würde.

Diese sogenannte „on column-Fokussierung" erlaubt unter günstigen Bedingungen 100fache Steigerungsraten [11], was für das Arbeiten mit Mikrosäulen oder präparativen Säulen besonders attraktiv erscheint.

Da die Konstruktion des Injektors sowie der Weg zwischen dem Ort der Probenaufgabe und dem Eingang der Trennsäule für die Größe des Mischungsanteils wesentlich sind, wurde verschiedentlich erfolgreich versucht, die Substanz direkt auf die Säulenpackung zu injizieren. Aus technischen Gründen haben sich aber Dosierventile (Injektoren) durchgesetzt, die mit der Trennsäule durch eine Kapillare verbunden werden müssen.

2.4.1.2 Mischphänomene in Rohren

Die folgenden Ausführungen beschränken sich auf laminaren Fluß, da in der Flüssigchromatographie normalerweise nicht mit turbulenten Strömungen gearbeitet wird.

Bei einer im leeren Rohr strömenden Flüssigkeit haften randnahe Schichten an der Rohrwandung, während achsnahe Schichten weniger behindert werden. So bildet sich aus dem anfänglich kolbenförmigen Konzentrationsprofil einer Substanz 1 (Bild 2.7a) ein parabolisches Profil 2. Der entstehende laterale Konzentrationsgradient hat gemäß Gl. (2.13a) Radialdiffusion zur Folge, die der Ausbildung des langgezogenen Profils im Sinne der eingezeichneten Pfeile entgegenwirkt. Beide Effekte zusammen bezeichnet man als Konvektions-[1] oder TAYLOR-Dispersion [12].

Die Axialvermischung kann durch die Radialdiffusion nur dann hinreichend eingeschränkt werden, wenn die molekulare Verweilzeit $t = \Delta z/u = V_z/\dot{V}$ im Rohrabschnitt Δz (Profilbreite) annähernd in der gleichen Größenordnung liegt wie die Diffusionszeit über den Rohrradius $t_D = r^2/2D_i$ (Gl. (2.14)). Dann ergeben genügend lange Rohre GAUSS-förmige Konzentrationsverteilungen. Andernfalls ist Peaktailing die Folge.

---

[1] *lat.:* convehere – mitführen

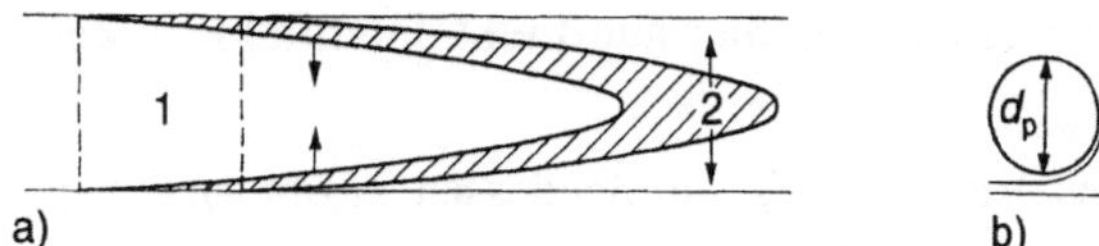

Bild 2.7   Zur Erklärung der TAYLOR-Dispersion (a)
und der Transversaldispersion durch Umströmen von Teilchen (b)

Gute radiale Vermischung wird durch verformte, gewendelte Kapillaren erzwungen
[13]. Diese Möglichkeit ist allerdings für kurze Überführungsleitungen von geringer
Bedeutung.

Den Koeffizienten der TAYLOR-Dispersion (dynamischer Diffusionskoeffizient) [14]
errechnet man, wie hier nicht näher ausgeführt werden soll, zu

$$\bar{D}_\mathrm{T} = \gamma' \cdot \frac{u^2 r^2}{D_i} \ . \tag{2.30}$$

Somit beträgt der Koeffizient der Longitudinalvermischung (effektiver oder wirksamer
Diffusionskoeffizient) im offenen Rohr mit $\gamma' = 1/48$

$$\bar{D}_\mathrm{L} = D_i + \frac{1}{48} \cdot \frac{u^2 r^2}{D_i} \ . \tag{2.31}$$

$\bar{D}_\mathrm{L}$ stellt eine anisotrope Größe ohne Komponente in radialer Richtung dar. Aus
Gl. (2.31) und Gl. (2.14) ergibt sich $\sigma_{i\mathrm{L}}^2$, die Varianz eines Substanzimpulses nach
Transport durch das offene Rohr (Kapillare), und falls σ_{i0}^2 die Varianz des Eintrittsim-
pulses ($L = 0$) ist, hieraus die Varianzzunahme beim Transport $\Delta\sigma_i^2 = \sigma_{i\mathrm{L}}^2 - \sigma_{i0}^2$.

Unter Beachtung von $\sigma_\mathrm{L}/L = \sigma_t/t$ und Multiplikation mit $\dot{V}^2$ erhält man aus der Varianz
$\sigma_{i\mathrm{L}}^2$ die Volumengröße $\sigma_{i\mathrm{V}}^2$ gemäß

$$\sigma_{i\mathrm{V}}^2 = \left[2\pi^3 \frac{D_i r^6}{\dot{V}} + \frac{\pi}{24} \frac{r^4 \dot{V}}{D_i} \right] \cdot L \ . \tag{2.32}$$

Da D_i einen sehr kleinen Wert hat, spielt das erste Glied von Gl. (2.32) nur eine untergeordnete Rolle.

Man beachte die vierte Potenz des Kapillarenradius: Eine Kapillare von $L = 100\,\mathrm{cm}$
liefert mit $D = 10^{-5}\,\mathrm{cm}^2\mathrm{s}^{-1}$ und $r = 0{,}01$ cm eine geringe, für $r = 0{,}1$ cm eine undiskuta-
bel starke Peakverbreiterung. Es sei darauf hingewiesen, daß Gl. (2.32) nur für enge,
lange Kapillaren ($>50\,\mathrm{cm}$) bei mäßigen Fließgeschwindigkeiten ($<30\,\mathrm{ml/h}$) experimentell bestätigt werden konnte [15]. Bei höheren Durchflüssen ist die Dispersionszu-
nahme vorteilhafterweise kleiner als theoretisch zu erwarten.

Gleichung (2.31) wurde verschiedentlich zur dynamischen Messung binärer Diffusionskoeffizienten D_i benutzt [12, 16].

2.4.1.3 Dispersion der Signalgewinnung

Mit den Einflüssen der Signalgewinnung auf die Peakverbreiterung haben sich OSTER und ECKER [17] ausführlich befaßt. Uns interessieren hier nur direkt durchflossene Zellen.

Jede Detektorzelle besitzt ein endliches Volumen V_Z. Infolgedessen ergibt sich zum beliebigen Zeitpunkt t, abhängig vom Eingangsimpuls, eine bestimmte Konzentrationsverteilung im Zellenraum (schraffierte Fläche in Bild 2.8). Dadurch kann anstelle der wahren Eingangskonzentration c_E nur eine mittlere Konzentration $\bar{c}$ registriert werden. Sie beträgt

$$\bar{c} = \int_{t-v}^{t+v} \frac{c_E(t)}{2v}\,\mathrm{d}t\,, \tag{2.33}$$

wenn $c_E(t)$ die Konzentrationsdichtefunktion des eintretenden GAUSS-Peaks (Gl. (2.19)) und $2v = V_Z/\dot{V}$ die Durchströmungszeit der Zelle ist. Mit Gl. (2.33) wurde die Ausgangsfunktion $c_A(t)$ des Detektors beschrieben. Nach Nullsetzen ihrer 2. Ableitung ergibt sich der Zusammenhang zwischen den Varianzen des Eingangs- und Ausgangspeaks zu

$$\sigma_E^2 = 2v\left(\ln\frac{\sigma_A + v}{\sigma_A - v}\right)^{-1}\sqrt{\sigma_A^2}\,. \tag{2.34a}$$

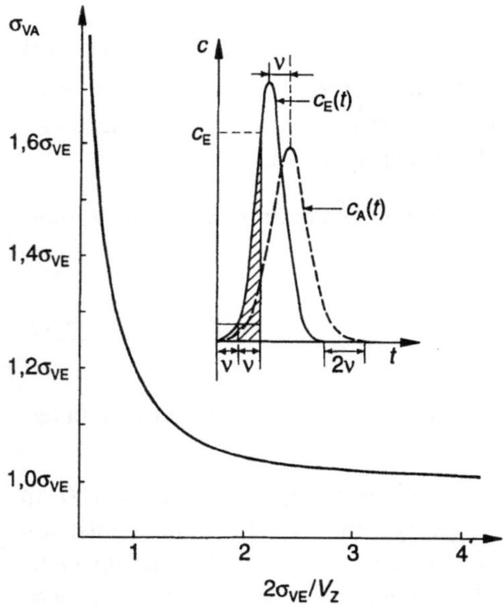

Bild 2.8
Zum Einfluß des endlichen Detektorvolumens auf die Dispersion

Die Gleichung ist zur Interpretation etwas unübersichtlich, so daß der Graph in Bild 2.8 benutzt wird (Volumenstandardabweichungen σ_{VE} und σ_{VA}). Beträgt die wendepunkt-bezogene Peakbreite $2\sigma_{VE}$ z. B. das 4,1fache Zellenvolumen, ergibt sich $\sigma_{VA} = 1,01\,\sigma_{VE}$ (1 % Peakverbreiterung). Für $2\sigma_{VE} = V_Z$ steigt der relative Volumenzuwachs auf 20 %. Das Volumen der benutzten Meßzelle sollte demnach gegenüber dem Peakvolumen möglichst klein, zweckmäßig $V_Z \leq 1/2\sigma_{VE}$ sein.

Verbreiterte Peaks sind selbstverständlich flacher (perforierte Linie, Bild 2.8). Besteht Linearität zwischen Konzentration und Detektorsignal, ergeben sich für die Eingangs- und Ausgangsfunktion gleiche Peakflächen. Dann gilt nach Gl. (2.24)

$$f_A = (\sigma_E/\sigma_A) \cdot f_E. \tag{2.34b}$$

Wie Bild 2.8 zu entnehmen ist, tritt außer dem Höhenfehler noch ein Retentionswertfehler $+\Delta t_R = v$ bzw. $\Delta V_R = V_Z/2$ und ein Zuwachs des Peakelutionsvolumens von $\Delta V = V_Z$ auf. Das Maximum von $c_A(t)$ ist in dem Maße verzögert, wie das Maximum von $c_E(t)$ zum Transport vom Zelleneingang bis zur Zellenmitte Elutionszeit bzw. -mittel benötigt.

Im Falle des photometrischen Detektors darf Linearität zwischen Konzentration und Signal nicht ohne weiteres vorausgesetzt werden. Der Grund dafür ist der Konzentrationsgradient während des Peakdurchgangs in der Zelle; denn die Absorption einer inhomogenen Lösung ist stets kleiner als die einer homogenen. Mit wachsendem Zellenvolumen werden deswegen nicht nur verbreiterte Peaks, sondern außerdem zu niedrige Flächenwerte erhalten. Für einen Flächenfehler $\leq 1\%$ ist ebenfalls $V_Z \leq 1/2\sigma_{VE}$ Bedingung.

Mischungseffekte in der Detektorkammer führen zu Peaktailing.

Peaktailing tritt auch auf, wenn Zeitkonstanten erster oder höherer Ordnung (komplexe Zeitkonstanten) an irgendeiner Stelle im System (Verstärker, Schreiber, Computerinterface) wirksam werden, wohingegen die Peakfläche sich nicht ändert.

Die Zeitkonstante charakterisiert das dynamische Verhalten einer Meßeinrichtung. Sie stellt die Zeit dar, die von der Signaleingabe bis zum Erreichen eines bestimmten Betrages des Signalendwertes vergeht.

Als Antwort auf ein Signal $U(t) = U_0 \cdot 1(t)$ (U_0 = Eingabespannung = Schaltsprung), dessen sog. Einheitssprungfunktion $1(t)$ für $t \geq 0$ immer den Wert eins annimmt, resultiert normalerweise eine Übergangsfunktion, die das tatsächliche Zeitverhalten der Meßeinrichtung (System) widerspiegelt.

Verhält sich die Meßeinrichtung (wie bisher angenommen) nach einem Zeitgesetz nullter Ordnung, wird U_0 proportional zur Zeit t nach $t = \tau_0$ erreicht. Die Peaks sind dadurch zwar verbreitert, bleiben aber symmetrisch.

Eine Zeitkonstante erster Ordnung τ_1 würde wirksam, sobald U_0 ein RC (Widerstand–Kapazität)-Glied passiert. Das Zeitverhalten dieses Systems läßt sich mit einer linearen Differentialgleichung erster Ordnung ausdrücken, im Beispiel

$$dU/dt = \frac{1}{RC}(U_0 - U) \cdot \tag{2.34c}$$

Das Ausgangssignal U gehorcht dann dem Zeitgesetz erster Ordnung

$$U = U_0\,[1 - \exp(-t/RC)]. \tag{2.34d}$$

Wie man leicht übersieht, hat $R \cdot C$ die Dimension einer Zeit ($\Omega \cdot F = \Omega \cdot s \cdot \Omega^{-1} = s$) und entspricht τ_1. Für $t = \tau_1 = RC$ wird $U = U_0\,(1 - e^{-1}) = U_0 \cdot 0,632$, d. h. die Zeitkonstante erster Ordnung ist gleich der Zeit, in der 63 % des Signalendwertes erreicht werden. 96 % des Endwertes resultieren nach der Zeit $3\tau_1$; der volle Wert würde sich bei ∞ langer Zeit einstellen. Signalanstieg und -abstieg erscheinen auf diese Weise durch eine e-Funktion (Gl. (2.34d)) verzerrt.

Das Einschalten von zwei RC-Gliedern ergibt ein Zeitverhalten, das durch eine Differentialgleichung zweiter Ordnung beschrieben werden kann. Die Ordnung der Differentialgleichungen erhöht sich mit der Anzahl der verwendeten Kapazitäten, und die dann wirksamen Zeitkonstanten höherer Ordnung führen zu Signaländerungen, die vom Verlauf entsprechend Gl. (2.34d) abweichen.

Bild 2.9 zeigt den Einfluß der Zeitkonstanten auf das Profil eines GAUSS-Peaks. Ist $\tau \approx 0$ oder sehr klein, wird der ursprüngliche Peak praktisch unverzerrt registriert.

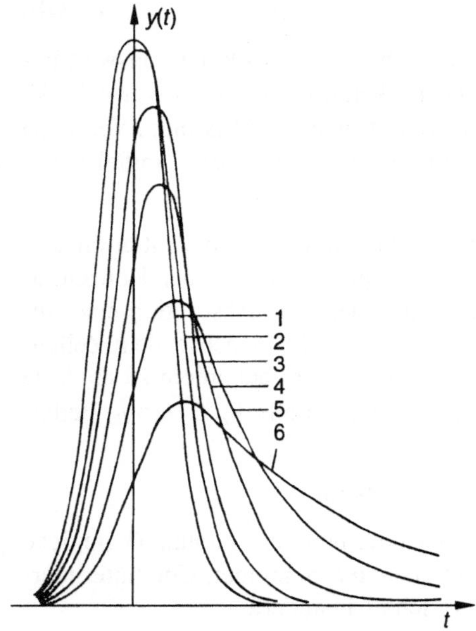

Bild 2.9
Verzerrung einer GAUSS-Kurve $y = f(t)$
(Gl. (2.19)) durch die Größe der Zeit-
konstante τ [18]

Kurve 1	$\tau = 0$ (GAUSS-Kurve)
Kurven 2–6	$\tau > 0$ $(y = f(\tau,t)$
2	$\tau = 0{,}1 \cdot w_{1/2}$
3	$\tau = 0{,}25 \cdot w_{1/2}$
4	$\tau = 0{,}5 \cdot w_{1/2}$
5	$\tau = 1{,}0 \cdot w_{1/2}$
6	$\tau = 2{,}0 \cdot w_{1/2}$
$w_{1/2} = 2{,}35 \cdot \sigma$	(Peakbreite in halber Peak-höhe, „Halbwertsbreite", vgl. Tab. 2.1)

Entscheidend für die Profilverzerrung ist das Verhältnis Zeitkonstante/Peakbreite. Bei $\tau/w = 1/20$ tritt geringe Verzerrung ein. Die reduzierte Peakhöhe beträgt noch 99,3 % der ursprünglich vorhandenen. $\tau/w = 1/10$ kann sicherlich auch (gerade noch) toleriert werden, obwohl Peakverzerrung und Retentionszeitverschiebung bereits offensichtlich sind. Alle anderen Kurven dürften indiskutabel sein.

Die verkleinerte Peakhöhe errechnet sich für ein nicht zu großes τ/w-Verhältnis gemäß $100-276\,(\tau/w_{1/2})^2$; mit $\tau = 0{,}3\;w_{1/2}$ z. B. resultieren nur 75,2 % der ursprünglichen Höhe.

Weiter kann man zeigen, daß die Zeitverschiebung Δt_R für das Peakmaximum etwa der Größe der Zeitkonstanten τ entspricht. Alle verzerrten Peaks besitzen, wie schon erwähnt, die Fläche des zugrunde liegenden GAUSS-Peaks.

Der immer vorhandene, mehr oder weniger große Anteil hoher Frequenzen im Peaksignal bewirkt bei hohen Empfindlichkeiten starkes Grundrauschen (vgl. Bild 7.4). Durch geeignete elektronische Filter (RC-Tiefpaß) kann man das Hochfrequenzrauschen eliminieren, handelt sich jedoch eine Zeitkonstante $\tau_1 = R \cdot C$ ein. Wird der Rauschpegel im

Chromatogramm auf die Hälfte reduziert, wächst die Zeitkonstante auf den vierfachen Wert an.

Weil es, wie gesagt, für die Größe der Peakverzerrung auf das Verhältnis Zeitkonstante/Peakbreite ankommt, erlauben schnelle Peaks nur eine kleine Zeitkonstante bei geringer Rauschunterdrückung.

Für schmale Peaks am Chromatogrammanfang mit z. B. $w_{1/2} = 5$ s sind offensichtlich Zeitkonstanten von 0,25–0,5 s brauchbar, während bei breiteren Peaks mit $w_{1/2} = 30$ s Zeitkonstanten von 1,5–3 s ausreichen. Schnelle Trennungen im Sekundenbereich werden mit Zeitkonstanten $\leq 0,1$ s realisiert.

Da der Rauschpegel wellenlängenabhängig ist, wird man die Zeitkonstante auch darauf abstimmen.

Moderne Detektoren besitzen einstellbare Zeitkonstanten. Die Einstellbarkeit sollte im Bereich $\leq 0,1$ bis ≈ 5 s möglich sein. Man wählt die Zeitkonstante immer so klein wie erforderlich.

Einen brauchbaren Kompromiß zwischen tolerierbarem Rauschen und tolerierbarer Peakverzerrung stellen i. allg. Zeitkonstanten von 1/10 der Peakbreite in halber Höhe dar.

$$\tau / w_{1/2} \leq a = 0,1 \tag{2.35a}$$

$$\tau = a \cdot w_{1/2} = a \cdot 2,35 \ \sigma_{si} = 0,235 \ \sigma_{si} , \tag{2.35b}$$

wobei σ_{si} die Standardabweichung des Peaks der Komponente i ist. Mittels Retentionszeit und Trennstufenzahl (vgl. Gl. (2.37b)) wird schließlich

$$\tau = 0,235 \cdot t_{Ri} / \sqrt{N} . \tag{2.35c}$$

2.4.2 Dispersion der Trennung

2.4.2.1 Die theoretische Trennstufenhöhe

Besitzt die Peakdispersion bei Eintritt in die Trennsäule den Wert σ_E^2, bei Austritt den Wert σ_A^2, dann beträgt die Peakverbreiterung in der Trennsäule $\sigma_L^2 = \sigma_A^2 - \sigma_E^2$. Denkt man sich die Säule in N voneinander unabhängige fiktive Böden oder theoretische Trennstufen zerlegt, auf denen sich der Stoffaustausch zwischen fluider und kompakter Phase vollzieht, so gilt $\sigma_L^2 = \sum_{b=1}^{N} \sigma_b^2 = \sigma_1^2 + \sigma_2^2 + \cdots + \sigma_N^2 = N \overline{\sigma_b^2}$ mit b als Laufzahl der Stufen. Die Höhe H_T einer solchen Trennstufe läßt sich gemäß

$$H_T = L/N \tag{2.36a}$$

in Einheiten der Säulenlänge L ausdrücken.

Dieses anschauliche Modell wird in der Theorie der Chromatographie als diskontinuierlich bezeichnet[1]. Seine mathematische Behandlung [19] ergibt:

---

[1] Das Modell spielte in der Entwicklung der Chromatographie eine wichtige Rolle [20]. Umfassendere Aussagen liefern das molekularstatistische Modell [21] und das Stoffbilanzmodell [22].

$$H_T = \sigma_L^2/L \quad \text{bzw.} \tag{2.36b}$$

$$N = L^2/\sigma_L^2 \tag{2.36c}$$

Die Höhe H_T einer theoretischen Trennstufe[1] entspricht also der Zunahme der Peakvarianz pro Einheit der Säulenlänge. Sie ist ein Maß für die Bandenverbreiterung.

Aus Gl. (2.36b) erhält man durch Erweitern mit L unter Berücksichtigung von $\sigma_L/L = \sigma_t/t_{Ri}$

$$H_T = \frac{\sigma_L^2}{L^2} \cdot L = \frac{\sigma_t^2}{t_{Ri}^2} \cdot L \quad \text{bzw.} \tag{2.37a}$$

$$N = \frac{t_{Ri}^2}{\sigma_t^2} \tag{2.37b}$$

sowie mit $t_{Ri} = L/\bar{u}_i$ bzw. $t \cdot \dot{V} = V$ (Umwandlung der Zeit- in Volumenparameter)

$$H_T = \frac{\sigma_t^2}{L} \cdot \bar{u}_i^2 = \frac{\sigma_V^2}{V_{Ri}^2} \cdot L \quad \text{bzw.} \tag{2.38a}$$

$$N = \frac{V_{Ri}^2}{\sigma_V^2}, \tag{2.38b}$$

wobei $\bar{u}_i$ die mittlere lineare Wanderungsgeschwindigkeit der Komponente i ist. σ^2/μ^2 heißt relative Standardvarianz (μ – Längen-, Zeit-, Volumenmittel).

Zur Bestimmung von H_T aus dem Chromatogramm formt man obige Gleichungen gewöhnlich um. Wenn $z_{1/2}$ die Peakbreite in halber Höhe in Einheiten der Retentionszeit ist, ergibt sich aus Gl. (2.37a) mittels Gl. (2.26)

$$H_T = \frac{L}{8 \ln 2}\left(\frac{z_{1/2}}{t_{Ri}}\right)^2 = \frac{L}{5{,}545}\left(\frac{z_{1/2}}{t_{Ri}}\right)^2. \tag{2.39}$$

Für $z = 4\sigma$ (Wendetangentenabstand auf der Grundlinie) erhält man

$$H_T = \frac{L}{16}\left(\frac{z}{t_{Ri}}\right)^2. \tag{2.40}$$

Während die Gln. (2.36) bis (2.38) allgemeine Gültigkeit haben, setzt die Anwendung von Gl. (2.39) und (2.40) symmetrische GAUSS-Peaks voraus.

Der H_T-Wert aus dem Chromatogramm ist je nach Größe der säulenexternen Varianzen zu hoch. Ein korrigierter Wert wird erhalten mittels

$$\sigma^2 = \sigma_{chr}^2 - \sigma_{ex}^2. \tag{2.41}$$

Die Indices kennzeichnen die aus dem Chromatogramm ermittelten (chr) und die säulenexternen Parameter (ex). Letztere lassen sich durch Auftragen von σ_{chr}^2 gegen t_{Ri}^2

---

[1] Siehe Fußnote 2, S. 1

einiger Homologer nach linearer Regression abschätzen. Der Kurvenschnittpunkt mit der Ordinate ist σ^2_{ex}.

H_T hängt außer vom betreffenden System vor allem von u ab (vgl. Abschn. 2.4.2.2). Deswegen bezieht man die Angabe gelegentlich auf die Elutionsmittelgeschwindigkeit von 1 cm·s^{-1}.

In der Gaschromatographie wird H_T in komplizierter Weise von der Säulenlänge beeinflußt. Für die Flüssigchromatographie mit inkompressiblen Elutionsmitteln[1] kann man jedoch H_T = konst. erwarten. Demzufolge ergibt sich im Falle einheitlich gepackter Trennsäulen[2] und u = konst. Proportionalität zwischen Trennstufenzahl N und Säulenlänge. Der Zusammenhang wurde experimentell verschiedentlich bestätigt. Bei einer Reihenschaltung von Trennsäulen sollten die Trennstufenzahlen der Einzelsäulen annähernd gleich sein. Andernfalls liegt die Gesamttrennstufenzahl unter dem additiv veranschlagten Wert.

Werden n Säulen hintereinander (d. h. in Reihe oder Serie) geschaltet, sind die Säulenlängen L_1 bis L_n sowie die Säulenvarianzen $\sigma_1{}^2$ bis $\sigma_n{}^2$ additiv. Für die Trennstufen N_S der Säulenserie gilt dann gemäß Gl. (2.36c)

$$N_S = \frac{\left(\sum L\right)^2}{\sum \sigma_L^2} \ .$$
(2.42a)

Nach Umformen und Einführen von N_1 bis N_n ergibt sich

$$N_S = \frac{\left(\sum\limits_1^n L\right)^2}{\sum\limits_1^n \frac{L^2}{N}} \ .$$
(2.42b)

Wählt man üblicherweise alle n Säulen gleich lang, wird

$$N_S = n\,\frac{n}{\sum\limits_1^n \frac{1}{N}} \ ,$$
(2.42c)

d. h. die Trennstufenzahl einer Serie aus n Trennsäulen entspricht dem n-fachen harmonischen Mittel aus den Einzelsäulen. Das harmonische Mittel ist immer kleiner als das arithmetische Mittel.

Es ist bereits gesagt worden, daß die relative Bandenverbreiterung ursächlich mit dem Substanztransport bzw. mit dem Trennvorgang zusammenhängt. Ein kleines H_T (großes N) erschließt die prinzipielle Möglichkeit zur Trennung einer großen Anzahl von Chromatogrammbergen im Verlauf der Analyse. Der Wert von H_T sagt jedoch allein nichts über die tatsächlich erreichbare Trennung aus. Gleichung (2.37b) läßt sofort erkennen, daß für $t_{R\,i} = t_M$ und den dann sehr schmalen Peaks möglicherweise eine große theoretische Bodenzahl N errechnet werden kann, obwohl alle Peaks die Apparatur mit der

---

[1] Der Begriff Inkompressibilität muß mittels Gl. (7.2) präzisiert werden. Es errechnen sich z. B. bei Drükken von P = 100, 250 bzw. 500 bar Volumenverminderungen von 1,0, 2,5 bzw. 4,9 %. Läßt man 1 % Toleranz zu, so folgt für Trennsäulen vollständige Inkompressibilität der Flüssigkeiten bis ca. 100 bar Vordruck und $\Delta u \leq 1$ %.

[2] In der Praxis erweist sich bei langen Trennsäulen der obere, zuletzt gefüllte Abschnitt als schlechter gepackt und besitzt u. U. eine mehrfach größere Trennstufenhöhe als der untere.

Inertkomponente verlassen. Man hat deshalb unter Verwendung der Nettoretentionsgrößen die sog. wirksamen (effektiven) Böden bzw. Bodenhöhen[1] definiert, z. B.:

$$N_{\text{eff}} = \frac{\left(t_{Ri} - t_M\right)^2}{\sigma_t^2} = \frac{t'^2_{Ri}}{\sigma_t^2} \quad \text{bzw.} \quad H_{\text{eff}} = \frac{\sigma_t^2}{\left(t_{Ri} - t_M\right)^2} \cdot L = \frac{\sigma_t^2}{t'^2_{Ri}} \cdot L . \tag{2.43}$$

Umrechnungen zwischen effektiven und formalen Größen erfolgen (vgl. Gl. (2.64))
gemäß:

$$N_{\text{eff}} = N \cdot \frac{k_i^2}{\left(1 + k_i\right)^2} \tag{2.44a}$$

$$H_{\text{eff}} = H_T \cdot \frac{\left(1 + k_i\right)^2}{k_i^2} . \tag{2.44b}$$

N ist ein unmittelbares, anschauliches Maß für die Effektivität oder Trennwirksamkeit
(engl.: efficiency) des chromatographischen Phasensystems. Zweckmäßig bezeichnet
man aber nicht N selbst, sondern $E = \sqrt{N}$ als Effektivität, denn die Peakauflösung
(Abschn. 2.5) wächst proportional und die Peakbreite umgekehrt proportional zu $\sqrt{N}$.
Jedenfalls sollte die im Deutschen für N verbreitete Bezeichnung „Trennleistung" unbedingt vermieden werden, da eine Leistungsgröße entsprechend dem wissenschaftlichen
Sprachgebrauch nicht vorliegt[2]. Sowohl N als auch N_{eff} stellen im physikalischen Sinne
sog. Zählgrößen mit der Einheit TP dar[3].

Eine große Bodenzahl N kann stets auf Kosten der Trennzeit t_{Ri} erreicht werden. Mehr Böden sind somit
nicht identisch mit höherer Säulenleistung. Erst die auf die Trennzeit normierten Böden (theoretischen
Trennstufen) oder effektiven Böden ergeben ein Maß der erreichten *Trennleistung*, ausgedrückt als

$$\dot{N} = N / t_{Ri} \quad \text{bzw.} \tag{2.44c}$$

$$\dot{N}_{\text{eff}} = N_{\text{eff}} / t_{Ri} \tag{2.44d}$$

(Maßeinheit TP·s^{-1}). Eine Trennsäule, mit der man eine bestimmte Bodenzahl N in der halben Zeit realisieren kann, besitzt bei *gleicher* Trennwirksamkeit die *doppelte* Trennleistung $\dot{N}$.

Ziel der *Schnellen Chromatographie* sind kurze Trennzeiten. Mit 400 bis 1000 TP/s ist es möglich, flüs-
sigchromatographische Trennungen in wenigen Minuten bzw. Sekunden auszuführen.

Durch Erhöhen des Säulenvordrucks P läßt sich die Trennleistung einer Säule in gewissen Grenzen
„verbessern". Aus diesem Grunde hat ROHRSCHNEIDER [23] 1975 das Produkt Q aus $\dot{N}_{\text{eff}}$ und N_{eff}/P als
Säulenparameter empfohlen

$$Q = N_{\text{eff}}^2 / (t_{Ri} \cdot P) . \tag{2.44e}$$

---

[1] N_{eff} wurde für die Gaschromatographie als Trennschärfe eingeführt.

[2] Bedauerlicherweise ist in der IUPAC-Nomenklatur-Empfehlung 1993 wiederum N als „column performance" bezeichnet, was prompt mit „Säulenleistung" ins Deutsche übersetzt wird.

[3] *engl.*: theoretical plate

2.4.2.2 Die $H_T(u)$-Funktion

Zur Berechnung der Dispersion gepackter Säulen knüpfen wir an die Ausführungen von Abschn. 2.4.1.2 an. Auch in gepackten Säulen sind Konvektionsdispersion und Longitudinaldiffusion wirksam. Zusätzlich tritt aber bei chromatographisch aktiven Komponenten noch Dispersion durch verzögerten Massenaustausch zwischen den Phasen auf. Betrachten wir zunächst die reinen Mischungsanteile.

Für die Konvektionsdispersion darf man den Koeffizienten der TAYLOR-Dispersion analog zum leeren Rohr ansetzen (Gl. (2.30)). Die radiale (transversale) Vermischung zeigt allerdings unter dem Einfluß der Packungsteilchen einige Besonderheiten.

Durch die im Wege liegenden Körner wird die Radialdiffusion behindert und D_i effektiv verkleinert. Deshalb ist mit einem Faktor γ zu multiplizieren (Labyrinth-, Umweg- oder Tortuositätsfaktor). Andererseits wird ein zweiter radialer Durchmischungsanteil wirksam, weil die Stromfäden durch Kornumströmung im Mittel um $d_p/2$ versetzt werden (Bild 2.7b). Da die Zeit zum Durchströmen einer Kornlage d_p/u beträgt, ergibt sich für diesen Durchmischungsanteil nach Gl. (2.14) $\beta \cdot u \cdot d_p$. Somit muß statt D_i ein komplexer transversaler Mischungskoeffizient $\gamma D_i + \beta u d_p$ eingesetzt werden.

Für die Konvektionsdispersion gepackter Säulen erhält man mit $2r = d_c \equiv d_p$ und $\lambda = \xi/\beta$ bzw. $\omega = 2\xi/\gamma$ aus Gl. (2.30)

$$\vec{D}_{TS} = \xi \frac{u^2 \cdot d_p^2}{\beta u d_p + \gamma D_i} = \left(\frac{1}{\lambda u d_p} + \frac{2}{\omega u^2 d_p^2 / D_i} \right)^{-1}. \tag{2.45}$$

Der Koeffizient der Longitudinalvermischung $\vec{D}_{LS}$ ist nun mittels Gl. (2.45) analog zu Gl. (2.31) unter Hinzufügen des Diffusionsanteiles $\gamma \cdot D_i$ zu formulieren. Um den transportbedingten Vermischungsanteil als Trennstufenhöhe ausdrücken zu können, benötigen wir noch die Gln. (2.36b) und (2.14). Wir erhalten

$$H_T = \frac{\sigma_L^2}{L} = \frac{2 D_i t}{L} = \frac{2 \vec{D}_{LS}}{u} = \frac{2 \left(\vec{D}_{TS} + \gamma D_i \right)}{u} \quad \text{bzw.} \tag{2.46}$$

$$H_T = \left(\frac{1}{2 \lambda d_p} + \frac{1}{\omega u d_p^2 / D_i} \right)^{-1} + \frac{2 \gamma D_i}{u}. \tag{2.47}$$

Der Klammerausdruck ist die bekannte GIDDINGSsche Kopplungsgleichung für die konvektive Durchmischung [24]. λ, ω und γ sind Strukturparameter (geometrische Konstanten).

Die vollständige $H_T(u)$-Funktion ergibt sich unter Berücksichtigung des verzögerten Massenaustausches zwischen den Phasen, verursacht durch den verzögerten Austausch im fluiden Medium $C_F' \sqrt{u}$ und den verzögerten Austausch in der Kompaktphase $C_K \cdot u$ [22]

$$H_T = \left(\frac{1}{A} + \frac{1}{C_F \cdot u} \right)^{-1} + \frac{B}{u} + C_F' \sqrt{u} + C_K \cdot u. \tag{2.48}$$

Nachfolgend werden die einzelnen Glieder von Gl. (2.48) diskutiert. Die Glieder, wie auch ihre charakteristischen, mit Großbuchstaben bezeichneten Konstanten, nennt man Terme.

Der A-Term charakterisiert, wie aus der Ableitung hervorgeht, die Kornumströmung. Man bezeichnet ihn meist als Term der Wirbel-(Eddy-)Diffusion in formaler Analogie zum Stromlinienverlauf einer turbulenten Strömung. Bei den üblichen Strömungsgeschwindigkeiten handelt es sich aber nicht um wirkliche Wirbeldiffusion. $C_F \cdot u$ erkennen wir als konvektiven Anteil der Strömungsdispersion.

Bild 2.10 enthält die geometrische Darstellung der Kopplungsgleichung. Für kleine lineare Elutionsmittelgeschwindigkeiten ergibt sich im Grenzfall die durch den Nullpunkt gehende Tangentengleichung $f(u) = C_F \cdot u$. Für große Werte von u nähert sich die Funktion dem Grenzwert $A = 2\lambda d_p$, dem ersten Term der klassischen VAN DEEMTER-Gleichung [25][1]. Das geschieht um so schneller, je größer $C_F \sim d_p^2/D_i$ ist. Sowohl die Höhe dieses Grenzwertes als auch die asymptotische Grenzwertnäherung hängen von d_p ab.

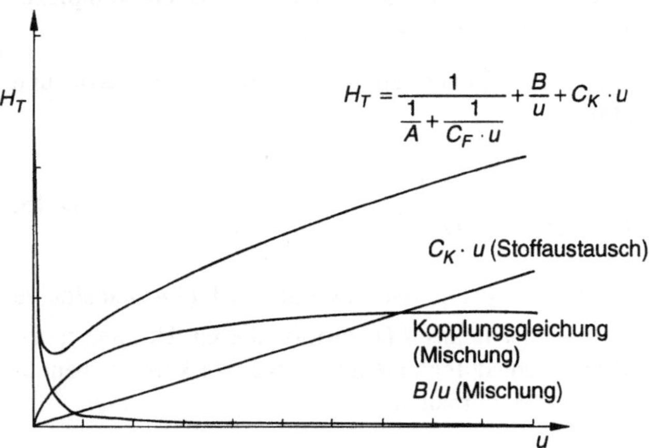

Bild 2.10 Graphische Darstellung der Funktion $H_T = f(u)$

Der Koeffizient λ wird wesentlich von der Qualität der Säulenpackung beeinflußt. Inhomogene, unregelmäßige Packungen führen deshalb zu hohen Grenzwerten.

Der B-Term in Gl. (2.48) ist als einziger Term korngrößenunabhängig. Alle anderen Terme besitzen um so höhere Werte, je größer d_p ist.

B/u stellt eine gleichseitige Hyperbel dar (Bild 2.10), die durch Überlagerung mit den übrigen Graphen der Glieder von Gl. (2.48) das typische Minimum der $H_T(u)$-Funktion erzeugt. Wegen der kleinen Diffusionskoeffizienten in Flüssigkeiten ($\approx 10^{-5}$ cm$^2 \cdot$s^{-1}) schmiegt sich die Hyperbel im Gegensatz zum Verlauf in der Gaschromatographie eng

---

[1] Diese mit den Arbeiten von KLINKENBERG und VAN DEEMTER schon 1956 aufgestellte Beziehung lautet in der sog. „ABC"-Form $H_T(u) = A + B/u + Cu$. Die Gleichung weist nur das erste Glied (A) der Kopplungsgleichung auf, das für die radiale Vermischung durch Kornumströmung verantwortlich ist. Ferner hat sie keinen $\sqrt{u}$ -Term (vgl. Gl. (2.48)), während natürlich der Molekulardiffusionsterm (B/u) und der Nichtgleichgewichtsterm $C_K \cdot u$ vorhanden sind. Auf diese Weise fehlt der für die Gaschromatographie gültigen Funktion ein entsprechend Bild 2.10 für die Flüssigchromatographie typischer Wendepunkt.

an die Koordinatenachsen an, so daß das Minimum mit dem optimalen Wert für H_T meist weit links, außerhalb des praktisch verwertbaren Geschwindigkeitsbereiches, liegt.

Das dritte Glied in Gl. (2.48) ergibt durch seine $\sqrt{u}$ -Abhängigkeit einen der Kopplungsgleichung ähnlichen, allerdings flacheren Kurvenverlauf und wurde im Bild 2.10 nicht berücksichtigt. Es kennzeichnet den verzögerten Massenaustausch im strömenden Medium. C'_F ist u. a. von d_p, D_i, k_i und φ abhängig [22].

Das letzte Glied in Gl. (2.48) stellt den Trennstufenhöhenbeitrag dar, der durch die Massenaustauschverzögerung in der Kompaktphase hervorgerufen wird. Es handelt sich um eine Geradengleichung der Steigung C_K (Bild 2.10), deren Einfluß in Abhängigkeit von C_K mit wachsender Elutionsmittelgeschwindigkeit immer mehr dominiert. Ein sehr steiler rechter Teil der $H_T(u)$-Kurve deutet also stets auf behinderten Massenaustausch hin. Wie HUBER zeigte, wachsen die Massenaustauschterme relativ stark mit zunehmendem Partikeldurchmesser d_p.

Der Einfluß des verzögerten, genauer: des mit endlicher Geschwindigkeit verlaufenden, diffusionskontrollierten Massentransports zwischen den Phasen auf die Peakbreite wird in Bild 2.11 veranschaulicht.

Im linken Bild herrschen ideale Gleichgewichtsbedingungen. Rechts hingegen stellt nur das Profil 1 die Gleichgewichtskonzentration des gelösten Stoffes in der fluiden Phase dar und das Profil 2 seine durch den Fluß bewirkte aktuelle Konzentration. Um das durch die Konzentrationsverschiebung herrschende Konzentrationsdefizit auszugleichen, muß an der Profil-Rückflanke Substanz aus der Kompaktphase zur fluiden Phase übergehen. Da die Wanderungsgeschwindigkeit jeder Substanzzone dem Anteil des gelösten Stoffes direkt proportional ist, wandert die Peakrückflanke insgesamt verzögert und außerdem zum Peakende hin immer langsamer.

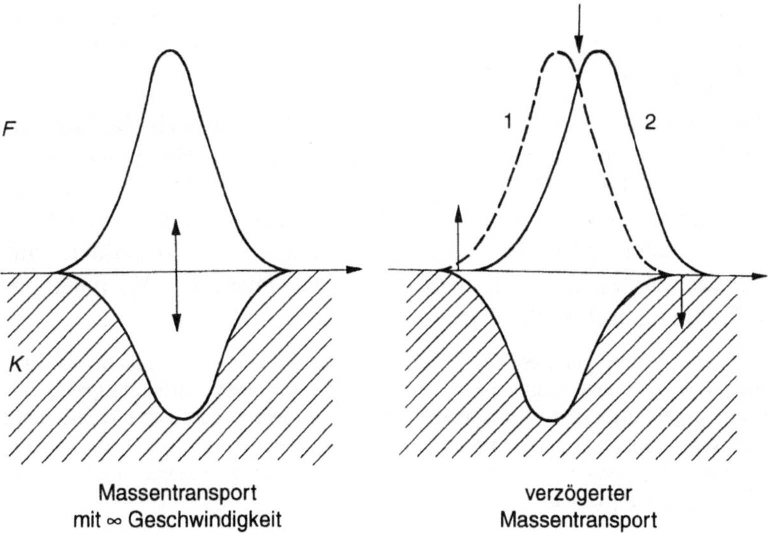

Bild 2.11 Massentransport zwischen fluider (F) und kompakter (K) Phase

Der an der Vorderflanke hervorgerufene Konzentrationsüberschuß der Fluidphase ergibt dementsprechend eine gegenüber der Gleichgewichtskonzentration zu schnelle Wanderung. Somit bewirkt der Substanztransport eine ständige Bandenspreizung. Während im linken Bild bei allen Konzentrationen Gleichgewicht herrscht, gilt das rechts lediglich für den Kurvenschnittpunkt (oberer Pfeil). Hier haben aktuelle und Gleichgewichtskonzentration den gleichen Wert, und nur hier wird sich die Substanz mit der durch die Verteilungskonstante vorgegebenen Durchschnittsgeschwindigkeit vorwärts bewegen (Nichtgleichgewichtstheorie von GIDDINGS [24]).

Für den schnellen Stoffaustausch in der fluiden Phase sind große Trägerteilchen, kleine Diffusionskoeffizienten D_i und Hohlräume infolge von Packungsunregelmäßigkeiten (lange Diffusionswege) schädlich.

Innerhalb der kompakten Phase kann der zur Gleichgewichtseinstellung notwendige Stoffaustausch allein durch Diffusion erfolgen. D_{iK} geht daher in C_K stärker ein als D_{iF} in C_F'. Massenübergangshemmend wirken vor allem dicke Filme der Wirkphase auf der Stützphase oder tiefe Trägerporen.

Entsprechend der von HUBER aus dem Stoffbilanzmodell abgeleiteten Beziehung [22] ergibt sich für C_K

$$C_K = \psi \cdot \frac{\left(1 - \varphi + k_i\right)}{\left(1 + k_i\right)^2} \cdot \frac{d_p^2}{D_{i\,\mathrm{eff}}}.\tag{2.49}$$

ψ ist eine geometrische Konstante. $D_{i\,\mathrm{eff}} = \gamma_p \cdot \varepsilon_p \cdot D_{iK}$ beschreibt den effektiv im Korn wirksamen Diffusionskoeffizienten, wobei γ_p, einen Umwegfaktor in den Kornporen und ε_p die Porosität der Trägerteilchen darstellt.

Für $D_{i\,\mathrm{eff}}$ sind offensichtlich zwei Grenzfälle möglich: Die Poren der Kompaktphase können entweder vollständig mit dem Volumen der Wirkphase (Idealfall der Lösungschromatographie) oder vollständig mit dem Volumen der fluiden Phase ($D_{iK} = D_{iF}$) gefüllt sein. φ stellt den strömenden Anteil der fluiden Phase dar, der von der Zwischenkorn- und der Kornporosität der benutzten Trennsäule abhängt. Für $\varphi = 1$ (unporöses Korn) geht Gl. (2.49) in die Form der Konstante des C-Terms der bereits erwähnten VAN DEEMTER-Gleichung über[1]. Statt d_p steht in dieser Gleichung allerdings die Filmdicke der Wirkphase[2] d_f.

Falls inerte ($k_i = 0$) und unporöse Träger vorliegen, sind selbstverständlich alle Massenaustauschterme Null, die letzten beiden Glieder in Gl. (2.48) entfallen. Bei porösen inerten Trägern bleiben dagegen für $k_i = 0$ beide Glieder erhalten, weil die Moleküle weiterhin in die mit stagnierender fluider Phase gefüllten Poren diffundieren können (Molekülgrößen-Ausschlußchromatographie). In Gl. (2.49) reduziert sich der Mittelfaktor auf $(1 - \varphi)$, den stagnierenden Anteil des Volumens der fluiden Phase $V_i \equiv V_p$, innerhalb dessen sich jetzt die Trennung nach Molekülgrößen abspielt.

Ergänzend sei bemerkt, daß bei Verwendung poröser Träger zwischen der über den tatsächlichen Strömungsquerschnitt q_f (Bild 4.4) (also ohne stagnierende fluide Phase) gerechneten Strömungsgeschwindigkeit v und der Wanderungsgeschwindigkeit des Schwerpunktes einer inerten Substanz u (schlechthin als Strömungsgeschwindigkeit bezeichnet) unterschieden wird. $u = L/t_M$ bezieht sich auf den gesamten, von der fluiden Phase erfüllten sog. freien Säulenquerschnitt q_m und ist als chromatographische Größe leicht meßbar. Es gilt $v/u = q_m/q_f = 1/\varphi$ $(v \geq u)$.

---

[1] $\quad C = \dfrac{8}{\pi^2} \cdot \dfrac{k_i}{\left(1 + k_i\right)^2} \cdot \dfrac{d_f^2}{D_{iK}}$

[2] Bei konstantem Verhältnis von Wirk- und Stützphase (Bild 2.3) sind d_f und d_p einander proportional.

Die theoretischen Ausführungen verdeutlichen, daß niedrige Trennstufenhöhen nur bei drastischer Herabsetzung des Partikeldurchmessers erreichbar sind, eine Erkenntnis, die letzten Endes die gesamte Entwicklung der modernen Chromatographie vorangetrieben hat.

Durch kleine Partikel erhält man aber nicht nur niedrige Trennstufen, sondern auch einen sehr günstigen flachen Verlauf der $H_T(u)$-Kurve. Dadurch läßt sich die Elutionsgeschwindigkeit ohne übermäßigen Dispersionszuwachs erhöhen, und die Trennungen sind erheblich schneller durchführbar. Um gleichzeitig den Druck in Grenzen zu halten, ging man zu sehr kurzen Trennsäulen über.

Vorteilhaft ist ferner, daß sich das Funktionsminimum mit kleiner werdenden Korngrößen in Richtung höherer Strömungsgeschwindigkeiten verschiebt.

Im Grunde genommen kann man das Bett gepackter Säulen als kompliziertes System untereinander verbundener Kapillaren ansehen. Folglich sollte es möglich sein, die Chromatographie auch in ungefüllten, chromatographisch wirksamen Kapillarrohrbündeln oder einfacher in einer einzigen, entsprechend langen aktiven Kapillare durchzuführen. Tatsächlich hat M. J. E. GOLAY 1957 die ersten Kapillar-Gaschromatogramme vorgestellt [26] und neun Monate später [27] die vollständige, für die Kapillarchromatographie bis heute gültige $H_T(u)$-Funktion diskutiert.

Ihre mathematische Formulierung lautet in einer der üblichen Schreibweisen:

$$H_T(u) = \frac{2D_i}{u} + \frac{1}{96} \cdot \frac{d_c^2}{D_i} \cdot \left[\frac{1 + 6k_i + 11k_i^2}{\left(1 + k_i\right)^2}\right] u + \frac{2}{3} \cdot \frac{k_i}{\left(1 + k_i\right)^2} \cdot \frac{d_f^2}{D_{iK}} \cdot u . \qquad (2.50)$$

In dieser Gleichung gibt es selbstverständlich keinen A-Term. Der erste Term ist der Beitrag der Längsdiffusion mit $\gamma = 1$.

Den zweiten Term bezeichnet man als Massenaustauschterm der fluiden Phase. Er ist der wesentlichste Term der Gleichung (vgl. Abschn. 2.6.), denn in der Kapillarchromatographie fällt vor allem der verzögerte Stoffaustausch (Diffusionswiderstand) im Fluid ins Gewicht, und zwar um so mehr, je dicker einerseits die Kapillare ist und je langsamer andererseits die betreffende Substanzzone wandert.

Der Term wurde oben in einen nicht geklammerten und einen geklammerten Ausdruck getrennt. Ersterer repräsentiert den Koeffizienten der TAYLOR-Dispersion für das ungefüllte Rohr, was man sofort nach Multiplikation mit $u/2$ (Umwandlung von H_T in $\bar{D}$) und Vergleich mit Gl. (2.30) erkennt. Folgerichtig ergibt sich dieser Termteil auch aus der GIDDINGSschen Kopplungsgleichung, sofern man das Glied mit A wegläßt (im ungefüllten Rohr existiert keine Kornumströmung) und für d_p wieder d_c einführt:

$$\omega \frac{d_c^2}{D_i} u \quad (\omega = \gamma'/2 = 1/96) . \qquad (2.51)$$

Für $k_i > 0$ (Kapillarinnenwand $\equiv$ Wirkphase) nimmt der Klammerausdruck Werte zwischen 1 und 11 (asymptotischer Grenzwert) an und trägt wesentlich zur Größe des Terms bei.

Der dritte Term erfaßt den verzögerten Massenaustausch in der Kompaktphase (Rohrwand + Wirkphase), und sein Konstantenteil entspricht demjenigen bei gepackten Säulen, d. h. Gl. (2.49) bzw. unmittelbar der Konstanten C in der VAN DEEMTER-Gleichung (vgl. Fußnote 1, S. 32). Er entfällt für $d_f = 0$ und für $k_i = 0$.

2.5 Die Parameter des Chromatogramms

In diesem Abschnitt sind die wichtigsten, dem Chromatogramm zu entnehmenden Parameter bzw. zu ihnen in unmittelbarer Beziehung stehende Gleichungen zusammengestellt.

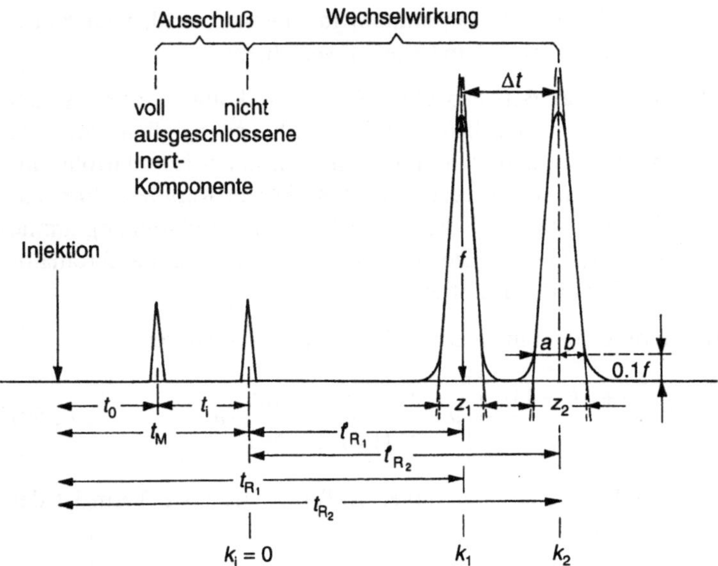

Bild 2.12 Ermittlung von Chromatogrammparametern

Bild 2.12 enthält die dem Chromatogramm sofort zu entnehmenden Zeitparameter:

t_0 Ausschlußzeit. Mittlere Wanderungszeit hinreichend großer inerter[1] Moleküle, die auf Grund ihrer Größe nicht in das Porensystem der Kompaktphase eindringen können. Zeit, die das Volumen V_0 (s. u.) zum Ausfluß aus der Trennsäule braucht

t_M Leer-, Tot- oder Mobilzeit. Mittlere Wanderungszeit einer Inertkomponente, die in alle (zugänglichen) Poren eindringen kann. Zeit, in der das Volumen V_M (s. u.) aus der Trennsäule fließt

t_i Zeit, während der sich die Inertkomponente im Mittel innerhalb von V_i aufhält[2]
$$t_i = t_M - t_0$$

t_i' mittlere Aufenthaltszeit teilweise ausgeschlossener Moleküle im Porenvolumen V_i
$$t_i' = t_{Ri} - t_0$$

t_{Ri} Bruttoretentionszeit des i-ten Peaks

---

[1] inert bedeutet: mit der Kompaktphase nicht in Wechselwirkung tretend

[2] Der Index i (gerade) kennzeichnet das interne Porenvolumen, der Index i (kursiv) den Stoff (Analyten).

t'_{Ri} Nettoretentionszeit, effektive Retentionszeit, oft ungenau als Retentionszeit bezeichnet

$$t'_{Ri} = t_{Ri} - t_M$$

Ferner benötigt man:

b/a Symmetrieparameter; Leading < 1 < Tailing[1]

$u = L/t_M$ lineare Wanderungsgeschwindigkeit des Schwerpunktes der Inertkom-
$= 4\dot{V}/\pi d_S^2 \varepsilon_m$ ponente

$u_i = L/t_{Ri}$ wie vorstehend, bezogen auf die Komponente i

$\dot{V}$ Volumendurchsatz, Volumengeschwindigkeit des Eluenten (Volumen pro Zeiteinheit)

$\dot{V} = q_f \cdot \overline{v} = q_m \cdot \overline{u} = q_S \cdot c$ (Abschn. 4.4., Bild 4.4), $\overline{v}$ und $\overline{u}$ sind über Zeit und Querschnitt gemittelte Geschwindigkeiten; v – lineare Wanderungsgeschwindigkeit großer Inertmoleküle, die nicht in die Trägerporen dringen; c – Leerrohrgeschwindigkeit

Durch Multiplikation der Zeitgrößen mit $\dot{V}$ ergeben sich die zugehörigen Volumengrößen, z. B.:

$V_M = t_M \cdot \dot{V}$ Leer- oder Totvolumen der Trennsäule bzw. Gesamtvolumen der fluiden
$= L \cdot q_m$ Phase in der Trennsäule, Retentionsvolumen des Inertpeaks
$= V_0 + V_i$

$V_0 = t_0 \cdot \dot{V}$ Ausschlußvolumen, identisch mit dem Zwischenkornvolumen V_f der Trennsäule

$V_i = t_i \cdot \dot{V}$ zugängliches Porenvolumen, meist mit dem Porenvolumen V_p der Packung identifiziert[2]

$V_{Ri} = t_{Ri} \cdot \dot{V}$ Bruttoretentionsvolumen. Es ist das bis zum „Erscheinen" des Peakmaximums der Komponente i notwendige Elutionsvolumen. *Retentionsvolumina sind im Gegensatz zu Retentionszeiten unabhängig von* $\dot{V}$.

Komponenten, die in alle (zugänglichen) Poren eindringen können, haben entsprechend Bild 2.12 das Retentionsvolumen

$$V_{Ri} = t_M \cdot \dot{V} + t'_{Ri} \cdot \dot{V} \tag{2.52}$$

$$= V_M + V'_{Ri} \quad (V'_{Ri} = \text{Nettoretentionsvolumen}) \tag{2.53}$$

$$= V_M + K_i X \quad (\text{mittels Gl. (2.12a)}) \tag{2.54}$$

$$= V_M + K_i V_W \quad (X = V_W), \tag{2.55}$$

wenn V_W das Wirkvolumen der Kompaktphase ist.

---

[1] Eine andere Möglichkeit zur Ermittlung der Peaksymmetrie bietet die erste Ableitung der Peakkurve. Nur im Falle eines GAUSS-Peaks ergibt sie zwei „Ableitungspeaks", deren Peakhöhen b (positiver Ableitungspeak) und a (negativer Ableitungspeak) genau gleich sind. Bei Tailing ist der negative, bei Leading der positive Peak der ersten Ableitung kleiner, so daß für b/a wiederum gilt: Leading < 1 < Tailing.

[2] *engl.:* internal pore volume

Inerte Komponenten, die nur teilweise in die Poren eindringen, ergeben

$$V_{Ri} = t_0 \cdot \dot{V} + t_i' \cdot \dot{V} = V_0 + V_i'. \tag{2.56}$$

V_i' ist das während der mittleren Aufenthaltszeit t_i' der Moleküle in V_i aus der Trennsäule ausfließende Flüssigkeitsvolumen, das gemäß Gl. (2.12a) als Produkt aus der Verteilungskonstanten und der Bezugsgröße der Kompaktphase gegeben ist. Die Verteilungskonstante bezieht sich im Falle des entsprechend der Molekülgröße teilweisen Ausschlusses vom Porensystem (Molekülgrößen-Ausschlußchromatographie) auf die Stoffverteilung zwischen V_i und V_0, d. h.

$$K_{SEC} = \frac{c_K}{c_F} = \frac{m_i}{V_i} \Big/ \frac{m_0}{V_0} = k_{SEC} \cdot V_0/V_i \tag{2.57a}$$

$$V_{Ri} = V_0 + K_{SEC} \cdot V_i . \tag{2.57b}$$

Tritt eine solche Substanz außerdem in Wechselwirkung mit der Kompaktphase, beträgt die Verzögerungszeit insgesamt $t_0 + t_i' + t_{Ri}'$, d. h. es wird

$$V_{Ri} = t_0 \cdot \dot{V} + t_i' \cdot \dot{V} + t_{Ri}' \cdot \dot{V} \tag{2.58}$$

$$V_{Ri} = V_0 + K_{SEC} \cdot V_i + K_i \cdot V_W . \tag{2.59}$$

Für $K_{SEC} = 1$ (maximaler Wert[1]) ergibt sich aus Gl. (2.59) Gl. (2.55), da $V_0 + V_i = V_M$ ist. Man erkennt, daß t_M und V_M problematische Größen sind. Treten für den „Marker" Ausschlußeffekte auf, wird t_M (bzw. V_M) zu klein gefunden, und die Nettoretentionsgrößen fallen dementsprechend zu groß aus. Sind Wechselwirkungen der ausgewählten „Inertkomponente" mit der Kompaktphase vorhanden, erhält man t_M (bzw. V_M) zu groß und die Nettoretentionsgrößen entsprechend zu klein (vgl. S. 186).

Wird statt der Verteilungskonstante gemäß Gl. (2.6b) das Massenverteilungsverhältnis (Kapazitätsfaktor k_i, vgl. S. 37) eingeführt, ergibt sich

$$V_{Ri} = V_M(1 + k_i) \quad \text{bzw.} \tag{2.60}$$

$$t_{Ri} = t_M(1 + k_i) \tag{2.61}$$

$$t_{Ri} = \frac{L}{u}(1 + k_i) \quad \text{(Einsetzen für } t_M) \tag{2.62}$$

$$t_{Ri} = N(1 + k_i) \cdot H_T/u \quad \text{(mittels } H_T = L/N) \tag{2.63}$$

$$\frac{t_{Ri}'}{t_{Ri}} = \frac{V_{Ri}'}{V_{Ri}} = \left(\frac{k_i}{1 + k_i}\right) \quad \text{(aus Gl. (2.61) und Gl. (2.67)).} \tag{2.64}$$

Gleichung (2.64) wird zur Umrechnung effektiver und nichteffektiver Größen benutzt (Abschn. 2.4.2.1).

Die Berechnung der Trennstufenhöhe H_T aus dem Chromatogramm erfolgt mit Hilfe der im Abschn. 2.4.2.1 angegebenen Gleichungen. Im allgemeinen geht man von Gl. (2.37a) aus und bestimmt t_{Ri} am Peakmaximum. σ wird nach sehr unterschiedlichen Verfahren ermittelt, die im Falle von GAUSS-Kurven von rein praktischen Gesichtspunkten (Einfachheit, Reproduzierbarkeit) bestimmt sind. Da sich jedoch reale Peaks

---

[1] Bei vollständiger Porenzugänglichkeit sind die Konzentrationen innerhalb und außerhalb der Poren gleich.

bei höheren Ansprüchen an die Genauigkeit (Richtigkeit) selten hinreichend durch GAUSS-Profile approximieren lassen, sind durch unkritische Anwendung der gebräuchlichen Auswerteverfahren erhebliche Fehler und Mißverständnisse möglich.

Man kann σ nach folgenden, in der Reihenfolge abnehmender systematischer Fehler geordneten Methoden ermitteln (vgl. auch Tab. 2.1): Wendepunktabstandsmessung, Peakbreitenmessung in $0{,}5f$ (Gl. (2.39)), Messung des Abstandes der Tangentenschnittpunkte mit der Grundlinie (Gl. (2.40)), Messung von Peakfläche und -höhe, Messung von 5σ sowie Messung des empirischen Asymmetrieparameters (Bild 2.12).

Zur Anwendung der Peakflächen/-höhenmessung bedient man sich der Gl. (2.24), d. h. es wird $\sigma = A / \left(f \sqrt{2\pi} \right)$ errechnet. Bei stärkerem Tailing liefert meist nur noch das 5σ-Verfahren zufriedenstellende Werte. Am sichersten ist, nach dem letzten der sechs genannten Verfahren gemäß der Gleichung

$$H_{\mathrm{T}} = \frac{L}{41{,}7} \cdot \frac{(a+b)^2}{t_{\mathrm{R}i}^2}\left(1{,}25 + \frac{b}{a}\right) \tag{2.65}$$

auszuwerten [28]. Die hiernach berechneten Werte kommen den wahren Werten, die sich nach dem Momentenverfahren (Abschn. 2.9.) ergeben, recht nahe. Nach den ersten drei oben aufgeführten Verfahren erhält man bei etwas stärkerem Peaktailing mehr als die doppelten Bodenzahlen (halben Bodenhöhen) als tatsächlich real [29]. Deswegen sind alle ohne Nennung des Auswerteverfahrens gemachten Angaben für N oder H sehr kritisch zu bewerten, insbesondere dann, wenn die Zahlen für h (Abschn. 2.6.) in der Nähe des theoretischen Wertes liegen.

Die Zahl der in der Zeiteinheit realisierbaren effektiven Böden (effektive Trennleistung, Abschn. 2.4.2.1) ergibt sich aus den Gln. (2.44a) und (2.63) zu

$$\dot{N}_{\mathrm{eff}} = \frac{u}{H_{\mathrm{T}}} \cdot \frac{k_i^2}{(1+k_i)^3} \cdot \tag{2.66}$$

Für $u/H_{\mathrm{T}} = \text{konst.}$ ist $\dot{N}_{\mathrm{eff}}$ nur vom Kapazitätsfaktor k_i abhängig. Die Funktion hat bei $k_i = 2$ ein breites Maximum, danach einen Wendepunkt und nähert sich im Falle $k_i \to \infty$ dem Grenzwert Null. Optimale Werte werden erhalten, wenn k_i zwischen 1 bis 5 (10) liegt.

$$k_i \equiv \frac{t_{\mathrm{R}i}'}{t_{\mathrm{M}}} = \frac{V_{\mathrm{R}i}'}{V_{\mathrm{M}}} \qquad$$ Kapazitätsfaktor (Retentionskapazität)[1], Massenverteilungsverhältnis, Totgrößenvielfaches (s. Gl. (2.10b)) (2.67)

$$f = \left(\frac{k_i}{1+k_i}\right)^2 \qquad$$ Umrechnungsfaktor in effektive Trennstufen (2.68)

$$\frac{k_i}{1+k_i} \qquad$$ Molekülanteil des Stoffes i in der Kompaktphase (Grenzwert 1 für $k_i \to \infty$) (2.69)

---

[1] nach IUPAC-Empfehlung „Retentionsfaktor"

$$\frac{1}{1+k_i} \qquad \begin{array}{l}\text{Molekülanteil des Stoffes } i \text{ in der fluiden Phase} \\ (\text{Grenzwert } 0 \text{ für } k_i \to \infty)\end{array} \qquad (2.70)$$

Nach Gl. (2.6b) verhalten sich die k_i-Werte zweier Verbindungen wie ihre Verteilungskonstanten.

Zwischen t_0 und t_M würde der Kapazitätsfaktor negative Werte annehmen, da $(t_{Ri} - t_M)$ < 0 ist. Für die Ausschlußchromatographie verwendet man daher

$$k_{SEC} = \frac{t'_{Ri}}{t_0} = \frac{t_{Ri} - t_0}{t_0} \ . \qquad (2.71)$$

Folgende Größen werden zur Beurteilung der Peakauftrennung verwendet:

$$\alpha_{21} = \frac{t'_{R2}}{t'_{R1}} = \frac{k_2}{k_1} = \frac{K_2}{K_1} \qquad \begin{array}{l}\text{Selektivitätskoeffizient, Trennfaktor[1], Nettoreten-}\\ \text{tionszeitverhältnis, relative Retention}\end{array} \qquad (2.72)$$

$$= \left(\frac{f_{1\infty}}{f_{2\infty}}\right)_K \cdot \left(\frac{f_{2\infty}}{f_{1\infty}}\right)_F \quad (\text{vgl. Gl. (2.4)}) \qquad (2.72a)$$

Ferner wurde als Selektivität[2] vorgeschlagen [30]:

$$S_{ij} = \ln\alpha = 2 \cdot \frac{\alpha - 1}{\alpha + 1} \equiv T_S \quad (1 < \alpha < 1{,}5). \qquad (2.73)$$

Die so definierte Selektivität entspricht bis $\alpha = 1{,}5$ dem Selektivitätsterm in der allgemeinen Auflösungsgleichung bzw. SAID-Gleichung (s. u.) und wird bei $\alpha = 1$ (keine Trennung) Null. Aus Gl. (2.72a) folgt:

Die Selektivität eines Phasensystems ist gleich der Summe der Selektivitätsbeiträge seiner Einzelphasen.

$$R_S = \frac{2y}{y_1 + y_2} \qquad \begin{array}{l}\text{Chromatographische Auflösung} \\ (\text{Definitionsgleichung nach IUPAC})\end{array} \qquad (2.74)$$

Die Auflösung R_S zweier Peaks 1 und 2 drückt den Abstand y ihrer Schwerpunkte (vgl. Abschn. 2.9) als Vielfaches des arithmetischen Mittels ihrer Peakbreiten y_1 und y_2 aus.

Für GAUSS-Profile und $n = 4$ schreibt man allgemein

$$R_S = \frac{y}{n\overline{\sigma}} = \frac{\Delta t}{\overline{z}_t} \ . \qquad (2.75a)$$

---

[1] Der IUPAC-Empfehlung „Trennfaktor" kann nicht zugestimmt werden. Man sollte den Terminus „Selektivitätskoeffizient" bevorzugen.

[2] Erstaunlicherweise definiert die IUPAC auch in ihren Empfehlungen von 1993 (loc. cit.) den Begriff „Selektivität" nach wie vor nicht, obwohl es sich um einen der wichtigsten Termini der Chromatographie handelt. Siehe hierzu auch Übungsaufgabe 14.3.4.

Wenn wir in Gl. (2.75a) $n = 4$ setzen und die Peakbreite in halber Peakhöhe $z_{1/2} = 2,35\sigma$ bevorzugen (Gl. 2.26), resultiert

$$R_S = 1,175 \cdot \frac{\Delta t}{\overline{z}_{1/2}} \, . \tag{2.75b}$$

Werden in Gl. (2.75a) N (theoretische Trennstufenzahl), α (Selektivitätskoeffizient) und k_i (Massenverteilungsverhältnis) eingeführt, ergibt sich die Auflösungsgleichung als Produkt aus einem Dispersions- oder Effektivitätsterm (T_E), einem Selektivitätsterm (T_S) und einem Geschwindigkeits- oder Kapazitätsterm T_C

$$R_S = T_E \cdot T_S \cdot T_C. \tag{2.76}$$

Für die exakte Ableitung ist es notwendig, z mittels G1. (2.40) auszudrücken und das arithmetische Mittel in G1. (2.75a) einzusetzen. Meist begnügt man sich mit zwei unterschiedlichen Näherungsgleichungen nach Ansätzen von KNOX (Gl. (2.77)) und PURNELL (Gl. (2.78)) unter Verzicht auf die Mittelbildung und Einsetzen von z für den ersten Peak (Gl. (2.77)) oder für den zweiten Peak (Gl. (2.78)). Abgesehen davon, daß es nicht zweckmäßig ist, sich willkürlich auf den ersten oder zweiten Peak zu beziehen, stellt $z_1 \approx z_2$ keine plausible Näherung dar. Empfehlenswert ist daher Gl. (2.79), die auf der Annahme $N_1 \approx N_2 \approx \overline{N}$ beruht. Diese Näherungsgleichung nach SAID folgt zwanglos aus der allgemeinen Auflösungsgleichung [30].

$$R_S \approx \frac{1}{4}\sqrt{N_1} \cdot (\alpha - 1) \cdot \frac{k_1}{1 + k_1} \qquad (z_1 \approx z_2) \tag{2.77}$$

$$R_S \approx \frac{1}{4}\sqrt{N_2} \cdot \left(\frac{\alpha - 1}{\alpha}\right) \cdot \frac{k_2}{1 + k_2} \qquad (z_1 \approx z_2) \tag{2.78}$$

$$R_S \approx \frac{1}{4}\sqrt{\overline{N}} \cdot 2\left(\frac{\alpha - 1}{\alpha + 1}\right) \cdot \frac{\overline{k}}{1 + \overline{k}} \qquad (N_1 \approx N_2 \approx \overline{N}) \tag{2.79}$$

Die 3-Term-Auflösungsgleichung hat grundlegende theoretische Bedeutung für die chromatographische Trennung. Nachfolgend werden die Einzelterme an Hand der Schreibweise von SAID erläutert.

Der Effektivitätsterm ist durch die realisierbare Trennstufenzahl N bzw. Effektivität $\sqrt{N}$ der Trennsäule gegeben und kann mit Hilfe von L, d_p und u optimiert werden. Der Selektivitätsterm, der bis $\alpha = 1,5$ mit der oben definierten Selektivität identisch ist, läßt sich durch geeignete Wahl des Lösungsmittels und (oder) der Kompaktphase optimieren und repräsentiert unmittelbar den Einfluß des Phasensystems auf die Trennung. Der dritte Term (Kapazitätsterm) schließlich hängt vorzugsweise von der Elutionsmittelstärke ab und entspricht dem in der Kompaktphase befindlichen Substanzanteil der Bezugskomponente. In der SAID-Gleichung handelt es sich dementsprechend um den Anteil einer Komponente, der die mittlere Aufenthaltszeit $\overline{t}' = \overline{k} \cdot t_M$ zukommt. Eine Beeinflussung des Kapazitätsterms ist auch über die spezifische Trägeroberfläche möglich, da die k_i-Werte A_a proportional sind.

Der Kapazitätsterm nähert sich, wie erwähnt, mit wachsendem k_i asymptotisch 1. Deshalb ist sein Einfluß auf R_S im Bereich $0 \leq k_i \leq 5$ am stärksten. Änderungen kleiner k_i-Werte beeinflussen die Auflösung merklich, während sich die Trennzeiten bei Werten >5 (10) wegen der linearen Beziehung zwischen t_{Ri} und k_i (Gl. (2.61)) für einen geringen Gewinn an Auflösung wesentlich verlängern.

Von ausreichender Trennung spricht man bei $\Delta t = \bar{z}_t$, d. h. $R_S = 1$ (Gl. (2.75)) mit einer Überlappung der GAUSS-Peaks von 4 %. Für $R_S = 1{,}25$ beträgt die Überlappung nur noch 1,2 %. Praktisch vollständige Trennung (sog. Grund- oder Basislientrennung) liegt ab $\Delta t = 1{,}5\,\bar{z}_t$ vor ($R_S \geq 1{,}5$). Keine Auflösung ist für $R_S \leq 0{,}5$ gegeben (vgl. Tab. 14.5).

Ein Vergleich der Gln. (2.77) bis (2.79) mit Gl. (2.44a) zeigt die erhebliche Vereinfachung der Auflösungsgleichungen bei Einführung effektiver Böden, z. B.

$$R_S \approx \frac{1}{4}\sqrt{\overline{N_{\text{eff}}}} \cdot 2\frac{\alpha-1}{\alpha+1}. \tag{2.80}$$

Man setzt $R_S = 1$ und formt unter Berücksichtigung von Gl. (2.76) um:

$$\overline{N}_{\text{eff}} \approx \left(\frac{4}{T_S}\right)^2. \tag{2.81}$$

Dieser Ausdruck ergibt die bei gegebener Selektivität des Phasensystems zu einer ausreichenden Trennung zweier Peaks notwendigen effektiven Böden. T_S entspricht im Beispiel dem Selektivitätsterm der SAID-Gleichung.

Eine recht anschauliche Größe zur Charakterisierung der Peakverbreiterung ist die sog. Peakkapazität Ψ_i. Wenn man $H_T = $ konst. annimmt, ist σ proportional t_R (Gl. (2.37a)). Man denkt sich nun das Zeitintervall $\Delta t = t_{Ri} - t_M$ durch homologe, sich ständig verbreiternde Peaks so ausgefüllt, daß ihre benachbarten Wendetangenten gemeinsame Schnittpunkte auf der Grundlinie haben ($R = 1$). Lassen sich über Δt Ψ_i Peaks unterbringen (einschließlich des 1. Peaks über t_M und des letzten Peaks über t_{Ri}), gilt

$$\Psi_i = 1 + 0{,}6\sqrt{N} \cdot \lg(1 + k_i). \tag{2.82}$$

Mittels Gl. (2.82) kann man sowohl die Trennwirksamkeit einer Säule gegenüber chromatographierten Substanzen ($k_i \to 0$, $\Psi_i \to 1$) als auch die Auflösung zweier Peaks charakterisieren, letztere durch $\Psi_2 - \Psi_1$ mit $\Delta t = (t_{R2} - t_{R1})$ und $N_2 \approx N_1$.

2.6 Reduzierte Größen

Die $H_T(u)$-Funktion läßt sich vorteilhaft mit sog. reduzierten, dimensionslosen Größen h (reduzierte Bodenhöhe) und v (reduzierte Geschwindigkeit) wiedergeben [31]. Hierzu dividiert man Gl. (2.48) durch d_p und faßt u, d_p und D_i zum Parameter v zusammen

$$h = \frac{H_T}{d_p}, \tag{2.83a}$$

$$v = \frac{u}{D_i/d_p} = \frac{u \cdot d_p}{D_i}. \tag{2.83b}$$

Aus den Mischungsgliedern wird auf diese Weise

$$h = \left(\frac{1}{2\lambda} + \frac{1}{\omega v} \right)^{-1} + \frac{2\gamma}{v} \tag{2.84}$$

und aus den Massenaustauschgliedern

$$h = C_F'' \sqrt{v} + \Psi \frac{(1 - \varphi + k_i)}{(1 + k_i)^2} \cdot \frac{D_i}{D_{i\mathrm{eff}}} \cdot v \,. \tag{2.85}$$

H_T ist durch h als Vielfaches des Partikeldurchmessers ausgedrückt. Da h, wie GIDDINGS zeigte, auf Grund des stets verbleibenden Mischungsanteils der Kornumströmung 2λ den Minimalwert 2 auch im günstigsten Falle (Massenaustauschglieder Null, v in Gl. (2.85) hinreichend groß, λ bei idealer Packung ≈ 1) nicht unterschreiten kann, gilt

$$H_\mathrm{T} \geq 2 d_\mathrm{p}. \tag{2.86}$$

v stellt das Verhältnis zweier Transportgeschwindigkeiten der chromatographierten Substanz in der fluiden Phase dar, der linearen Strömungsgeschwindigkeit u und der Diffusionsgeschwindigkeit D_i/d_p (cm·s^{-1}), bezogen auf den Partikeldurchmesser d_p.

Meist gibt man die Gleichungen nach KNOX näherungsweise mit der halbempirischen Beziehung

$$h = A^* \cdot v^{0,33} + B^*/v + C^* \cdot v \tag{2.87}$$

wieder.

In den Gln. (2.84), (2.85) und (2.87) sind alle Glieder dimensionslos, und h ist – da d_p eliminiert wurde – unabhängig vom mittleren Partikeldurchmesser. Die Konstanten A^*, B^*, C^* können selbstverständlich nicht mit denen von Abschn. 2.4.2.2 identisch sein. Jedoch drückt sich auch in A^* die Qualität der Trennsäulenpackung und in C^* der Massenübergang aus. Unregelmäßig gepackte Säulen führen zu hohen A^*-Werten, schlechte Massenübergangscharakteristika ergeben große Konstantenwerte C^*. Für Inertkomponenten und unporöse Träger (Massenaustauschglieder Null) spielt die Art der fluiden Phase keine Rolle, denn D_i ist in Gl. (2.84) nicht mehr enthalten. Mit wachsenden k_i-Werten und steigender Geschwindigkeit v verschieben sich die h-Kurven zu höheren Werten, so daß ein entsprechendes Komponenten-„spektrum" ein charakteristisches Kurvenband ergibt.

Die $h(v)$-Funktion ist eine universelle Beziehung. Sie leistet für die Interpretation der Wirksamkeit von Trennsäulen mit unterschiedlichen Trägern gute Dienste. Auch Flüssig- und Gaschromatographie wurden verglichen [32]. Da die Trennstufenhöhe, wie bereits dargelegt, maßgeblich von der Bettstruktur abhängt, sind vergleichbare Ergebnisse nur bei einwandfreier Säulenpackung zu erhalten. Ergeben sich für ein bestimmtes Trägermaterial mit kleineren Korngrößen höhere h-Werte, darf mit Sicherheit auf eine weniger gelungene Trennsäulenpackung geschlossen werden.

Zur graphischen Darstellung von Gl. (2.87) trägt man lg h gegen lg v auf (doppelt logarithmisches Papier). Die Kurven haben i. allg. Minima zwischen $h = 2$ bis 5 und $v = 2$ bis 10. Der konventionelle Bereich der Flüssigchromatographie erstreckt sich bis $v = 200$ (600). Typische Werte für A^* liegen bei 0,5 – 2, für B^* bei 1,5 – 2 und für C^* bei $1 \cdot 10^{-2}$ bis $5 \cdot 10^{-2}$.

Ab $v > 10$ kann die Axialdiffusion und damit das zweite Mischungsglied B^*/v vernachlässigt werden. Mit Hilfe der für einen annähernd linearen Kurventeil gültigen Gleichung $\lg h = n \cdot \lg v + \text{konst.}$ erhält man zu den reduzierten Werten h und v die Kurvensteigung n. Damit lassen sich die prozentualen Anteile der Einzelglieder in Gl. (2.87) unter Verwendung von Tab. 2.2 angeben [33].

Tabelle 2.2 Anteile zur reduzierten Bodenhöhe h

n	Prozentanteile zu h	
	Mischungsglied $A^* \cdot v^{0,33}$	Massenübergangsglied $C^* \cdot v$
0,33	100	0
0,4	90	10
0,5	75	25
0,6	60	40
0,7	45	55
0,8	30	70
0,9	15	85
1,0	0	100

Gleichung (2.50) lautet in reduzierter Form ($d_p \equiv d_c$):

$$h(v) = \frac{2}{v} + \frac{1}{96}\left[\frac{1 + 6k_i + 11k_i^2}{(1 + k_i)^2}\right] v + \frac{2}{3}\frac{k_i}{(1 + k_i)^2} \cdot \left(\frac{d_f}{d_c}\right)^2 \cdot \frac{D_i}{D_{iK}} \cdot v. \tag{2.88}$$

In dieser Schreibweise ist gut zu erkennen, daß der verzögerte Massenaustausch in der Kompaktphase (3. Glied) für die Kapillarchromatographie vernachlässigt werden kann. D_i/D_{iK} beträgt etwa 1, und d_f^2/d_c^2 liegt in der Größenordnung von 10^{-3}. Wegen des ungünstigen Phasenverhältnisses sind die Kapazitätsfaktoren in der Kapillarchromatographie generell niedriger als in gepackten Säulen (vgl. Gl. (2.6b)), was mit weniger starken Elutionsmitteln ausgeglichen werden kann.

Abschließend sei eine dritte reduzierte Größe angeführt, die ebenfalls dimensionslos und unabhängig von d_p ist, der sog. Säulenwiderstandsfaktor $\Phi = d_p^2/K$ (vgl. Abschn. 2.7 und 4.6).

2.7 Der Strömungswiderstand der Trennsäule

Für inkompressible Flüssigkeiten[1], die durch ein poröses Medium (Kugelschüttung) strömen, gilt in Analogie zum HAGEN-POISEUILLEschen Gesetz (DARCY 1856):

In jeder Richtung ist die lineare Fließgeschwindigkeit einer laminaren Strömung dem Druckgefälle proportional.

Linearität zwischen Fließgeschwindigkeit c und Druckgradienten $\partial p/\partial x$ besteht nur für laminare Strömung bis $\text{Re} = c \cdot d_p/v \leq 10$, wenn d_p der Durchmesser der (kugelförmigen)

---

[1] Vgl. Fußnote 1, S. 27

Packungsteilchen und v die kinematische Viskosität der strömenden Phase ist. Die Bedingung trifft in der Flüssigchromatographie stets zu.

Für eine gepackte Trennsäule mit dem Druckabfall ΔP liefert die Integration der DARCYschen Differentialgleichung zwischen x_1, x_2, p_1, p_2

$$K_0 = \frac{c\,\eta\,L}{\Delta P} = \frac{4\dot{V}\eta\,L}{\pi\,d_S^2\,\Delta P} \tag{2.89}$$

$$K_0 = \frac{c\,\eta\,L}{\Delta P} = \frac{d_S^2}{32}\,. \tag{2.90}$$

Gleichung (2.90) ergibt sich einfach durch Umformen des HAGEN-POISEUILLEschen Gesetzes für das kreisrunde, leere Rohr (Kapillarchromatographie). K_0 heißt spezifische Permeabilität[1]. Mit c bezeichnen wir die Leerrohrgeschwindigkeit, d. h. die lineare Fließgeschwindigkeit, die sich beim gleichen Volumendurchsatz $\dot{V}$ im leeren Rohr einstellen würde. η stellt die dynamische Viskosität der fluiden Phase dar[2].

Beim chromatographischen Arbeiten ist es zweckmäßig, statt c die Geschwindigkeit $u = L/t_M$ einzuführen. Dann wird aus Gl. (2.89)

$$K = \frac{u\cdot\eta\cdot L}{\Delta P} \qquad [K] = \text{cm}^2\,. \tag{2.91}$$

K bezeichnet man kurz als Permeabilität. Die reziproken Konstanten K_0 und K sind ein Maß für den Strömungswiderstand der Trennsäule. Eine Temperaturangabe zu K ist nicht notwendig. η nimmt mit steigender Temperatur ab, gleichzeitig sinkt ΔP[3].

Die Permeabilitätskonstanten hängen von der Beschaffenheit der Säulenfüllung ab. Man findet für

$$K_0 = \frac{d_p^2}{180\,\vartheta^2} \cdot \frac{\varepsilon_f^3}{\left(1-\varepsilon_f\right)^2} \qquad \text{(KOZENY-CARMAN)} \tag{2.92}$$

und für K

$$K = \frac{d_p^2}{180\,\vartheta^2} \cdot \frac{\varepsilon_f^2}{\left(1-\varepsilon_f\right)^2} \cdot \varphi\,. \tag{2.93}$$

φ stellt den strömenden Anteil der fluiden Phase dar (vgl. Bild 4.4).

$1 \leq \vartheta \leq 1,3$ ist ein Formfaktor, der den Abweichungen von der Kugelform und den von der Strömung erfaßten Vertiefungen der Oberfläche poröser Träger Rechnung trägt. Wie ersichtlich, spielt d_S für die Permeabilität gepackter Säulen unmittelbar keine Rolle.

---

[1] Permeabilität $\equiv$ Durchlässigkeit. Die Bezeichnung „spezifische Permeabilität" für die auf die Leerrohrgeschwindigkeit bezogene Permeabilität wird nicht einheitlich benutzt.

[2] Es gilt $\eta = \rho\cdot v$.

[3] Bei einer Temperaturänderung von 5 °C ändert sich die Viskosität der meisten Flüssigkeiten um 10$\cdots$20 %.

Mit $\varepsilon_f = 0{,}4$ für die Zwischenkornporosität und $\vartheta = 1$ (Glaskugeln) erhält man aus Gl. (2.92) die als Näherungsformel oft benutzte Gleichung

$$K_0 \approx \frac{d_p^2}{1000}.$$ (2.94)

Mittels Gl. (2.89) ergibt sich daraus

$$d_p^2 = \frac{4000}{\pi} \cdot \frac{\dot{V} \cdot \eta \cdot L}{d_S^2 \cdot \Delta P},$$ (2.94a)

eine Gleichung, die unmittelbar die Beziehung zwischen Druckabfall und Partikeldurchmesser in der Trennsäule widerspiegelt und gelegentlich zur Ermittlung des mittleren Partikeldurchmessers verwendet wurde. Als Zahlenwertgleichung ausgedrückt lautet sie:

$$d_p = 46 \cdot \sqrt{\frac{\dot{V} \cdot \eta \cdot L}{d_S^2 \cdot \Delta P}}$$ (2.94b)

d_p	$\dot{V}$	η	L	d_S	ΔP
μm	ml$\cdot$min^{-1}	mPa$\cdot$s oder cP	cm	mm	bar

Obwohl Gl. (2.94b) durchaus brauchbare Werte für den Partikeldurchmesser liefern kann und die unter der Wurzel stehenden Größen recht genau zu ermitteln sind, ist immer daran zu denken, daß für ε_f (Packungsqualität) und ϑ (Trägereigenschaft) nur grobe Schätzwerte eingehen.

Aus Gl. (2.90) und Gl. (2.91) erhält man

$$\frac{K_0}{K} = \frac{c}{u} = \frac{\varepsilon_f}{\varphi} = \varepsilon_m.$$ (2.95)

Gleichung (2.95) verdeutlicht nochmals den Zusammenhang der Permeabilitätskonstanten. Ein im Säulenpacken erfahrener Hersteller reproduziert die Werte mit $\sigma = 5$ bis 10 %. Permeabilitätskonstanten bestimmt man in einfacher Weise aus der Neigung der $\Delta P/u$- bzw. $\dot{V}$-Kurve[1].

Sofern $u = L/t_M = $ konst., steigt der Säuleneingangsdruck mit sinkendem Partikeldurchmesser d_p offensichtlich quadratisch. Arbeitet man beispielsweise mit der Säulenlänge L und dem Partikeldurchmesser $d_p = 10\,\mu$m bei 100 bar, so sind für $d_p/2 = 5\,\mu$m 400 bar zu erwarten. Wird gleichzeitig L um die Hälfte verkürzt, dann beträgt der Druckabfall nur 200 bar bei gleichzeitigem Zeit- und Lösungsmittelgewinn von jeweils 50 %.

Nach Untersuchungen von HALASZ gilt $H_T \sim d_p^{\,\beta}$ mit $1 < \beta < 2$, wobei man für grobe Partikel (klassische Säulenchromatographie) $\beta \approx 2$ und im Falle kleiner Partikel ($<5\,\mu$m) $\beta \approx 1$ setzt. Das bedeutet im obigen Beispiel, daß sich H_T ungefähr halbiert und

---

[1] Übliche Größenordnungen sind z. B. folgende: 10^{-10} (für $d_p = 5\,\mu$m), 10^{-9} (für $d_p = 10\,\mu$m) und 10^{-8} (für $d_p = 30\,\mu$m) cm².

somit die verkürzte Trennsäule noch die gleiche Anzahl theoretischer Böden besitzt. Für die Trennleistung $\dot{N} = N/t_{Ri}$ allerdings wird der doppelte Wert erreicht.

Die Betrachtung erklärt nicht nur den gegenwärtigen Trend zur sog. Schnellen Chromatographie mit *kurzen Trennsäulen* (s. Abschn. 2.10), sondern einmal mehr die Entwicklung von der klassischen Chromatographie zur modernen Hochleistungs-Flüssigchromatographie (Abschn. 1). Es ist nützlich, sich dabei ins Gedächtnis zu rufen, daß auch der „klassische" Chromatographer mit seinen „groben" Partikeln durchaus schon hohe Selektivitäten und Trennwirksamkeiten (N) realisieren konnte. Aber das Ganze war mühsam und zeitaufwendig. Es fehlte an der Trennleistung ($\dot{N}$)!

2.8 Temperaturgradienten innerhalb der Trennsäule

Der Strömungswiderstand gepackter Säulen erfordert einen mehr oder weniger hohen Aufwand an Pumpenergie, sofern das Lösungsmittel mit annehmbarer Geschwindigkeit durch die Packung fließen soll. Diese Energie dient zur Überwindung der Reibungskräfte innerhalb der Füllung und wird in Wärme umgesetzt. Dadurch bilden sich zwei Temperaturgradienten aus, ein Gradient vom Säulenanfang zum Säulenende und ein zweiter, infolge Wärmeabführung durch die Kolonnenwand, von der Säulenmitte nach außen. Der radiale Gradient ist mit adiabatischen Säulen (gute Wärmeisolation) weitgehend vermeidbar.

Unabhängig von der Packung ergibt sich für den Temperaturanstieg ΔT eines inkompressiblen adiabatischen Systems

$$\Delta T = \frac{\Delta P}{9{,}76 \cdot \rho \cdot c_{p}} \qquad [\Delta T] = {}^{\circ}\text{C} \tag{2.96}$$

($\Delta P < 500$ bar).

ρ (g $\cdot$ cm^{-3}) ist die Dichte, c_{p} (J $\cdot$ grad^{-1} $\cdot$ g^{-1}) die spezifische Wärme der fluiden Phase[1]. ΔP wird in Bar eingesetzt. Bei $\Delta P = 100$ bar errechnet man für die meisten Flüssigkeiten einen adiabatischen Temperaturzuwachs von $5 \cdots 7$ °C längs der Säulenachse. In den üblichen Stahlsäulen mit $d_{S} \approx 4$ mm wird jedoch wegen der Wärmeabführung durch die Wand nur etwa die Hälfte gemessen [34].

Der unberücksichtigte Temperaturanstieg in der Säule führt u. U. zur Verwendung eines zu hohen Viskositätswertes in Gl. (2.91). Dieser Fehler gleicht sich allerdings z. T. aus, weil die Viskosität der meisten organischen Flüssigkeiten bei Druckerhöhung steigt[2].

Temperaturgradienten im Innern einer Trennsäule beeinflussen ihre chromatographischen Eigenschaften in unerwünschter Weise.

Durch Temperaturlängsgradienten können sich die Retentionsgrößen bei hohen Drücken merklich verringern. Ein Temperaturabfall von der Säulenmitte zur Außenwand bewirkt uneinheitliche Fließgeschwindigkeiten im Säulenquerschnitt und somit Peakverbreite-

---

[1] 1 cal = 4,1868 J

[2] Bei Druckzuwachs von z. B. 100 bar um 10 %.

rung. Im gleichen Sinne wirkt sich der verbesserte Stofftransport des gelösten Stoffes in der wärmeren Säulenmitte aus.

Der Einfluß von Temperatureffekten verringert sich, je geringer der verwendete Säulendurchmesser, d. h. je englumiger die betreffende Trennsäule ist. Hierin liegt ein Vorteil aller Mikrosäulen, der sich beim Hintereinanderschalten mehrerer derartiger Säulen bzw. bei großen Säulenlängen auszahlt. Andererseits muß man auf jeden Fall mit Bandenverbreiterungen durch Temperatureffekte im Falle kleiner Korngrößen ($\leq 5\ \mu$m) und hoher Strömungsgeschwindigkeiten rechnen.

Schädliche Temperaturgradienten innerhalb der Trennsäule können ferner auftreten, sobald das zugeführte Elutionsmittel eine andere Temperatur als die Trennsäule (Thermostatenraum) hat. Zur Beseitigung solcher Temperaturgradienten ist einem günstigen Wärmeaustausch konstruktiv Rechnung zu tragen.

2.9 Anwendung statistischer Momente

Wahrscheinlichkeitsdichtekurven $y = f(t)$, wie sie in der Chromatographie auftreten (vgl. Abschn. 2.3), lassen sich durch sog. statistische Momente beschreiben und charakterisieren. Die auf den russischen Mathematiker TSCHEBYSCHOW zurückgehende Methode erlaubt auch bei nicht GAUSS-förmigen Peakprofilen eine zuverlässige Ermittlung wichtiger chromatographischer Größen besonders dann, wenn mehr oder weniger stark deformierte Peakprofile einer Anwendung der üblichen Methoden im Wege stehen.

Man unterscheidet zwischen gewöhnlichen Momenten m_k und zentralen Momenten $\overline{m}_k$, die wie folgt definiert sind ($k = 0, 1, 2,\dots$):

$$m_k = \int t^k f(t)\mathrm{d}t \tag{2.97}$$

$$\overline{m}_k = \int (t - m_1)^k f(t)\mathrm{d}t . \tag{2.98}$$

Aus Gl. (2.97) erhält man mit $k = 0$

$$m_0 = \int f(t)\mathrm{d}t = 1 , \tag{2.97a}$$

das nullte Moment als Kurvenfläche; mit $k = 1$ ergibt sich

$$m_1 = \int t \cdot f(t)\mathrm{d}t = \bar{t} , \tag{2.97b}$$

das erste Moment, das (vgl. Abschn. 2.3) das (arithmetische) Mittel der Retentionszeiten längs der Konzentrationsverteilung, d. h. die Zeitkoordinate des Peakschwerpunktes und damit die wahre Bruttoretentionszeit t_{Ri} einer Komponente i darstellt. Dieser Wert ist unabhängig von der Kinetik der Trennprozesse und erlaubt bei Vorliegen linearer Isothermen die Berechnung der thermodynamischen Gleichgewichtskonstante (Abschn. 2.2.). Mit $k = 2$ resultiert das zweite Moment

$$m_2 = \int t^2 f(t)\mathrm{d}t = \overline{t^2} , \tag{2.97c}$$

als arithmetisches Mittel der Retentionszeitquadrate, mit $k = 3$ das dritte Moment usw.

Aus Gl. (2.98) ergibt sich mit $k = 2$[1]

$$\overline{m}_2 = \int (t - m_1)^2 f(t)\mathrm{d}t = m_2 - m_1^2 \, , \qquad (2.98a)$$

das zweite zentrale Moment, der Mittelwert der quadratischen Abweichungen vom (arithmetischen) Mittel der Retentionszeiten, uns bereits als Varianz σ_i^2 der Dichtefunktion geläufig (Gl. (2.20)). $k = 3$ führt zu

$$\overline{m}_3 = \int (t - m_1)^3 f(t)\mathrm{d}t \, , \qquad (2.98b)$$

dem dritten zentralen Moment, mit dem die Peakschiefe

$$S = \frac{\overline{m}_3}{\overline{m}_2^{3/2}} = \frac{\overline{m}_3}{\sigma_t^3} \qquad (2.99)$$

definiert wird. $S > 0$ bedeutet Peaktailing, $S < 0$ Peakleading. Für GAUSS-Profile gilt $\overline{m}_3 = 0$ und somit $S = 0$. Tailingbehaftete Peaks ergeben i. allg. Werte zwischen $0 < S < 1$. $S = 1$ resultiert beispielsweise, wenn man eine Hälfte des GAUSS-Profils als stark asymmetrisches Peakmodell betrachtet. Die Standardabweichung asymmetrischer Peaks ist stets größer als die normalverteilter bei gleicher Peakhöhe und -fläche.

Gemäß Gl. (2.37a) läßt sich H_T in exakter Weise (vgl. Abschn. 2.5) mit Momenten formulieren. Es gilt

$$H_T = \frac{\overline{m}_2}{m_1^2} \cdot L \qquad (2.100)$$

und somit $N = m_1^2 / \overline{m}_2$. Die Auflösungsgleichung lautet in Momentenschreibweise Gl. (2.75a)):

$$R_{2,1} = \frac{1}{2} \cdot \frac{(m_1)_2 - (m_1)_1}{(\overline{m}_2)_2^{1/2} + (\overline{m}_2)_1^{1/2}} \, . \qquad (2.101)$$

Eine Chromatogrammauswertung mit statistischen Momenten nach den angegebenen Gleichungen erfordert die elektronische Digitalisierung des Chromatogramms und die Einbeziehung eines entsprechend programmierten Computers. Für modern ausgerüstete Chromatographielaboratorien stellt das kein prinzipielles Problem dar.

GRUBNER [35] konnte zeigen, daß sich m_1, $\overline{m}_2$ und $\overline{m}_3$ auch in relativ einfacher Weise über die Wendepunkte asymmetrischer Elutionskurven bestimmen lassen.

2.10 Englumige und sehr kurze Trennsäulen

Die Varianzzunahme eines Substanzprofils während des Transports längs einer Trennsäule S der Länge L errechnet sich mittels Gl. (2.38a) und Gl. (2.60) zu

$$\sigma_{VS}^2 = H_T \cdot V_M^2 (1 + k_i)^2 / L \, . \qquad (2.103)$$

---

[1] Für $k = 0$ wäre $\overline{m}_0 = m_0$ und für $k = 1$ $\overline{m}_1 = 0$.

Für ungefüllte Trennsäulen ist $V_M = q_S \cdot L$. Im Falle gepackter Kolonnen hat man, um den Anteil des von der fluiden Phase besetzten Säulenvolumens zu erhalten, noch mit ε_m zu multiplizieren. Dann ergibt sich für σ_{VS}^2

$$\sigma_{VS}^2 = H_T \cdot L \cdot \varepsilon_m^2 \cdot q_S^2 (1+k_i)^2 \tag{2.104}$$

und für das von der Säule verursachte Peakvolumen ΔV_S ohne Berücksichtigung der säulenexternen Varianzen und des Injektionsvolumens

$$\Delta V_S = 4\sigma_{VS} = \pi \cdot \varepsilon_m \cdot d_S^2 \sqrt{H_T \cdot L} \, (1+k_i) . \tag{2.105}$$

Aus Gl. (2.105) folgt mit Gl. (7.4), wenn man c mittels Gl. (2.24) auf das Peakmaximum bezieht

$$S_c = f_{rc} \cdot \frac{Q}{\dfrac{1}{4}\pi\sqrt{2\pi} \cdot \varepsilon_m \cdot d_S^2 \sqrt{H_T \cdot L}} \cdot \frac{1}{1+k_i}, \tag{2.106}$$

sofern auch hier der Einfluß der externen Varianzen auf das Signal unberücksichtigt bleibt[1]. Schließlich erhält man als kleinste detektierbare Masse (Massenempfindlichkeit) des Systems Q

$$Q = (2S_R / f_{rc})\frac{1}{4}\pi \sqrt{2\pi} \cdot \varepsilon_m \cdot d_S^2 \sqrt{H_T \cdot L} \, (1+k_i), \tag{2.107}$$

wenn S_R das Rauschsignal (Störpegel des Signals) ist (Abschn. 7.3.1).

Für massenstromabhängige Detektoren ist in den Gln. (2.106) und (2.107) noch der Volumenfluß $\dot{V}$ zu berücksichtigen, wodurch die Signale unabhängig vom Säulendurchmesser werden.

Gemäß Gl. (2.105) verhalten sich die ΔV_S-Werte einer Substanz in zwei Säulen mit den Durchmessern d_1 und d_2 (bei sonst gleichen Parametern) wie die Quadrate der Säulendurchmesser. Für die Signale S_c gilt das Umgekehrte (Gl. (2.106)):

$$\frac{\Delta V_{S1}}{\Delta V_{S2}} = \frac{\dot{V}_1}{\dot{V}_2} = \frac{d_1^2}{d_2^2} \approx \frac{S_{c2}}{S_{c1}} . \tag{2.108}$$

Im Abschn. 1 wurde bereits darauf hingewiesen, daß sich gegenwärtig kurze, schnelle Säulen mit kleinen Partikeln sowie kleinkalibrige (englumige) Trennsäulen konventioneller Längen, sog. PMB („packed microbore")-Säulen, auf dem Markt etablieren. Welcher Typ zu bevorzugen ist, hängt u. a. von der analytischen Zielstellung ab. Eine a priori höhere Trennwirksamkeit gegenüber konventionellen HPLC-Säulen wird in beiden Fällen nicht erzielt.

Daneben vollzieht sich, wie bereits erwähnt, die Entwicklung echter Mikrosäulen und Kapillaren, deren Anwendung extreme Anforderungen an die einzusetzenden Geräte stellt. Tabelle 2.3 enthält eine systematisierte Zusammenstellung der derzeit verwendeten Säulentypen. Ihre exakte Abgrenzung ist natürlich schwer durchführbar, allerdings auch nicht notwendig.

---

[1] Exakt gilt: $\Delta V = \Delta V_S \cdot \sqrt{1+\sigma_{ex}^2 / \sigma_{VS}^2} .$

Tabelle 2.3 Zusammenstellung analytischer Säulentypen zur HPLC
mit unterschiedlichen Durchmessern

Typ	d_S/mm	L/cm	V_Z/µl	$N \cdot 10^{-3}$/TP
konv. Säulen	2–5	20 ± 10	10 ± 5	10 ± 5
PMB-Säulen	1 (0,5–2)	20 ± 10	≤ 1	10 ± 5
Mikrosäulen	0,1–0,5	10–20	0,005–0,2	5–10
Kapillarsäulen	<0,1	$(10–100)\cdot 10^2$	<0,05	>100
gepackt	<0,1			
ungefüllt	$\leq$0,01		<0,001	

Um die Besonderheiten der einzelnen Säulentypen einschätzen zu können, sei von einer gepackten konventionellen Säule mit den in der Kopfspalte von Tab. 2.4 angegebenen Parametern ausgegangen.

Zuerst halbiert man gedanklich das Säulenkaliber (Säuleninnendurchmesser) der konventionellen Säule bei unveränderter Säulenlänge und gleichem Partikeldurchmesser. Die berechneten Parameter der so erhaltenen englumigen Säule sind in der ersten Zahlenreihe der Tabelle aufgeführt. Anschließend bleibt der Säulendurchmesser der Ausgangssäule konstant, aber der Partikeldurchmesser der Säulenfüllung und die Säulenlänge werden um die Hälfte verkleinert. Die Parameter dieser Kurzsäule finden sich in der unteren Zahlenreihe von Tab. 2.4.

Tabelle 2.4 Schema für Parameteränderungen beim Übergang von konventionellen HPLC-Säulen zu sog. niedrigdispersen HPLC-Säulen (englumige Säulen, Kurzsäulen)
Die Primärgrößen wurden stark umrahmt. Alle Zahlenwerte sind Vielfache der Ausgangsparameter (siehe Text)

	d_s	d_p	L	σ^2_{VS}	ΔV	H_T^{*}	N	t_A	$\dot{N}$	S_c^{**}	ΔP	$\dot{V}$	Lm-Verbr.
Englumige Säule	1/2	-	-	1/16	1/4	konst.	konst.	konst.	konst.	4	konst.	1/4	1/4
Kurzsäule	-	1/2	1/2	1/4	1/2	1/2	konst.	1/2	2	2	2	konst.	1/2

$^{*}\, H_T \sim d_p$ ** massenstromabhängige Detektoren ergeben keinen Signalgewinn

Beim Übergang zu englumigen Säulen fällt die starke Erniedrigung von σ^2_{VS} auf. Da im gleichen Verhältnis notwendigerweise auch die externen Varianzen abzunehmen haben, wird verständlich, weshalb selbst 2 oder gar 1 mm-Säulen früher wenig Erfolg hatten: Ihre erfolgreiche Anwendung erfordert eine neue Gerätegeneration. Weniger Ansprüche stellen die Kurzsäulen, es sei denn, man wählt extrem reduzierte Säulenlängen.

Der zweifellos bemerkenswerteste Vorteil beim Übergang zu kleinen Säulendimensionen ist die Herabsetzung des Lösungsmittelverbrauchs (Lm-Verbr.) . Auf diese Weise können sehr teure oder „ausgefallene" Lösungsmittel als Eluenten dienen. Abgesehen davon wird man in Laboratorien mit vielen rund um die Uhr betriebenen Geräten die derzeit als erhebliche ökonomische und sicherheitstechnische Belastung anzusehenden Lösungsmittelmengen künftig drastisch vermindern. PMB-Säulen eignen sich auch gut zur Kopplung mit der Massenspektrometrie.

Des weiteren ist für beide Säulentypen die auf Grund der kleinen Peakvolumina bei Benutzung konzentrationsabhängiger Detektoren erhöhte Detektionsempfindlichkeit vorteilhaft. Der nach Gl. (2.108) errechenbare Signalgewinn wird allerdings nur mit hinreichend kleinen Substanzmengen und vergleichbaren Dosiervolumina wirksam. Nutzt man die Säulenkapazitäten jeweils voll aus (maximale Probenmengen), ist die der Elutionschromatographie inhärente Probenverdünnung von den Säulenparametern unabhängig. In diesem Falle wird mit kleineren Säulen trotz kleinerer Peakvolumina keine höhere Detektionsempfindlichkeit erzielt. Im allgemeinen möchte man aber Probenmengen bzw. Probenvolumina möglichst niedrig halten, und gerade dann tritt auch der sehr wünschenswerte Signalgewinn in Erscheinung.

Die Massenempfindlichkeit verbessert sich bei konzentrationsabhängigen Detektoren mit abnehmendem d_s bzw. L gemäß Gl. (2.107) auf jeden Fall, gleiches Rauschen (S_R) und gleiche Detektionsempfindlichkeit (f_{rc}) vorausgesetzt.

Eine konventionelle Säule möge die Abmessungen $L = 250$ mm, $d_S = 4,0$ mm und eine Füllung mit Partikeln des Durchmessers $d_p = 5$ μm haben. Ferner sei $H_T = 0,015$ mm bestimmt worden. Für $k_i = 0$ errechnet sich $\sigma_{VS}^2 = 379$ μl^2 (Gl. (2.104)) und unter Berücksichtigung externer Varianzen (Gl. (2.27)) $\sigma_V^2 = 379 + 76 = 455$ μl^2. Das tatsächliche Peakvolumen beträgt also für das Beispiel $\Delta V = 4\sigma_V = 85$ μl.

Mittels Gl. (2.108) veranschlagen wir nun das Peakvolumen einer 1 mm-PMB-Säule mit 5,3 μl, d. h. σ_V beträgt nur noch 1,3 μl. Wegen der Bedingung $V_Z \leq 1/2\sigma_V$ (Abschn. 2.4.1.3) sind für solche Trennsäulen Detektoren mit Zellenvolumina < 1 μl notwendig. Die 1 mm-PMB-Säule benötigt nur den sechzehnten Teil an Elutionsmittel und erreicht die sechzehnfache Empfindlichkeit. Die geringen Durchflüsse von $50\cdots100$ μl min^{-1} erfordern Mikropumpenköpfe.

Für die folgende Berechnung wird die konventionelle Säule auf 50 mm verkürzt und mit 3 μm-Partikeln gefüllt. Solche Kurzsäulen sind bis zu $L = 30$ mm (und sogar darunter) im Handel. Es errechnet sich $\sigma_V^2 = 45 + 9$ μl^2, so daß $\sigma_V = 7,3$ μl beträgt und in diesem Falle die eingeführten Detektoren mit 5–10 μl Zellenvolumen brauchbar sind.

Obgleich aus den im Abschn. 2.8 erläuterten Gründen mit einer großen Zahl gekoppelter PMB-Säulen gelegentlich 10^5 bis 10^6 TP realisiert werden konnten, steht doch außer Frage, daß so hohe Bodenzahlen das Privileg der Kapillarsäulen sind, schon wegen der problemlosen Handhabung großer Säulenlängen. Allerdings werden die vor allem interessanten langen *ungefüllten* Kapillaren in der Flüssigchromatographie erst bei Durchmessern $\leq 0,01$ mm wirklich überzeugend und insbesondere mit gepackten Kapillarsäulen konkurrenzfähig.

Wenn man für die oben betrachtete konventionelle Säule $\dot{V} = 1,5$ ml·min^{-1} ansetzt, ergibt sich eine lineare Fließgeschwindigkeit von $u = L/t_M = \dot{V}/q_S \cdot \varepsilon_m = 0,25$ cm/s, mit der auch eine entsprechend präparierte Kapillare von $d_c = 10$ μm und z. B. $L = 10$ m betrieben werden kann. Ihre Permeabilitätskonstante (Abschn. 2.7) errechnet sich zu $K = K_0 = d_c^2/32 = 3,1 \cdot 10^{-8}$ cm^2, und der Druckabfall mit Wasser als Elutionsmittel ($\eta = 1$ cP $= 1$ mPa·s) wäre somit

$$\Delta P = \frac{u \cdot \eta \cdot L}{K} = \frac{0,25 \cdot 1 \cdot 10^3}{3,1 \cdot 10^{-8}} \text{ mPa} = 80,6 \text{ bar} \cdot \qquad (2.109)$$

Die zu fördernde Lösungsmittelmenge erhält man mit $\dot{V} = u \cdot q_S \approx 0,2$ nl/s als extrem niedrig, während $t_M = L/u = 4 \cdot 10^3$ s (1,1 h) beträgt. Unter diesen Bedingungen kann man für k_i-Werte zwischen 2 und 3 mit $H_T = 0,02$ mm rechnen, was einer zur Trennung verfügbaren Bodenzahl von $N = L/H_T = 10^4/0,02 = 500\,000$ TP und einer Trennleistung von $500\,000/14\,000 = 36$ TP/s entspricht.

Bei der oben erwähnten konventionellen gepackten Säule, für die sich 17 000 TP errechnen, liegt die Trennleistung mit $t_R = 100 + 250 = 350$ s entsprechend $17\,000/350 = 49$ TP/s in der gleichen Größenordnung.

3 Der chromatographische Träger

3.1 Allgemeines

Die zur Chromatographie brauchbaren Materialien teilt man in weiche, halbfeste und feste Träger ein. Tabelle 3.1 enthält einige Beispiele.

Lediglich die sog. festen Träger auf anorganischer Basis sind zur Hochleistungs-Flüssigchromatographie (im engeren Sinne) geeignet, da nur sie Drücken ≥ 200 bar standhalten. Weiche Träger vertragen praktisch keinen Überdruck, halbfeste Träger erlauben die Anwendung von Drücken bis höchstens 200 bar, je nach Material und Fabrikat. Ein wesentlicher Mangel organischer Trägermaterialien ist ihre mehr oder weniger große Volumenänderung (Quellung, Schrumpfung) bei Elutionsmittelwechsel.

Unter den festen Trägern zur HPLC besitzt Silikagel bezüglich seiner Anwendungsbreite und Universalität eine Sonderstellung. Bedeutung haben auch Aluminiumoxid, Titandioxid, Zirkondioxid sowie poröser Kohlenstoff [1]. Die Oxide lassen sich analog zu Silikagel modifizieren und sind im Gegensatz zu Silikagel bis pH 12 stabil. Poröser Kohlenstoff zeigt gegenüber konventionellen RP-Trägern (s. d.) überlegene pH-Stabilität. Bei Hypercarb (Fa. Shandon) z. B. handelt es sich um sphärisches, mittelporöses Material mit kristalliner Graphitoberfläche ($A_a = 170$ m^2/g) und spezifischen Selektivitäten für Isomere. Mit Hilfe chiraler Additive zur Phase lassen sich auch Enantiomere relativ einfach trennen. Die erzielbare chromatographische Wirksamkeit ist geringer als an Kieselgel-RP-Phasen.

Eine schlechtere Wirksamkeit als konventionell modifizierte Kieselgele ergeben auch polymerbeschichtete anorganische Oxide. Trotz Beschichtung ist ein Zugriff von Hydroxylionen zur Grundmatrix nicht vollständig zu verhindern, so daß letztlich die erhoffte pH-Stabilität, die die rein organischen Träger besitzen, für stärker alkalische Lösungen nicht erreicht wird.

Tabelle 3.1 Beispiele verschiedener Trägermaterialien (Kompaktphasen)

Klasse	Weiche Träger		Halbfeste Träger		Feste Träger[+]	
Fluide Phase	organisch	wäßrig	organisch	wäßrig	organisch	wäßrig
	vernetzte Polystyrene	Polydextrane	vernetzte Polystyrene	vernetzte Polystyrene (chem. modif.)	poröse Gläser anorg. Oxide	poröse Gläser anorg. Oxide
	Polydextrane (chem. modif.)	Agarosegele	Polymethacrylate	Polymethacrylate	Silikagele	Silikagele

[+] alle Materialien unmodifiziert und chemisch modifiziert

Man muß bei Trennungen in der Flüssigchromatographie davon ausgehen, daß die Verteilungskonstanten und somit die Retentionswerte (Selektivitäten) von den Wechselwirkungskräften des gelösten Stoffes mit der fluiden Phase und mit der kompakten Phase sowie von den Wechselwirkungen zwischen fluider und kompakter Phase bestimmt werden (Bild 3.1).

In der Wechselwirkungschromatographie (vgl. Bild 2.2) spielt i. allg. die Wechselwirkung im Sinne des Pfeils b des Bildes 3.1 eine vorherrschende Rolle. Überwiegt a, dann hängen die Retentionswerte in erster Linie von Solvatations- und Solvophobieeffekten ab, wie das bei der Umkehrphasenchromatographie der Fall ist (Abschn. 6.3). Eine Folge des Pfeils c sind Konkurrenzeffekte zwischen Lösungsmittel und Probe in der Adsorptionschromatographie.

So betrachtet, stellt die Verteilungskonstante das Verhältnis der Summe aller in der kompakten Phase auf den gelösten Stoff wirkenden Kräfte zur Summe aller in der fluiden Phase auf den gelösten Stoff wirkenden Kräfte dar (dynamische Gleichung für K_i [2]).

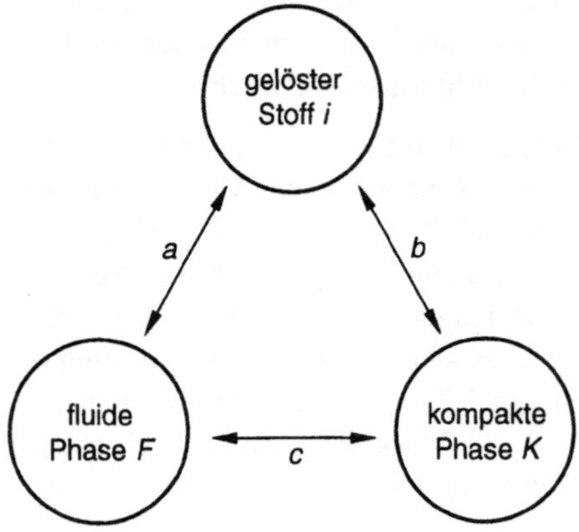

Bild 3.1
Wechselwirkungsdreieck
der Chromatographie

Für die Wechselwirkungschromatographie gibt es stets zwei Möglichkeiten: K polar – F wenig polar oder K wenig polar – F polar. Bei dieser „Phasenvertauschung" gelten für die Verteilungskonstanten K_i ihre Kehrwerte $1/K_i$.

Prinzipiell kann man die Polarität der fluiden Phase und/oder die Polarität der Kompaktphase variieren, wodurch sich unterschiedliche Selektivitäten und Elutionsgeschwindigkeiten „maßgeschneidert" einstellen lassen. Dabei leisten nicht nur Multilösungsmittelgemische, sondern auch multifunktionelle Phasen [3] gute Dienste.

Eine adsorptionschromatographisch brauchbare anorganische Matrix läßt sich meist auch als Träger flüssiger Wirkphasen benutzen. Bei Verwendung mehrkomponentiger Lösungsmittel kann dieser Fall unbeabsichtigt auftreten, wenn die Poren des Gerüstmaterials die ähnlich polare Flüssigkeit bevorzugt aufnehmen. Polare anorganische Träger bedecken sich stets mit einer Wasserschicht.

In der Flüssig-flüssig-Chromatographie[1] dienen als Wirkphasen mit der fluiden Phase nicht mischbare Flüssigkeiten. Man kann verschiedene Lösungsmittel, aber auch von

---

[1] Der hierfür ebenfalls gebrauchte Ausdruck Verteilungschromatographie wäre besser durch die Bezeichnung Lösungschromatographie zu ersetzen, weil es sich bei allen chromatographischen Vorgängen, einschließlich der Adsorption, um eine Verteilung zwischen zwei Phasen handelt. Empfehlenswert ist nur der Terminus Flüssig-flüssig-Chromatographie (Liquid-Liquid-Chromatography, LLC).

der Gaschromatographie her bekannte Trennflüssigkeiten (Carbowax, Diethylenglykol, Oxydipropionitril usw.) verwenden.

Das Imprägnieren des Trägers mit der flüssigen Phase ist wie in der Gaschromatographie vor dem Einfüllen möglich. Besser erscheint die *in situ*-Beladung in verschiedenen Varianten anwendbar. Darunter versteht man das Beladen des Trägers in der bereits gefüllten Säule. Die Methode hat den Vorteil, daß das Trennsäulenpacken mit Hilfe der Suspensionstechniken (Abschn. 4.5) ohne Rücksicht auf das Lösungsmittel erfolgen kann.

Bei allen Trennungen durch Flüssig-flüssig-Verteilung ist eine sorgfältige Thermostatisierung der chromatographischen Säule notwendig. Das Elutionsmittel darf die Wirkphase nicht austragen, weshalb es mit ihr gesättigt sein soll. Ferner muß sich die Stützphase (Träger) von der als Wirkphase gewählten Flüssigkeit gut benetzen lassen.

Am zweckmäßigsten ist es, die Wirkphase mit Hilfe des Elutionsmittels (fluide Phase) innerhalb der Säule spontan zu erzeugen. Für dieses dynamische Verfahren hat sich die Bezeichnung „Lösungsmittel erzeugte" Flüssig-flüssig-Chromatographie eingebürgert. Die Auswahl des Trägers erfolgt dabei entsprechend der Polarität der Wirkphase.

Wird die dynamische Ausbildung einer polaren Wirkphase gewünscht, setzt man einen polaren (hydrophilen) Träger ein und pumpt die unpolarere Phase der beiden in Frage kommenden koexistenten Lösungsmittelgemische durch die Trennsäule. Dabei kommt es von selbst zur Abscheidung der polareren Phase auf dem Träger. Im umgekehrten Falle (unpolarer, hydrophober Träger) benutzt man als Eluens den polareren Anteil des Flüssig-flüssig-Systems [4, 5].

Insbesondere für die Adsorptionschromatographie ist die sog. Aktivität des Trägers ein wichtiger Parameter. Sie setzt sich aus zwei Anteilen zusammen: aus der spezifischen Oberflächenenergie (Oberflächenenergie pro Flächeneinheit) und aus der spezifischen Trägeroberfläche (Oberfläche pro Gramm Träger). Erstere bestimmt die Stärke der Wechselwirkung zwischen Sorbat und Träger, letztere begrenzt die Zahl der möglichen Sorptionsprozesse.

Zur Charakterisierung der Aktivitätsanteile von Sorbenzien dienen die Parameter α, eine dimensionslose Kennzahl der mittleren Oberflächenenergie, und V_a, das Volumen der adsorbierten Fließmittel-Monoschicht pro Gramm Adsorbens.

Snyder konnte folgende grundlegende Beziehung ableiten [6]:

$$\lg K_{Gi} = \lg V_a + \alpha\,(S^0 - A_S \cdot \varepsilon^0).\tag{3.1}$$

Die Gleichung verknüpft die Verteilungskonstante der Adsorption einer Substanz i in einfacher Weise mit den Aktivitätsparametern des Trägers V_a und α, mit den substanzspezifischen Konstanten S^0 und A_S sowie mit dem Elutionsmittelstärkeparameter ε^0.

Das zweite Glied der rechten Seite von Gl. (3.1) besteht aus zwei unabhängigen dimensionslosen Einzelgliedern und entspricht der Differenz der freien Standardadsorptionsenthalpien zwischen Probe und Lösungsmittel[1]. S^0 symbolisiert eine Maßzahl für die (freie) Adsorptionsenthalpie der Probe, ε^0 für das Elutionsmittel (bezogen auf dessen

---

[1] Es gilt $\alpha\,(S^0 - A_S\,\varepsilon^0) = -\Delta G_a^0/(2,3\,RT)$, wenn ΔG_a^0 die freie Standardadsorptionsenthalpie ist.

molekulare Einheitsfläche), jeweils im Falle $\alpha = 1$ (Trägerstandardaktivität). A_S ist der Flächenbedarf eines Probenmoleküls.

Man weiß seit langem, daß die Energie auf den Oberflächen anorganischer Sorbenzien (z. B. Silikagel und Aluminiumoxid) inhomogen verteilt ist, weil verschiedenartige Zentren Beiträge liefern. Solche Oberflächen bewirken Peaktailing, denn es tritt meist Überladung der Sitze starker Wechselwirkung, die bevorzugt besetzt werden, ein, wodurch die übrigen Probenmoleküle weniger zurückgehalten werden. Der Effekt wirkt sich stärker aus, sobald die Retentionswerte der Probe hoch sind. Andererseits können sehr niedrige Probenmengen durchaus symmetrische Peaks ergeben. Es sei auch hier betont, daß unterschiedliche Retentionsmechanismen nicht grundsätzlich zu Peaktailing führen.

Zur Tailingreduzierung ist eine teilweise Desaktivierung der Oberfläche wünschenswert. Man erreicht sie durch eine Belegung mit Fremdmolekülen, insbesondere mit Wasser unter definierten Bedingungen. Der für eine Monoschicht erforderliche prozentuale Wassergehalt von Silikagel errechnet sich zu $0,035A_a$. Dabei werden zwangsläufig zunächst die aktivsten Stellen abgesättigt, wodurch die α-Werte (Oberflächenenergie) zu Beginn der Desaktivierung stark fallen [7].

Durch Stehen an der Luft erhalten Silikagel und Aluminiumoxid, gleichgültig, ob sie vorher stark oder wenig aktiviert waren, einen von der jeweiligen relativen Feuchte abhängigen Aktivitätsgrad. Auf diese Weise ergibt sich eine unkontrollierbare Retentionswertbeeinflussung.

Die gezielte „Einstellung" des gewünschten Wassergehaltes kann mit Hilfe wasserhaltiger Lösungsmittel, z. B. unter Verwendung wasserhaltigen Methylenchlorids, erfolgen. Die Äquilibrierung der Säule geht um so schneller, je höher der absolute Wassergehalt des Lösungsmittels ist (Beispiel: Diethylether). Um reproduzierbare Ergebnisse (gleichbleibende Retentionswerte) zu erreichen, ist es notwendig, den Wassergehalt der zur Adsorptionschromatographie benutzten Lösungsmittel sorgfältig zu kontrollieren. Dabei gilt die Regel, daß die Trägeraktivität ungefähr gleich bleibt, wenn die mit Wasser nicht mischbaren Lösungsmittel gleiche prozentuale Sättigung[1] haben, unabhängig von ihrem absoluten Wassergehalt. Auf diese Weise spart man sich bei Lösungsmittelwechsel die erneute Einstellung der Trägeraktivität.

Optimale Trägeraktivität wird meist mit halber Monoschichtbedeckung des Adsorbens erreicht. Hierfür benutzt man bei Silikagel 50 % wassergesättigte, bei Aluminiumoxid 25 % wassergesättigte Lösungsmittel [9].

Zur Adsorptionschromatographie an Silikagel eignen sich i. allg. besonders Verbindungen mittlerer Polarität. Bei Stoffen niedriger Polarität (Aliphaten) fehlt ausreichende Wechselwirkung mit dem Träger, während sehr polare Moleküle zu stark sorbiert werden.

---

[1] 100 %ige Sättigung wird durch zweistündiges Schütteln mit wasserbeladenem Silikagel (20 g Gemisch aus gleichen Teilen Wasser und Gel/Liter Lösungsmittel) erreicht [8]. Verdünnen des gesättigten Lösungsmittels mit dem getrockneten Lösungsmittel ergibt den gewünschten prozentualen Sättigungsgrad.

3.2 Silikagel

Sphärische Träger[1] zieht man heute irregulärem Material vor. Sie ergeben reproduzierbarere sowie haltbarere Säulenpackungen als irreguläre Partikel, und bei Porendurchmessern >50 nm zeigen sie höhere Druckstabilität.

Über die Herstellung kugelförmiger Silikagele existiert eine umfangreiche Patentliteratur. Ausgangsprodukt für sphärische Träger können z. B. Natriumsilikat oder Alkylsilikate sein. Nach Säurezusatz erhält man im ersten Fall Kieselsäuresole, die in mit Wasser nicht mischbaren Flüssigkeiten koaguliert werden können, im letzteren Fall Kieselsäurepolyester, die durch alkalische Katalyse in wasserhaltiges Gel überführt werden. Auch kolloidale Mikrosphären lassen sich zu größeren Partikeln agglutinieren [10].

Silikagel besteht aus stark vernetzten Primärteilchen, die eine poröse Raumstruktur von Mikro- und Makroporen mit zerklüfteter Oberfläche bilden.

Die Texturdaten und damit die chromatographischen Eigenschaften solcher Gele können während des Syntheseprozesses eingestellt werden. Während der abschließenden Trocknung der wasserhaltigen Partikel (Hydrogel) erfolgt die endgültige Umwandlung zum beständigen Xerogel.

Normalerweise ist es günstig, mit Trägern kleiner Oberfläche, d. h. großer Poren zu arbeiten. Bei Trägern mit spezifischen Oberflächen >500 m^2/g kann das Austauschgleichgewicht durch die große Zahl vorhandener Mikroporen ($\overline{D} \leq 2$ nm) schon stark verzögert sein. Außerdem sind (für den Normalfall unerwünschte) Ausschlußeffekte möglich, da die Größe der Mikroporen in der Größenordnung der Moleküldimensionen der zu chromatographierenden Stoffe liegt. Schließlich ist der hohe Anteil reaktiver Silanolgruppen in kleinen Poren (s. u.) gleichbedeutend mit einer inhomogenen Oberfläche.

Zur Flüssigchromatographie sind normalerweise Poren um 10 nm günstig. Sollen allerdings größere chemische Reste auf der Oberfläche fixiert werden, wird man Gele mit Poren zwischen 10 und 20 nm bevorzugen, die i. allg. spezifische Oberflächen von 200 bis 300 m^2/g aufweisen. Für den Zusammenhang zwischen mittlerem Porendurchmesser und spezifischer Oberfläche gilt die Gleichung von WHEELER (s. Tab. 3.4).

Große spezifische Porenvolumina sind vor allem für die Molekülgrößen-Ausschlußchromatographie günstig, weil der Arbeitsbereich dieser Methode von der Größe des Porenvolumens abhängt (vgl. Abschn. 2.5). Andererseits nimmt die Druckstabilität hochporösen Materials stark ab, so daß die Grenze von V_p^* für die zur HPLC brauchbaren Träger bei 2 cm^3/g liegen dürfte.

Texturdaten einiger Basis-Kieselgele wurden in Tab. 3.2 aufgelistet. Brauchbar zur Chromatographie sind im Normalfall spezifische Oberflächen zwischen 150 und 500 m^2/g. Kleinere spezifische Oberflächen bis etwa 10 m^2/g lassen sich zur Molekülgrößen-Ausschlußchromatographie verwenden. Abgestufte Porendurchmesser von 100,

---

[1] Handelsnamen sind z. B. LiChrospher, Merck, Darmstadt (M); Nucleosil, Macherey-Nagel, Düren (MN); UltraSep ES, SEPSERV, Berlin (S), Bischoff Analysentechnik, Leonberg ; Hypersil, Shandon Southern Products Ltd., U.K. (Sh); Spherisorb, Phase Separations Ltd., U.K. (P); Zorbax, Rockland Technologies Inc., USA (Z); Kromasil, Eka Nobel AB, Schweden (E); YMC, Komatsu, Japan (Y).

300, 500, 1000 und 4000 Å (entsprechend A_a = 10 m²/g) überdecken einen Molmassen-Ausschlußbereich von $5 \cdot 10^4$ bis $5 \cdot 10^6$.

Durch chemische Modifizierung mit Kohlenwasserstoff- oder Glykolresten (Tab. 3.3) wird die Adsorptionsaktivität der Silikageloberfläche weitgehend beseitigt, wodurch sich die Trennung lipophiler bzw. hydrophiler Polymerer sehr vorteilhaft gestaltet.

Zur letztgenannten Gruppe gehören viele Proteine, z. B. wasserlösliche Enzyme [11]. So nutzt die Biochemie die Flüssigchromatographie (HPLC) heute bereits in erheblichem Maße [12], und der Bedarf an festen Trägern anstelle der weichen Materialien (Tab. 3.2) ist stark gestiegen. Das betrifft vor allem großporige Silikagele mit Porendurchmessern zwischen 20···50 nm für die Ionentausch- und RP-Chromatographie. Solche Träger gewährleisten eine gute Verfügbarkeit ihrer funktionellen Gruppen gegenüber hochmolekularen Biomolekülen. Sie bieten in Verbindung mit Molekülgrößen-Ausschlußeffekten (Molekularsiebwirkung) vielfältige analytische und präparative Möglichkeiten.

Tabelle 3.2   Texturparameter einiger Basis-Gele (Sphärogele) für die HPLC

Bezeichnung	Hersteller[1]	Porendurchmesser $\overline{D}$ / Å	Spezif. Porenvolumen V_p^* / cm³·g⁻¹	Spezif. Oberfläche A_a / m²·g⁻¹
Nucleosil 100	MN	100	1,0	350
LiChrospher Si 100	M	100	1,25	400
Purospher	M	80	0,95	500
UltraSep ES	S	130	1,0	300
UltraSep ES	S	110	0,7	250
YMC-Kieselgel	Y	120	1,0	300
Kromasil	E	100	0,9	340
Hypersil	Sh	120	0,65	175
Spherisorb	P	80	-	220

Die für die Chromatographie maßgebenden Adsorptionszentren des Silikagels sind Silanolgruppen. Durch eine enge Bande bei 3750 cm⁻¹ und eine breite Bande zwischen 2800–3700 cm⁻¹ lassen sich IR-spektroskopisch freie sowie gebundene Silanolgruppen unterscheiden. Gebundene Silanolgruppen haben im Gegensatz zu freien eine Wasserstoffbrückenbindung mit einem Sauerstoffatom ausgebildet. Diese Bindung zu einer benachbarten Silanolgruppe stellt man sich gemäß Bild 3.2a vor. Hydroxyle, die von Sauerstoffatomen mehr als 3,1 Å entfernt sind, können keine Wasserstoffbrücken bilden, während sehr starke Bindungen einen Abstand von 2,8···2,4 Å haben. In Silikagelen tritt verständlicherweise ein Kontinuum von Silanolgruppenabständen auf, jedoch gibt es in weitporigen Gelen praktisch nur große Silanolgruppenabstände, d. h. freie Silanolgruppen, während in engporigen Gelen geringe Abstände, also gebundene Hydroxylgruppenpaare, überwiegen. Letztere werden auch als reaktive Silanolgruppen bezeichnet. Die Reaktivität bezieht sich konkret auf die Sorption von Wasser, wobei es zur Lösung der Bindung I und Ausbildung neuer Wasserstoffbrücken II mit dem Sauerstoff eines Wassermoleküls kommt (Bild 3.2b) [13] . Schließlich erfolgt bei höheren

---

[1] Abkürzungen s. S. 55. Die Tabelle enthält eine Auswahl. Aufgenommen wurden dabei nur Firmen, die ihre Gele selbst herstellen. Darüber hinaus gibt es eine Vielzahl von Anbietern, die insbesondere modifizierte Trägermaterialien unter eigenen Namen auf den Markt bringen.

Wassergehalten Schichtenbildung über alle Silanolgruppen hinweg, an der dann selbstverständlich auch freie Hydroxyle beteiligt sind.

In reaktiven Silanolgruppenpaaren besitzt eine Silanolgruppe durch die Beanspruchung ihres freien Elektronenpaares größere Acidität und somit eine bevorzugte Wechselwirkung z. B. gegenüber aromatischen Kernen oder Aminen. Im Falle einer Reaktion mit Chlorsilanen (Abschn. 3.2.2) scheinen sich allerdings isolierte Silanole bevorzugt umzusetzen [26].

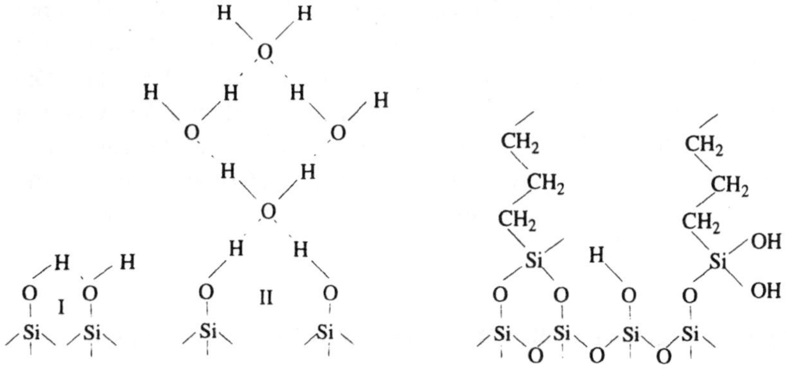

a) b) c)

Bild 3.2 Oberfläche von Silikagel
a) gebundenes Silanolgruppenpaar
b) Ausbildung von Wasserstoffbrücken mit Wassermolekeln
c) chemisch modifiziertes Gel (Silikontyp)

Beim Erhitzen des Silikagels zwischen etwa $200 \cdots 400$ (500) °C spalten die reaktiven Silanolgruppen ihr chemisch gebundenes Wasser ab und bilden Siloxangruppen leichter Rehydratisierbarkeit. Über 400 °C, stärker ab etwa 1000 °C, verändert sich die innere Gelstruktur (thermische Alterung). Dabei nehmen die Siloxanbindungen ihre natürlichen, stabilen Valenzwinkel von 130 ° ein und sind nicht mehr rehydratisierbar.

3.3 Träger mit chemisch gebundenen Wirkphasen

3.3.1 Übersicht

Zweckmäßig teilt man die Träger mit chemisch gebundenen organischen Phasen in zwei Gruppen ein. Zur ersten Gruppe zählen Träger, deren chemisch gebundene organische Reste eine quasi monomolekulare, mehr oder weniger inhomogene Schicht auf der Oberfläche bilden.

Obwohl diese Träger anfänglich als Bürstentyp bezeichnet wurden, zeigen ihre organischen Molekülketten mehr ein dynamisches Verhalten, sie richten sich auf oder kollabieren in Abhängigkeit vom eingesetzten Lösungsmittel und der Temperatur.

Zur zweiten Gruppe zählt man Träger, deren Modifizierung über vernetzte Oberflächenschichten erfolgt, die durch Polymerisation reaktiver Verbindungen auf der Trägeroberfläche erhalten werden. Die mittleren Schichtdicken liegen etwa zwischen $5\cdots200$ nm. Dicke Schichten wirken diffusionshindernd und sind nicht günstig.

Im folgenden werden Träger der ersten Gruppe mit porösem Silikagel als Matrix behandelt.

Die kovalente Bindung der Kohlenstoffkette kann direkt durch eine $\equiv$Si–C-Bindung zwischen Gel und Rest, durch eine Siloxanbrücke $\equiv$Si–O–Si–C (Silikontyp) oder über ein Sauerstoffatom $\equiv$Si–O–C– erfolgen (Estertyp). In den ersten beiden Fällen erhält man chemisch und hydrolytisch im pH-Bereich $2\cdots8{,}5$ relativ stabile Produkte. Die Kieselsäureesterbindung ist demgegenüber vergleichsweise instabil. Bei Verwendung von Phasen des Estertyps dürfen im Elutionsmittel Wasser oder gar Protonen bzw. Hydroxylionen nicht anwesend sein. Hydrolytisch stabiler (pH-Bereich $5\cdots7$) sind Aminosilane $\equiv$Si–N–C–. Auch sie erreichen auf keinen Fall die Beständigkeit der Si–C-Bindung.

3.3.2 Herstellung und Eigenschaften von Trägern mit Si–C-Bindungen

Zu Si–C-Bindungen kommt man durch Umsetzung der mittels $SiCl_4$ oder $SOCl_2$ chlorierten Silikageloberfläche mit GRIGNARD-Reagenzien oder lithiumorganischen Verbindungen.

Monoschichtträger des Silikontyps können ferner sehr einfach mit Hilfe von Halogenalkylsilanen hergestellt werden. Zweckmäßigerweise setzt man gleich ein Derivat des gewünschten Monoschichtmoleküls um. Mehrstufige Reaktionen an fixierten Resten sind durchführbar, jedoch hat man unvollständige Umsetzungen und Si–C-Spaltungen in Betracht zu ziehen.

Anstelle der Halogenalkylsilane lassen sich ebensogut die weniger reaktionsfähigen Ethoxy- oder Methoxyalkylsilane einsetzen.

Die allgemeine Umsetzungsgleichung lautet, wenn X = –Cl oder –OR und $n = 1, 2, 3$ bedeuten:

$$\equiv\text{Si–OH} + R_n SiX_{4-n} \rightarrow \equiv\text{Si–O–Si}(X_{3-n})\, R_n + HX.$$

Nach der Zahl der reaktiven Gruppen unterscheidet man mono-, di- und trifunktionelle Modifizierungsreagenzien, z. B. $R–(CH_3)_2SiX$, $R–(CH_3)SiX_2$, $R–SiX_3$. Ihre Reaktionsfähigkeit steigt in der genannten Reihenfolge.

Die Umsetzungen erfolgen meist in wasserfreien Lösungsmitteln. Hierfür soll das Gel einerseits möglichst quantitativ vom physikalisch adsorbierten Wasser befreit sein, andererseits muß es die maximale OH-Gruppen-Konzentration von $4{,}8$ OH/nm^2 (entspricht $8{,}0$ µmol OH/m^2) enthalten. Ein ausreichend trockenes Gel gewinnt man durch längeres Erhitzen im Vakuum auf ≤200 °C.

Unabhängig von der Zahl der reaktiven Gruppen pro Mol Modifizierungsreagens lassen sich jeweils nur ein bis zwei mit dem Gel umsetzen. Somit verbleiben an den auf der Oberfläche fixierten Silanmolekülen meist Funktionen, die bei der Aufarbeitung neue Silanolgruppen ergeben oder z. T. weiterreagieren.

Durch ihre Raumerfüllung behindern sich die Silanmoleküle gegenseitig, wodurch selbst bei Verwendung von Trimethylchlorsilan zur Silanisierung in Übereinstimmung mit der Theorie nur 50 % der ursprünglich vorliegenden Silanolgruppen umgesetzt werden können. Bei Alkylgruppen mit n C-Atomen ($4 \leq n \leq 16$) erreicht man eine Dichte von rd. 3,5 µmol/m^2 [14].

Die Oberfläche des modifizierten Silikagels wird auf diese Weise mit einer Schicht organischer Reste besetzt, die die restlichen Silanolgruppen mehr oder weniger wirksam abschirmen (Bild 3.2c) und Träger konstanter Aktivität ergeben. Voluminöse Reste am Fuß der Kette verbessern die Abschirmung (Zorbax „Stable Bond"). Eine Prüfung auf Anteile nicht abgeschirmter Silanolgruppen kann mit Hilfe des Methylrottests erfolgen [15], sofern die fixierten Reste unpolaren Charakter tragen.

Infolge der Oberflächenbedeckung verkleinert sich der durchschnittliche Porendurchmesser, und damit sinken das spezifische Porenvolumen und die spezifische Oberfläche des Trägers. Das ist um so mehr der Fall, je länger die betreffenden Moleküle sind [14].

In Tabelle 3.3 wurde eine Einteilung organischer Reste, wie sie heute in der Fixphasenchromatographie zur Anwendung gelangen, in vier Gruppen vorgenommen. Die meisten der aufgeführten Reste finden sich auf kommerziellen Trägern. Da man zur Synthese solcher Fixphasenträger überwiegend von entsprechenden Silanen ausgeht, sitzt auf der Geloberfläche zunächst ein „Fremdsilicium"atom, das über ein oder zwei Siloxanbrücken verankert ist, und außer dem eigentlichen organischen Rest noch Silanol- und/oder Methyl(Alkyl)gruppen trägt. Der Rest selbst besteht aus der gezielt eingeführten Molekülfunktion bestimmter Polarität und dem Spacer (Abstandskette). Letzterer soll eine Länge von nicht weniger als drei C–Atomen haben.

Die Gruppe I in Tab. 3.3 enthält Reste sehr geringer Polarität, die sich für die sog. RP-Träger zur Umkehrphasenchromatographie bewährt haben (Näheres siehe Kapitel 6). Größte Bedeutung kommt den n-Alkylresten zu. Mit steigender Kettenlänge dieser Reste sinkt ihre Polarität noch etwas ab, während die Substanzbelastbarkeit steigt. Wenig polarer als n-Alkylreste sind Phenylgruppen tragende Reste. Stark fluorierte Ketten verhalten sich andererseits sehr hydrophob und sind noch unpolarer als Kohlenwasserstoffreste. Sie ergeben gegenüber letzteren z. T. wesentlich veränderte Selektivitäten.

Bei hohen Bedeckungsgraden ist die hydrophobe Oberfläche der RP-Träger durch wasserreiche Elutionsmittel nicht benetzbar. Unumgesetzte Silanole werden weitgehend abgeschirmt. Mit steigendem Anteil des organischen Lösungsmittelanteils im Elutionsmittel erfolgt zunehmend Benetzung unter Steigerung der Beweglichkeit der Alkylreste. Eluent und Probe vermögen mehr und mehr in die Ligandenschicht einzudringen und treten entsprechend ihrer Polarität mit den nun nicht mehr abgeschirmten Silanolen in Wechselwirkung.

Im Falle unpolarer Elutionsmittel (z. B. n-Hexan) ist der Einfluß der Restsilanole für polare Molekeln dominant, und es kann je nach Silanolgruppenkonzentration zu bemerkenswertem Peaktailing kommen. Die Peakasymmetrie zeigt für mittlere Silanolgruppengehalte unabhängig vom Eluens (nichtwäßrig oder wäßrig) ein Maximum, das mit der Kettenlänge der Alkylreste wächst [16].

Tabelle 3.3 Auf der Oberfläche von Silikagelen über O–Si–C-Bindungen chemisch fixierte organische Reste unterschiedlicher Funktionalität (Fixphasen)

Formel	Name	Bemerkungen
Gruppe I (Umkehrphasen)		
$-(CH_2)_2-(CF_2)_n-CF_3$	Perfluoralkyl-	
$-(CH_2)_n-CH_3$	n-Alkyl-	$(0 \leq n \leq 22,$ vorzugsw. C8, C18)
$-(CH_2)_3-$⟨Phenyl⟩	3-Phenylpropyl-	
Gruppe II (Normalphasen)		
$-(CH_2)_3-O-CH_2-CH(OH)-CH_2-OH$	3-(1,2-Dihydroxy-propoxy)propyl-	„Glykol"-, „Diol"phase
$-(CH_2)_3-CN$	3- Cyanopropyl-	stark polare Gruppen mit hohen Dipol-momenten
$-(CH_2)_3-$⟨Phenyl⟩$-NO_2$	3-(4-Nitrophenyl)propyl-	
$-(CH_2)_3-NH-$⟨Phenyl mit NO_2, NO_2, NO_2⟩	3-(2,4,6-Trinitrophenyl-amino)-propyl-	Charge-Transfer (CTK)-Komplex-Bildner
(Normalphasen / schwache Ionentauscher)		
$-(CH_2)_2-$⟨Pyridyl-N⟩	2-(Pyridyl-(4))ethyl-	
$-(CH_2)_3-N(CH_3)_2$	3-Dimethylaminopropyl-	
$-(CH_2)_3-NH_2$	3-Aminopropyl-	
Gruppe III (starke Ionentauscher)		
$-(CH_2)_3-O-CH_2-CH(OH)-CH_2-\overset{+}{N}(CH_3)_3$	3-(1-Trimethylammonio-2-hydroxy-propoxy)propyl-	
$-(CH_2)_3-$⟨Phenyl⟩$-CH_2-\overset{+}{N}(CH_3)_3$	3-(4-Benzyltrimethyl-ammonio)propyl-	
$-(CH_2)_3-$⟨Phenyl⟩$-SO_3^-$	3-(4-Sulfonatophenyl)propyl-	

Formel	Name	Bemerkungen
Gruppe IV (Chirale Phasen)		
[Struktur: 3-(N-Acetyl-L-valylamino)propyl-]	3-(N-Acetyl-L-valylamino)propyl-	Enantioselektive Wechselwirkungen über H-Brücken
[Struktur: PIRKLE-Phase, 3,5-DNB-Phenylglycin]	PIRKLE-Phase; Basis: 3,5-DNB-Phenylglycin	π-Elektronen-Akzeptor Enantioselektive Wechselwirkungen über π-Elektronen und H-Brücken
[Struktur: PIRKLE-Phase, Naphthylethylamin]	PIRKLE-Phase; Basis: (S)-1-(α-Naphthyl)-ethylamin	π-Elektronen-Donor (Regis OA 1000) Enantioselektive Wechselwirkungen über π-Elektronen und H-Brücken
[Struktur: Cellulose-Derivat]	$R = -CO-CH_3$ Cellulose-triacetat $R = -CO-C_6H_5$ Cellulose-tribenzoat $R = -CONH-C_6H_5$ Cellulose-trisphenylcarbamat	Polymerphasen, die chirale, helicale Hohlräume bilden (permanente Beladung[1])
[Struktur: Cyclodextrin-Derivat]	$R = -H$: β-Cyclodextrin $R = -CO-CH_3$ $R = -CONH-C$ (mit CH_3 und Naphthyl) [S-(+) oder R-(−)]	Einschlußphasen

---

[1] Diese Phasen wurden wegen ihrer Bedeutung in die Tabelle aufgenommen, obwohl keine chemische Fixierung vorliegt. Sie lösen sich deshalb mit bestimmten organischen Lösungsmitteln von der Silikamatrix ab.

Formel	Name	Bemerkungen
Gruppe IV (Fortsetzung)		

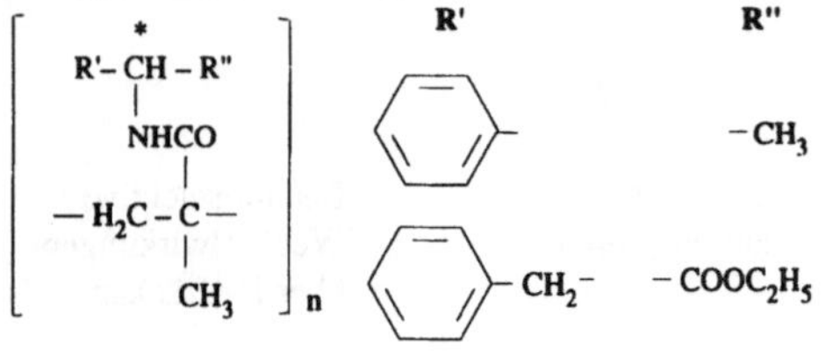

Polymethacrylatsilica

R': Phenyl; R'': $-CH_3$

R': Benzyl ($-CH_2-$); R'': $-COOC_2H_5$

—BSA — Rinderserumalbumin — über kovalente Bindungen fixiert

—AGP — α_1-saures Glycoprotein — über kovalente Bindungen fixiert

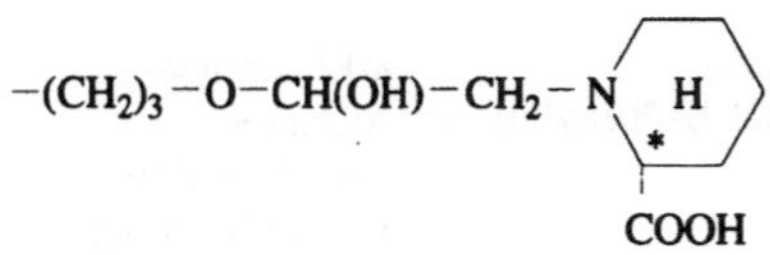

$-(CH_2)_3-O-CH(OH)-CH_2-N$ (Piperidinring, H, *, COOH) — 3-[1-(2-Carboxypiperidyl-(1))-2-hydroxypropoxy]-propyl- — Ligandentauscher Bildung von Chelaten (inneren Komplexen)

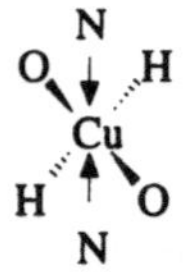

* wirksame asymmetrische C-Atome
(Zentrochiralität)

Für Peaktailing ist immer eine *geringe*, nicht allen Molekülen der Probe zugängliche Konzentration bevorzugter Zentren[1] maßgebend. Mehrzentrenretentionsmechanismen an sich bewirken kein Tailing (Abschn. 3.1).

Will man derartige Schwierigkeiten weitgehend eliminieren, ist eine intensive Nachsilanisierung des Trägers, z. B. mit Trimethylchlorsilan, Hexamethyldisilazan u. a. notwendig („end-capping"). Endcapping verbessert auch die Hydrolyseresistenz der Träger und wirkt sich günstig bei der Chromatographie stark basischer Verbindungen aus.

Auf der anderen Seite kann man beobachten, daß die Selektivität von RP-Trägern für bestimmte Verbindungen beim Nachsilanisieren abnimmt. Das unterstreicht die vielfach übersehene Tatsache, daß die auf RP-Trägern nach Oberflächenmodifizierungen noch vorhandenen Silanolgruppen auch einen (sehr wünschenswerten) Selektivitätsbeitrag liefern können.

Man unterscheidet deshalb in der RP-Chromatographie zwischen solvophober und silanophiler Retention. In wasserreichen Eluenten dominiert, wie aus obigen Ausführungen schon hervorgeht, die solvophobe Retention, in wasserärmeren herrschen silanophile Wechselwirkungen vor. Ein signifikantes Beispiel hierfür liefern z. B. Peptide mit geschützter Carboxyl- und freier terminaler Aminogruppe: Von einem bestimmten Gehalt an organischem Lösungsmittel an nimmt die mit steigendem Anteil des organischen Lösungsmittels zunächst abfallende Retention wieder zu. Sie steigt im sehr wasserar-

---

[1] siehe auch Aufgabe 14.2.2

men Gebiet sogar stark an. Dementsprechend zeigt die $\lg k_i = f(\Phi)$-Kurve solcher Verbindungen ein Minimum [17].

Die „Aversion" vieler Chromatographer gegen die Anwesenheit von Silanolgruppen erscheint im Lichte vorstehender Ausführungen nicht gerechtfertigt. Anders verhält es sich mit aktiven Zentren, die von metallischen Verunreinigungen herrühren.

Kationische Verunreinigungen des Kieselgels, insbesondere Eisenionen, bilden superaktive Zentren, die als LEWIS-Säuren bevorzugt mit LEWIS-Basen interagieren. LEWIS-Basen sind Verbindungen, die einsame Elektronenpaare tragen, z. B. alle Amine. Solche Zentren bewirken ausgeprägtes Tailing, um so stärker, je basischer die gelösten Substanzen sind. Während man aktive Silanolzentren durch Silanisierung beseitigt, lassen sich die LEWIS-Zentren so nicht eliminieren. Da sowohl der Zustand der Zentren wie auch die Protonierung der Basen vom pH-Wert abhängen, kann dies auch für die Ausbildung des Peaktailings der Fall sein.

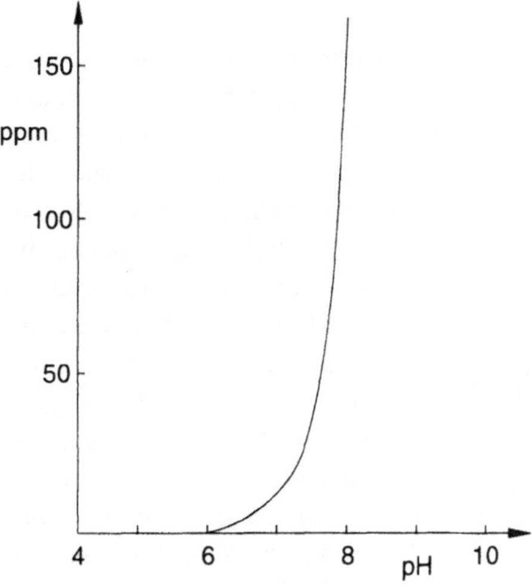

Bild 3.3
Wasserlöslichkeit von Kieselgel
im pH–Bereich 4–10

Obwohl sich Silikagel oberhalb pH 8 schnell auflöst (Bild 3.3), darf man mit RP-Trägern durchaus bei pH 8 arbeiten und nach Zusatz organischer Lösungsmittel auch darüber (Bild 3.4). Anorganische Puffer wirken sich ungünstig auf die Langzeitstabilität von Silikagelphasen aus (vgl. hierzu Abschn. 6.4.1).

Die Schädigung erfolgt in erster Linie durch Auflösen der Silikamatrix und weniger wegen Hydrolyse der kovalent gebundenen Reste. Polare Phasen begünstigen ganz allgemein jedwede hydrolytische Einwirkung.

Die gute hydrolytische Stabilität von RP-Trägern verbessert sich noch etwas bei größeren Kettenlängen. Hingegen sind kurze Ketten (RP8) zur Chromatographie basischer Verbindungen (z. B. in der Pharmazie) oft günstiger als lange Ketten (RP18).

Nach Gebrauch wäßriger Systeme in Trennsäulen mit Fixphasen empfiehlt sich ganz allgemein ein Spülen mit organischen Lösungsmitteln. Bei Verwendung von Puffern wird erst mit Wasser und dann mit organischem Lösungsmittel gespült.

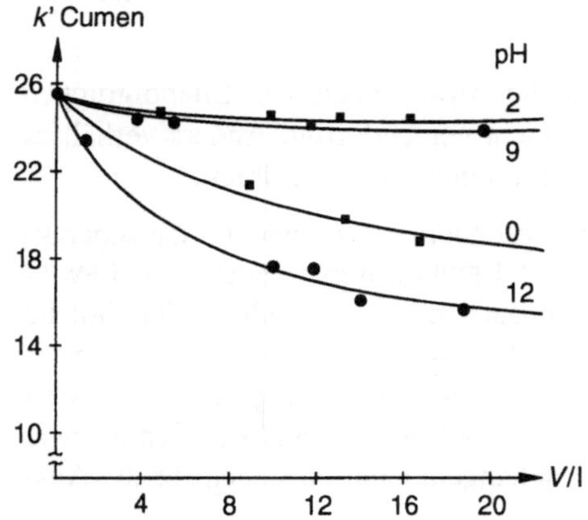

Bild 3.4
Änderung des Kapazitätsfaktors k' von
Cumen an einer Säule UltraSep ES 100
RP8 (100 x 4 mm) in Abhängigkeit vom
durchgeflossenen Elutionsmittelvolumen V
(Puffer – Methanol, 1:1) im pH-Bereich
0 bis 12

In der Gruppe II von Tab. 3.3 wurden organische Reste zusammengefaßt, die für sog.
Normalphasen in Gebrauch sind. Sie besitzen relativ polaren Charakter, und ihr Name
weist darauf hin, daß man wie bei Silikagel in „normaler Weise" chromatographieren
kann. Grundsätzlich ist für alle Normalphasen die gesamte Palette der Lösungsmittel
vom Wasser bis zu reinen Kohlenwasserstoffen einsetzbar. Die Wahl der fluiden Komponente bestimmt, welcher Trennmechanismus (Normal- oder Umkehrphasenmechanismus) vorherrscht und welche Art von Wechselwirkung zwischen Probenkomponente
und Wirkphase (funktioneller Gruppe) ausschlaggebend ist. Beispielsweise eluieren
verschiedene Pestizide auf der Basis von Phosphorsäureestern und Harnstoffabkömm-
lingen an 3-Cyanopropylresten mit Cyclohexan/Isopropanol in der Reihenfolge steigenden polaren Charakters (Normalphasenmechanismus). Steroide erscheinen hingegen am
gleichen Träger im System Acetonitril/ Wasser mit abnehmendem polarem Charakter
(RP–Mechanismus). Die Cyanopropylphase ist von Natur aus nur zu geringer H-Brük-
kenausbildung befähigt (vgl. Tab. 17.1 und [18]), im Gegensatz zur Glykolphase, die
typische „H-Brückentrennungen" unterstützt. Im Falle der CTK–Phase [19] werden für
die Trennung entsprechender Probenmoleküle (Aromaten) in unpolaren Lösungsmitteln
Ladungsübertragungsvorgänge wirksam.

Die letzten drei Phasen in der Gruppe II stellen gleichzeitig schwache Ionentauscher
dar, deren Stärke (Basizität) vom Pyridinrest zur Aminogruppe hin zunimmt.

In der Gruppe III wurden verschiedene Typen von Resten für zwei starke Anionentauscher (SAX) sowie einen starken Kationentauscher (SCX) aufgelistet. Im Gegensatz zu
Austauschern aus vernetzten makroporösen Polystyrengelen, die eine Austauschkapazität von 3···5 mval/g und einen Arbeitsbereich von pH 0···14 aufweisen, sind Austauschkapazität und pH-Bereich für Austauscher auf Kieselgelbasis wesentlich kleiner.
Immerhin erreicht man heute auch hier Austauschkapazitäten bis 1 mval/g, wobei hohe
Austauschkapazitäten sich nicht unbedingt als günstig für die chromatographische Anwendung erweisen. Gut brauchbare Kapazitäten betragen etwa 0,1 mval/g. Der Arbeitsbereich solcher Austauscher liegt zwischen pH 2,3 und 7. Ionentauscher auf Kieselgelbasis sind im Gegensatz zu Austauschern mit organischer Matrix nicht quellbar und
druckstabil.

Bei biologisch und pharmakologisch aktiven Stoffen zeigt häufig nur eines der Enantiomeren die gewünschte Wirkung. Berüchtigtstes Beispiel ist das unter dem Namen „Contergan" bekannte Thalidomid, dessen R-Enantiomeres als Schlafmittel und Sedativum wirkt und dessen S-Enantiomeres darüber hinaus stark teratogene Eigenschaften (Mißbildungen an Embryonen) entwickelt. Dabei sind immerhin etwa 50 % aller Pharmaka chirale Verbindungen. So haben in neuerer Zeit chromatographische Verfahren zur Racemattrennung erhebliche Bedeutung erlangt. Solche Trennungen sind entweder indirekt über eine Derivatisierung der beiden Enantiomeren zu relativ leicht trennbaren Diastereomeren erreichbar oder auf direktem Wege unter Verwendung chiraler Fluidphasen oder chiraler Kompaktphasen zu verwirklichen.

Um eine enantioselektive Erkennung einer Verbindung an der Kompaktphase möglich zu machen, muß diese einen chiralen Rest enthalten (Gruppe IV). Überdies sollte die gleichzeitige Ausbildung von wenigstens drei unterschiedlichen Bindungen zwischen dem chiralen Selektor (Kompaktphase) und einem der beiden Enantiomeren möglich sein, wovon zumindest eine stereoselektiv abhängig sein muß (3-Punkt-Kontakttheorie). Dies ist bei den ersten drei Beispielen augenscheinlich: Es sind H-Brücken- (nur im ersten Beispiel angedeutet), π-Elektronen- und Dipol-Wechselwirkungen möglich. Hinzu kommen können Einschlußmechanismen, z.B. bei bestimmten Polymerphasen und bei den Cyclodextrinen.

Die ersten drei chiralen Phasen der Gruppe IV wie auch die Polymethacrylatphase erlauben meist nur rein organische Lösungsmittel (z.B. Hexan/Isopropanol). Cellulosephasen und Cyclodextrinphasen (einschließlich ihrer Derivate) sind sowohl unter Normalphasen- als auch unter RP-Phasen-Bedingungen, d.h. mit wässrig-organischen Elutionsmitteln brauchbar. Ihr weiterer Vorteil besteht darin, daß eine Vielzahl von Verbindungen direkt (ohne vorherige Derivatisierung) untersucht werden kann. Diesen Vorteil zeigen auch die Proteinphasen, die allerdings ausschließlich im Reversed Phase-Modus zu betreiben sind. Sie haben eine vergleichsweise geringe Kapazität und Stabilität.

Cyclodextrinphasen, insbesondere mit β-Cyclodextrinen, finden immer breitere Anwendung. Cyclodextrine (CD) bestehen aus Ringen von 6 (α-CD), 7 (β-CD), 8 (γ-CD) oder mehr Glucoseeinheiten.

β-Cyclodextrin stellt eine Cyclohepta-Amylose dar, bei der 7 D(+)-Glucoseeinheiten α-(1,4)glykosidisch, toroidal verknüpft sind. Auf diese Weise entsteht ein Kegelstumpf der Höhe 7,8 Å, dessen kleinere Fläche mit einem Durchmesser von 7,8 Å am Spacer sitzt und über dessen größere Fläche mit 15,3 Å Durchmesser Analyte Eingang in das Innere finden. Die Kegelstumpffläche wird gebildet durch einen kleinen Ring aus CH-Atomen, die die primären –CH_2OH-Gruppen der Glucoseeinheiten tragen, und einen größeren Ring aus CH-Atomen, die die sekundären Hydroxyle tragen. Dazwischen befindet sich ein Ring aus den glykosidischen Sauerstoffatomen. Der Innenraum des Käfigs besitzt hydrophoben Charakter, während die Ringkanten hydrophil sind. Insgesamt existieren 35 stereogene Zentren. Die Trennselektivität der Cyclodextrinphase hängt von Molekülgröße, Funktionalität, Molekülform und Charakter der Analyte ab und kann durch die Eluenszusammensetzung in weiten Grenzen variiert werden.

Zum Zwecke der Ligandentauschchromatographie modifiziert man die gebundenen Reste mit ionischen Gruppen, die (siehe Beispiel mit L-Pipecolinsäure in Gruppe IV) die Eigenschaft haben, Metallionen chelatartig zu binden. Die Trennung erfolgt dann in der

Weise, daß einer der komplexgebundenen Liganden der Fixphase durch die Substratmoleküle ausgetauscht wird. Mit Hilfe der Ligandentauschchromatographie lassen sich racemische Amino- und Hydroxycarbonsäuren sowie andere Hydroxy- und Aminoverbindungen in die Enantiomeren trennen. Auch die Trennung von Zuckern und Polyolen an durch Kationen beladenen Kationentauschern erfolgt über Chelatbildung der geladenen Ionen mit den Hydroxylgruppen der Analyte.

Die Synthese und Anwendung chiraler Phasen stellt ein eigenständiges, stark in der Entwicklung begriffenes Arbeitsgebiet dar [20–22].

Häufig tritt der Fall ein, daß nach dem Durchtesten einer Reihe von Trägern bzw. Säulen keine der ermittelten Trennungen befriedigt.

Angenommen, man besitzt zwei Säulen, an denen entweder die Peaks 2 und 3 (Säule I) oder die Peaks 1 und 2 (Säule II) schlecht getrennt sind, also z. B. gefunden wird

Säule (Träger) I	k_1	k_2	k_3	Säule (Träger) II	k_1	k_2	k_3
	2,3	3,7	3,8		3,7	3,8	4,7

Da die Nettoretentionszeiten und die Kapazitätsfaktoren k_i in Serie geschalteter Trennsäulen sich additiv verhalten müssen, läßt sich das Problem bei kurzen Säulen durch Hintereinanderschalten der Säulen lösen. Dann wird:

$$k_1 = 6,0, \quad k_2 = 7,5 \text{ und } k_3 = 8,5.$$

Nach solchen Vorversuchen kann man sich möglicherweise vom Hersteller eine Mischbettsäule bestellen, um den Vorteil einer kürzeren Säule zu nutzen und darüber hinaus tatsächlich beim Optimum des Phasenverhältnisses zu arbeiten. Für ein Mischbett gilt:

$$k_{i\,\text{mix}} = \sum_{T=1}^{n} \Phi_T k_i \,, \tag{3.2}$$

wobei Φ_T die Anteile der zu mischenden Trägermaterialien darstellt. Im vorliegenden Fall ergibt sich, wenn 4 Teile des Materials von Säule I mit 6 Teilen des Materials von Säule II vermischt werden,

$$k_{i\,\text{mix}} = 0,4\,k_{i\text{I}} + 0,6\,k_{i\text{II}} \tag{3.3}$$

und damit

für Komp. 1	$k_{1\,\text{mix}}$	=	0,4·2,3	+	0,6·3,7	= 3,14
für Komp. 2	$k_{2\,\text{mix}}$	=	0,4·3,7	+	0,6·3,8	= 3,76
für Komp. 3	$k_{3\,\text{mix}}$	=	0,4·3,8	+	0,6·4,7	= 4,34 .

Wir erhalten das angestrebte ausgeglichene Chromatogramm.

3.4 Methoden zur Charakterisierung und Fraktionierung (Klassierung) von Trägern

3.4.1 Charakterisierung

3.4.1.1 Korngerüst

Eine für den Stoffübergang wichtige Eigenschaft des Trägers ist die Porengrößenverteilung. Ihre Ermittlung gestaltet sich allerdings aufwendig (s. u.), so daß meist nur die spezifische Oberfläche, der durchschnittliche Porendurchmesser und manchmal Schüttdichte und Porosität der Träger angegeben werden. Porengrößenhäufigkeitsmaxima können bei mehreren Porengrößen vorhanden sein.

Wichtige Texturparameter mit den zugehörigen Bestimmungsmethoden enthält Tab. 3.4.

Tabelle 3.4   Charakterisierung des Korngerüstes

Bezeichnung	Symbol	Einheit	Bestimmungsmethode	Berechnung
Spezifische Oberfläche	A_a	m^2/g	Gasadsorptionsmessungen	*)
			titrimetrisch	$A_a = -25 + 32b$
			nach SEARS	(b ml 0,1 N NaOH)
			Glühverlust	–
Spezifisches Porenvolumen	V_p^*	cm^3/g	Gasadsorptionsmessungen	*)
			Hg-Penetration	*)
			Titration nach MOTTLAU und FISHER	–
			Dichte	$V_p^* = 1/\rho_s - 1/\rho_w$
Wahre Dichte	ρ_w	g/cm^3	pyknometrisch mit Lösungsmitteln	$\rho_w = G/V_G$
Scheinbare Dichte	ρ_s	g/cm^3	pyknometrisch mit Quecksilber	$\rho_s = G/V_K$
Kornporosität	ε_p	–	$\varepsilon_p = V_p/V_K$ (Def.)	$\varepsilon_p = \dfrac{V_p^*}{V_p^* + 1/\rho_w}$
(„Porosität")	P	%	$P = \varepsilon_p \cdot 100$	$\varepsilon_p = V_p^* \cdot \rho_s$
Mittlerer Porendurchmesser	$\overline{D}$	nm	nach WHEELER (zylindrische Poren)	$\overline{D} = 4\,V_p^* \cdot 10^3/A_a$
Differentielle Porengrößenverteilung	$f(\overline{D})$	cm^{3}g$^{-1}\cdot$nm^{-1}	siehe Text	*)

*) Es wird auf die Spezialliteratur verwiesen, Zusammenfassung z. B. in [25]

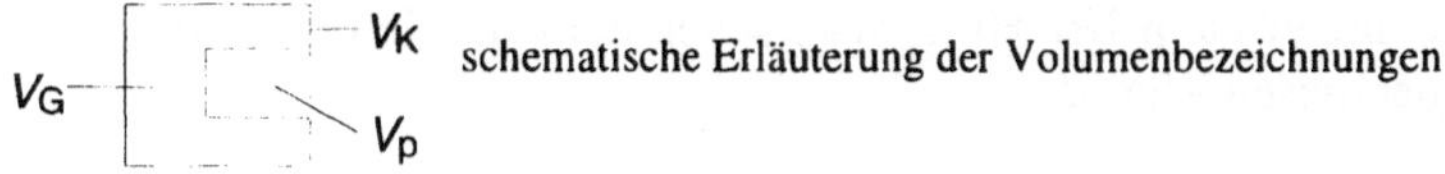

schematische Erläuterung der Volumenbezeichnungen

Als Mikroporen bezeichnet man Poren mit $\overline{D} \leq 2$ nm (20 Å) und als Makroporen solche mit $\overline{D} > 50$ nm (500 Å) (IUPAC). Kleine, mittlere und Makroporen unterscheiden sich signifikant durch den Verlauf der Adsorptionsisotherme. Zur Chromatographie benötigt man mittelporige Träger mit möglichst homogener Porenstruktur.

Die vollständige Verteilung der Porengrößen kann aus Gasadsorptionsmessungen mit Stickstoff (Mikro- und Übergangsporen) und aus Quecksilberpenetrationsmessungen (Makro- und Übergangsporen) ermittelt werden.

Den in der Literatur aus Gasadsorptionsmessungen angegebenen Oberflächenwerten liegt meist die BET-Methode zugrunde. Sie erlaubt die Bestimmung der Oberflächen von makro- und mittelporigen Sorbenzien.

Da zwischen der spezifischen Oberfläche von Silikagelen und ihrem Silanolgruppen-gehalt Proportionalität besteht, lassen sich zur Oberflächenbestimmung auch chemische Methoden verwenden. Besonders einfach ist die Methode von SEARS [23], bei der der Silanolgruppengehalt unter Kochsalzzusatz zwischen pH 4···9 mit wäßriger Natron-lauge titriert wird. Da nur ein Teil der vorhandenen Silanolgruppen neutralisiert werden kann, bedarf das Verfahren einer einmaligen Eichung nach der BET-Methode[1].

Eine hinreichende Korrelation ergibt sich auch zwischen der spezifischen Oberfläche und dem Glühverlust von trockenen, d. h. von physikalisch adsorbiertem Wasser befrei-ten Silikagelen.

Die Bestimmung des spezifischen Porenvolumens kann nach MOTTLAU und FISHER [24] sehr schnell und genügend genau durch Titration des trockenen Gels mit Wasser erfolgen. Der Endpunkt wird an der plötzlichen homogenen Benetzung des Gelpulvers erkannt.

3.4.1.2 *Korngrößenverteilung*

Ein wichtiges Qualitätsmerkmal des chromatographischen Trägers ist die Korngrößen-verteilung. Zur Darstellung dienen Verteilungsdichtekurven $f(x)$ oder Verteilungssum-menkurven $F(x)$ (vgl. Bild 2.6).

Zwecks Aufstellung solcher Kurven werden dem Merkmal $X = d_p$ (Korndurchmesser) seine Mengenanteile Q zugeordnet. Durch Auszählen der Teilchen erhält man eine An-zahlverteilung (Q – Teilchenzahl), durch Sieben beispielsweise eine Massenverteilung (Q – Teilchenmasse)[2].

Verteilungssummenkurven können als Durchgangssummenkurven (analog Bild 2.6) oder Rückstandssummenkurven $(1 - F(x))$ dargestellt werden. Zur graphischen Wieder-gabe der Verteilungskurven haben sich Wahrscheinlichkeitsnetze bewährt, bei denen an der Abszisse der Merkmalsgrenzwert (Korndurchmesser) linear aufgetragen wird, wäh-rend die Ordinate die Häufigkeitssummen in % der Gesamtteilchenzahl nichtlinear an-gibt. Dadurch, daß die Ordinate nach dem GAUSSschen Integral geteilt ist (fortschrei-tende Maßstabsdehnung im oberen und unteren Abschnitt), erhält man $F(x)$ für die er-wünschte reguläre Korngrößenverteilung (GAUSS-Verteilung) als Gerade. Das ist um so eher der Fall, je enger die betreffende Trägerfraktion verteilt ist. Durchschnittliche und häufigste Partikelgröße fallen dann bei 50 % Wahrscheinlichkeit (Ordinatenwert) zu-sammen. Man bezeichnet diesen Wert d_{p50}.

---

[1] Eine annähernd vollständige Titration der Silanolgruppen würde erst bei pH 12 erreicht, wenn bereits der Abbau des Gelgerüstes erfolgt.

[2] Aus der Massenverteilung ergeben sich gegenüber der Anzahlverteilung höhere d_{p50}-Werte und dement-sprechend z. B. Unterschiede bei Errechnung von Permeabilitäten und Säulenwiderstandsfaktoren.

Die Verteilungsbreite läßt sich im Wahrscheinlichkeitsnetz leicht mittels σ charakterisieren. Zu einer Verteilungsbreite der Teilchengrößen 2σ um den Mittelwert x_2 (Bild 2.6) gehört die Differenz der Ordinatenwerte $F(x) = 84,13$ und $15,87\,\%$ entsprechend einer Wahrscheinlichkeit von $84,13-15,87 = 68,26\,\%$. $d_{p50} = 10\pm2\;\mu$m bedeutet demnach, daß rd. 68 % aller Teilchen einer 10 µm-Fraktion Durchmesser zwischen 8 und 12 µm haben.

Eine andere Möglichkeit zur Charakterisierung der Verteilungsbreite besteht in der Berechnung des sog. κ-Wertes. κ ist das Verhältnis aus d_{p90} zu d_{p10}: Man liest aus dem Wahrscheinlichkeitsnetz die Teilchengrößen bei 90 % und 10 % Wahrscheinlichkeit ab. Zum Beispiel wäre $\kappa = 12/8 = 1,5$, falls die Durchmesser von 80 % aller gezählten Teilchen zwischen 12 und 8 µm liegen würden. $\kappa = 1$ käme einem „monodispersen" Produkt mit Partikeln völlig einheitlicher Korngröße zu.

Zur Bestimmung der Korngrößenverteilung verwendet man heute kaum noch die klassische Sedimentationsanalyse. Es werden schnelle Teilchenanalysen mit möglichst wenig Substanzverlust benötigt. Geeignet sind moderne automatische Zählverfahren (Opton-Teilchengrößenanalysator, Coulter-Teilchenzähler).

3.4.2 Fraktionierverfahren

Nach ihrem Herstellungsprozeß liegen die chromatographischen Trägermaterialien zunächst in mehr oder weniger breiter Korngrößenverteilung vor. Hinreichend enge Fraktionen werden durch anschließende Klassierung des Gutes erhalten.

Das Problem für eine saubere Teilchenfraktionierung liegt ähnlich wie beim Säulenfüllen in der Agglomerisation kleiner Partikel. Aus diesem Grunde scheiden z. B. die klassischen Windsichtverfahren für Materialien kleiner mittlerer Korngröße von vornherein aus. Brauchbare Fraktionen geringer Verteilungsbreite lassen sich z. B. mit einem Fliehkraft-Multiplex-Laborzickzacksichter (Alpine AG) erhalten. Das Fraktioniergut wird bei diesem Gerät mittels Luft durch schnell rotierende, zickzack-förmige Kanäle transportiert.

Zur Fraktionierung kleiner Trägermengen im Laboratorium sind Sedimentationsverfahren trotz ihres relativ hohen Zeitaufwandes recht gut geeignet. Erwähnt sei ein Überschichtungsverfahren, bei dem man das Fraktioniergut (Silikagel) am Kopf eines mit Sedimentationsflüssigkeit (Methanol, verdünntes Ammoniak) gefüllten weitlumigen Rohres ohne Turbulenz aufgibt. Am unteren verjüngten Rohrende sitzt ein zerlegbares Kollektorrohr, in dem sich die Teilchen in der Reihenfolge ihrer Korngrößen sammeln.

4 Die Trennsäule

4.1 Allgemeine Anforderungen

Jede Trennsäule besteht aus dem Säulenmantel und der Kompaktphase. Gebogene Säulen sind nur bei Kapillarsäulen vorteilhaft. Gleichgültig ist es, ob die Säulenanordnung senkrecht oder waagerecht erfolgt.

Als Säulenmantel verwendet man chemisch widerstandsfähige Stoffe, meist Edelstahl oder Glas. Sehr günstig sind Stahlsäulen mit innerer Borosilikatglasbeschichtung (sog. GLT-Säulen, „glass lined tubing"). Es lassen sich aber auch Säulenrohre aus Glas herstellen, die (je nach Fertigung) Drücken bis zu 600 bar standhalten können. Man erreicht dies durch Erzeugung einer Druckspannung via Austausch der Natriumionen des Glases durch Kaliumionen. Neben seiner chemischen Inertheit besitzt Glas eine besonders glatte Oberfläche.

Das meist verbreitete Säulenmaterial ist derzeit noch Edelstahlrohr. Für analytische Zwecke genügen schon Wandstärken von 0,8 mm. Die Rohre werden i. allg. durch Ziehverfahren hergestellt. Bereits unter der Lupe ist häufig eine unregelmäßige, insbesondere durch Längsrillen für die Chromatographie unbrauchbare Innenoberfläche zu erkennen. Man muß solches Material nachträglich glätten oder polieren. Bei nicht zu kleinen Innendurchmessern (konventionelle analytische Säulen) läßt sich durch das sog. Tieflochbohrverfahren eine Rauhigkeit von <0,1 µm, d. h. höchste Oberflächenqualität erreichen.

In die engere Wahl kommen nur Stähle mit hohem Chromgehalt und mindestens 8 % Nickel. Nickel sorgt für gute Korrosionsbeständigkeit, die sich durch Molybdänzusätze noch erhöht. An mit Titan stabilisierten Stählen ist eine Hochglanzpolitur infolge der harten Titancarbide über mechanische Polierverfahren nicht zu erreichen.

Auch im Falle von Edelstahlsäulen stellt die auftretende Korrosion ein ernstes Problem dar. Alle Komplexbildner des Eisens, z. B. Halogen-, Acetat- und Citrationen greifen Stahl in Gegenwart des in der fluiden Phase gelösten Sauerstoffs an. Bei Verwendung von Lösungsmittelkombinationen mit Tetrachlorkohlenstoff kann starke Korrosion durch Chlorwasserstoff auftreten. Kochsalzhaltige Puffer sollte man tunlichst vermeiden. Auf jeden Fall ist vor jeder Säulenaufbewahrung immer gründliches Spülen angebracht.

Hohe Oberflächengüte verbessert die Korrosionsbeständigkeit. Noch anfälliger als Edelstahlrohre sind daher Edelstahlfritten und Edelstahlsiebe.

Nicht nur die Trennsäule, sondern alle Teile der HPLC-Apparatur aus Edelstahl, die mit dem Eluens Berührung haben, leiden unter Korrosionserscheinungen. Ohne Vorsichtsmaßnahmen setzt sich der so entstehende „Schmutz" zusammen mit Abrieb am Säulenkopf ab und führt zu den mißliebigen Druckanstiegen.

Im Handel gibt es auch Säulenrohre aus Titan oder aus Polyaryletherketon[1], die diese Nachteile der Stahlsäulen vermeiden. Ferner werden radial komprimierbare Säulen mit flexiblem Säulenmantel angeboten.

4.2 Konventionelle Säulen und PMB-Säulen

Etwas kritisch sind bei gepackten Hochleistungstrennsäulen der Säulenabschluß an den beiden Enden und die zugehörigen Verbindungselemente. Hierfür werden i. allg. zwei Prinzipien angewendet. Entweder setzt man das die Packungsschicht begrenzende Anschlußstück unmittelbar auf das Rohrende auf, oder man paßt es in geeigneter Form in den Säulenmantel ein. Die zweite Variante (Bild 4.1) hat den Vorteil, daß sich die Säulen auch ohne Verschraubungen handhaben und vertreiben lassen.

Die Packung wird am Säulenende entweder durch Siebe und Filter (Bild 4.1) oder durch Fritten geschützt. Gleichgültig, welche Variante den Vorzug hat: Eine Säulenkonstruktion ist nur dann praxisfreundlich, wenn sich alle Verbindungselemente – Siebe, Filter oder Fritten – mit wenigen Handgriffen entfernen lassen, ohne die eigentliche Packung zu beschädigen. Denn in Fritten und auf Filtern sammeln sich, wie gerade erwähnt, schnell Schmutzteilchen an, und wer möchte deswegen gleich eine neue Säule kaufen?

Neben den Trennsäulen im engeren Sinne gibt es sog. Kartuschensysteme.

Grundsätzlich besteht eine Kartusche aus der Hülse (Halterohr) und der Säulenpatrone (*engl.*: cartridge), die lose in die Hülse eingelegt werden kann. Das Prinzip hat sich vor allem für Vorsäulen bewährt (Bild 4.1b), aber z. B. auch Glassäulen werden in dieser Form angeboten.

Für das im Bild 4.1 dargestellte System sind Säulen mit Durchmessern von 4 (4,6) mm, 3 mm (medium-bore, narrow-bore) und bei etwas verändertem Rohrende auch mit 2 mm Innendurchmesser (*mini*-bore, *semi*-microbore, *narrow*-bore) im Handel. In Bild 4.2 wurde eine Microbore-Trennsäule von 1 mm Innendurchmesser, eine sog. PMB- (packed microbore) Säule der Fa. SGE (Scientific Glass Engineering) abgebildet.

4.3 Mikro- und Kapillarsäulen

Nach den Ausführungen im Abschn. 2.10 wollen wir Säulen mit Innendurchmessern von 0,5 bis zu 0,1 mm Mikrosäulen und Säulen mit noch kleineren Durchmessern Kapillarsäulen nennen. Als brauchbare ungefüllte Kapillarsäulen kommen in der HPLC, wie erwähnt, nur solche ernsthaft in Betracht, deren Innendurchmesser etwa den jetzt relevanten kleinen Partikeldurchmessern entspricht (Tab. 2.3).

Zur Herstellung miniaturisierter Säulen (Mikrosäulen) und von Kapillarsäulen verwendet man vorzugsweise Glas bzw. Quarzglas, wodurch die Fertigung des Säulenrohres beim Stand der heutigen Technologie keine größeren Probleme bereitet. Hingegen stellt die Schaffung der technisch-apparativen Voraussetzungen zur Anwendung von Mikro- und Kapillarsäulen extreme Anforderungen an die Gerätetechnik, deren befriedigende Lösung noch nicht abzusehen ist. Aufgrund der geringen Volumenflüsse im Mikroliter-

---

[1] Handelsbezeichnung der BASF: PEK
Handelsbezeichnung von Hoechst: PEEK(K)

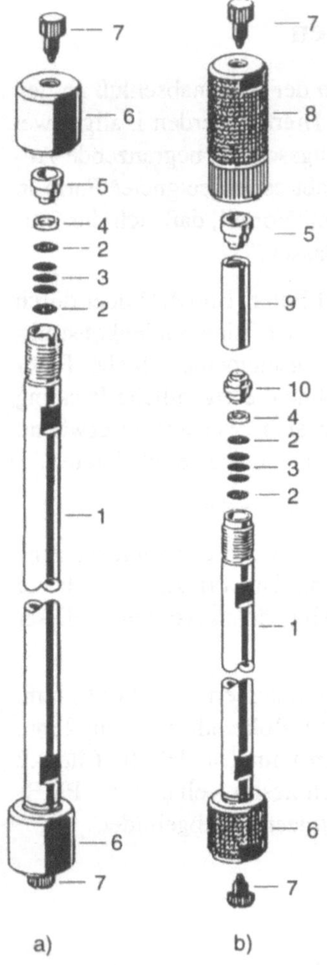

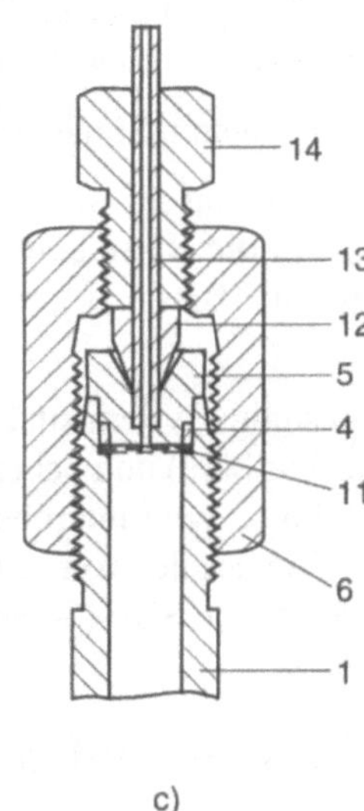

a)   b)   c)

Bild 4.1 a) Konstruktion des Hyperchrome HPLC-Säulensystems
b) Hyperchrome-Säule mit Vorsäulenkartusche und Kartuschenhalter
c) Querschnitt durch einen Säulenkopf mit Anschlußkapillare
Bezeichnungen für a), b), c)

1	Säulenrohr	8	Kartuschenhalter
2	Edelstahlsieb	9	Vorsäulenkartusche
3	Glasfaserfilter (3 Stück)	10	Verbindungseinsatz
4	Teflonring	11	Sieb-Filterpackung
5	Säulenendfitting	12	Dichtkegel (Ferrule)
6	Säulenkopfmutter	13	Kapillarrohr (Anschlußkapillare)
7	Säulenverschluß (Kunststoff)	14	Anpreßschraube

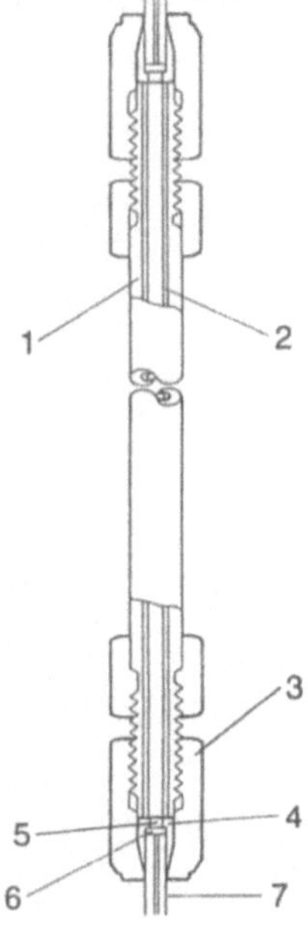

Bild 4.2
Aufbau moderner biokompatibler Microbore-Trennsäulen (1 mm
Innendurchmesser) sowie Mikro-HPLC-Säulen (0,5 mm Innendurchmesser) der Fa. Scientific Glass Engineering (SGE)
1 – Edelstahlrohr; 2 – Glasmantel GLT (glass lined tube);
3 – Verschraubung; 4 – Verschlußstück aus PEEK-Material
(s. Fußnote S. 71); 5 – Titanfritte, Porosität 0,5-1 µm;
6 – Titanfritte, Porosität 3 µm; 7 – Verbindungskapillare (Polysil)

bzw. Nanoliterbereich und der notwendigen kleinen Injektionsvolumina wird die hinreichende Unterdrückung externer Varianzen äußerst schwierig.

Relativ einfache Wege zur weitgehenden Beseitigung externer Varianzen sind die Anwendung eines Lösungsmittel- und Probenteilstroms vor der Trennsäule (splitting) sowie die nachfolgende Wiederzuführung des Lösungsmittels hinter der Trennsäule zum
Detektor (make-up) [1]. Schon derzeit werden die Vorteile der Mikro-HPLC für klini-
sche und bioanalytische Anwendungen, bei denen oft nur geringe Probenmengen zur
Verfügung stehen, unverzichtbar.

Im Handel erhält man gepackte Kapillaren mit 3 und 5 µm-Partikeln bis zu etwa
180 µm Innendurchmesser herab bei Längen zwischen 5 und 100 cm (Fa. LC Packings).
Es gibt Mikroinjektoren, die interne Probenschleifen von 60 und 200 nl besitzen (Fa.
Valco). Ferner stehen z. B. U- und Z-förmige UV-Kapillarzellen mit Weglängen von
10–20 mm zur Verfügung, die an die vorhandenen Detektoren adaptierbar sind, abgesehen von der direkten Kopplungsmöglichkeit der Kapillaren an Massenspektrometer.

Zum Arbeiten mit gepackten Kapillaren ist somit lediglich Splitten vor dem Injektor
notwendig, wobei man bei isokratischem Arbeiten überschüssiges Eluens ins Reservoir
zurückführen kann. Der von LC Packings hierzu angebotene Flußsplitter besitzt noch
eine statische Mikromischkammer, die die Anwendung von Lösungsmittelgradienten
erlaubt. Inzwischen wird auch ein Mikroautosampler für Dosiervolumina bis 50 nl angeboten [2].

Bild 4.3 zeigt die Konstruktion einer kommerziellen Säule zur Mikro-HPLC nach
TAKEUCHI und ISHII [3]. Die eigentliche Säule aus Quarzglas ist am Säulenkopf mit einem Stahlrohr und am Säulenende mit Teflon ummantelt. Stahlrohr und Glassäule sind
verklebt. Vor dem Säulenausgang sitzt ein Filter, das durch ein Kapillarrohr mit

0,05 mm Innendurchmesser gegen die Säulenpackung gepreßt wird. Nach dem Füllen
der Trennsäule mit Trägermaterialien der Korngröße 3 oder 5 µm und Verschrauben mit
dem Anschlußblock 4 dient das Teflonfilter 5 als Säulenabschluß.

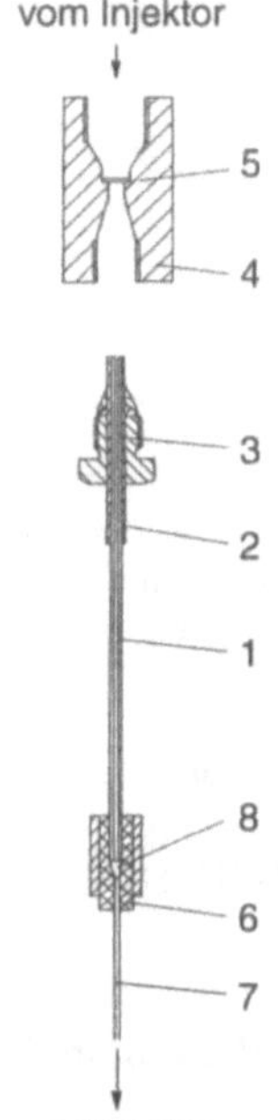

Bild 4.3
Säulenaufbau zur Mikrochromatographie
1 – Kommerzielle Quarzglaskapillare als Trennsäule, L = 10–20 cm, d_i=0,3 mm;
2 – Stahlkapillare, d_i = 0,5 mm; 3 – Verschraubung und Dichtring;
4 – Anschlußblock mit 5 – Mikrofilter; 6 – Teflon; 7 – Stahlkapillare; 8 – Filter

Das Füllen solcher Mikrosäulen erfolgt ähnlich dem konventioneller Säulen nach einer
der im Abschn. 4.5 beschriebenen Suspensionstechniken. Soll die Packung die gleiche
Lebensdauer und Leistungsfähigkeit wie bei großlumigen Trennsäulen erreichen, sind
beim Füllen auch hier entsprechende Anforderungen zu stellen, die der Betreiber nur
ausnahmsweise selbst erfüllen kann.

Bei ungefüllten Kapillaren stellt die Rohrwand die Kompaktphase dar und muß stellvertretend für die Packung alle Voraussetzungen zur Trennung erfüllen.

Um das zu erreichen, behandelt man leere Natron–Kalk–Glaskapillaren zunächst 24 h
bei 50 °C mit 0,3 N Natriumhydroxid-Lösung. Auf diese Weise wird auf der Glasober-
fläche eine stabile Silikagelschicht erzeugt, und man kann so vorbehandelte Kapillaren
unmittelbar zur Adsorptionschromatographie einsetzen. Auf der Schicht lassen sich ferner die üblichen Fixphasen mit Hilfe der für Silikagel bekannten Reaktionen synthe-
tisieren, wodurch solche Kapillaren auch zur RP-, Normalphasen- und Ionentauschchromatographie geeignet sind [4].

Die fertig behandelte Glaskapillare führt man unmittelbar in einen Mikroinjektionsblock
ein. Sie wird durch einen Dichtring aus lösungsmittelbeständigem Kunststoff (z. B.
Vespel) und vorsichtiges Anziehen einer kleinen Überwurfmutter analog wie Metall-
kapillaren gedichtet. Wegen der sehr geringen Dosiervolumina (unter 1 nl) kommen für

die Probenaufgabe nur die Splitinjektion oder die direkte Probeneinführung in die Säule (*engl.*:in-column injection) in Frage [5].

Nicht minder schwierig als die Injektion gestaltet sich die Detektion bei echten offenen Kapillarsäulen. Da Zellenvolumina unter 1 nl benötigt werden, ergeben sich mit brauchbaren optischen Weglängen um 10 mm nur noch 10 µm Zellendurchmesser. Das erfordert extrem leistungsfähige Detektoren, oder es entstehen nicht akzeptierbare Empfindlichkeitsverluste.

4.4 Die Trennsäulenpackung

Je nach Art des Einbringens der Partikel in die Säule werden sich unterschiedliche Packungsdichten (Trägergewicht/Säulenvolumen) bzw. Raumerfüllungen (Trägervolumen/Säulenvolumen) ergeben. Stellt man sich kugelförmige Teilchen so angeordnet vor, daß jede Kugelschicht genau über der vorhergehenden liegt, ergibt sich eine sehr lockere, regelmäßige Packung mit einer Raumerfüllung $\pi/6 = 0{,}524$. Liegt dagegen jede Kugel in einem Zwickel der darunterliegenden Schicht, dann erhält man die überhaupt mögliche (hexagonal bzw. kubisch) dichteste Kugelpackung mit einer Raumerfüllung von $\sqrt{2} \cdot \pi/6 = 0{,}74$. Aus beiden Extremen ergibt sich eine statistische homogene Raumerfüllung von 63,2 %. Der Anteil der Zwischenkornporosität ε_f (Zwischenkornvolumen V_f/Kolonnenvolumen V) einer solchen Kolonne wäre 36,8 %.

Da die Teilchen i. allg. nicht undurchlässig, sondern porös sind, werden zwei weitere Angaben verwendet: die Kornporosität oder innere Porosität der Teilchen ε_p (Anteil des Porenvolumens V_p am Kornvolumen V_K) sowie die Kolonnengesamtporosität ε_m (Anteil des Volumens der gesamten fluiden Phase V_m am Kolonnenvolumen V).

Weil d_p für die Berechnung der Raumerfüllung keine Rolle spielt, gilt für monodisperse sphärische Partikel: *Die Raumerfüllung bzw. die Porositäten ε_f und ε_m sind unabhängig vom Teilchendurchmesser.*

Der mathematische Zusammenhang der Porositäten ist leicht zu übersehen. Wenn die Raumerfüllung des Trägers $(1 - \varepsilon_f)$ und sein Porositätsanteil daran ε_p ist, beträgt der Anteil des Kornporenvolumens am Säulenvolumen $(1 - \varepsilon_f)\varepsilon_p$. Die Gesamtporosität einer Trennsäule errechnet sich somit zu

$$\varepsilon_m = \varepsilon_f + (1 - \varepsilon_f)\varepsilon_p. \tag{4.1}$$

ε_m läßt sich experimentell am besten nach Gl. (4.2) ermitteln:

$$\varepsilon_m = \frac{V_m}{V} = \frac{V_M}{V} = \frac{t_M \cdot \dot{V}}{q_S \cdot L} = \frac{\dot{V}}{q_S \cdot \bar{u}}. \tag{4.2}$$

Wenn ε_p bekannt ist, ergibt sich ε_f nach Gl. (4.1).

Zieht man vom Gesamtvolumen V der Trennsäule außer V_m auch das Gerüstvolumen des Trägers V_G ab, bleibt das von der fluiden Phase nicht erfüllte Hohlraumvolumen übrig.

In Bild 4.4 ist links ein Ausschnitt aus einer mit sphärischem Trägermaterial hergestellten Füllung gezeichnet. Man beachte die Hohlraumbildung! Im rechten Bildteil wurden die Definitionen der Porositätsparameter zusammengestellt.

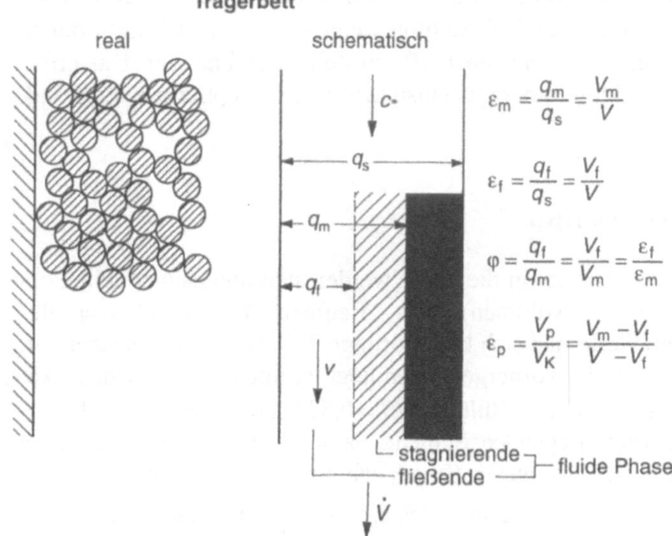

Bild 4.4 Reale und schematische Darstellung des Trägerbetts mit den Porositätsparametern ε_m, ε_f, ε_p und φ

Bild 4.5 enthält schließlich eine maßstabsgerechte, schematisierte Aufteilung der Volumenanteile gepackter Trennsäulen.

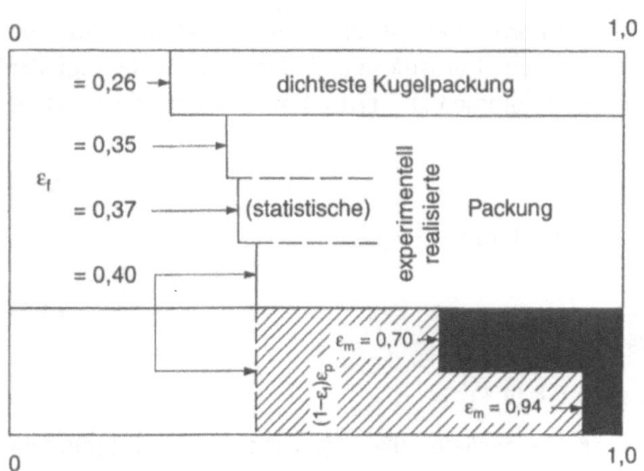

Bild 4.5 Zur Veranschaulichung der Volumenanteile der Packung
ε_f – Zwischenkornporosität; ε_p – Kornporosität; ε_m – Kolonnengesamtporosität

Die Zwischenkornporosität ε_f wird allgemein mit 0,35 bis 0,40 ± 5 % angegeben[1], meist rechnet man mit 0,40. Die Porositätswerte poröser Träger schwanken im Bereich $0,5 < \varepsilon_p < 0,9$. Aus diesen Angaben ergibt sich für die Gesamtkolonnenporosität mittels Gl. (4.1) $0,70 < \varepsilon_m < 0,94$, d. h. $\bar{\varepsilon}_m = 0,82 \approx 0$. Als Faustregel gilt $\varepsilon_f \leq \varepsilon_m \leq 2\varepsilon_f$. Für praktisch unporöse Träger, z. B. kommerzielle beschichtete Kompaktkügelchen (poröse Schichtträger), ist $\varepsilon_m \approx \varepsilon_f$. Mittels Gl. (4.2) ($u \approx 1/\varepsilon_m$) folgt daher, daß mit solchen Trägern unter sonst gleichen Bedingungen die doppelte lineare Fließgeschwindigkeit wie mit porösem Material erzielt werden kann.

4.5 Fülltechniken

Wie bekannt, neigen kleine Teilchen infolge elektrostatischer Aufladung zu Agglomerisation, und zwar um so stärker, je geringer der Partikeldurchmesser ist. Im „Bulk" tritt Brücken- und Kanalbildung ein. Durch Benetzung mit Flüssigkeiten läßt sich dieser Effekt stark herabsetzen.

Alle Trockenpackungstechniken sind daher, selbst wenn sie sehr sorgfältig durchgeführt werden („rotate, bounce and tap"), zur Trennsäulenherstellung mit irregulären Trägern <50 µm und mit sphärischen Trägern <30 µm nicht zu empfehlen. Korngrößen <20 µm können überhaupt nur in Flüssigkeitssuspension effektiv gepackt werden.

Damit eine weitgehend homogene Packung erreicht wird, kommt es außerdem darauf an, Teilchensegregation (Sortierungseffekte) während des Füllens zu vermeiden.

Nach dem STOKESschen Gesetz beträgt die Sinkgeschwindigkeit c_s kugelförmiger Teilchen der Dichte ρ_p in einer Flüssigkeit der Dichte ρ_l

$$c_s = (\rho_p - \rho_l) \cdot g \cdot d_p^2 / 18\eta \qquad (4.3)$$

(g – Erdbeschleunigung, $981\ \mathrm{cm \cdot s^{-2}}$).

Aus Gl. (4.3) erkennt man die prinzipiellen Möglichkeiten, um der Segregation entgegenzuwirken:

a) Einfüllgeschwindigkeit $>> c_s$ oder

b) η sehr groß oder

c) $\rho_l = \rho_p$, d. h. $c_s = 0$.

Entsprechend benutzt man vier unterschiedliche Suspensionen:

1. die einfache Suspension in organischen Lösungsmitteln (z. B. Methanol),

2. die elektrostatische Dispersion [6],

3. die viskose Dispersion [7] und

4. die Schwebesuspension [8].

---

[1] Bedingung für sog. „regelmäßig" gepackte Säulen ist $d_s > 10 d_p$. Alle Angaben beziehen sich auf nicht verformbare Träger. Für organisches, kompressibles Material erhält man Werte bis $\varepsilon_f = 0,2$.

Da d_p in Gl. (4.3) quadratisch eingeht, sind Träger mit breiter Korngrößenverteilung von vornherein ungünstiger zu handhaben als Träger mit enger Verteilung. Teilchen mit Durchmessern unter 5 µm lassen sich zunehmend schwieriger packen.

Die elektrostatische Dispersion in 0,001 N wäßriger Ammoniaklösung hat für unbeladene Silikagele den Vorteil, daß Agglomerisation ziemlich sicher vermieden wird. Das Gel allerdings wird völlig desaktiviert und muß anschließend reaktiviert werden.

Die Methode mit stark viskosen Flüssigkeiten (40···60 mPa·s) ist zeitaufwendig. Sie benötigt mehr als die zehnfache Füllzeit der anderen Methoden.

Als allgemein anwendbare Fülltechnik darf das Schwebesuspensionsverfahren angesehen werden. Hierbei stellt man Dichtegleichheit zwischen Suspensionsflüssigkeit und Träger her. Gute Ergebnisse können an Kieselgelen, an Aluminiumoxiden, an Trägern mit chemisch gebundenen Phasen sowie an organischen Materialien erhalten werden. Der Träger der Dichte ρ_p ist zunächst in einer Flüssigkeit der Dichte ρ_l unter Verwendung von Ultraschall sorgfältig zu dispergieren, wobei ρ_l kleiner oder größer als ρ_p sein kann. Dichtegleichgewicht wird durch langsame Zugabe einer geeigneten Zweitflüssigkeit erreicht. Leider kommen an Flüssigkeiten hoher Dichte praktisch ausschließlich halogenierte, insbesondere bromierte und jodierte Kohlenwasserstoffe in Frage. Sie sind oft nicht ausreichend stabil und gesundheitsschädlich.

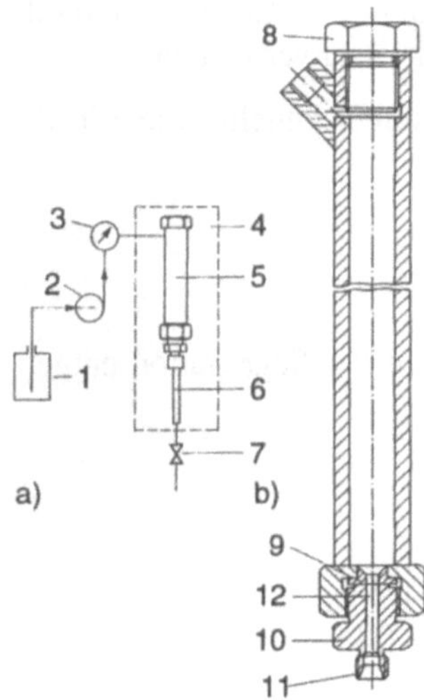

Bild 4.6   a) Anordnung zum Füllen von Trennsäulen
1 – Vorratsgefäß für Konditionierflüssigkeit; 2 – Hochdruckpumpe (Fördervolumen für analytische Säulen ca. 20 ml/min, maximaler Förderdruck 800 bar); 3 – Hochdruckmanometer; 4 – abklappbare Schutzwand; 5 – Füllrohr; 6 – Trennsäule; 7 – Ventil
b) Füllrohr (vergrößert)
8 – Verschlußschraube mit Dichtring; 9 – Aluminiumdichtung über 10; 10 – Verschlußmutter mit 11 – Anschluß für die Trennsäule; 12 – Bohrung, deren Stärke sich nach dem Innendurchmesser der anzuschließenden Trennsäule richtet

Bei Benutzung von Silikagel ($\rho_w \approx 1{,}9$–$2{,}1$ g $\cdot$ cm^{-3}) gibt es noch eine gewisse Auswahl solcher Flüssigkeiten, bei Aluminiumoxiden ($\rho_w \approx 3{,}4$–$5{,}6$ g$\cdot$cm^{-3}) bestehen weit weniger Möglichkeiten.

Die fertige Suspension wird in ein senkrecht gehaltertes Füllgefäß gegeben (Bild 4.6), an dem die bereits mit Dispergierflüssigkeit gefüllte Trennsäule ohne Übergangsverengung angeschraubt ist. Wesentlich für wirksame Packungen erwiesen sich hohe Füllgeschwindigkeiten, wozu Drücke zwischen 400$\cdots$600, ja sogar 800 bar notwendig sind[1].

Organische halbfeste Gele müssen vor dem Füllprozeß etliche Stunden in der Suspensionsflüssigkeit quellen. Betreffs des anzuwendenden Fülldrucks beachte man die Angaben des Herstellers.

4.6 Qualitätskriterien für Trennsäulen

Prüfstein der Qualität der Füllung muß in erster Linie die $H_T(u)$-Funktion sein. Zweckmäßig benutzt man die reduzierte Darstellung (Abschn. 2.6).

Ein weiteres Qualitätskriterium stellt die Permeabilität dar[2]. Sie nimmt mit kleiner werdendem Partikeldurchmesser des Trägermaterials ab (vgl. Abschn. 2.7). Der Zusammenhang beider Größen geht aus Gl. (2.93) hervor. Wesentlich für die Permeabilität ist ferner die Partikelform, die der Formfaktor ϑ berücksichtigt. Abnehmende ϑ-Werte erhöhen K. Dementsprechend läßt sich zeigen, daß Trennsäulen, die mit sphärischen Trägern gefüllt sind, bei vergleichbaren H_T-Werten eine gegenüber irregulären Trägern gleicher Korngröße rd. 20 % höhere Permeabilität haben [9].

Bezogen auf gleiches Material sollte die Trennsäule kleinster Permeabilität die besten Trenneigenschaften besitzen. Zu hohe Permeabilität weist auf weniger dichte bzw. weniger homogene Packung hin. Der Zwischenkornvolumenanteil ε_f hat sich vergrößert, was den Massenübergang beeinträchtigt und die Säulenwirksamkeit herabsetzt oder zumindest die Lebensdauer der Trennsäule verringert.

Eine von d_p unabhängige Maßzahl für die Güte von Trennsäulenfüllungen des gleichen Materials ist der Säulenwiderstandsfaktor Φ [10] (Abschn. 2.6). Aus Gl. (2.91) und G1. (2.93) ergibt sich

$$\Phi = \frac{\Delta P \cdot d_p^2}{u \cdot \eta \cdot L}. \tag{4.4}$$

Moderne HPLC-Trennsäulen auf der Basis von Kieselgelen (oder anderen anorganischen Materialien) sind bei richtiger Fülltechnik sehr stabil und, sachgemäß benutzt (Einhaltung des vorgeschriebenen pH-Bereichs, Vermeidung des Ansammelns mechanischer und chemischer Verunreinigungen auf der Trennsäule), lange haltbar.

---

[1] Der Druck steigt während des Füllens von selbst an und soll nicht reguliert werden.
Alle Zahlenangaben hier beziehen sich auf sphärische Teilchen. Bei irregulärem Material müssen die Drücke niedriger sein; das Packen solcher Säulen ist wesentlich diffiziler.

[2] In diesem Zusammenhang lassen sich nur Permeabilitäten des gleichen Trägermaterials vergleichen. Verschiedene Materialien zeigen auch bei gleicher Packungsdichte unterschiedliche Permeabilitäten.

Der Name des Herstellers und das beigefügte Attest stellen i. allg. das beste Qualitätskriterium dar.

4.7 Säulenschalten

Die sog. multidimensionale oder mehrstufige Chromatographie wendet nacheinander verschiedene chromatographische Phasensysteme an, deren unterschiedliche Selektivitäten dann meist auch bei sehr komplexen Proben eine befriedigende Trennung interessierender Komponenten erlauben.

Im Falle der *zweidimensionalen* Dünnschichtchromatographie wird jede Komponente nach der Trennung durch einen Punkt in der Ebene (Platte) charakterisiert. Die Punktkoordinaten sind durch zwei Retentionswerte in zwei unterschiedlichen Phasensystemen festgelegt. In der n-dimensionalen Säulenchromatographie liegt dieser Punkt im n-dimensionalen Raum und hat als Koordinaten die mit n verschiedenen Säulen (Stufen) erhaltenen Retentionswerte.

Grundsätzlich kann von Stufe zu Stufe *on line* oder *off line* gearbeitet werden. Die *off line*-Technik ist arbeitsaufwendig und schwer automatisierbar. Beim Manipulieren zwischen den Stufen (Lösungsmittelabdampfen) sind Substanzverluste möglich. Der große Vorteil dieser Technik besteht jedoch darin, daß völlig inkompatible Phasensysteme kombiniert werden können.

Bei der Multisäulen-*on-line*-Technik verwendet man totvolumenarme, automatische Hochdruck-Schaltventile, die mit Mikroprozessor gesteuerten Zeitgebern arbeiten. Das Schema einer solchen Anordnung ist in Bild 4.7 zu sehen.

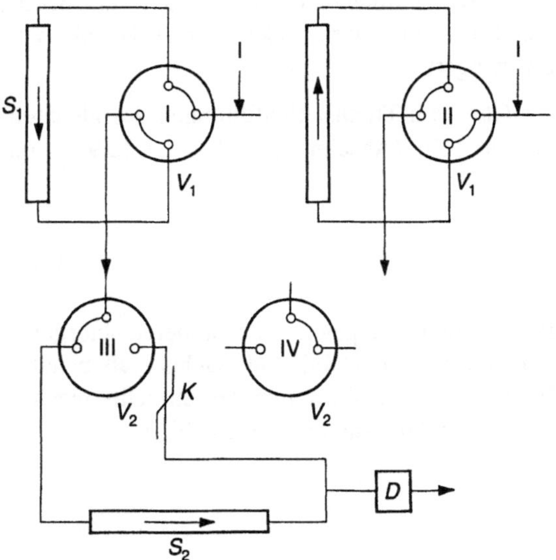

Bild 4.7   Säulenschalttechnologie für $n = 2$ Dimensionen
S – Trennsäulen; K – Restriktionskapillare; I – Injektor; D – Detektor;
V – Schaltventile; I, II, III, IV – Ventilstellungen

Im Bild wurden die Trennsäulen Sl und S2 mit zwei Schaltventilen gekoppelt. Hierbei kann S1 in zwei Richtungen betrieben werden (Stellung I normale Betriebsweise, Stellung II Rückspülen). S2 dient als Speichersäule für *front cutting*, *heart cutting* und *end cutting*. Unter *front cutting* versteht man das Abschneiden des vorderen Chromatogrammteils, *heart cutting* bedeutet das Herausschneiden einzelner relevanter Peaks oder Peakgruppen aus dem Chromatogramm. Während man im ersten Fall die Optimierung der Selektivität für verschiedene Peakgruppen oder Stoffklassen anstrebt, geht es im zweiten Fall meist um die Erhöhung der Peakgrößenverhältnisse. Die Methode eignet sich insbesondere zur Bestimmung von Spurenbestandteilen (Rückstandsanalyse, cleanup) in komplizierten Matrices. Beim *end cutting* ist entsprechend der hintere Chromatogrammteil von Interesse.

Ein Rückspülen der Säule 1 nach dem Speichern des vorangegangenen Chromatogrammteiles entfernt unnötige Ballaststoffe und verkürzt die Chromatogrammdauer.

Nachfolgend wird die Technik *heart cutting* näher besprochen.

Nimmt man an, ein Chromatogramm der Säule 1 bestünde aus drei hintereinander liegenden Abschnitten für die Substanzgruppen A, B, C, so wird in der Ventilstellung I, IV zuerst A über die Kapillare K zum Detektor strömen. Durch Ventilstellung III gelangt anschließend B auf Säule 2 (*heart cutting*). Nach Umstellen der Ventile in die Stellungen II, IV bleibt B am Anfang der Säule 2 als Speicherinformation, während C über S1 zurückgespült wird. C erscheint bei der Registrierung durch D als schmaler Peak mit geringem Informationsgehalt. Wählt man nach dem Speicherprozeß hingegen die Ventilkombination I, IV, so wird C über S1 entsprechend der Selektivität dieser Säule aufgetrennt und ein aufgefächertes Chromatogramm wiedergegeben.

Zuletzt erfolgt in den Stellungen II, III oder I, III die Auftrennung der Gruppe B und damit die Decodierung der gespeicherten Information mit der gewünschten Aussage.

Die Säulen Sl und S2 können ganz unterschiedliche Kompaktphasen enthalten. Für die Lösungsmittelauswahl gelten hingegen gewisse Einschränkungen. Insbesondere muß im *on line*-Betrieb ihre gegenseitige Mischbarkeit gewährleistet sein.

Tabelle 4.1 enthält verschiedene *on line*-kompatible Methoden.

Tabelle 4.1　　*On line* multidimensional kompatible Methoden

	LSC	NPC	RPC	IEC	GPC	GFC
Flüssig-fest-Chromatographie (LSC)	+	+	–	–	+	–
Normalphasenchromatographie (NPC)	+	+	–	–	+	–
Umkehrphasenchromatographie (RPC)	–	–	+	+	+	+
Ionentauschchromatographie (IEC)	–	–	+	+	–	+
Gelpermeationschromatographie (GPC)	+	+	+	–	+	–
Gelfiltrationschromatographie (GFC)	–	–	+	+	–	+

+ kompatibel, – nicht kompatibel

Sehr vorteilhaft ist z. B. die Kombination einer Säule zur Molekülgrößen-Ausschlußchromatographie (GPC, GFC) mit einer der übrigen aufgeführten Methoden. Andererseits steht in der Tabelle bei der Kombination LSC/RPC ein Minus, da in diesem Falle i. allg. mit Wasser nicht mischbare Lösungsmittel (LSC) und wäßrige Lösungsmittelgemische (RPC) zum Einsatz gelangen würden, so daß das Kompatibilitätskriterium nicht erfüllt ist.

Bei Überführung der Komponenten von einer vorhergehenden zur nächsten Stufe (S1 → S2) ist die Probenkonzentrierung am Säulenkopf der zweiten Säule notwendig (*engl.*: on-column concentration). Um das zu gewährleisten, muß das Lösungsmittelgemisch der Säule 1 eine schwächere Elutionsstärke als das Lösungsmittel(gemisch) der Säule 2 besitzen. Diese Forderung ist beispielsweise erfüllt, wenn Substanz von einer mit Wasser betriebenen GFC-Säule auf eine RP-Säule gelangt. Durch das für die RP-Säule sehr schwache Elutionsmittel Wasser ergibt sich eine ideale *on column*-Konzentrierung, und die nachfolgende Gradientenelution führt zu sehr schmalen Peaks.

Gelangt die Substanz hingegen mit einem größeren Volumen vergleichsweise stärkerer Elutionsmittel auf die folgende Säule, entfällt ein Konzentrierungseffekt, und zusätzliche Bandenverbreiterung tritt ein.

Bei der Auftrennung schmaler Chromatogrammausschnitte (*heart cutting*) wird die Speichersäule wenig genutzt, denn während der Zeit der Trennung ist immer nur ein kurzes Stück der Säule durch Substanz belegt. Soll daher eine große Probenzahl (z. B. in der klinischen Routine) hintereinander analysiert werden, ist es zweckmäßig, den Schnitt aus jeder folgenden Probe bereits kurze Zeit nach dem Schnitt der vorausgegangenen Probe zu überführen und außerdem den Abstand zwischen den Peakgruppen durch ein minimales, vorher berechenbares Elutionsmittelvolumen festzulegen. Damit die Folge von Peakgruppen kontinuierlich über die Speichersäule wandert, muß außerdem der normalerweise statische Speichervorgang in eine dynamische Speicherung übergehen, was durch eine geeignete Ventilschaltung zwischen den Säulen mit zwei Pumpen erreicht wird. Die erläuterte Technik wird als *boxcar*-Chromatographie [11] bezeichnet.

5 Das Elutionsmittel

5.1 Allgemeines

Im Gegensatz zur Gaschromatographie, bei der das Trägergas nur geringen Einfluß auf die Trennung hat, spielt das Elutionsmittel für den Trennprozeß in der Flüssigchromatographie eine entscheidende Rolle. Die Kenntnis der Eigenschaften einer Vielzahl von Lösungsmitteln ist daher für die erfolgreiche Lösung der Trennprobleme sehr wichtig.

Natürlich kommen nicht alle bekannten Lösungsmittel für die Chromatographie in Frage, und es sind bei ihrem Einsatz eine Reihe einschränkender Kriterien zu beachten.

Normalerweise wird man Lösungsmittel mit Siedepunkten zwischen 50 und 100 °C bevorzugen, denn die Viskosität der einzusetzenden Flüssigkeiten soll möglichst unter 1 mPa·s (1 cP) liegen, schon um niedrige Säulenvordrücke anwenden zu können (Gl. (2.91)). Außerdem sind mit hohen Elutionsmittelviskositäten große Temperatureffekte und kleine Diffusionskoeffizienten verbunden, wodurch sich die Säulenwirksamkeit verschlechtert.

Je nach Problem werden weitere Forderungen an das Elutionsmittel gestellt. Dazu gehören gute UV-Durchlässigkeit oder günstiger Brechungsindex, Verfügbarkeit in ausreichender Menge und Reinheit, geringe Korrosionswirkung u. a. Selbstverständlich muß die Probe im Elutionsmittel löslich sein. Schließlich ist die Erfüllung der Bestimmungen des Gesundheits- und Brandschutzes zu gewährleisten.

Unabhängig von allen diesen Forderungen stellen eine optimale Elutionswirkung ($1 < k_i < 10$) und gute Selektivitätseigenschaften die wichtigsten Auswahlkriterien für Lösungsmittel dar. Sie stehen, wie schon deutlich wurde (Bild 3.1), in engem Zusammenhang mit Fragen der molekularen Wechselwirkung von Probe, Lösungsmittel und Kompaktphase.

Nach KISELEV unterscheidet man zweckmäßig zwischen spezifischen Wechselwirkungen der Moleküle infolge lokaler Besonderheiten ihrer Elektronendichteverteilung und zwischen nichtspezifischen Wechselwirkungen durch Dispersionskräfte.

Dispersionskräfte beruhen bekanntlich auf der inneren Elektronenbewegung der Moleküle (atomare Dipole). Die hierdurch bewirkte Anziehung ist stets wirksam, aber ungerichtet. Sie tritt um so stärker in Erscheinung, je höher die Elektronenpolarisierbarkeit der Verbindungen ist, und geht damit ungefähr mit dem Brechungsindex konform; dispersive Wechselwirkungen sind zwischen Verbindungen mit hohem Brechungsindex besonders ausgeprägt.

Zu den spezifischen Wechselwirkungen rechnen Ionen-/Ionen-Wechselwirkungen nach dem COULOMBschen Gesetz, Wechselwirkungen zwischen Ionen und Dipolen sowie Wechselwirkungen zwischen permanenten und induzierten Dipolen.

Spezifische Wechselwirkungen ergeben sich ferner unter Mitwirkung von π-Elektronen oder einsamen Elektronenpaaren, bzw. wenn die Möglichkeit zur Ausbildung von Elektronendonator/-akzeptorkomplexen besteht.

Einen besonders exponierten Fall zwischenmolekularer Wechselwirkungen stellen die Wasserstoffbrücken dar[1].

Vielfach unterscheidet man zwischen protischen Lösungsmitteln mit aciden H-Atomen (Wasser, Alkohole, Carbonsäuren, Chloroform, Säureamide sowie primäre und sekundäre Amine) und aprotischen Lösungsmitteln.

Tabelle 5.1 Vergleich unterschiedlicher Polaritätsparameter für Lösungsmittel

P' – Polaritätsindex nach SNYDER. x – Selektivitätsparameter, Index e für Protonenakzeptor-, Index d für Protonendonatorwirkung, Index n für Dipolwechselwirkung des Lösungsmittels; ε^0 – Lösungsmittelstärkeparameter (Tab. 5.2); δ – Löslichkeitsparameter (Tab. 5.2); E_T – Lösungsmittelpolarität nach DIMROTH und REICHARDT [1]. Das hier zur spektroskopischen Messung der lösungsmittelabhängigen Übergangsenergien zwischen Grund- und Anregungszustand benutzte Pyridinium-N-phenolbetain besitzt ein hohes Dipolmoment und die Fähigkeit zu komplexer molekularer Wechselwirkung; μ – Dipolmoment in D (Debye). 1 D = $3{,}337 \cdot 10^{-30}$ C·m (SI-Einheit). Werte überwiegend aus [2]; S_{RP}(exp.) – experimentell ermittelte Elutionsmittelstärken für wassermischbare Vorzugslösungsmittel der RP-Chromatographie

Lösungsmittel	Selektivitäts-gruppe[2]	P'	x_e	x_d	x_n	ε^0 SiO_2	Al_2O_3	δ (J/cm^3)$^{1/2}$	E_T (KJ/mol)	μ (D)	S_{RP} exp.
n-Hexan	–	0,1	–	–	–	0,01	0,01	14,9	129,4	0	–
Diisopropylether	I	2,4	0,48	0,14	0,38	0,34	0,28	14,5	142,4	1,2	–
Methylenchlorid	V	3,1	0,29	0,18	0,53	0,32	0,42	19,8	172,1	1,6	–
Tetrahydrofuran	III	4,0	0,38	0,20	0,42	0,44	0,57	18,6	156,6	1,7	4,5
n-Propanol	II	4,0	0,54	0,19	0,27	0,63	0,82	24,6	212,3	1,7	–
Chloroform	VIII	4,1	0,25	0,41	0,33	0,26	0,40	19,0	163,7	1,2	–
Ethylacetat	VIa	4,4	0,34	0,23	0,43	0,38	0,58	18,2	159,5	1,8	–
1,4-Dioxan	VIa	4,8	0,36	0,24	0,40	0,49	0,56	20,7	150,7	0	3,5
Aceton	VIa	5,1	0,35	0,23	0,42	0,47	0,56	19,6	176,7	2,8	3,4
Methanol	II	5,1	0,48	0,22	0,31	0,73	0,95	29,7	232,4	1,7	2,6
Pyridin	III	5,3	0,41	0,22	0,36	0,55	0,71	21,7	168,3	2,2	–
Acetonitril	VIb	5,8	0,31	0,27	0,42	0,50	0,65	24,8	192,6	3,4	3,2
Nitromethan	VII	6,0	0,28	0,31	0,40	0,49	0,64	26,4	193,8	3,1	–
Essigsäure	IV	6,0	0,39	0,31	0,30	–	–	20,7	214,4	1,7	–
Anilin	VIb	6,3	0,32	0,32	0,36	0,48	0,62	21,1	185,5	1,5	–
Dimethylformamid	III	6,4	0,39	0,21	0,40	–	–	24,1	183,4	3,8	–
Dimethylsulfoxid	III	7,2	0,39	0,23	0,39	0,58	0,75	24,6	188,4	4,3	–
Formamid	IV	9,6	0,36	0,33	0,30	–	–	39,3	237,0	3,2	–
Wasser	VIII	10,2	0,37	0,37	0,25	–	–	47,9	264,2	1,8	0

Aprotische Lösungsmittel besitzen keine aciden H-Atome, Eigendissoziation ist nicht nachweisbar. Apolare aprotische Lösungsmittel sind z. B. Kohlenwasserstoffe, Schwefelkohlenstoff und Tetrachlorkohlenstoff. Als polar aprotisch hat man Lösungsmittel wie Ether, Dioxan oder Pyridin einzustufen. Mit ihren freien Elektronenpaaren weisen polare „Apros" hohe Nucleophilität und LEWIS-Basenstärke aus. Sie lagern nicht nur protische Solvenzien leicht an, sondern eignen sich ganz allgemein zur Solvatation von

---

[1] X–H···Y, z. B. OH···O (H_2O, Alkohole), NH···O=C (Amide), OH···O=C (Säuren, Alkohole/Carbonylgruppen) usw. Die X–H-Bindung wird ausgeweitet, und das Proton dringt z.T. in die Elektronenhülle von Y ein. Die Wasserstoffbrückenbindung weist die größte zwischenmolekulare Wechselwirkungsenergie (20–40 kJ/mol) auf. Eine Übersicht enthält Tabelle 17.1.

[2] nach Tab. 5.3

Kationen. Dieses Verhalten ist bei den dipolar aprotischen Vertretern, die definitionsgemäß Dielektrizitätskonstanten >15 und Dipolmomente >2,5 D haben, besonders stark ausgeprägt. In die Gruppe fallen (in der Reihenfolge ihrer Donorzahlen[1] u. a. Nitromethan, Acetonitril, Aceton, Dimethylformamid sowie Dimethylsufoxid.

Oberflächlich betrachtet, könnte man meinen, daß das Dipolmoment ein geeignetes Maß für die Lösungsmittelpolarität darstellt. Ein Blick auf Tab. 5.1 zeigt jedoch, daß das nicht der Fall ist.

Unter der Polarität eines Lösungsmittels versteht man die Summe aller zwischenmolekularen Wechselwirkungen nach Art und Stärke, zu denen das Lösungsmittel fähig ist. Im Sinne dieser Definition gehören hierzu auch dispersive Wechselwirkungen. Praktisch läuft das Problem auf die Ermittlung der Wechselwirkungen zwischen dem jeweiligen Lösungsmittel und geeignet gewählten Bezugsstoffen hinaus. Das beste Polaritätsmaß ist dasjenige, das alle möglichen Wechselwirkungen am besten erfaßt.

In der Praxis sind dementsprechend verschiedene empirische Polaritätsskalen in Gebrauch, die mehr oder weniger gute Näherungen darstellen und im Einzelfall voneinander abweichen können. Im Rahmen dieses Buches werden als Maßzahlen der Lösungsmittelpolarität der Polaritätsindex P' nach SNYDER, der Löslichkeitsparameter δ nach HILDEBRAND, der Lösungsmittelstärkeparameter ε^0 nach SNYDER sowie die Lösungsmittelpolarität E_T nach DIMROTH und REICHARDT verwendet (s. Tab. 5.1).

Die Lösungsmittelpolarität steht naturgemäß in enger Beziehung zu zwei weiteren, in der Chromatographie wichtigen Begriffen, zur Solvensstärke (Elutionsmittelstärke) und zur Selektivität.

Die Elutionsmittelstärke eines Lösungsmittels drückt sich in seiner Eigenschaft bzw. Fähigkeit zur Elution der im chromatographischen Phasensystem verteilten Stoffe aus. Voraussetzung hierfür sind wenigstens geringe Wechselwirkungen zwischen diesen Stoffen und dem Lösungsmittel, andernfalls tritt auch überhaupt keine Lösung ein; die Verteilungskonstanten liegen dann praktisch bei ∞, und die Elutionsstärke des Lösungsmittels ist Null.

Im Gegensatz zur Lösungsmittelpolarität läßt sich die Elutionsstärke nur im Zusammenhang mit dem chromatographischen Phasensystem betrachten. Es ergeben sich zwei Fälle:

Liegt ein System mit polarer Kompaktphase (Normalphasenchromatographie[2], Adsorptionschromatographie) vor, werden wenig polare Lösungsmittel für Stoffe mittlerer oder gar hoher Polarität nur eine geringe oder keine Elutionskraft besitzen, sehr polare Lösungsmittel hingegen können diese Komponenten schnell aus dem System eluieren. Sie haben genügend Solvatationsvermögen, um auch mit aktiven Kompaktphasen erfolg-

---

[1] Die Donorzahl nach GUTMANN wird ausgedrückt als $-\Delta H$-Wert für das 1:1-Addukt zwischen dem Lösungsmittel und Antimonpentachlorid in 1,2-Dichlorethan. Sie ist eine brauchbare Maßzahl der LEWIS-Basenstärke.

[2] Der Ausdruck Normalphasenchromatographie (NPC) wird i. allg. auf die Chromatographie mit polaren Fixphasen beschränkt. Das entsprechende Pendant stellt die Chromatographie mit unpolaren Fixphasen dar (daher der Name Umkehrphase, *engl.*: reversed phase). Da man beide Fälle ebenso für die Flüssig-flüssig-Chromatographie realisieren kann (s. Abschn. 3.1), gelten die folgenden Ausführungen grundsätzlich auch hierfür.

reich zu konkurrieren. Zwischen beiden Extremen lassen sich alle Lösungsmittel in einer eluotropen[1] Serie steigender Polarität anordnen (Tab. 5.2 und 17.3).

Tabelle 5.2 Zusammenstellung erweiterter Löslichkeitsparameter $(J/cm3)1/2$

δ_i – aus der Verdampfungsenergie ermittelter Parameter
δ_d – Dispersionsparameter (aus dem Brechungsindex)
δ_0 – Orientierungsparameter (aus dem Dipolmoment)
δ_{in} – Induktionsparameter (über δ_0)
δ_a – Protonendonatorparameter (aus den Bindungswärmen)
δ_b – Protonenakzeptorparameter (aus den Bindungswärmen)
ε^0 – Lösungsmittelstärken, berechnet für SiO_2 nach SNYDER [3]
    (Adsorptionschromatographie); * anderen Quellen entnommen
vgl. auch Tab. 17.3

Lösungsmittel	δ_i	δ_d	δ_0	δ_{in}	δ_a	δ_b	ε^0 (SiO_2)
Alkane	14,9	14,9	0	0	0	0	≈ 0
Diisopropylether	14,5	14,1	2,0	0,2	0	6,1	0,34*
Diethylether	15,3	13,7	4,9	1,0	0	6,1	0,38
Triethylamin	15,3	15,3	0	0	0	9,2	–
Cyclohexan	16,8	16,8	0	0	0	0	0,03
Propylchlorid	17,2	14,9	5,9	1,2	0	1,4	0,23
Tetrachlorkohlenstoff	17,6	17,6	0	0	0	1,0	0,11*
Ethylacetat	18,2	14,3	8,2	2,0	0	5,5	0,38*
Propylamin	18,2	14,9	3,5	0,4	3,7	11,3	0,50*
Toluen	18,2	18,2	0	0	0	1,2	0,22
Tetrahydrofuran	18,6	15,6	7,2	1,6	0	7,6	0,44*
Benzen	18,8	18,8	0	0	0	1,2	0,25
Chloroform	19,0	16,6	6,1	1,0	13,3	1,0	0,26*
Aceton	19,6	13,9	10,4	3,1	0	6,1	0,47*
1,4-Dioxan	20,7	16,0	10,6	2,0	0	9,4	0,49*
Pyridin	21,7	18,4	7,8	2,0	0	10,0	0,55
Dimethylformamid	24,1	16,2	12,7	4,9	0	9,4	–
Propanol	24,6	14,7	5,3	0,8	12,9	12,9	0,63
Dimethylsulfoxid	24,6	17,2	12,5	4,3	0	10,6	0,58*
Acetonitril	24,8	13,3	16,8	5,7	0	7,8	0,50
Ethanol	26,0	13,9	7,0	1,0	14,1	14,1	0,68
Nitromethan	26,4	14,9	17,0	6,1	0	2,5	0,49
Methanol	29,7	12,7	10,0	1,6	17,0	17,0	0,73
Formamid	39,3	17,0	n. b.	n. b.	n. b.	n. b.	–
Wasser	47,9	12,9	n. b.	n. b.	n. b.	n. b.	hoch

Verwendet man jedoch eine wenig polare, hauptsächlich zu dispersiver Wechselwirkung befähigte Kompaktphase (Umkehrphasenchromatographie (RPC)), so verliert Wasser mit der höchsten Polarität seine starke Elutionskraft. Nur typisch unpolare Elutionsmittel sind nunmehr imstande, unpolare Komponenten zu eluieren. Damit gehen Elutionsstärke und Polarität nicht mehr konform, und es ergibt sich eine eluotrope Lösungsmittelserie abnehmender Polarität.

Die eluotropen Serien spiegeln die Tatsache wider, daß Elution und Löslichkeit durch die jeweils dominierende Kategorie molekularer Wechselwirkungen bestimmt werden.

---

[1] *lat.*: eluere – auswaschen, *griech.*: o τροπος – Wendung

Ionen treten vorwiegend mit Ionen oder Dipolen, Moleküle leichter Elektronenpolarisierbarkeit bevorzugt mit Molekülen leichter Elektronenpolarisierbarkeit und Protonendonatoren mit -akzeptoren usw. zusammen. Sehr pauschal drücken das die empirischen Regeln „*similia similibus solvuntur*" (Ähnliches wird durch Ähnliches gelöst) bzw. „*similia similibus attrahuntur*" (Ähnliches wird durch Ähnliches angezogen)[1] aus.

Infolge des komplexen Charakters sich überlagernder zwischenmolekularer Kräfte zeigt jedes chromatographisch aktive Phasensystem eine mehr oder weniger ausgeprägte Selektivität. *Man kann die Selektivität als Eigenschaft des Systems beschreiben und definieren, den Stoffaustausch zwischen den Phasen für unterschiedliche Komponenten mit unterschiedlichen ΔG^o-Werten bzw. unterschiedlichen Verteilungskonstanten zu reproduzieren* [4]. Grundlegende quantitative Beziehungen wurden bereits mitgeteilt (Gln. (2.8), (2.72) und (2.73)).

Im nächsten Abschnitt werden die Begriffe Polarität und Elutionsstärke unter quantitativen Aspekten behandelt.

Im Zusammenhang mit Tabelle 17.3 verdient die Grenze der UV-Durchlässigkeit (*cutoff*) eine Erläuterung.

Am *cutoff* gehen nur noch etwa 10 % der einfallenden Strahlung durch die Zelle, d. h. das Lösungsmittel absorbiert zu etwa 90 %. Der Rauschpegel steigt dadurch beträchtlich, so daß sich ein Arbeiten mit reinem Lösungsmittel in der Nähe des *cutoffs* (≥ 0.1 EE) von selbst verbietet. Anders liegen die Dinge, wenn man Zusätze der Lösungsmittel in Anteilen ≤ 10 % verwendet. Auf diese Weise kann man für die Normalphasenchromatographie bei 254 nm noch eine ganze Reihe unterschiedlicher Lösunsgmittel einsetzen.

Zur Gradientenelution in der RP-Chromatographie mit bis zu 100 % an reiner organischer Komponente kommen weit weniger Lösungsmittel in Frage. Von ihnen ist Acetonitril mit einem *cutoff* von 190 nm Lösungsmittel der Wahl, gefolgt von Methanol (205 nm) und Tetrahydrofuran (210 nm). Bei Verwendung dieser Lösungsmittel im UV kann Bild 17.3 nützlich sein.

Tetrahydrofuran bildet schnell Peroxide oder enthält BHT[2] als Stabilisator. Stabilisatorfreie Produkte sind nur kurze Zeit haltbar und müssen unter Stickstoff aufbewahrt werden.

Niedrige *cutoffs* haben alle aliphatischen Kohlenwasserstoffe, z. B. n-Hexan (195 nm), Alkohole und Ether.

Verunreinigungen in den Lösungsmitteln können die Grenzen der UV-Durchlässigkeit deutlich zu höheren Wellenlängen verschieben. Ein wenig erwünschter Effekt bei Verwendung stark absorbierender Lösungsmittel in der fluiden Phase besteht im Auftreten von Systempeaks.

---

[1] L. GURWITSCH, 1923

[2] BHT = Butylhydroxytoluen = 2,6-Di *tert.*-butyl-p-kresol

5.2 Eluotrope Serien

5.2.1 Der SNYDERsche Polaritätsindex und der Elutionsstärkeparameter S

Zur Aufstellung einer den chromatographischen Anforderungen möglichst weitgehend angepaßten Polaritätsskala bzw. eluotropen Lösungsmittelreihe hat SNYDER versucht, die wichtigsten molekularen Wechselwirkungen durch drei „Sondenmoleküle" zu erfassen [5]. Es sind dies das typisch amphiprotische, als Protonendonator (Wasserstoff-brückenbildner) und Protonenakzeptor (LEWIS-Base) wirkende Ethanol, das aprotische, dipolmomentfreie Lösungsmittel 1,4-Dioxan und die Pseudosäure Nitromethan mit einem permanenten Dipolmoment von >3 Debye.

SNYDER benutzte eine von ROHRSCHNEIDER (1973) veröffentlichte Zusammenstellung von Gas-flüssig-Verteilungskonstanten der drei Teststoffe in 81 Lösungsmitteln. Da die ursprünglichen Angaben von den Molmassen der Lösungsmittel abhängen, korrigierte sie SNYDER durch Multiplikation mit den Lösungsmittelmolvolumina (Molenbruch bezogene Verteilungskonstanten). Die korrigierten Werte wurden zu den Verteilungs-konstanten hypothetischer n-Alkane (mit den Molvolumina der Teststoffe) ins Verhält-nis gesetzt und so „Exzeßretentionen" für die polaren Wechselwirkungen zwischen Teststoff und Lösungsmittel erhalten. Da gewisse Exzeßanteile auch mit unpolaren Lösungsmitteln (Kohlenwasserstoffen) auftreten, bezog SNYDER schließlich noch eine dritte Korrektur (induktive Einflüsse) ein.

Die Summe der dekadischen Logarithmen aller drei korrigierten Verteilungskonstanten wird als Polaritätsindex P' des betreffenden Lösungsmittels bezeichnet. Nach Division der Einzelglieder durch P' resultieren für jedes Lösungsmittel von P' unabhängige, cha-rakteristische Selektivitätsparameter gemäß

$$x_e + x_d + x_n = 1 \; . \tag{5.1}$$

x_e gibt den Anteil seiner Protonenakzeptoreigenschaft wieder (sondiert mittels Ethanol), x_d den Anteil seiner Protonendonatoreigenschaft (sondiert mittels Dioxan) und x_n die Fähigkeit des Lösungsmittels zur Wechselwirkung mit Dipolen (sondiert durch Nitro-methan).

Beispielsweise haben Alkohole auf Grund ihres Assoziationsvermögens hohe x_e-Werte ($\bar{x}_e = 0{,}55$) und Aromaten wegen der leichten Polarisierbarkeit ihrer π-Elektronen erhöhte x_n-Werte ($\bar{x}_n = 0{,}44$). Infolge der Protonendonatoreigenschaft des Chloroforms dominiert in diesem Fall x_d (Tab. 5.1).

Mit Hilfe der Selektivitätsparameter lassen sich die Lösungsmittel in acht Selektivitäts-gruppen klassifizieren. Zur Parameterdarstellung benutzte SNYDER das Verfahren von GIBBS-ROOZEBOOM für dreikomponentige Systeme mit Hilfe eines gleichseitigen Drei-ecks. Jeder Punkt innerhalb des Dreiecks legt die Stellung individueller Lösungsmittel auf Grund ihrer Selektivitätsparameter eindeutig fest. Lösungsmittel mit weitgehend ähnlicher Selektivität häufen sich auf bestimmten Gebieten innerhalb des Dreiecks und weisen sich als charakteristische Gruppe aus.

Beim Vergleich der Lösungsmittelgruppen (Tab. 5.3) fällt auf, daß chemisch sehr un-ähnliche Verbindungen mit sehr verschiedenen Polaritäten vereinigt sein können. In der Gruppe VIII findet man z. B. die miteinander nicht mischbaren Lösungsmittel Chloroform (Polaritätsindex 4,1) und Wasser (Polaritätsindex 10,2). Auf Grund der sehr unterschiedlichen Polaritäten der beiden Lösungsmittel wäre einem geeigneten unpolaren Zweitlösungsmittel nur eine sehr geringe Wassermenge zuzusetzen, um für die Mischung die gleiche Polarität wie mit Chloroform einzustellen. Die äquipolaren Mischungen würden als Protonendonatoren durchaus ähnliches Selektivitätsverhalten zeigen.

Tabelle 5.3 Lösungsmittelklassifikation nach Selektivitätsgruppen [6]

Selektivitäts-gruppe	Lösungsmittel
I	Aliphatische Ether, Trialkylamine
II	Aliphatische Alkohole
III	Tetrahydrofuran, Pyridine, Amide (außer Formamid), Sulfoxide
IV	Glykole, Benzylalkohol, Formamid, Essigsäure
V	Methylenchlorid, Ethylenchlorid
VIa	Aliphatische Ketone und Ester, Dioxan
VIb	Nitrile, Anilin
VII	Aromatische Kohlenwasserstoffe, Nitroverbindungen, aromatische Ether
VIII	Fluoralkohole, Chloroform, Wasser

Wenn Φ_i die Volumenanteile der Komponenten $i = 1\cdots n$ in einem Lösungsmittelgemisch sind, dann errechnet sich seine Gesamtpolarität, ausgedrückt durch P'_M aus den Einzelpolaritäten P'_i, der reinen Lösungsmittel gemäß

$$P'_M = \sum_{i=1}^{n} P'_i \Phi_i \ . \tag{5.2}$$

Im Falle einer binären Mischung erhält man

$$P'_M = P'_1 \Phi_1 + P'_2 \Phi_2 \ . \tag{5.3}$$

Es sei schon an dieser Stelle betont, daß diese Gleichungen auch für die HILDEBRANDschen Löslichkeitsparameter δ_i gelten, wenn man P'_i durch δ_i ersetzt, nicht hingegen für die Lösungsmittelstärkeparameter ε^0 (Abschn. 5.2.3), da letztere sich nicht linear mit der Gemischzusammensetzung ändern.

Da P' und die Lösungsmittelstärke S in der Normalphasenchromatographie (Index N) konform gehen und beide Größen sowieso nur relativen Charakter haben, kann man sie als identisch betrachten ($P' \equiv S_N$).

Lösungsmittel(gemische) gleicher Polarität liefern größenordnungsmäßig gleiche Bereiche der Retentionsparameter (k_i-Werte).

Um die Selektivität der Trennung zu variieren, läßt man die als günstig ermittelte Lösungsmittelstärke bzw. Gemischpolarität P'_M unverändert und tauscht lediglich eine Gemischkomponente durch ein Lösungsmittel einer anderen Selektivitätsgruppe aus (Tab. 5.3).

Der Volumenanteil Φ_G des weniger polaren Grundlösungsmittels (Index G) einer Mischung mit der vorgegebenen Polarität P'_M errechnet sich gemäß

$$\Phi_G = \frac{P_i' - P_M'}{P_i' - P_G'} \qquad (\Phi_i = 1 - \Phi_G)\,, \tag{5.4}$$

wenn das Lösungsmittel i die Polarität P_i' aufweist.

Im Falle $P_G' \approx 0$ gilt

$$\Phi_G = 1 - \frac{P_M'}{P_i'}\,. \tag{5.5}$$

Beispiel: Eine Probe ergibt mit n-Hexan ($P' = 0{,}1$) zu hohe, mit Methylenchlorid ($P' = 3{,}1$) zu niedrige k_i-Werte. Geeignet wäre ein Elutionsmittel mit $P_M' = 2{,}0$.

Φ_G (n-Hexan) $= 1 - 2{,}0/3{,}1 = 0{,}35$ und Φ_i (Methylenchlorid) $= 1 - 0{,}35 = 0{,}65$; $P_M' = 3{,}1 \cdot 0{,}65 = 2{,}0$.

In der Umkehrphasenchromatographie (RP-Chromatographie) sind, wie schon darge-legt, Polarität P' und Elutionsstärke S_{RP} nicht identisch, sondern entgegengesetzt orien-tiert. Dementsprechend sollte gelten

$$S_{RP} = P_{H_2O}' - P_i'. \tag{5.6}$$

S_{RP} ist durch diese Gleichung für Wasser mit Null ($P_i' = P_{H_2O}' = 10{,}2$) und S_{RP} für n-Hexan mit ≈ 10 festgelegt.

SNYDER [7] hat S_{RP}-Werte für die wichtigsten wassermischbaren Lösungsmittel angege-ben, die experimentell bestimmt wurden (Tab. 5.1). Nach Addition von 1,8 Einheiten erhält man zu den nach Gl. (5.6) ermittelten Elutionsstärken ungefähre Übereinstim-mung. Mit den Werten wird wie im Falle der Normalphasenchromatographie unter Anwendung der Gln. (5.2)$\cdots$(5.5) gerechnet.

Beispiel: In einem Gemisch aus 50 Vol.-% Methanol/Wasser soll unter Konstanthalten der Elutionsstärke Methanol durch Tetrahydrofuran (THF) ausgetauscht werden. Grundlösungsmittel ($S_G = 0$) ist in diesem Falle Wasser. Die Elutionsmittelstärke des Gemisches beträgt $S_{RP} = 2{,}6 \cdot 0{,}5 = 1{,}3$. Gleichung (5.5) ergibt bei Einsetzen der Lösungsmittelstärken anstelle der Polaritäten $\Phi_G = 1 - 1{,}3/4{,}5 = 0{,}71$ und $\Phi_{THF} = 1 - 0{,}71 = 0{,}29$.

In vielen Fällen bringt auch die Änderung der Elutionsstärke binärer Mischungen (ohne Wechsel einer Gemischkomponente) eine mehr oder weniger große Selektivitätsver-änderung mit sich. Das soll Bild 5.1 deutlich machen.

Man erkennt zunächst, daß die Vitamine D_2, D_3 und Komponente X ihre Retentions-werte mit steigendem Acetonitrilgehalt, d. h. mit steigender Elutionsmittelstärke, annähernd gleichmäßig erniedrigen. Für Vitamin K und Vitamin E fallen aber die Kurven wesentlich schneller ab. Es treten sogar Kurvenschnittpunkte auf, was zu bemerkenswerten Selektivitätsänderungen führt.

Die entsprechenden Chromatogramme zeigt Bild 5.2. Bei 90 % Acetonitril (AN) werden alle Komponenten weit voneinander abgetrennt (Bild 5.2a). Mit 96 % AN verkürzt man die Gesamttrennzeit auf etwa ein Drittel, aber die Vitamine E und D_2 sind nicht mehr voneinander getrennt, und Vitamin D_3 hat sich zwischen Vitamin E und K geschoben (Bild 5.2b).

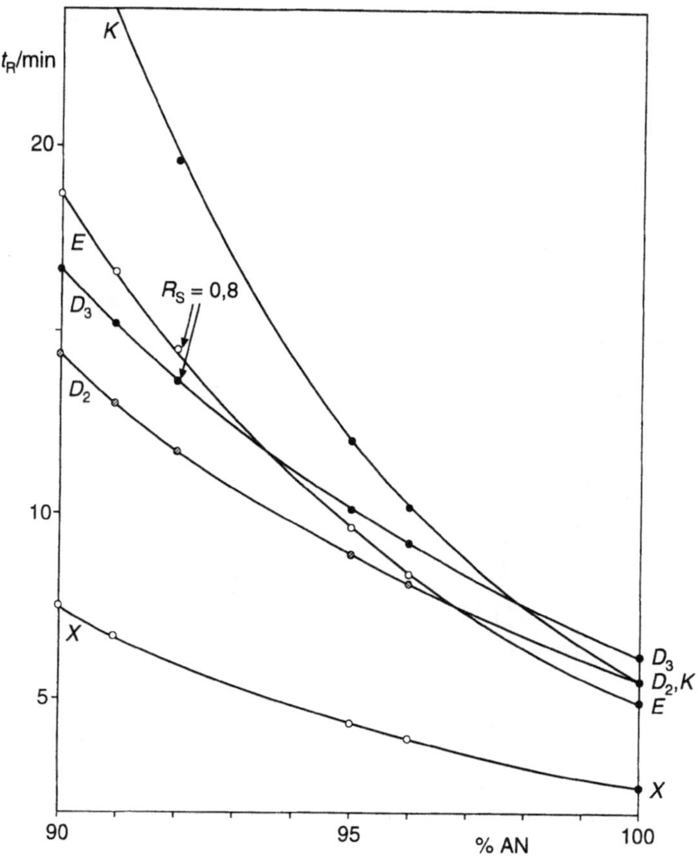

Bild 5.1 Retentionszeitänderungen verschiedener fettlöslicher Vitamine (D_2, D_3, E, K, X = unbekannt) an UltraSep ES VIT F. Umkehrphasenmechanismus mit Wasser–Acetonitril; Detektion: 290 nm

Logarithmiert man die Kurvenpunkte von Bild 5.1 (was exakter mit den k_i-Werten zu tun wäre), resultieren in allen Fällen Geraden, die der Gleichung

$$\lg k_i = a + b\Phi \tag{5.7}$$

genügen (Bild 5.3). Φ ist der Anteil des Lösungsmittels mit höherer Elutionskraft (AN), und $\Phi = 0$ ergibt $k_i = k_w$, den linear extrapolierten Kapazitätsfaktor von i in reinem Wasser. b stellt die Kurvensteigung dar und besitzt offensichtlich immer negative Zahlenwerte, die wir mit $-S$ bezeichnen wollen.

Aus Gl. (5.7) wird so Gl. (5.8)

$$\lg k_i = \lg k_{wi} - S_i\Phi \, , \tag{5.8}$$

eine für die RP-Chromatographie grundlegende, oft bestätigte Beziehung.

S (S_i) wurde in erster Näherung mit der Stärke S_{RP} des organischen Lösungsmittels identifiziert (Tab. 5.1 [7]), muß aber als eine komplexe Größe verstanden werden.

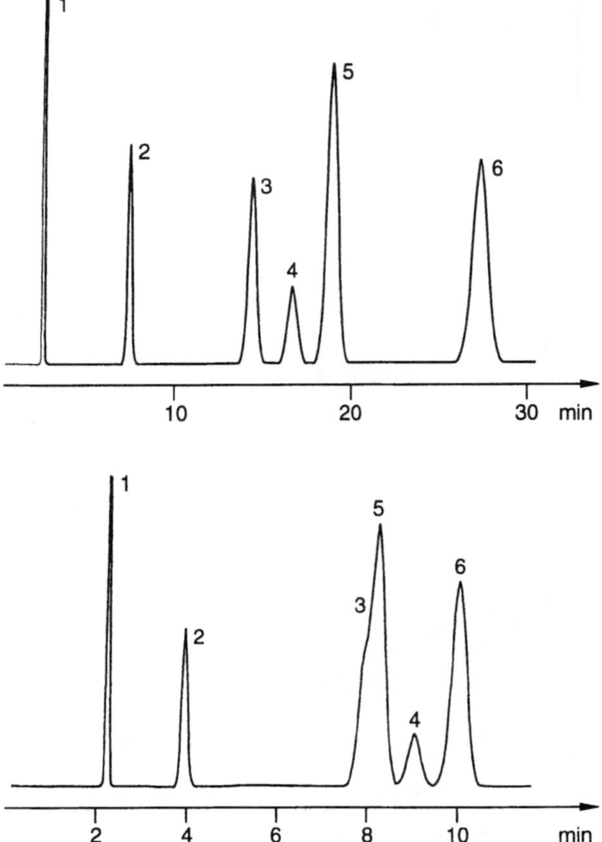

Bild 5.2 Chromatogramme zu Bild 5.1
oben: Wasser – Acetonitril 10/90 (V/V)
unten: Wasser – Acetonitril 4/96 (V/V)
1 – Vitamin A; 2 – unbekannt (X); 3 – Vitamin D_2; 4 – Vitamin D_3; 5 – Vitamin E;
6 – Vitamin K

S ist in der Regel nicht nur abhängig von der Art des organischen Lösungsmittels, sondern auch von den gelösten Komponenten und vom verwendeten Trägermaterial. Ferner wird Linearität nicht im gesamten Konzentrationsbereich erhalten.

Das weist den oben beschriebenen Berechnungen für die Gemischanteile von Mischungen gleicher Elutionsstärke einen halbquantitativen Charakter zu. Ferner lassen sich die in Tab. 5.1 angegebenen S_{RP}-Werte nur im Bereich $\leq 50\,\%$ Methanol benutzen; darüber treten zu starke Abweichungen auf. Für den gesamten Bereich ist ein Nomogramm (Bild 17.1) verwendbar, das von SNYDER, GLAJCH und KIRKLAND auf der Grundlage ermittelter Daten von SCHOENMAKERS et al. erstellt worden ist.

Die Tatsache, daß S mit der Molekülgröße bzw. Molekülfläche (unpolarer Anteil) wächst und z. B. vom molekularen Konformationsverhalten abhängt, ist als Stütze der allgemein akzeptierten Auffassung der RP-Chromatographie als Verdrängungsprozeß (solvophobe Wechselwirkungschromatographie) anzusehen. Sowohl S_i (hydrophiler Index) als auch $\lg k_{wi}$ (hydrophober Index) korrelieren mit molekularen Strukturparametern [9].

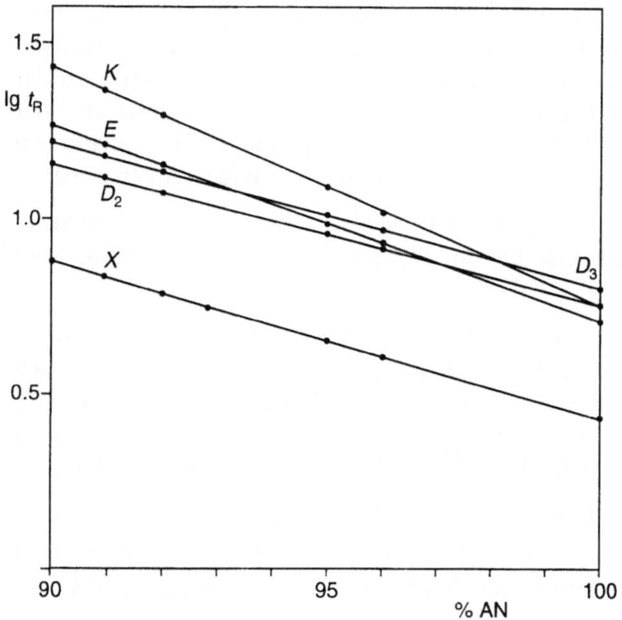

Bild 5.3 Durch Logarithmieren erreichte Linearisierung von Bild 5.1
Bezeichnungen siehe dort

Linearität von Gl. (5.8) ist i. allg. in brauchbaren Konzentrationsbereichen gegeben, in denen k_{wi} und S Konstanten darstellen. Man benötigt dann meist nur zwei Läufe (z. B. mit 40 % und 60 % an organischem Lösungsmittel in Wasser), um Aussagen zur Trennung in Abhängigkeit von der Eluenszusammensetzung machen zu können.

Zunächst ist S für jede Verbindung i zu ermitteln gemäß

$$S_i = \frac{\Delta \lg k_i}{\Delta \Phi}. \tag{5.9}$$

Anschließend errechnet man die zugehörigen k_{wi}-Werte und bestimmt die Gleichungen für die Kapazitätsfaktoren aller Probenkomponenten $i = 1$ bis n

$$\lg k_1 = k_{w1} - S_1 \Phi$$

$$\lg k_2 = k_{w2} - S_2 \Phi$$

$$\vdots$$

$$\lg k_n = k_{wn} - S_n \Phi. \tag{5.10}$$

Hieraus lassen sich die α-Werte (Selektivitätskoeffizienten) jeweils benachbarter oder interessierender Paare ausrechnen und schließlich unter Vorgabe eines Wertes für N mittels Gl. (2.79) die Auflösungen R_S.

Selbstverständlich erfolgen solche Rechnungen über Computerprogramme, die dann auch erlauben, die Ergebnisse graphisch darzustellen. Insbesondere kann man die Parameter variieren und die Bedingungen einer bestmöglichen Auflösung schnell ermitteln. Da nur über die Lösungsmittelstärke optimiert wird, spricht man von SSO-Verfahren (*engl.*: Solvent-Strength-Optimization) [10]. Es stellt eine günstige Alternative zu der oben angedeuteten Optimierung der Selektivität durch Lösungsmittelaustausch dar (Multi-Lösungsmittel-Programme, siehe Abschn. 9.4). Die erforderlichen isokratischen Läufe sind übrigens besser und bequemer durch zwei Gradientenläufe (s. u.) ersetzbar.

Bei Gradientenelution (Abschn. 8) ist jede Probensubstanz einer sich verändernden Eluenszusammensetzung (Φ) ausgesetzt. Für den Kapazitätsfaktor k_i resultiert auf diese Weise ein Mittelwert.

In Bild 5.4 wurde der Mittelwert von k_i bei Anwendung eines einfachen Stufengradienten berechnet. Letztlich kann man sich alle Gradienten $\Phi = f(t)$ aus unendlich vielen infinitesimalen Stufen zusammengesetzt denken. Dabei bestimmt die gerade eine Substanzbande i kontaktierende Eluenszusammensetzung zu jedem Zeitpunkt einen isokratischen k_i-Wert und die augenblickliche Wanderungsgeschwindigkeit der Bande.

Ein wichtiger Mittelwert $\bar{k}_i$ für lineare Gradienten ist der sog. Medianwert. Er entspricht dem (isokratischen) Kapazitätsfaktor der Bande, wenn sie mit der auf halbem Wege kontaktierten Eluenszusammensetzung $\bar{\Phi}$ (Bild 8.6) wandern würde. Für $\bar{k}_i$ gilt (Abschn. 8)

$$\bar{k}_i = \frac{\dot{V}}{1,15\,V_M} \cdot \frac{1}{S} \cdot \frac{t_G}{\left(\Phi_{End} - \Phi_{Start}\right)}, \tag{5.11}$$

wobei die Indices „Start" und „End" Gradienten-beginn und -ende charakterisieren und t_G die Gradientendauer bezeichnet. Die Bedeutung des Medianwertes liegt darin, daß er unmittelbar in die Auflösungsgleichung (Gl. 2.77) eingesetzt werden kann [11].

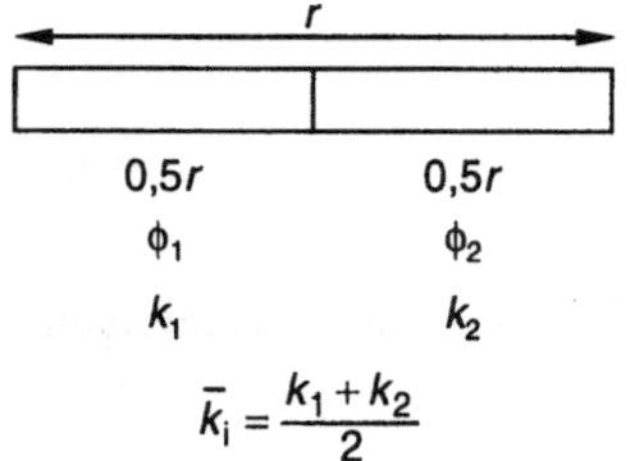

Bild 5.4
Zur Erläuterung des mittleren Kapazitätsfaktors für einen Stufengradienten. Näheres siehe Text
r – Wanderungsstrecke der Komponente i

Während bei isokratischer Elution k_i unabhängig von den Säulenabmessungen und vom Fluß $\dot{V}$ ist, hängt $\bar{k}_i$, wie ersichtlich, vom Fluß $\dot{V}$ und vom Totvolumen V_M ab.

Führt man zwei Gradientenläufe mit unterschiedlichen Gradientenzeiten t_{G1} und t_{G2} aus, resultiert aus Gl. (8.6) das Verhältnis der Steigungsparameter

$$b_1/b_2 = t_{G2}/t_{G1}, \tag{5.12}$$

und aus Gl. (8.10) ergeben sich die Beziehungen für die Retentionszeiten der Chromatogramme beider Läufe

$$t_1 = (t_M/b_1)\lg(2{,}3k_0b_1+1)+t_M+t_D \tag{5.13}$$

$$t_2 = (t_M/b_2)\lg(2{,}3k_0b_2+1)+t_M+t_D. \tag{5.14}$$

t_D ist die Dwellzeit (s. Abschn. 8.2.5), die ebenso wie t_M separat ermittelt werden muß.

Die Gleichungen (5.12) – (5.14), in denen k_0, b_1 und b_2 unbekannt sind, sind mit numerischen Mitteln zu lösen. Bei bekannten b- und k_0-Werten wird auch $\bar{k}$ (Gl. (8.5)), S (Gl. (8.6)) sowie k_Φ (Gl. (8.4)) und schließlich k_{wi} (Gl. (5.8)) für jede Chromatogrammkomponente berechenbar.

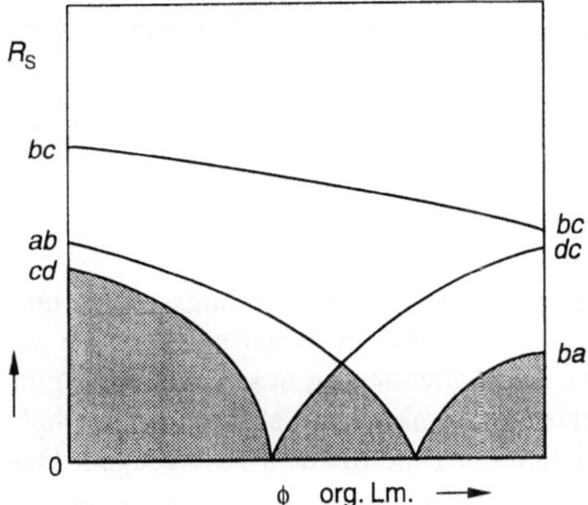

Bild 5.5 Auflösung R_S für ein 4-Komponentengemisch a, b, c, d in Abhängigkeit von der Eluenszusammensetzung ϕ (isokratische Arbeitsweise)
Selektivitätsänderungen mit „Crossing" tangieren den Nullpunkt. Das ist bei den kritischen Paaren cd und ab der Fall. Die Auflösung des gesamten Chromatogramms wird am besten, wenn alle Kurven maximalen Abstand von der Abszisse haben. Aus diesem Grunde genügt es, nur die der Abszisse nächstliegenden Kurvenabschnitte zu betrachten. Ihre grau gehaltenen Flächen stellen eine sog. Auflösungskarte (RRM) dar. Auflösungen an der Grenzlinie $\geq 1{,}5$ kennzeichnen Basislinientrennung, steile Kurvenzüge eine geringe Robustheit des Trennverfahrens. Im Falle von Gradienten wird statt ϕ die Gradientenlaufzeit t_G aufgetragen.

Die aufgeführten Gleichungen sind die Grundlage für Computeroptimierungen („DryLab I", „DryLab G", LC Resources, Lafayette, CA, USA) [12], [8], [13], [14]. Das Ergebnis solcher Optimierungen wird anschaulich durch Auflösungskarten (Relative Resolution Maps) dargestellt (Bild 5.5)[1].

---

[1] Computergestützte Optimierungsstrategien sind insbesondere für „New-comer" nützlich. Unbeschadet aller Vorteile muß man aber hinzufügen, daß erfahrene Chromatographer das angestrebte Ziel „manuell" oft schneller erreichen [15].

5.2.2 Der HILDEBRANDsche Löslichkeitsparameter

Ein im Vergleich zum Polaritätsindex älteres Konzept ordnet die Lösungsmittel nach den sog. HILDEBRANDschen Löslichkeitsparametern δ_i [16, 17]. δ_i^2 (J/ml) ist die innere Verdampfungswärme des reinen Lösungsmittels, d. h. die zur Überwindung der zwischenmolekularen Anziehungskräfte notwendige Änderung der inneren Energie gemäß

$$\delta_i^2 = \frac{\Delta E_i^V}{V_i} = \frac{\Delta H_i^V - RT}{V_i}, \tag{5.15}$$

wenn ΔE_i^V die molare Verdampfungsenergie bei idealer Gasphase, ΔH_i^V die molare Verdampfungsenthalpie und V_i das Molvolumen bezeichnet.

Auch die HILDEBRANDschen Parameter können näherungsweise in Anteile aufgespalten werden, die den spezifischen intermolekularen Wechselwirkungen Rechnung tragen [18]:

$$\delta_i^2 = \delta_d^2 + \delta_0^2 + 2\,\delta_{in}\delta_d + 2\delta_a\delta_b \tag{5.16}$$

bzw. nach Multiplikation mit V_i

$$\Delta E_i^V = E_d^V + E_0^V + E_{in}^V + E_W^V . \tag{5.17}$$

Das erste Glied kennzeichnet den dispersiven Anteil an der Verdampfungsenergie und damit die Fähigkeit des Lösungsmittels, sich an dispersiven Wechselwirkungen zu beteiligen. Im zweiten Glied drückt sich seine Dipolorientierung aus. Schließlich gibt das dritte Glied den Anteil der Induktionsenergie an, charakterisiert also die Eigenschaft des Lösungsmittelmoleküls, in anderen Molekülen ein Dipolmoment zu erzeugen. Das vierte Glied stellt die Wasserstoffbrückenbindungsenergie durch Protonendonator- (δ_a) und Protonenakzeptorwirkung (δ_b) dar.

In Tab. 5.2 sind die δ-Werte für gebräuchliche Lösungsmittel zusammengestellt.

Lösungsmittel mit hohem δ_d lösen vor allem Komponenten starker Elektronenpolarisierbarkeit bzw. mit großem Brechungsindex (z. B. Aromaten, Halogenverbindungen und höhermolekulare Homologe), solche mit hohen δ_0-Werten Komponenten mit großen Dipolmomenten (z. B. Nitroverbindungen, Nitrile, Amide). Gute Protonendonatoren mit hinreichenden δ_a-Werten (a – acid), wie Alkohole, Formamid und Wasser, lösen Basen, gute Protonenakzeptoren, die entsprechende δ_b-Werte ausweisen (b – basisch), Phenole und Säuren. Für alle n-Alkohole gilt definitionsgemäß $\delta_a = \delta_b$.

Prinzipiell lassen sich Polaritätsindex und Löslichkeitsparameter in analoger Art und Weise benutzen. Wie P' charakterisiert auch δ_i die Lösungsmittelpolarität, während die Einzelparameter (Tab. 5.2) die Selektivitätsanteile erfassen. Auch δ_i kann man im Falle der Normalphasenchromatographie mit der Elutionsmittelstärke als identisch betrachten bzw. für die RP-Chromatographie $S_{RP} = \delta_{i(H_2O)} - \delta_i$ setzen. Selbstverständlich ergeben sich andere Zahlenwerte.

Zur Berechnung der Elutionsstärke von Lösungsmittelgemischen und zur Optimierung der Selektivität der Trennung wird in gleicher Weise verfahren, wie es im Abschn. 5.2.1 beschrieben wurde.

P' und δ_i gehen prinzipiell konform und lassen sich ineinander umrechnen. Allerdings ist die Abhängigkeit der Parameter nicht linear, und auf Grund der unterschiedlichen Bezugssysteme beider Polaritätsskalen ergibt eine Reihe von Lösungsmitteln erhebliche Unterschiede (vgl. Tab. 5.1).

5.2.3 Der Lösungsmittelstärkeparameter ε^0

Im Abschn. 3.1 wurde mit ε^0 ein die Elutionsmittelstärke in der Adsorptionschromatographie charakterisierender Parameter eingeführt (Tab. 5.1 und 5.2). Tabelle 17.3 enthält die eluotrope Anordnung gebräuchlicher Lösungsmittel für Silikagel.

Bei Verwendung unpolarer Adsorbenzien ergibt sich, wie ausführlich dargelegt, die Umkehrung der Serie. An Kohlenstoff besitzen z. B. das stark polare Wasser und Methanol eine geringe, wenig polare Lösungsmittel (insbesondere Aromaten) eine hohe Elutionskraft.

Im Gegensatz zu den P'- und δ_i-Werten ändern sich die ε^0-Werte, wie erwähnt, nicht linear mit der Lösungsmittelgemischzusammensetzung. Stärker eluierende Lösungsmittel haben im Gemisch die Tendenz, sich auf der Sorbensoberfläche anzureichern. Der Grund ist die „Konkurrenz" zwischen sämtlichen Molekülen des Elutionsmittelgemisches auf der Trägeroberfläche. ε^0 (Gemisch), als Funktion der Gemischzusammensetzung aufgetragen, ergibt eine zur Gemischachse (% polare Komponente) stark konkave Kurve.

Zur Ermittlung von ε^0-Werten binärer Lösungsmittelgemische wurden von SNYDER Berechnungsmethoden angegeben [3]. Einfacher verwendet man Nomogramme (Bild 17.2), die den gesamten Bereich der ε^0-Werte mit Gemischen gebräuchlicher Lösungsmittel umfassen.

SAUNDERS [19] hat für Silikagel von $A_a = 300$ m^2/g und eine Anzahl unterschiedlicher Verbindungsklassen sog. E_3-Werte publiziert, d. h. erforderliche Elutionsmittelstärken ε^0, um innerhalb eines gegebenen Aktivitätsbereiches $k_i = 3$ zu erreichen.

Die Lösungsmittelselektivität läßt sich dadurch variieren, daß man unter Beibehaltung günstiger k_i-Werte (d. h. $\varepsilon^0 = $ konst.) andere, äquieluotrope Gemische anwendet. Hierbei erweisen sich folgende Regeln als nützlich:

1. Günstige α_{ij}-Werte werden bei etwa gleichem ε^0 durch Gemische erreicht, die entweder hohe Gehalte eines gegenüber dem Grundlösungsmittel nur wenig stärkeren Lösungsmittels oder geringe Gehalte eines wesentlich stärkeren Elutionsmittels besitzen. Die erste Möglichkeit ist vorzuziehen.

2. Wasserstoffbrückenbindungen zwischen Lösungsmittel und Probe führen i. allg. zu beträchtlichen Selektivitätsänderungen.

3. Bei geringen Gehalten stark eluierender Lösungsmittel sei daran erinnert, daß die Kompaktphase zunächst mit diesen Lösungsmitteln angereichert wird und erst nach einem mehr oder weniger großen Elutionsvolumen Gleichgewicht herrscht. In der Dünnschichtchromatographie (Kapitel 10) erreicht man die Gleichgewichtseinstellung häufig nicht (Lösungsmittelentmischung).

Die Ausführungen machen auch deutlich, daß die Reinheit der verwendeten Lösungsmittel in der Chromatographie besonders wichtig ist.

Manche Lösungsmittel (Aceton) sind für die Adsorptionschromatographie wenig geeignet, andere enthalten Stabilisatoren (Chloroform, Tetrahydrofuran), was sich ebenfalls störend auswirken kann. Wegen der Aktivitätsänderungen und langsamen Gleichgewichtseinstellungen an (unmodifizierten) anorganischen Adsorbenzien wird die Gradientenelution (Kapitel 8) nur in Ausnahmefällen eingesetzt.

6 Fixphasen- und Ionentauschchromatographie

6.1 Bedeutung

Die in diesem Abschnitt behandelten Methoden machen etwa 85 % des flüssigchromatographischen Potentials überhaupt aus [1].

Es wird eingeschätzt, daß sich gegenwärtig allein durch Umkehrphasenchromatographie (RPC) mehr als zwei Drittel aller wichtigen Trennprobleme der Flüssigchromatographie bearbeiten lassen. Dazu muß man wissen, daß sich auch rd. 80 % der ionogenen, also eigentlich für die Ionentauschchromatographie prädestinierten organischen Verbindungen zur Untersuchung mittels RPC eignen. Darunter fallen u. a. so wichtige Bestandteile lebender Organismen wie Nucleinsäuren und Proteine und deren Bausteine. Ferner haben immerhin 80 % der pharmazeutischen Wirkstoffe ionogenen Charakter.

10 % der Problemstellungen werden über Normalphasenchromatographie und weitere 10 % über Ionentauschchromatographie gelöst[1]. Hierher gehören eine Vielzahl anorganischer Ionen, deren chromatographische Bestimmung z. B. in Wässern (Umweltanalytik, Kraftwerksanalytik) oder biologischen Flüssigkeiten (Blut, Urin) zunehmend an Bedeutung gewinnt.

6.2 Normalphasenchromatographie

Zur Normalphasenchromatographie (NPC) eignen sich alle Fixphasen der Gruppe II in Tab. 3.3, wenn sie, wie bereits im Abschn. 3.3.2 dargelegt worden ist, mit fluiden Phasen geeigneter Polarität zum Einsatz kommen. Bei Vorliegen echter Normalphasenmechanismen eluieren die Probenkomponenten in der Reihenfolge steigender Polaritäten, und das Lösungsmittel mit dem höchsten Polaritätsindex (Tab. 5.1) besitzt die größte Elutionsstärke.

Die in der Normalphasenchromatographie relevanten Wechselwirkungen lassen sich in vielen Fällen deuten und heuristisch verwerten. Es sei dies am Beispiel von Bild 6.1 erläutert.

In dem angegebenen System trennen sich die drei polaren Komponenten nur teilweise optimal. Nitrobenzen und Dimethylphthalat besitzen keine Grundlinientrennung. Ersetzt man Isopropanol ($S_N = 3{,}9$) im Gemisch durch die gleiche Menge an Tetrahydrofuran ($S_N = 4{,}0$), ändert sich die Gemischstärke erwartungsgemäß praktisch nicht. Wohl aber ändert sich die Selektivität der Trennung (Verbesserung der α-Werte), da die Selektivitätsgruppe II (Lösungsmittel mit starker Protonendonatorwirkung) gegen die Gruppe III (Lösungsmittel mit typischer LEWIS-Basen-Wirkung) vertauscht wurde. Auf diese Weise dominiert der Elutionsmechanismus (2) über den Mechanismus (1) (Bild 6.1b)[2].

---

[1] Weitere 10 % fallen in das Gebiet der Molekülgrößen-Ausschlußchromatographie.

[2] Auch der alkoholische Sauerstoff ist teilweise im Sinne von (2) wirksam.

Während Dimethylphthalat praktisch keine Retentionszeitänderung erfährt, verringern sich die Kapazitätsfaktoren für den starken Dipol Nitrobenzen um ca. 25 % und für Anisol sogar auf die Hälfte.

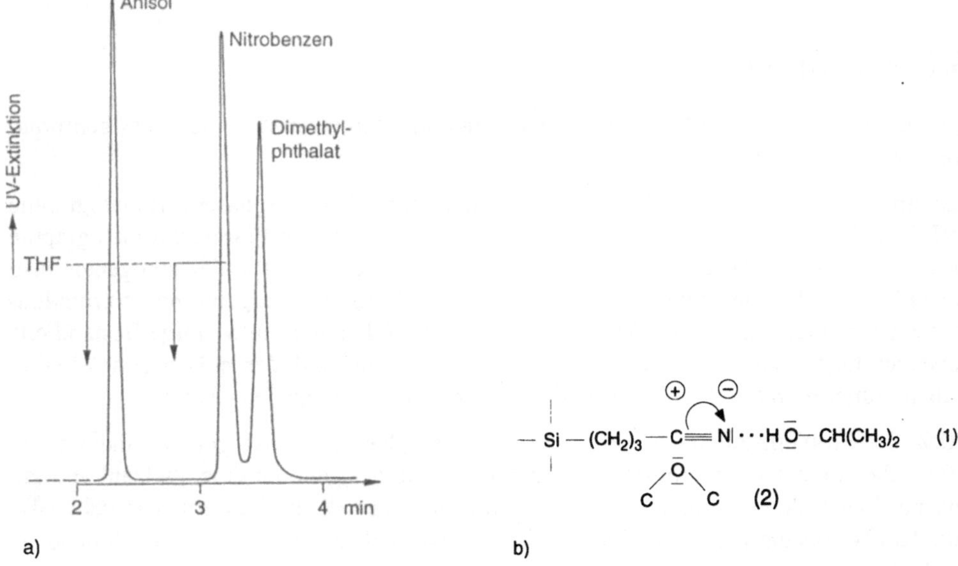

Bild 6.1   a) Zum Mechanismus in der Normalphasenchromatographie
Trennsäule: Zorbax CN, 250 x 4,6 mm (6 µm Silikagel mit Cyanopropyldimethylsilylresten);
Fluide Phase: Cyclohexan-Isopropanol (75:25, V/V); Fluß: 1 ml·min^{-1}; Detektor: UV (254 nm) [2];
Pfeile: siehe Text; THF = Tetrahydrofuran
b) Wechselwirkungen an einer CN-Phase mit typisch dipolaren Eigenschaften

Die Stoffklassentrennung im Bild 6.2 ist ebenfalls ein typisches Beispiel für das Elutionsverhalten in der Normalphasenchromatographie. Man veranlaßt die höheren Aromaten, die ausgeprägte π-π-Komplexe mit der Kompaktphase ausbilden, durch sukzessiven Zusatz des stärkeren Elutionsmittels Methylenchlorid ($P' = 3{,}1$) von 7 auf 80 % zum gruppenweisen Verlassen der Trennsäule.

6.3 Umkehrphasenchromatographie

Wie schon einführend erwähnt, geht das Prinzip der Umkehrphasenchromatographie (vgl. Fußnote 2, S. 85) im wesentlichen auf HOWARD und MARTIN zurück [3]. Die Autoren hatten seinerzeit stark hydrophobes Material (höhere Fettsäuren) zu trennen. Aus diesem Grunde präparierten sie sich durch Paraffin-Imprägnierung von silanisierter Kieselgur eine gleichfalls hydrophobe Kompaktphase[1].

Den Begriff Umkehrphasenchromatographie haben wir bereits mehrfach benutzt. Nachdem ein reichhaltiges Angebot an Trägern mit chemisch fixierten Alkylresten zur Ver-

---

[1] Vgl. die im Abschn. 5.1 erwähnten empirischen Regeln.

fügung stand, entwickelte sich die Methode zur universellsten der modernen Säulen-Flüssigchromatographie.

Der eingebürgerte Name Umkehrphasenchromatographie trifft indessen das Wesen der Methode nicht genau. Die von C. HORVÁTH 1976 vorgeschlagene Bezeichnung „Solvophobe bzw. Hydrophobe Chromatographie" verdient den Vorzug.

Entsprechend der auch quantitativ ausgearbeiteten Theorie von HORVÁTH-SINANOGLU beruhen chromatographische Vorgänge der genannten Art auf solvophoben (hydrophoben) Triebkräften, die um so stärker sind, je größer die mögliche unpolare Kontaktfläche zwischen Trägermatrix und Spezies und je höher die Oberflächenspannung des Elutionsmittels ist.

In der solvophoben Wechselwirkung drückt sich die Tendenz der Lösungsmittelmoleküle aus, die Größe der Hohlräume, die die Probenmoleküle ausfüllen, zu reduzieren. Infolge der besonders hohen Kohäsionsdichte des Wassers wird der Effekt in wäßrigen Systemen sehr stark, und Wasser stellt demzufolge das schwächste Elutionsmittel der Solvophoben Chromatographie dar.

So wie die solvophoben (hydrophoben) Triebkräfte des wäßrigen Elutionsmittels unpolare Probenmoleküle zur Wechselwirkung mit der unpolaren Kompaktphase bringen, erreichen sie auch eine Faltung der RP-Ketten auf der Trägeroberfläche. Das sog. dynamische Oberflächenmodell [4] postuliert die Bürstenkonfiguration der Ketten für gemischte Systeme aus Wasser und organischen Lösungsmitteln bzw. für organische Lösungsmittel allein. Hierbei spielt die Benetzbarkeit der Ketten durch das Lösungsmittel eine wichtige Rolle [5]. Der „entfaltete" Zustand wird durch höhere Temperaturen begünstigt. Starke Wasseranteile hingegen führen zu einer Kollabierung der Ketten bis zur totalen Faltstruktur bei Verwendung von reinem Wasser bzw. von Pufferlösungen.

Das Kollabieren der RP-Ketten kann man durch hydrophiles Endcapping verzögern, wodurch sich die Retentionen in wäßrigen Elutionsmitteln anheben lassen.

Jede hydrophobe Wechselwirkung ist in erster Linie Entropie initiiert. Die Wassermoleküle des Elutionsmittels bilden kurzlebige Cluster [6], die insbesondere in der Nachbarschaft unpolarer Reste einen erhöhten Ordnungszustand erreichen[1]. Sobald sich solche Reste zusammenlegen, nimmt ihre Kontaktfläche zur Umgebung ab, und geordnete Wassermoleküle gehen in einen weniger geordneten Zustand über; das bedeutet ein Anwachsen der Entropie des Systems. Für die Zusammenlagerung gilt somit $\Delta S > 0$. Da die ebenfalls wirksamen VAN DER WAALS-Kräfte sehr klein sind, ist ΔH für diesen Vorgang beträchtlich kleiner als $T \cdot \Delta S$. Gl. (2.7b) geht über in $\Delta G \approx -T\Delta S$ ($\Delta G < 0$), was die spontane Zusammenlagerung unpolarer Reste in wäßrigen Medien erklärt.

Die überraschend große Anwendungsbreite der solvophoben Chromatographie wird verständlich, wenn man bedenkt, welche hervorragende Rolle hydrophobe Wechselwirkungen in der belebten Natur spielen. Eine Aufrechterhaltung der dreidimensionalen Proteinstrukturen oder die Bildung und Funktion biologischer Membranen wären ohne sie unmöglich.

---

[1] Die Lebensdauer der Cluster liegt mit 10^{-11}–10^{-10} s einige Größenordnungen oberhalb der molekularen Schwingungen. Durch die Tendenz der Wassermoleküle zu maximaler OH$\cdots$OH-Brückenbindung besitzen Cluster eine eisähnliche, aber unregelmäßigere Netzstruktur, deren Ordnungszustand (Regelmäßigkeit) an der Oberfläche unpolarer Reste deutlich zunimmt. Zusätze polarer organischer Lösungsmittel wirken entassoziierend auf Wasser. Elektrolytionen haben je nach Ladungsdichte strukturbildenden (H^+, Li^+, Na^+) oder strukturbrechenden (K^+, Rb^+, Cl^-, Br^-, I^-) Einfluß. Strukturbrechende Ionen setzen die durchschnittliche Größe der Cluster herab und erniedrigen auf diese Weise die Lösungsviskosität gegenüber reinem Wasser.

Zur solvophoben Chromatographie lassen sich außer rein wäßrigen sowie wäßrig-organischen Elutionssystemen auch wasserfreie organische Elutionsmittel einsetzen. Dann handelt es sich um die sog. nichtwäßrige RP-Chromatographie (*engl.*: nonaqueous reversed-phase chromatography, NARP).

Zwecks Erläuterung der Methode sei an das Beispiel von Bild 6.2 angeknüpft. Dieses Beispiel ist charakteristisch für die Normalphasenchromatographie, weil spezifische Wechselwirkungen zwischen Kompaktphase und Probe vorherrschen und starke Wechselwirkungen mit Hilfe polarer Elutionsmittel überwunden werden.

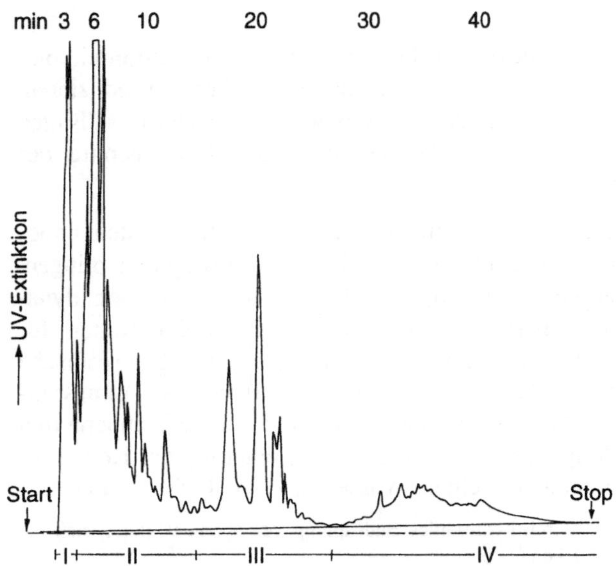

Bild 6.2 Chromatogramm des sog. Durchlaufs einer Normalparaffingewinnungsanlage bei Einsatz von Roh-Dieselkraftstoff der Siedelage 165-303 °C
Aromatengehalt 24,5 %. Als chromatographischer Träger diente ein Silikagel mit der in Abschn. 3, Tab. 3.3 aufgeführten Pikramidofunktion (CTK-Bildner). Dementsprechend trennen sich die aromatischen Kohlenwasserstoffe in der Reihenfolge der Stoffklassen Monoaromaten (I), Diaromaten (II), Triaromaten (III) und höhere Aromaten (IV) auf. 2 Trennsäulen 200 x 4,6 mm (in Reihe); Fluide Phase: n-Hexan mit Methylenchlorid (Gradient). Weitere Angaben Lit. [19], Kapitel 3

Bei Verwendung einer typischen RP-Phase (Octadecylsilylsilikagel) arbeitet man, wie erläutert, umgekehrt, d. h. es sind zur Elutionsbeschleunigung immer weniger polare Lösungsmittel einzusetzen. Im Falle sehr hydrophober Analyte (z. B. der höheren Aromaten ab Fluoranthen) muß dabei das in der RP-Chromatographie i. allg. als Grundlösungsmittel verwendete stark polare Wasser durch mittelpolare Grundlösungsmittel (z. B. Acetonitril, $P' = 5{,}8$) ausgetauscht werden. Ein Lösungsmittelprogramm mit Methylenchlorid, das jetzt im Gegensatz zum Beispiel von Bild 6.2, aber im Einklang mit den Prämissen der RP-Chromatographie die weniger polare Komponente darstellt, besorgt die Elution der höheren Ringsysteme.

Ähnliche Betrachtungen kann man für die Elution paraffinischer oder olefinischer Proben an RP-Trägern anstellen. Auch in diesem Falle ergibt Methylenchlorid oder gar n-Hexan allein keine Auflösung. Hierzu sind ausreichende Zusätze polarer Lösungsmittel (Acetonitril) notwendig (Bild 6.3).

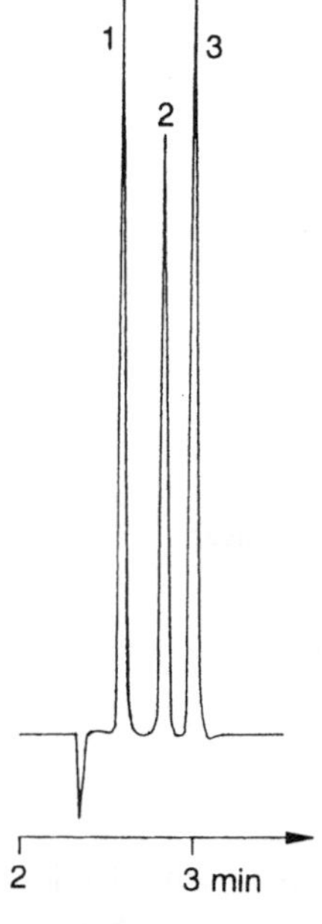

Bild 6.3
Trennung von drei C10-Kohlenwasserstoffen durch NARP an RP18
Eluens – Acetonitril/Methylenchlorid (80/20); Detektion – IR;
1 – Butylbenzen; 2 – n-Decen; 3 – n-Decan
Die Kohlenwasserstoffe werden in der Reihenfolge ihrer Polarität eluiert. Diese Reihenfolge kehrt sich an polaren Phasen (Silikagel) um

Wie ersichtlich, liegt das Hauptanwendungsgebiet der NARP bei der Untersuchung lipophiler, wenig polarer Proben, z. B. der Fette und Öle (Triglyceride) sowie der Wachse, wie überhaupt von Lipiden, Sterinen, fettlöslichen Vitaminen usw.

Als anderes Extrem sei das Verhalten stark polarer organischer Verbindungen unter RP-Bedingungen betrachtet. Hierzu zählen Stoffe wie Zucker bzw. Polyole, aber auch z. B. Harnstoff-Formaldehydleime, die durchweg gut wasserlöslich sind und von typischen RP-Trägern schon mit Wasser allein eluiert werden können. Dabei läßt sich im übrigen der Vorteil der hohen UV-Transparenz des Wassers in vollem Umfang zur Detektion nutzen.

Das Beispiel in Bild 6.4 zeigt mittelpolare organische Verbindungen, die als Zusätze für alkoholfreie Getränke (Cola) dienen. Elutionsmittel ist ebenfalls Wasser, jedoch soll anhand der Nitrilphase verdeutlicht werden, daß der Umkehrphasenmechanismus durchaus nicht nur an typische RP-Materialien gebunden ist.

Die polarste Komponente L-Ascorbinsäure ($pK_a = 4{,}2$) erscheint in Bild 6.4 zuerst, gefolgt von dem (sehr schwach) sauren o-Sulfobenzoesäureimid ($pK_a = 11{,}7$), dem weniger polaren Coffein und der verhältnismäßig unpolaren Benzoesäure ($pK_a = 4{,}2$). Durch den Essigsäurezusatz wird die Säuredissoziation unterdrückt.

Die RP-Chromatographie an dem kurzkettigen CN-Träger hat gegenüber der Chromatographie an Phasen mit längeren Kohlenwasserstoffresten den Vorteil, daß sich die Komponenten schon mit dem schwachen Elutionsmittel Wasser und ausgesprochen selektiv ohne Zusatz organischer Lösungsmittel eluieren lassen.

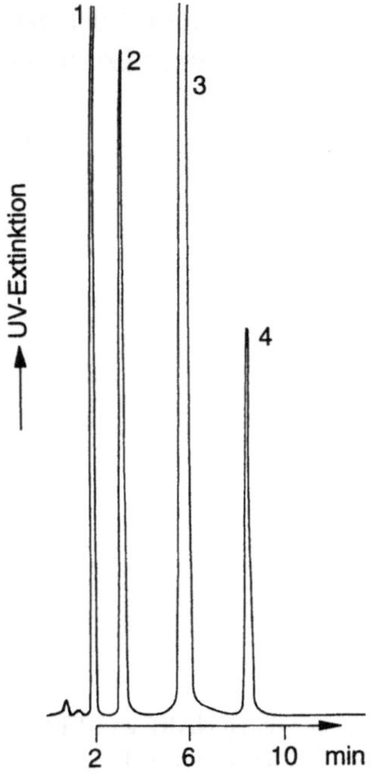

Bild 6.4
Chromatogramm von Soft Drink Additives
Fluide Phase: Wasser mit 6 % Essigsäure, sonstige
Bedingungen wie bei Bild 6.1a
1 – Vitamin C (L-Ascorbinsäure)
2 – Saccharin (o-Sulfobenzoesäureimid)
3 – Coffein (1,3,7-Trimethylxanthin)
4 – Benzoesäure

Die durch die Hydrophobie erzwungene dispersive Wechselwirkung organischer Moleküle mittleren Kohlenstoffgehaltes mit der Kompaktphase ist bei längeren RP-Ketten meist so groß, daß die Substanzen nicht ohne Zusatz organischer Lösungsmittel zum Wasser in angemessener Zeit eluiert werden.

Setzt man dem Wasser Methanol zu, erhöht sich der dispersive Elutionsmittelanteil durch CH_3-Gruppen. Gleichzeitig bilden sich durch Assoziation über Wasserstoffbrücken Hydrate, wofür bei beiden Molekültypen durch Protonen und freie Elektronenpaare am Sauerstoff ideale Voraussetzungen vorhanden sind. Das stabile Trihydrat[1] weist sich durch ein starkes Viskositätsmaximum der Mischung (1,85 mPa·s, 20 °C) und ein Fließgeschwindigkeitsminimum beim Molenbruch 0,75 aus [7]. Weit weniger zur H-Brückenbindung ist hingegen Acetonitril befähigt. Gemische mit Wasser besitzen erst beim Molenbruch >0,9 (x_{H_2O} = 1) ein wesentlich kleineres Viskositätsmaximum (1,12 mPa·s, 20 °C). Andererseits existiert auch für Tetrahydrofuran-Wasser-Mischungen ein ausgeprägtes Viskositätsmaximum im mittleren Mischungsbereich, nicht ganz so exponiert wie beim Methanol. Alle mit Wasser mischbaren organischen Lösungsmittel ergeben im übrigen mehr oder weniger starke Viskositätsmaxima.

Im Elutionsgemisch muß der Anteil des organischen Lösungsmittels grundsätzlich wachsen, sobald sich der unpolare Anteil im Molekül des gelösten Stoffes vergrößert (Bild 6.5). Wird der CH-Anteil im Analytmolekül sehr hoch, genügt zur Elution das

---

[1]

$$CH_3 - \overset{\displaystyle H}{\underset{\displaystyle H}{OH}} \, IO \overset{OH}{\underset{OH}{\diagdown}} \begin{matrix} H \\ H \end{matrix}$$

organische Lösungsmittel (Methanol, Acetonitril) allein. Damit schließt sich der Kreis zur NARP.

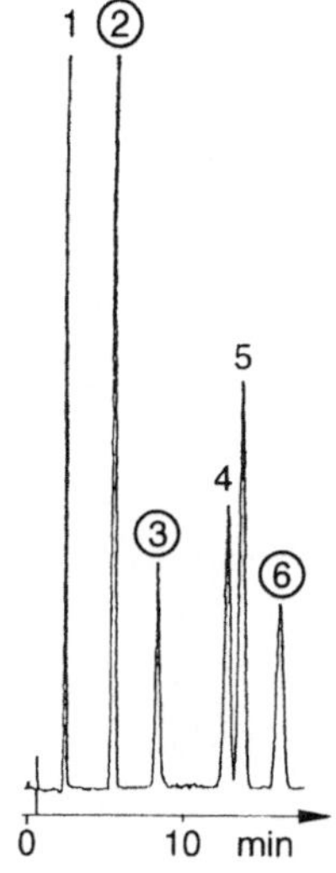

Bild 6.5
Trennung von Aldehyden als Dinitrophenylhydrazone (DNP) an UltraSep ES ALD (RP-Träger)
Säule – 125 x 3 mm; Detektion – UV 350 nm;
Eluens – Acetonitril/Wasser (35/65); Fluß – 0,9 ml/min;
② – Formaldehyd-DNP; ③ – Acetaldehyd-DNP; 4 – Acrolein-DNP;
5 – Aceton-DNP; ⑥ – Propionaldehyd-DNP
Die homologen Aldehyde wurden durch Kreise markiert. Trotz der komplexen polaren Gruppe genügt schon *eine* CH$_2$-Gruppe zur drastischen Retentionszeiterhöhung. Die Verbindungen 4, 5 und 6 besitzen jeweils drei C-Atome. Polaritätserhöhung durch Verzweigung am C-Atom 1 (Aceton-DNP) bewirkt wieder Retentionszeiterniedrigung wie auch der Verlust von zwei Wasserstoffatomen an der geraden Kette (Acrolein-DNP)

Polare Verbindungen können an wenig beladenen RP-Trägern in Gegenwart unpolarer Lösungsmittel (Heptan) auch verzögert werden, und zwar um so mehr, je geringer ihr Kohlenwasserstoffanteil im Molekül ist [9]. Der Effekt verstärkt sich noch, wenn der Kohlenstoffgehalt der Kompaktphase kleiner wird – ein deutlicher Hinweis, daß in diesem Fall die ungebundenen Silanolgruppen des Trägermaterials dominierend in Erscheinung treten.

Die Kontaktfläche der gelösten Substanzen mit dem hydrophoben Träger ist ihrem unpolaren Oberflächenanteil proportional. Für homologe Reihen verschiedener Verbindungsklassen kann deshalb eine Proportionalität zwischen $\lg k_i$ und der C-Zahl gefunden werden. Folgerichtig wächst k_i auch mit der Kettenlänge der am Träger fixierten Alkylreste.

Bei komplizierten Trennproblemen ist die Verwendung binärer Lösungsmittelgemische u. U. nicht ausreichend. Deswegen wurde z. B. für die Auftrennung der oligomeren Bestandteile eines mittelmolekularen Bisphenol A-Epoxidharzes (Bild 6.6) ein ternäres Gemisch aus Wasser, Methanol und Methylenchlorid verwendet. Mit dem wasserreichen Gemisch eluieren die polaren niedermolekularen Bestandteile, während das wasserfreie, weniger polare Lösungsmittelgemisch eine hohe Elutionskraft für die höhermolekularen Bestandteile ergibt. Aus den Chromatogrammen ist die Berechnung der relativen Epoxyäquivalentmassen bis etwa 1000 möglich.

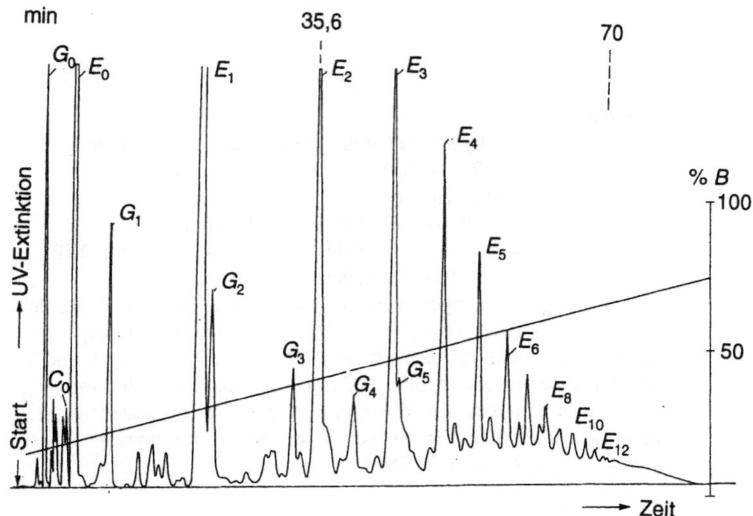

Bild 6.6 Analytische Charakterisierung eines mittelmolekularen ungehärteten Bisphenol A-Epoxid-harzes [8]
Trennsäule: LiChrosorb RP8, 250 x 4,6 mm (irreguläres Silikagel der Korngröße 10 µm mit n-C8-Ketten);
Fluide Phase: (A) Wasser-Methanol (65:35, V/V) und (B) Methylenchlorid-Methanol (65:35, V/V), Gradient 10–80 % (B) in (A) über 90 min; Fluß: 2 ml·min^{-1};
Detektor: UV (254 nm);
E – Bisglycidylether mit endständigen Epoxygruppen; G – Monoglycidylether mit glykolischen Endgruppen; C – Monoglycidylether mit chlorhydrinischen Endgruppen
Die Indices charakterisieren die Kettenlänge der Oligomeren mit n = 0, 1, 2... z. B. gemäß der Grundstruktur für E

6.4 Chromatographie ionogener Verbindungen an RP-Trägern

6.4.1 Trennungen mittels Ionenunterdrückung

Es wurde bereits angedeutet, daß sich unpolare Fixphasen in Form der RP-Materialien mit gebundenen Kohlenwasserstoffresten auch hervorragend zur Trennung ionogener organischer Verbindungen eignen. Dies geschieht durch Anwendung der Ionenunterdrückung (Ionensuppression) oder durch Ionen-Wechselwirkungschromatographie.

Als Beispiel für eine Ionenunterdrückung sei das Dissoziationsgleichgewicht der Monocarbonsäuren AH betrachtet:

$$AH + H_2O \rightleftharpoons A^- + H_3^+O. \tag{6.1}$$

A ist ein kohlenstoffhaltiger organischer Rest, der in dispersive Wechselwirkung mit den Liganden L der Kompaktphase treten kann. Es existieren also zwei weitere Gleichgewichte

$$AH + L \rightleftharpoons LAH \quad \text{und} \quad A^- + L \rightleftharpoons LA^-, \tag{6.2}$$

für die sich die Gleichgewichtskonstanten und mittels Gl. (2.6b) zwei Grenzkapazitätsfaktoren formulieren lassen, nämlich

$$k_{AH} = \beta_{K/F} \frac{[LAH]}{[AH]} \quad \text{und} \quad k_{A^-} = \beta_{K/F} \frac{[LA^-]}{[A^-]}. \tag{6.3}$$

β steht für das Phasenverhältnis. Liegt nur die Form AH vor, kommt es für die betreffende Verbindung zur maximal möglichen Wechselwirkung mit der Kompaktphase. Im zweiten Fall (vollständige Dissoziation) werden alle Anionen in der fluiden Phase hydratisiert vorliegen, und die Kapazitätsfaktoren erreichen minimale Werte. Da man das Gleichgewicht der Gl. (6.1) über Änderungen des pH-Wertes durch Pufferlösungen beliebig beeinflussen kann, lassen sich zwischen den Grenzkapazitätsfaktoren $k_z = k_{AH}$ bzw. k_{A^-} alle möglichen Retentionswerte der Komponente i einstellen (x_z – Molenbruch). Man erhält

$$k_i = \sum_{z=1}^{n} k_z \cdot x_z. \tag{6.4}$$

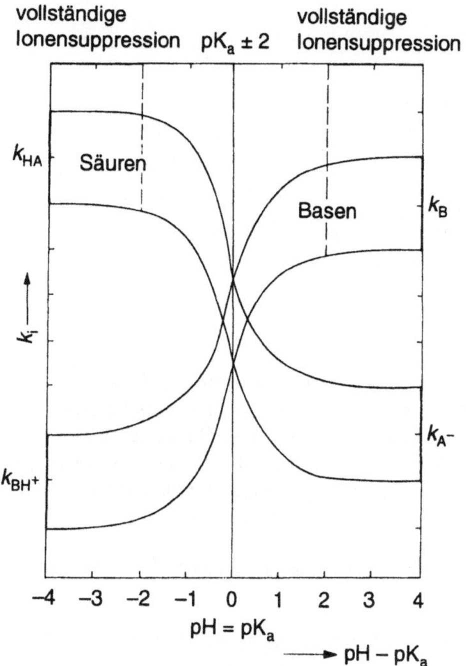

Bild 6.7
Graphische Darstellung der Gl. (6.5)

Für monoprotische Säuren AH bzw. monoprotische Basen BH^+ mit den Gleichgewichtskonstanten K_a lautet Gl. (6.4) ausgeschrieben:

$$k_i = k_{AH}\,\frac{[H^+]}{[H^+]+K_a} + k_{A^-}\,\frac{K_a}{[H^+]+K_a} \tag{6.5a}$$

$$k_i = k_{BH^+}\,\frac{[H^+]}{[H^+]+K_a} + k_B\,\frac{K_a}{[H^+]+K_a}\,. \tag{6.5b}$$

Die graphische Darstellung dieser Beziehungen ergibt die S-förmigen Kurven in
Bild 6.7 mit einem Wendepunkt bei $pH = pK_a$. Größere Retentionswertänderungen für
monoprotische Säuren und Basen kann man offensichtlich im Bereich $pK_a \pm 2$ erwarten.
Darüber hinaus nähern sich die Kurven den Grenzkapazitätsfaktoren der betreffenden
Verbindungen bei vollständiger bzw. vernachlässigbarer Ionensuppression.

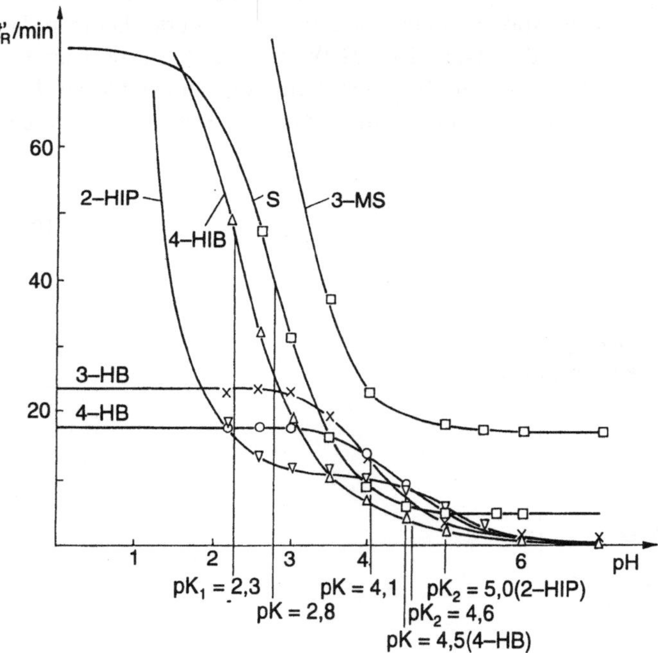

Bild 6.8   Abhängigkeit der Nettoretentionswerte t'_R einiger Phenolcarbonsäuren vom pH-Wert
Aufgetragen wurden experimentell bestimmte Meßpunkte sowie die durch Computer-Aus-
gleichsrechnung nach der Methode der kleinsten Quadrate mittels Gl. (6.5) berechneten
Kurven (ausgezogen). Die eingezeichneten pK-Werte der Säuren ergeben sich graphisch aus
den Wendepunkten und stimmen gut mit anderweitig ermittelten Literaturwerten überein.
HB – Hydroxybenzoesäuren; HIP – Hydroxyisophthalsäuren; S – Salicylsäure;
MS – Methylsalicylsäure
Trennsäule: LiChrosorb RP8 (10 μm); Fluide Phase: Wasser-Pufferlösung (95:5, *V/V*) [11]

Geeignete Puffer stellen somit im Falle ionogener Verbindungen einen wichtigen Faktor
zur Einstellung der optimalen Selektivität dar. Das wird mit Bild 6.8 am Beispiel von
Phenolcarbonsäuren verdeutlicht. In den Schnittpunkten der Kurven ergibt sich $\alpha = 1$.

Die besten Trennungen werden zwischen diesen Punkten zu erwarten sein, wobei sowohl sehr niedrige als auch sehr hohe pH-Werte ungünstig sind.

Pufferlösungen haben bei der Chromatographie ionogener Verbindungen noch eine weitere wichtige Funktion zu erfüllen. Ohne Verwendung eines pH-Puffers herrscht längs der Peaks zwangsläufig ein pH-Gradient. Entsprechend der Dissoziationsgleichung für Säuren und Basen

$$K_a = \frac{[A^-]}{[HA]}[H^+] \quad \text{bzw.} \quad K_a = \frac{[B]}{[BH^+]}[H^+] \tag{6.6}$$

bedeutet dies, daß das Verhältnis der beteiligten Molekülspezies nicht konstant ist und somit keine einheitliche Wanderungsgeschwindigkeit zustandekommt. Peaktailing ist die Folge.

Die Wahl des Puffers ist allerdings nicht ohne Konsequenzen. Phosphatpuffer sollten im alkalischen Bereich nicht so sehr verwendet werden. Hingegen sind Borat-, Glycin-, TRIS-, Citrat- und HEPES-Puffer ohne Bedenken einsetzbar. Auch Kationen beeinflussen die Silikagelstabilität negativ, und zwar in der Reihenfolge $Li^{++} < Na^+ < K^+ < NH_4^+$ [10].

Da der mögliche Arbeitsbereich mit Fixphasen auf Silikagelbasis auf Grund ihrer begrenzten Stabilität zwischen pH $2 \cdots 8(9)$ liegt, was im übrigen auch dem zulässigen pH-Bereich für kommerzielle Geräte entspricht, ist die Anwendung der Methode der Ionenunterdrückung auf starke Säuren und Basen nicht möglich. Sie sind in dem zulässigen Arbeitsbereich stets vollständig ionisiert.

In solchen Fällen erreicht man eine hinreichende Retention durch Ionenwechselwirkung, deren Anwendung natürlich auch auf schwache Protolyte möglich ist.

6.4.2 Trennungen mittels Ionenwechselwirkung (Ionenpaarchromatographie)

Das Prinzip der klassischen Ionenpaarbildung läßt sich wie folgt darstellen:

$$A^- + B^+ \rightleftharpoons AB \tag{6.7}$$

A^- würde dem Anion in Gl. (6.1) entsprechen, B^+ wäre das Paarungsion, z. B. aus einer quartären Ammoniumverbindung des Typs R_4NCl. Im Falle einer Base als Probenion dient ein Säureanion geeigneter Lipophilität als Paarungsion.

Das Ionenpaar AB besitzt alle Voraussetzungen zur Wechselwirkung mit den unpolaren Liganden der Kompaktphase, wobei seine solvophobe Eigenschaft retentionszeitbestimmend ist.

In der Ionenpaarchromatographie wird aus dem Wechselwirkungsdreieck von Bild 3.1 ein Wechselwirkungstetraeder (Bild 6.9). Dabei sind eine Reihe von Gleichgewichten miteinander gekoppelt (Bild 6.10), die mehr oder weniger große Beiträge zur Retention und zur Selektivität erbringen.

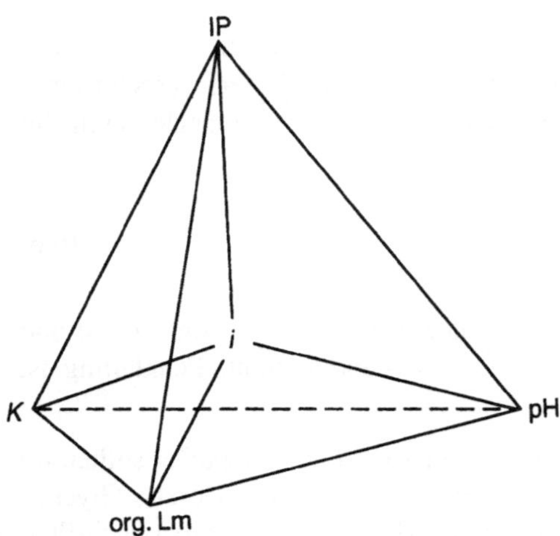

Bild 6.9 Parametertetraeder der Ionenwechselwirkungschromatographie
Alle Variablen beeinflussen Retention und Selektivität der Trennung.
IP – Art und Konzentration des Ionenpaarreagens; K – Kompaktphase (RP-Phase);
pH – pH-Wert; org. Lm – Art und Konzentration des organischen Lösungsmittelanteils;
i – gelöste Komponente

Bei richtiger Wahl des pH-Wertes brauchen wir nur die Gleichgewichte (1) – (4) zu betrachten, von denen Gleichgewicht (3) eine untergeordnete Rolle spielt. Je nachdem ob man Gleichgewicht (1) oder (2) den Vorzug gibt, kommt man zum Modell (I) des klassischen Ionenpaares, das mit dem Liganden L der Kompaktphase in Wechselwirkung tritt, oder zum Modell (II) des dynamischen Ionenaustausches, nach dem das Paarungsreagens von der Kompaktphase aufgenommen wird und als Ionentauschsitz mit dem Probenion A^- in Wechselwirkung tritt (schräger Pfeil).

$$AB \rightleftharpoons[4] B^+ \;+\; A^- \;+\; H^+ \rightleftharpoons[5] AH$$

$$\mathrm{I}\;\Big\Updownarrow 1 \qquad 2\Big\Updownarrow \;\;{}^{\mathrm{II}}\!\diagup\;\; \Big\Updownarrow 3 \qquad\qquad 6\Big\Updownarrow$$

$$LAB \qquad LB^+ \qquad LA^- \qquad\qquad LAH$$

Bild 6.10 Dominante Gleichgewichte der Ionenpaarchromatographie an RP-Phasen
L – Ligand der RP-Phase; A^- – Probenanion; B^+ – Paarungskation; AH – undissoziierte Säure;
AB – Ionenpaar; I – Ionenpaarmodell; II – Ionentauschmodell
Der pH-Wert bestimmt, ob die Trennung überwiegend durch Ionenunterdrückung (5, 6) oder
Ionenpaarmechanismus (1-4) erfolgt. Erläuterungen siehe Text.

Daneben existieren noch andere Modelle, z. B. das Doppelschichtmodell, das die Ausbildung einer elektrischen Doppelschicht durch das Paarungsion an der RP-Phase postuliert (BIDLINGMEYER 1979). Die Probenionen gelangen zuerst in die äußere und danach unter Ladungsneutralisation in die innere Doppelschicht.

Die Komplexität der Mechanismen in der Ionenwechselwirkungschromatographie wird aus etwa 10 in der Literatur existierenden Namen für ein und dieselbe Technik deutlich.

Ist nur das Modell (I) als relevant anzusehen, kann man formal wie bei der Ionenunterdrückung vorgehen, und entsprechend Gl. (6.5a) ergibt sich für den Kapazitätsfaktor einer Säure i

$$k_i = k_{AB} \frac{[B]}{[B]+1/K} + k_{A^-} \frac{1/K}{1/K+[B]} .$$

(6.8)

k_{AB} und k_{A^-} sind die Grenzkapazitätsfaktoren der Gleichgewichte (1) und (3) (Bild 6.10). Die Beziehung gibt das generelle Retentionsverhalten von Ionenpaaren bei steigender Paarungsionenkonzentration wieder (Bild 6.11).

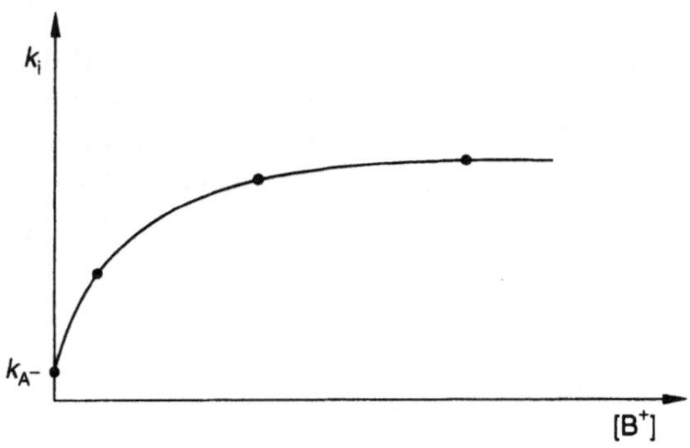

Bild 6.11 Prinzipieller Verlauf der k_i-Werte mit steigender Konzentration des Paarungsions

Es macht natürlich nur Sinn, die Konzentration des Paarungsreagens bis zum Kurvenplateau anzuheben. Meist arbeitet man dabei im Konzentrationsbereich von 10^{-4} (10^{-3}) bis 10^{-2} Mol/l Reagens, mit kurzkettigen Ionenpaarern auch etwas höher.

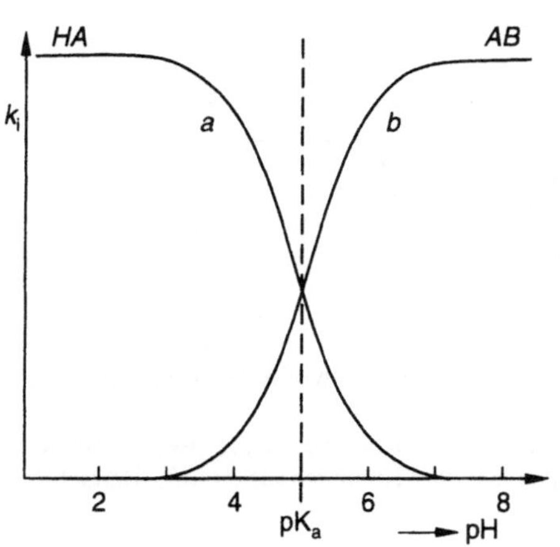

Bild 6.12
Verlauf der k_i-Werte $k_{i(a)}$ und $k_{i(b)}$ der Säure AH (schematisch) als Funktion des pH-Werts bei solvophober Wechselwirkung durch Ionenunterdrückung (Kurve a) und durch Ionenpaarung (Kurve b)

Großen Einfluß auf die Retentionswerte besitzt die Kettenlänge des Paarungsions. Die k_i-Werte können beim Übergang zu langen Ketten schnell zunehmen. Im allgemeinen wird man mittlere Kettenlängen bevorzugen und zunächst Hexan- oder Heptansulfonate für Basen bzw. Tetrabutylammoniumsalze für Säuren einsetzen.

Nimmt man an, daß hinreichend viel Paarungsreagens vorhanden ist, ergibt sich mit wachsendem pH-Wert ein Anstieg der k_i-Werte analog zu Kurve b in Bild 6.12, wobei nach Modell II ein „postpräparierter" Ionentauscher vorliegt.

Postpräparierte Ionentauscher erhält man entweder durch *„dynamische"* oder durch *„permanente"* Beladung von RP-Trägern. Der Übergang ist fließend. Austauschergruppen tragende längere Alkylketten ergeben eine quasi permanente Beladung. Solche Ionentauscher lassen sich in wäßrigen Lösungen wie „echte" Ionentauscher (Abschn. 6.5) einsetzen. Sie sind aber hydrolysestabiler als die „echten", chemisch fixierten Austauscher auf Silikagelbasis (Bild 6.19).

Die letzte relevante Einflußgröße für die Ionenpaarchromatographie stellt das organische Lösungsmittel dar; bevorzugt werden Methanol und Acetonitril. Auf Grund der geschilderten Mechanismen dürfte klar sein, daß die von der RP-Chromatographie her bekannten Gesetzmäßigkeiten ebenfalls gelten. Mit steigendem organischen Lösungsmittelanteil vermindern sich die k_i-Werte, und auch die Selektivitäten ändern sich mehr oder weniger. Gradientenarbeitsweise ist möglich. Darüber hinaus verdienen Puffertyp und -stärke Beachtung.

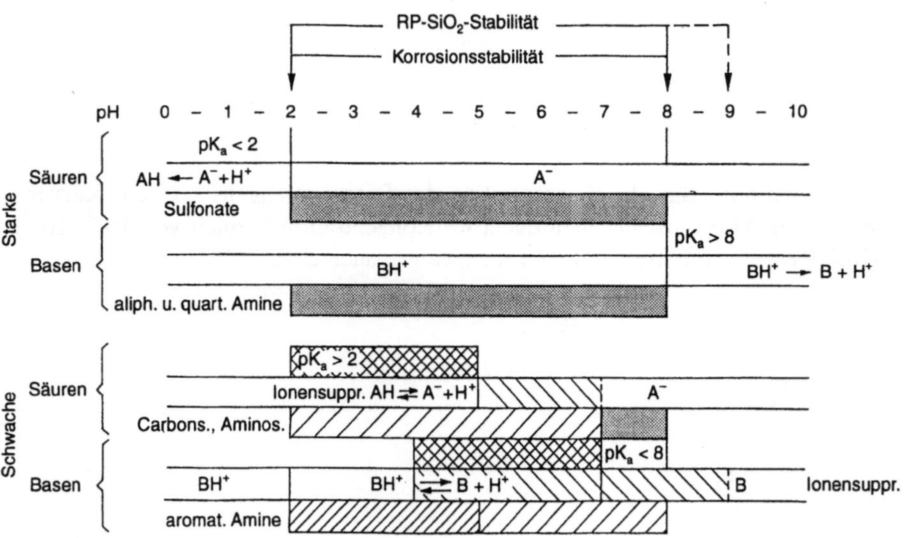

Bild 6.13 pH-Bereiche für Ionenunterdrückung (Ionensuppression) und Ionenwechselwirkungschromatographie (Ionenpaarchromatographie)
RP·SiO₂ – Reversed Phase-Träger; AH – Säure; B – Base; dunkle und nach rechts schraffierte Zeilen: Arbeitsbereiche der Ionenpaarchromatographie; über Kreuz schraffiert: pK_a-Bereiche der häufigsten Vertreter

Im Gegensatz zur Ionenunterdrückung ergibt die Ionenpaarchromatographie höchste Retentionswerte bei maximaler Ionisation der Probe.

In Bild 6.13 wurden oben die Bereiche völliger Ionisation für starke Säuren und Basen aufgetragen. Sie erstrecken sich weit über die Stabilitätsbereiche des Trägers und den für die Geräte erlaubten pH-Bereich. Darunter erkennt man als dunkle Zeilen die bei starken Säuren und Basen mit den genannten Einschränkungen für die Ionenwechselwirkungschromatographie interessanten Arbeitsbereiche.

Auch im Falle der schwachen Säuren und Basen kommt grundsätzlich der gesamte pH-Bereich 2···8 für die Ionenwechselwirkungschromatographie in Frage (nach rechts schraffierte und dunkle Zeilen). Ionenunterdrückung empfiehlt sich für die Säuren bis pH 7, für die Basen, vom Alkalischen ausgehend, bis pH 4 (nach links schraffierte Zeilen). Danach liegen weitgehend die ionisierten Formen A^- bzw. BH^+ vor, so daß die Ionenwechselwirkungschromatographie die Methode der Wahl darstellt.

In der Ionenwechselwirkungschromatographie kann man vorteilhaft mit UV-Detektion arbeiten, und zwar auch dann, wenn die zu chromatographierenden Verbindungen, wie z. B. die Alkansulfonate, überhaupt nicht UV-aktiv sind. In solchen Fällen werden UV-absorbierende Paarungsionen eingesetzt, so daß das Ionenpaar AB stets ein UV-Signal ergibt. Als Beispiel einer solchen indirekten photometrischen Detektion zeigt Bild 6.14 die chromatographische Trennung technischer Alkansulfonate durch Ionenwechselwirkungschromatographie. Paarungsreagens ist N-Methylpyridiniumchlorid. Ob die Probenpeaks positiv (wie im vorliegenden Beispiel) oder negativ sind, hängt vom chromatographischen System ab. (Zur indirekten photometrischen Detektion siehe auch Abschn. 6.5.3).

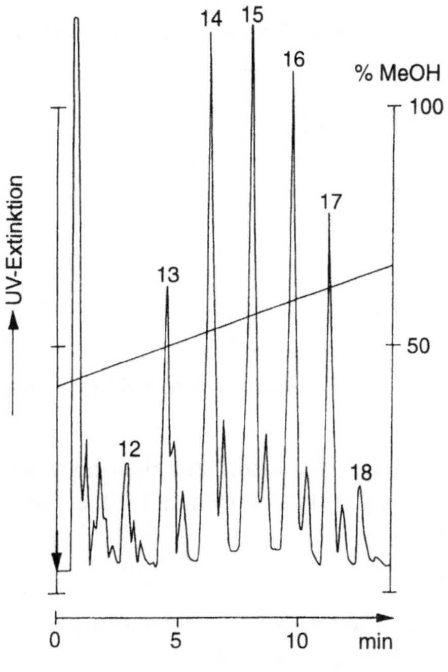

Bild 6.14
Chromatogramm eines technischen Alkansulfonates (K30, BAYER AG) durch indirekte photometrische Detektion [12]
Die Zahlen kennzeichnen die C-Zahl der jeweiligen Isomerengruppe, wobei der letzte Peak jeder Gruppe dem endständigen Monosulfonat entspricht und der erste Peak ein Gemisch aller nicht endständigen Monosulfonate repräsentiert.
Trennsäule: LiChrosorb RP8 (10 µm), 200 x 4,6 mm;
Fluide Phase: Wasser-Methanol (MeOH) mit 0,25 mmol·l^{-1} N-Methylpyridiniumchlorid; Lösungsmittelgradient (rechte Chromatogrammachse);
Fluß: 2 ml·min^{-1}; Detektor: UV (260 nm)

6.5 Chromatographie ionogener Verbindungen durch Ionentausch

6.5.1 Besonderheiten von Ionentauschern als Kompaktphase

Das wesentliche Merkmal echter Ionentauscher ist eine Matrix mit chemisch fixierten Ionen (Festionen) sowie beweglichen Gegenionen zur Ladungskompensation. Im Gegensatz zu den Festionen können die Gegenionen den Austauscher verlassen, sobald mit dem Elutionsmittel Konkurrenzionen gleichnamiger Ladung angeboten werden.

Man unterscheidet zwischen Kationentauschern und Anionentauschern. Die stark sauren bzw. stark basischen Typen tragen als Festion Sulfonsäure- bzw. quartäre Ammoniumgruppen. Mit dem Konkurrenzion X stellen sich folgende Gleichgewichte ein:

$$-SO_3^-\,K^+ + X^+ \rightleftharpoons -SO_3^-\,X^+ + K^+ \qquad (6.9a)$$

$$-NR_3^+A^- + X^- \rightleftharpoons -NR_3^+X^- + A^- \qquad (6.9b)$$

Die Ionentauschchromatographie kann als Spezialfall der Adsorptionschromatographie mit stöchiometrischem Austausch geladener Teilchen angesehen werden. An Kationentauschern lassen sich Kationen, an Anionentauschern Anionen trennen.

Allgemein ist die Affinität des Austauschers für ein Konkurrenzion um so stärker, je höher dessen Ladung und je kleiner die um das Ion aufgebaute Solvenshülle ist, ferner, je stärker das Ion polarisiert werden kann, je geringere Wechselwirkung es mit der fluiden Phase zeigt und je mehr sich der elektrostatischen Wechselwirkung nichtionogene Matrixeffekte am Austauscher überlagern.

So ergeben sich z. B. für die Alkali-, Erdalkali- und Halogenidionen an starken Austauschern nachstehende Retentionsfolgen:

$$Ba^{2+} > Sr^{2+} > Ca^{2+} > Mg^{2+} > Cs^+ > Rb^+ > K^+ > Na^+ > Li^+$$

$$\alpha \longleftarrow \qquad S \longrightarrow$$

$$I^- > Br^- > Cl^- > F^-$$

$$\alpha \longleftarrow \qquad S \longrightarrow$$

α ist die Polarisierbarkeit, S die Solvatation der Ionen. NH_4^+ wird zwischen K^+ und Na^+ eingeordnet.

Die Vorhersage von Retentionsfolgen bzw. Selektivitäten für Ionen, die nicht homologen Reihen angehören, ist schwieriger. Beispielsweise gilt für Anionen an starken Austauschern die empirische Folge:

$$Citrat > SO_4^{2-} > Oxalat > I^- > NO_3^- > Br^- > CN^- > NO_2^- > Cl^- > HCOO^- > CH_3COO^- > F^-.$$

Sie hängt etwas vom Austauschertyp und vom Elutionsmittel ab. Man erkennt gleichzeitig das dreibasische Citration als starkes Eluation, wohingegen Acetat nur sehr schwache Elutionseigenschaften zeigt.

Entsprechend Gl. (6.9) kommen als Konkurrenzionen auch Protonen (Hydroniumionen) sowie Hydroxylionen in Frage. Sie besitzen jedoch auf Grund ihrer großen Hydrathülle nur sehr niedrige Elutionskraft und sind in obigen Ionenfolgen zwischen Li^+ und Na^+ bzw. bei F^- einzuordnen. Hingegen ist der Einfluß des pH-Wertes auf die Lage der Dissoziationsgleichgewichte der beteiligten Ionen ganz entscheidend und bestimmt die Stärke und Selektivität des Elutionsmittels. Wesentlich sind ferner die Ionenstärke und der Puffertyp in der fluiden Phase.

Die Ionenstärke I ist definiert zu

$$I = \frac{1}{2}\sum_{i=1}^{n} c_i z_i^2 \quad [mol \cdot l^{-1}], \tag{6.10}$$

wenn c_i die Konzentration und z_i die Ladung des Ions i ist. In der Gleichung spiegelt sich die Tatsache wider, daß für die interionische Wechselwirkung in verdünnten Lösungen lediglich Zahl und Ladung der Ionen insgesamt maßgebend sind, wobei die Ionenwertigkeit (Ladungszahl) dominiert.

Die Ionenstärke des Eluens beeinflußt vor allem das Retentionsverhalten von Ionen. Hinreichend hohe Ionenstärke vergrößert aber darüber hinaus die Retention neutraler Verbindungen. In der sog. hydrophoben Wechselwirkungschromatographie macht man von hohen Ionenstärken (Salzkonzentrationen im molaren Bereich) Gebrauch, um Proteine zu verzögern. Ein Salzgradient mit fallender Salzkonzentration ergibt das gewünschte Elutionschromatogramm.

Die beste Trennwirksamkeit und Trennleistung wird mit Austauschern auf der Basis poröser Kieselgele erreicht (Tab. 3.3), wobei allerdings ihre Langzeitstabilität gegen Hydrolyse in manchen Fällen zu wünschen übrig läßt.

Eine Zeit lang haben Schichtträger Verbreitung gefunden, die die Festionen in einer Polymerschicht auf einem chromatographisch unwirksamen Kern tragen[1].

Die von SMALL eingeführten Harze bestehen aus partiell bzw. oberflächensulfonierten Polystyrendivinylbenzenharzen (Kationentauscher) oder aus sulfonierten Polystyrendivinylbenzenharzen mit an der Oberfläche agglomerisierten Mikrokügelchen ($0,1 \cdots 0,5$ µm) eines Anionentauschers (DIONEX CORPORATION, USA). Ebenso kann man auf SiO_2 eine polymere Methacrylatschicht mit entsprechenden Austauschergruppen anbringen (WESCAN INSTRUMENTS, INC., USA).

Die Austauschkapazität solcher Austauscher liegt im Bereich von 0,005 bis 0,1 mval/g (Austauscher geringer bis mittlerer Kapazität (vgl. Abschn. 3.3.2)).

6.5.2 Trennung organischer Ionen

Die Verwendung von Ionentauschern zur Trennung organisch ionogener Verbindungen erfuhr mit der Entwicklung der modernen RP-Träger durch die im Abschn. 6.4 behandelten Methoden ernsthafte Konkurrenz. So wird man zur Trennung der großen Palette organischer Carbonsäuren oder für die schwachen Basen heute die Methode der Ionenunterdrückung an RP-Material in Betracht ziehen. Auch im Falle von Aminosäuren, früher Paradebeispiele der Ionentauschchromatographie, und insbesondere für Peptide und viele andere Naturstoffbausteine, liefert die RP-Chromatographie ausgezeichnete Ergebnisse.

---

[1] *engl.*: superficial (pellicular) ion exchanger

Andererseits macht die Entwicklung moderner Austauscher die Methode des Ionentausches auch für organische Ionen nach wie vor attraktiv und kaum entbehrlich (Bild 6.15).

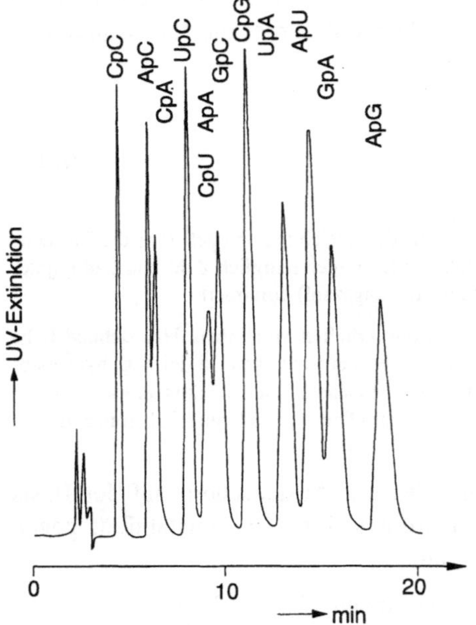

Bild 6.15
Trennung von Dinucleosidmonophosphaten aus Ribonucleinsäure (RNA) durch Ionentausch
Fluide Phase: 0,01 M Triethylammoniumacetat bei pH 3,1;
Trennsäule: Partisil 10 SAX (Silikagelfixphase mit quartären Ammoniumgruppen, Partikelgröße 10 µm), 500 x 3 mm;
Detektion: UV (260 nm) [14].
Alle Sequenzisomerenpaare werden aufgelöst. Die Symbole über den Peaks entsprechen der international üblichen Schreibweise, d. h. die Großbuchstaben kennzeichnen die Purin- bzw. Pyrimidinbasen der durch Phosphorsäure (p) in 3'-,5'-Stellung verknüpften Nucleoside

In den letzten Jahren hat sich die chromatographische Anwendung von Austauschern stark auf das Gebiet der bisher vernachlässigten Trennung anorganischer Ionen ausgedehnt.

6.5.3 Trennung anorganischer Ionen

Zur Trennung anorganischer Ionen sind moderne Ionentauscher die Kompaktphase der Wahl.

Gleichwohl kann man auch hier die Ionenpaarchromatographie einsetzen. Als Paarungsreagenzien für Kationen eignen sich z. B. niedere Alkansulfonate, während Alkylamine (n-Octylamin) oder quartäre Ammoniumverbindungen zur Anionentrennung verwendet werden.

Sehr einfach lassen sich Alkaliionen trennen. Das gelingt an starken Kationentauschern geringer Kapazität mit verdünnten Säuren (z. B. an VYDAC SC[1], Austauschkapazität 0,1 mval/g, 0,0015 M HNO_3[2] [13]).

---

[1] VYDAC SC Kationentauscher (THE SEPARATIONS GROUP, USA) besitzen einen inerten Glaskern mit ca. 1 µm Silikageloberfläche, chemisch modifiziert mit $-R-SO_3H$.

[2] HCl ist wegen Korrosion nicht zu empfehlen.

Erdalkaliionen eluieren infolge ihrer zweifachen Ladung erst bei wesentlich stärkerer Säurekonzentration. Um das zu vermeiden, benutzt man protonierte mehrwertige Basen (Ethylendiamin), die eine größere Elutionsstärke als Hydroniumionen aufweisen. Größere Elutionsstärken lassen sich natürlich auch mit stärker affinen Metallionen im Eluens realisieren. Andererseits können schwache Kationentauscher verwendet werden, d. h. Austauscher, die statt $-SO_3H$ Carboxylgruppen tragen. Dann sind Alkali- und Erdalkaliionen ohne weiteres nebeneinander bestimmbar. Die Trennung zwischen Natrium- und Ammoniumionen unterstützt man durch Zusätze an Kronenether (18-Krone-6). Während Li^+ und Na^+ sowie die Erdalkalien praktisch nicht zusätzlich verzögert werden, verschieben sich die Peaks von NH_4^+ und K^+ durch Komplexbildung mit dem Kronenether zu höheren Retentionszeiten.

Für die Elution anorganischer Anionen von starken Anionentauschern haben sich neben dem System HCO_3^-/CO_3^{2-} u. a. Salicylat-, Phthalat- und Citrationen bewährt.

In allen diesen Fällen beeinflußt der pH-Wert die Geschwindigkeit und Selektivität der Trennung. Im Gegensatz zu Kationentrennungen mit Ethylendiamin (s. o.) vermindern hohe Protonenkonzentrationen bei Anionentrennungen die Konzentration der ionischen Eluensform (Bildung der undissoziierten Säure, Gl. (6.1)) und erniedrigen die Stärke des Elutionsmittels.

Kompliziert sind die Verhältnisse bei Verwendung schwacher Ionentauscher, da der pH-Wert hier auch die Austauscherfunktion selbst (Anzahl der austauschwirksamen Gruppen) maßgeblich beeinflußt (Bild 17.5b im Anhang).

Unterhalb etwa pH 10 steigt die Anzahl matrixfixierter Ammoniumionen, wobei sich der Anstieg beim Vorliegen sehr schwach basischer Aminogruppen schon recht weit in den sauren Bereich erstrecken kann.

Die schnelle Entwicklung der Chromatographie anorganischer Ionen setzte mit den Arbeiten von SMALL und Mitarb. ein [15]. Der wesentliche Fortschritt dieser Arbeiten bestand darin, daß durch Kombination der Trennsäule mit einer nachgeschalteten Suppressorsäule eine universelle und zudem sehr empfindliche Detektion der getrennten Probenionen durch Leitfähigkeitsmessung möglich wurde. Das Prinzip eines solchen sog. „Ionenchromatographen" (DIONEX CORPORATION) zeigt Bild 6.16.

Während die Trennsäule eine möglichst niedrige Austauschkapazität besitzen soll, um leichte Eluierbarkeit der Probenionen zu ermöglichen, gilt für die Suppressorsäule das Umgekehrte. Mit ihr möchte man eine möglichst große Menge des Elutionsmittels neutralisieren, bevor Regeneration notwendig wird.

Das gewöhnlich zur Trennung von Anionen verwendete Elutionsmittel ist eine wäßrige Lösung aus Natriumhydrogencarbonat und Carbonat. Die Hydrogencarbonat- und Carbonationen konkurrieren mit den Anionen (A^-) der Probe um die Austauscherplätze und werden im sauren Suppressor in die elektrolytisch wenig leitende Kohlensäure verwandelt.

Eine periodische Regeneration des Suppressors wie im Schema ist heute nicht mehr notwendig, da kontinuierlich arbeitende Vorrichtungen angeboten werden.

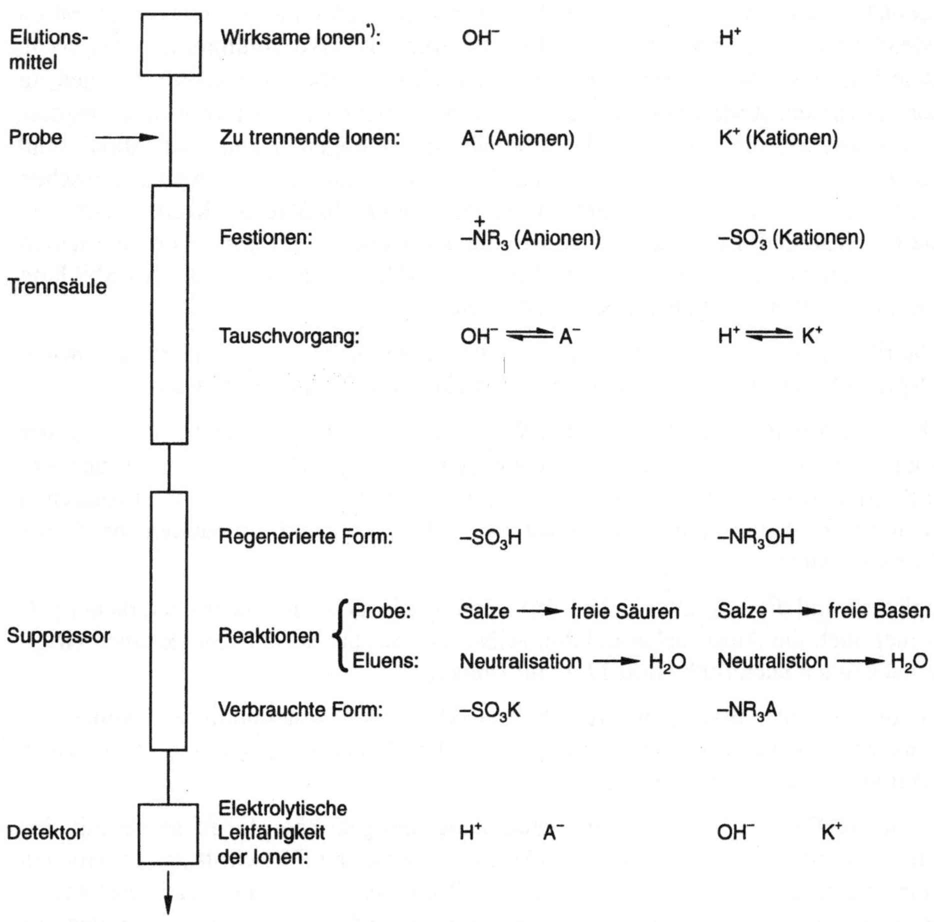

*) OH⁻ und H⁺ stehen stellvertretend für die verwendeten Eluensionen

Bild 6.16 Prinzip der Ionentauschchromatographie nach SMALL mit Verminderung der Eluensleitfähigkeit durch eine Suppressorsäule

Bild 6.17 zeigt einen Hohlfaserionentauscher (sulfonierte Polymermembran), den das Effluens eines Anionentauschers kontinuierlich durchströmt. Auf Grund des DONNAN-Ausschlusses (vgl. Abschn. 6.5.4) können die negativ geladenen Proben- (X^-) und Eluensionen (OH^-) die Membran nicht passieren, während Kationen wie Na^+ und H^+ entsprechend dem bestehenden Ionengefälle hindurchwandern. Auf diese Weise verlassen den Suppressor außer den freien Säuren der Probe nur Wasser (Bild 6.17) und CO_2 (Bild 6.18).

Ein anderes Membranverfahren unterstützt den Ionentransport durch ein mittels Gleichspannung angelegtes elektrisches Feld (Kammertechnologie der BIOTRONIK GmbH).

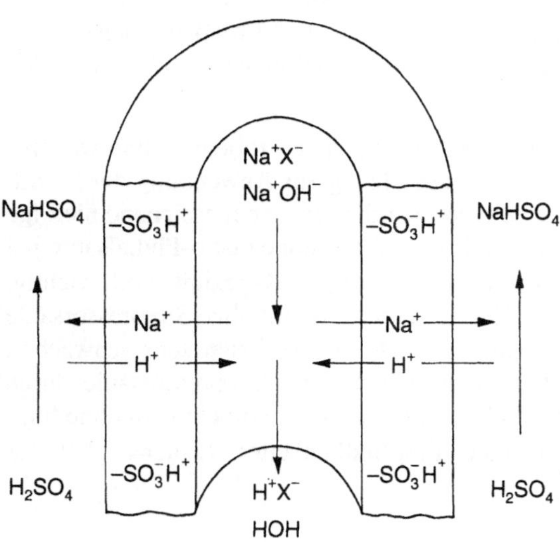

Bild 6.17
Prinzip des Hohlfasersuppressors
Erläuterungen siehe Text

Die Anwendung geeigneter Suppressoren ergibt eine drastische Erniedrigung der Grundleitfähigkeit (z. B. von 700 auf 20 μS cm^{-1}). Dies ist insofern sehr vorteilhaft, weil dadurch die Empfindlichkeit der Detektion (Signal-/Rauschverhältnis) erheblich gesteigert wird und Temperaturschwankungen die Leitfähigkeitsmessung um so weniger beeinflussen, je kleiner die Eigenleitfähigkeit des Elutionsmittels ist.

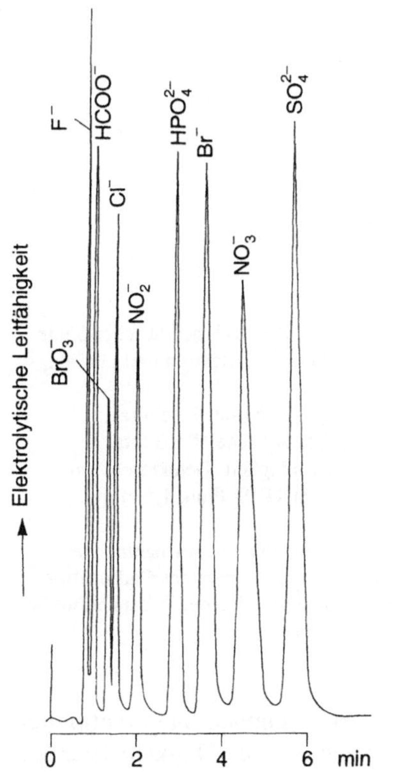

Bild 6.18
Trennung verschiedener Anionen an einem Anionentauscher (DIONEX CORP., USA), vgl. Abschn. 6.5.1
Elutionsmittel: 2,8 mM NaHCO₃-/2,2 mM
NaHCO₃-Lösung;
Detektion: Elektrolytische Leitfähigkeit.
Hinter der Trennsäule befand sich ein Hohlfaser-
suppressor mit einem Gesamtvolumen von
ca. 200 μl [16]. Konzentration der Anionen
(in der Reihenfolge des Chromatogramms)
in ppm: 3, 8, 10, 4, 10, 30, 30, 30, 25

Während für die meisten Anionen keine Einschränkung besteht, führt die Verwendung eines Suppressors bei Kationen (abgesehen von den Alkali- und Erdalkaliionen) häufig zu Schwierigkeiten. Beispielsweise schlagen sich Schwermetallionen wie Cu^{2+} oder Ni^{2+} auf dem Suppressor als Hydroxide nieder.

Wie vor allem FRITZ und Mitarb. zeigten, kann man für viele Probleme ohne weiteres auf die Suppressorsäule verzichten [17, 13]. Voraussetzung zur Anwendung der Leitfähigkeitsdetektion sind dann Elutionsmittel, die von vornherein eine hinreichend niedrige Grundleitfähigkeit ergeben. Ein viel benutztes Eluens für Anionen ist o-Phthalsäure bei pH $4\cdots6{,}5$ in $10^{-3}\cdots10^{-4}$ M Lösung. Austauscher niedriger Kapazität sind wichtig. GIRARD und GLATZ geben einen kritischen Vergleich der mit und ohne Suppressorsäule arbeitenden Techniken [18]. Während geringe Gehalte von Anionen sehr schwacher, kaum dissoziierter Säuren (Cyanid, Silicat, Borat) hinter der Suppressorsäule durch Leitfähigkeitsdetektion nur wenig empfindlich bestimmbar sind, erreicht man ohne Suppressor bei etwas höheren pH-Werten gute Empfindlichkeiten (Eluens: $4\cdot10^{-3}$ M NaOH/$0{,}5\cdot10^{-3}$ M Natriumbenzoat [19].

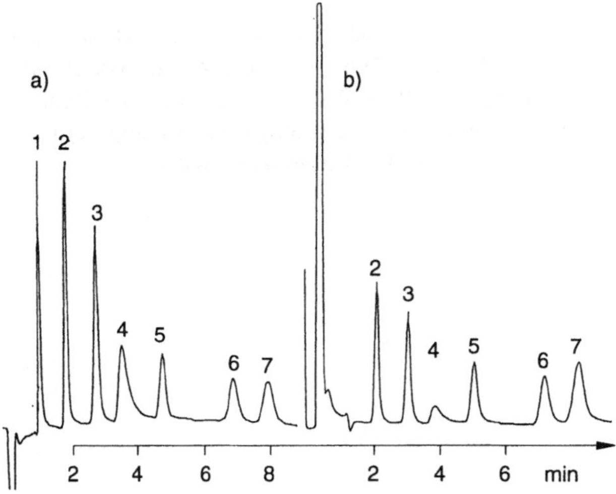

Bild 6.19 Trennung von Anionen an einer postpräparierten (permanent beladenen) Ionentauscher-Säule der Firma SEPSERV Berlin (vgl. Abschn. 6.4.2) durch indirekte UV-Detektion und Leitfähigkeitsdetektion mit o-Phthalsäure als Eluens
1 – Carbonat; 2 – Chlorid; 3 – Nitrit; 4 – Phosphat; 5 – Bromid; 6 – Nitrat; 7 – Sulfat
Träger: UltraSep ES SAX W; Säule: 125 x 3 mm mit Vorsäulenkartusche 10 x 3 mm;
Detektion: a) UV 280 nm (Signalumpolung), b) elektrische Leitfähigkeit (Detektoren hintereinander geschaltet); Eluens: 1,25 mM o-Phthalsäure, 2,50 mM TRIS; Fluß: 1,5 ml/min; Temperatur: 30 °C; pH-Wert: 7,4
Beide Chromatogramme zeigen etwa vergleichbare Empfindlichkeiten mit Ausnahme von Carbonat und Phosphat. Auf Grund seiner sehr geringen Dissoziation ergibt das Carbonation bei der Leitfähigkeitsdetektion sogar einen negativen Peak. Die Retention des Phosphations ist stark pH-abhängig. Es wandert mit sinkendem pH-Wert nach vorn

Manche Anionen lassen sich mit modernen UV-Photometern einfach und empfindlich detektieren, z. B. Bromid, Nitrit, Nitrat, wobei die im Falle der Leitfähigkeitsdetektion notwendigen Einschränkungen entfallen. Eine Zusammenstellung UV absorbierender Ionen enthält Tab. 6.1. Als Elutionsmittel dienen UV-transparente Ionen wie Perchlorat, Sulfat, Phosphat und Methansulfonsäure (CH_3SO_3H) [20].

Tabelle 6.1 Zusammenstellung einiger bei $190\cdots200$ nm absorbierender Anionen

Cl^- *	S^{2-}	N_3^-
Br^-	SO_3^{2-}	SCN^-
I^-	$S_2O_3^{2-}$	$HCOO^-$
ClO_3^-	NO_2^-	$C_2O_4^{2-}$
BrO_3^-	NO_3^-	CH_3COO^-
IO_3^-	AsO_4^{3-}	Cl_3COO^-

* Das Fluoridion ist transparent

Andererseits sind UV-transparente Anionen und Kationen durch indirekte Photometrie als negative Peaks zu erfassen [21], sofern die Elutionsmittel UV-aktive Eigenschaften aufweisen. Ein Beispiel zeigt Bild 6.19.

Das Prinzip der indirekten Photometrie erläutert Bild 6.20.

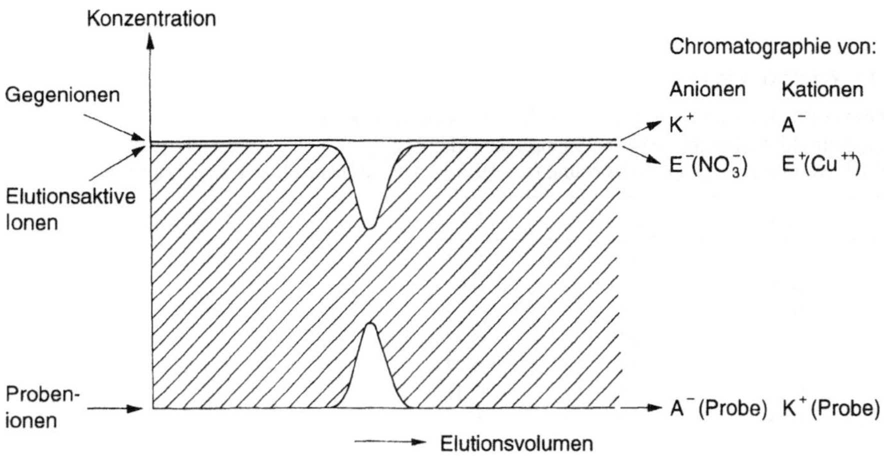

Bild 6.20 Prinzip der indirekten Photometrie in der Ionentauschchromatographie
K^+ – Kation; A^- – Anion; $E^\pm$ – Eluension

Der betreffende Austauscher sei mit dem Eluens (K^+E^- bzw. E^+A^-) vollständig im Gleichgewicht. Wird anschließend Probe injiziert, so wandert zunächst eine dadurch bedingte positive oder negative Grundlinienstörung[1] mit der Geschwindigkeit des Inertpeaks durch die Säule. Ins Gleichgewicht setzen sich die jeweils am Austauscher kon-

---

[1] Bei der Injektion werden die Ionen E am Austauscher durch die äquivalente Menge an Probenionen ersetzt. Überschreitet die Äquivalentkonzentration der Probe die des Elutionsmittels, entsteht ein positiver Peak, im umgekehrten Falle ein negativer.

kurrierenden Ionen $A^- \rightleftharpoons E^-$ (Anionenchromatographie) oder $K^+ \rightleftharpoons E^+$ (Kationenchromatographie), wodurch die Probenionen A^- oder K^+ die Trennsäule je nach Gleichgewichtslage mehr oder weniger schnell passieren. Am Säulenende verlassen alle Probenionen den Austauscher und müssen wegen der Elektroneutralitätsbedingung durch Eluensionen ersetzt werden. Das bedeutet, daß im Eluat ein zu den austretenden Probenionen äquivalentes Defizit an Eluensionen auftritt (Bild 6.20). Dieses Konzentrationsdefizit bleibt dem Chromatographer normalerweise verborgen. Verwendet man jedoch UV-aktive Eluensionen (Beispiel: NO_3^- oder Cu^{2+}), weist der Detektor sämtliche Konzentrationsprofile der Probenionen als Defizitpeaks aus. Sind sowohl die elutionsaktiven Kationen als auch die elutionsaktiven Anionen UV-aktiv (Beispiel: Kupfer-o-sulfobenzoat [22]), lassen sich Kationen und Anionen im gleichen Chromatogramm bestimmen.

Ein Nachteil aller indirekten photometrischen Methoden (vgl. auch Abschn. 6.4.2.) besteht darin, daß neben dem obligatorischen „Injektionspeak" (zu Beginn des Chromatogramms) noch ein sog. Systempeak auftritt (siehe auch Aufgabe 14.2.12). Der Systempeak wird außer durch Konzentration und Volumen der injizierten Probe und durch die Natur des Probenions vom pH-Wert und von der Art und Konzentration des Eluens beeinflußt [23]). Er kann im Chromatogramm, je nach den Bedingungen, an verschiedenen Stellen auftreten und positiv oder negativ sein. In solchen Fällen ist es notwendig, die Trennung noch hinsichtlich einer günstigen Lage des Systempeaks zu optimieren.

Tabelle 6.2 Vergleich von Detektionsgrenzen (in µg)

IDRI – indirekte Brechungsindexdetektion; IDUV – indirekte UV-Detektion;
DL – direkte Leitfähigkeitsdetektion ohne Suppressorsäule [24];
Elutionsmittel: Kaliumhydrogenphthalatlösung (pH 4), Anionentauschersäule geringer Kapazität

Anion	IDRI	IDUV	DL
Cl^-	0,06	0,09	0,15
Br^-	0,19	0,28	0,44
SO_3^{2-}	0,10	0,12	–
SO_4^{2-}	0,11	0,12	0,78
NO_2^-	0,08	0,26	0,77
NO_3^-	0,12	0,18	0,41
$H_2PO_4^-$	0,18	0,45	*
CO_3^{2-}	0,95	0,19	–
CH_3COO^-	1,4	0,80	*

* keine Detektion

Ganz analog wie mit dem Photometer läßt sich der Abfall der Eluenskonzentration durch den Probenpeak mit einem Brechungsindexdetektor registrieren. Voraussetzung ist, daß das Eluens einen hinreichend hohen Untergrundbrechungsindex ergibt. Da man nicht die Konzentration der Probenionen selbst mißt, wird die Methode als indirekte RI-Detektion bezeichnet. Sie besitzt eine zur indirekten UV-Methode vergleichbare Empfindlichkeit (Tab. 6.2).

Beide indirekten Detektionsmethoden sind der Leitfähigkeitsdetektion ohne Suppressorsäule überlegen. Prinzipiell haftet allen drei in Tab. 6.2 verglichenen Methoden der

Mangel eines relativ starken Basisrauschens an, zurückzuführen auf die erforderliche Kompensation des methodisch bedingten hohen Untergrundsignals.

Eine direkte und empfindliche Detektion der Kationen besteht in der postchromatographischen Derivatisierung (Näheres Abschn. 9.3). Beispielsweise bildet der sog. PAR-Indikator[1] mit einer größeren Zahl von Kationen wasserlösliche, gefärbte Komplexe, die hohe Extinktionskoeffizienten um 500 nm aufweisen.

Bild 6.21 zeigt das Chromatogramm eines Kationengemisches aus Schwermetall- und Erdalkaliionen. Entscheidend für die Selektivität der Trennung ist das Verhältnis von Ethylendiamin und Oxalsäure. Im Eluat erfolgt eine Umsetzung gemäß

$$Me^{2+} + 2PAR^- + ZnEDTA = MeEDTA + Zn(PAR)_2. \tag{6.11}$$

Durch die Reaktion werden auch Metalle wie die Erdalkalien erfaßt, die mit PAR nicht reagieren, wohl aber mit Zink-Ethylen-diamintetraacetat (ZnEDTA).

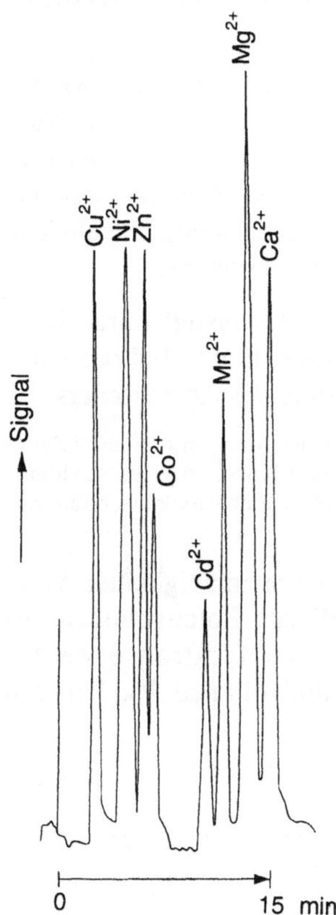

Bild 6.21
Multikationenchromatographie an PARTISIL 10 SCX
(10 µm Silikagel mit chemisch gebundenen Sulfosäure-
gruppen, WHATMAN, GB) [25]
Fluide Phase: wäßrige 0,5 mM Oxalsäure-/2 mM Ethylen-
diamin-Lösung (pH 4); Detektion: Postchromatographische
Derivatisierung durch PAR-ZnEDTA (siehe Text);
UV/VIS-Detektor (490 nm)

---

[1] PAR = 4-(2-Pyridylazo)-resorcin

6.5.4 Trennungen durch Ionen-Ausschlußchromatographie (IEC)

Es wurde bereits dargelegt, daß bei Ionentauschern außer der ionischen Wechselwirkung an den Austauschergruppen auch Wechselwirkungen der Analyte mit der Grundmatrix (hydrophobe Wechselwirkung, Adsorption) eine wichtige Rolle spielen.

Verwendet man starke Austauscherharze mit hinreichender Kapazität, kann ein weiterer Effekt auftreten: der Ionenausschluß.

Beiderseits einer diffusionsdurchlässigen Membran gleichen sich die Konzentrationen von Elektrolyten durch Diffusion aus. Ist der Diffusionsausgleich für eine Ionenart aber nicht möglich, stellt sich beiderseits der Membran eine ungleichmäßige Verteilung der frei beweglichen Ionen ein, unabhängig davon, auf welcher Seite der Membran der Elektrolyt ursprünglich zugegeben wurde (DONNAN-Gleichgewicht). Ursache dieser Erscheinung ist die Ausbildung einer Potentialdifferenz (DONNAN-Spannung) zwischen den nicht frei beweglichen Ionen und ihren durch die Membran frei beweglichen Gegenionen.

Dieser Fall liegt bei starken Ionentauscherharzen vor, denn die fixen Ionen der Matrix können im Gegensatz zu den frei beweglichen Gegenionen ihre durch Wassermoleküle gebildete Hydrathülle („Quasimembran") nicht verlassen. Auf diese Weise bildet sich austauscherseitig ein negatives (Kationentauscher) oder positives (Anionentauscher) Potential aus, das allen Coionen[1] den Zutritt zum Austauscher erschwert. Ungeladene Teilchen gelangen hingegen jederzeit ungehindert in die Austauschermatrix.

Der Ausschluß geladener Teilchen (Elektrolytausschluß) wird begünstigt durch hohe Molvolumina des Elektrolyten, Mehrfachladung und durch geringe Elektrolytkonzentrationen in der Lösung, ferner durch hohe Kapazität und Vernetzung des Austauschers.

Aufgrund der typischen Sorptionsisotherme (vgl. Bild 2.5) beim Ionenausschluß, mit einer anfangs flachen, dann aber zunehmend nach oben (von der Abszisse weg) gebogenen Kurve, ergeben verdünnte Elektrolytlösungen praktisch vollständigen Ausschluß, während es bei hohen Elektrolytkonzentrationen schließlich zu einer Elektrolytinvasion in den Austauscher kommen kann.

Für den reinen Ionenausschluß gelten die bereits dargelegten Gesetzmäßigkeiten. Wassermoleküle bewegen sich ungehindert im gesamten zugänglichen Porenvolumen des Austauschers V_i und eluieren mit $V_M = V_0 + V_i$. Coionen starker Elektrolyte werden vollständig ausgeschlossen und erscheinen mit dem Ausschlußvolumen V_0. Für den Ionenausschluß gilt analog zu Gl. (2.57b)

$$V_{Ri} = V_0 + K_{IEC} \cdot V_i , \qquad\qquad (6.12)$$

wobei K_{IEC} die wie K_{SEC} zwischen 0 und 1 liegende Verteilungskonstante der Ionen-Ausschlußchromatographie ist.

Schwache und mittelstarke Säuren, die in saurer Lösung unvollständig dissoziert sind (Ameisensäure, Essigsäure, Propionsäure, Phosphorsäure, schweflige Säure, Fluorwasserstoffsäure usw.), eluieren i. allg. innerhalb von V_i, ergeben also Verteilungskonstanten zwischen 0 und 1.

Sobald Matrixeffekte zum Tragen kommen (H_2S) oder typische hydrophobe Wechselwirkungen möglich sind (aliphatische Carbonsäuren $\geq C4$), steigen die Retentionsvo-

---

[1] Coionen besitzen die gleichnamige Ladung wie die Festionen des Austauschers.

lumina deutlich über V_M an. Entsprechend kann man an solchen Austauschern auch nichtionogene Moleküle wie Polyole, Zucker, aliphatische Alkohole, Aldehyde und Ketone [26] trennen, ohne daß überhaupt Ionenausschluß vorliegt. Der Zusatz organischer Lösungsmittel beschleunigt die Elution in diesen Fällen analog zur Umkehrphasenchromatographie, wobei es bei höheren Zusätzen und organischen Harzen zur Quellung der Matrix kommen kann.

Das Potential der Ionen-Ausschlußchromatographie liegt hauptsächlich in der Bearbeitung komplexer Proben, bei denen man den Ionenausschluß starker Elektrolyte nutzen möchte.

Für den Elektrolytausschluß ist es prinzipiell gleichgültig, ob Kationen- oder Anionentauscher zur Anwendung kommen. Will man beispielsweise Salzsäure als Elektrolytvorlauf von Essigsäure abtrennen, kann dies an einem starken Kationentauscher in der H-Form oder an einem starken Anionentauscher in der Chloridform erfolgen.

7 Apparative Hilfsmittel

7.1 Druckerzeugung

In der modernen Flüssigchromatographie gehört die Druckpumpe neben dem Detektor zu den wichtigsten Bauteilen.

Viele Probleme lassen sich schon mit Drücken <100 bar erfolgreich bearbeiten. Andererseits können die Möglichkeiten der Chromatographie nur bei wesentlich höheren Drücken voll ausgeschöpft werden. Kommerzielle Geräte erlauben meist maximale Arbeitsdrücke zwischen 400 und 500 bar.

Die Standardförderleistung der Pumpen käuflicher Geräte beträgt für analytische Aufgaben i. allg. $0{,}001 \cdots 10$ ml·min^{-1}, wobei diese Flüsse mit mehreren, aber auch mit nur einem Pumpenkopf realisiert werden. Zu präparativen Zwecken sind Förderleistungen bis 100 ml·min^{-1} kein Problem.

Ein Arbeiten mit PMB-Säulen oder Mikrosäulen erfordert Pumpen, die Förderleistungen im Mikroliterbereich erlauben, offene Kapillarsäulen benötigen spezielle Fördereinrichtungen. Dieser Entwicklung tragen die Gerätehersteller zunehmend Rechnung.

Während oszillierende Verdrängerpumpen bei sehr kleinen Flüssen meist unzureichende Flußkonstanz ergeben, bewähren sich hier Pumpen des Spritzentyps (s. u.). Man kann mit „Mini"ausführungen leicht sehr kleine Volumina fördern. Die möglichen Arbeitsdrücke liegen deutlich höher als bei alternierend arbeitenden Pumpen.

Ein kombiniertes System, das eine Förderleistung von 1 µl bis 5 ml pro Minute besitzt, bietet die Fa. Hewlett Packard an. Es besteht aus drei Niederdruck-Doppelspritzen-Dosierpumpen (100 µl Verdrängungsvolumen pro Spritze) und einer bis 400 bar arbeitenden Hochdruck-Membranpumpe der Hubfrequenz 10 Hz.

Für den Einsatz von Pumpen in der Flüssigchromatographie sind geringe Restpulsation und konstante Förderleistung wichtige Kriterien. Durchflußschwankungen beeinträchtigen sowohl die qualitative als auch die quantitative Chromatogrammauswertung durch fehlerhafte Retentionszeiten und Peakflächen.

Die Realisierung dieser Forderungen stellt heute kein Problem mehr dar. Geeignete Kolbensteuerungen und ein zweiter Hilfskolben sorgen für ausreichende Glättung der Förderkurve (s. u.). Dämpfungsglieder besorgen ein übriges. Geringe Flußpulsation ergeben schnell arbeitende Kolben mit sehr kleinen Fördervolumina (10 µl/Hub).

Tabelle 7.1 zeigt eine Übersicht für die zur Flüssigchromatographie verwendbaren Pumpentypen.

7.1.1 Oszillierende Verdrängerpumpen

Oszillierende (reziproke) Pumpen mit Tauchkolben oder Membrankonstruktion werden sehr häufig eingesetzt. Vor allem bei hohen Flüssen sind sie das Fördermittel der Wahl.

Die Pumpenköpfe besitzen selbsttätige Doppelkugelventile mit Kugeln aus Aluminiumoxid auf feinstgeläppten Ventilsitzen. Die Abdichtung des Tauchkolbens erfolgt durch Packungsringe bzw. Manschetten aus abriebfesten und lösungsmittelbeständigen Materialien. Der Kolben besteht aus gehärtetem Stahl mit Aufspritzverschleißschutz oder aus Aluminiumoxid (Saphir) (Bild 7.1).

Tabelle 7.1 Hubkolbenpumpen zur Chromatographie

	Langhub (Großhub)-Kolbenpumpen		Kurzhub-Kolbenpumpen (Oszillierende Verdrängerpumpen)	
	mit mechanischem Antrieb	mit pneumatischem Antrieb (Druckverstärkerpumpen)	Kolbenmembranpumpen	Kolbenpumpen mit Tauchkolben (Plunger)
kontinuierlich förderbares Volumen (ml)	≤500	unbegrenzt		
Grundlinienstörung (ungedämpft)	keine	gering	Rauschpegel	
Dämpfung erforderlich	nein	bei hohem Fluß (häufiges Füllen)	ja	
Typische Förderkurven für Einzylinderpumpen gegen Druck				

Ein völlig leckfreier Betrieb gelingt mit Membranpumpen. Die Membran, die den Arbeitsraum hermetisch abschließt, wird durch einen Kolben indirekt über Hydrauliköl bewegt.

Der Förderstrom $\dot V$ oszillierender Pumpen ist dem Kolbenquerschnitt, der Hubhöhe und der Hubfrequenz proportional. Er läßt sich entweder über das verdrängte Flüssigkeitsvolumen (z. B. Pumpenkopfverstellung, Regelplunger) oder über die Hubfrequenz (drehzahlvariabler Antrieb) regeln.

Die Förderkurve rechts unten in Tab. 7.1 kann durch einen zweiten Pumpenkopf erheblich verbessert werden.

Das ist allerdings nicht allein durch Phasenverschiebung der Kolbenpositionen um 180 ° möglich. Zwei so arbeitende Kolben würden zwar den Pulsabstand verringern, nicht aber die Pulsamplitude, da die Förderphase des zweiten Kolbens genau in die Saugphase des ersten Kolbens fällt. Sorgt man aber durch elektronische oder mechanische Steuerung des Kolbenhubs dafür, daß beide Hübe sich immer zum gleichen Fördervolumen ergänzen, wird als Förderkurve annähernd eine Gerade erzielt (Bild 7.2).

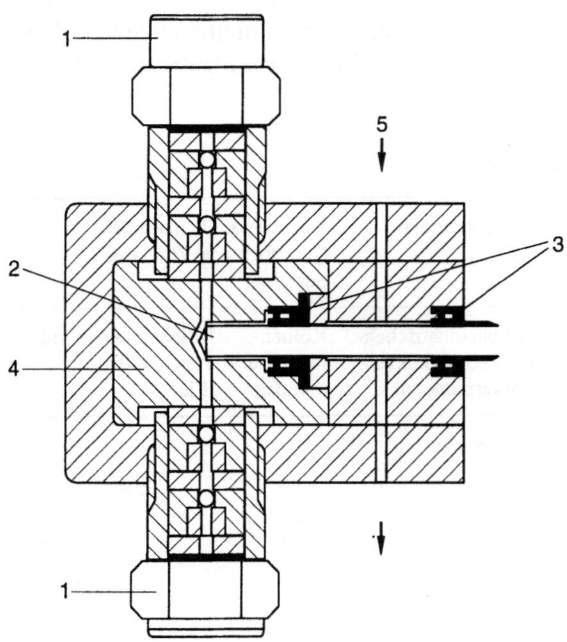

Bild 7.1 Pumpenkopf mit Kurzhubkolben, Doppelkugelventilen und Kolbenhinterspülung zum Betrieb
mit Salzlösungen [1]
1 – Ventileinsätze; 2 – Kolben; 3 – Dichtungen; 4 – Pumpenkammergehäuse;
5 – Kolbenhinterspülung

Vorteilhaft werden sog. 1½-Kopf-Pumpen verwendet. Sie arbeiten ebenfalls phasenversetzt und hubgesteuert, aber mit 2 hintereinander geschalteten Kolben. Lediglich der
erste besitzt Ein- und Auslaßventile, der zweite nicht. Dafür beträgt sein Hubvolumen
die Hälfte des Hubvolumens des ersten Kolbens. Wenn der erste Kolben drückt, saugt
der zweite mit halber Flußrate an, speist dieses Volumen jedoch wieder ein, sobald der
erste Kolben zu fördern aufhört. Die Einsparung zweier Ventile vermindert die Störanfälligkeit.

Solche Pumpen sind mit Arbeitsdrücken bis 500 bar im Handel. Die Reproduzierbarkeit
des Durchflusses liegt bei ±1 %. Nachteilig ist es, daß die effektive Fördermenge mit
wachsendem Druck etwas abnimmt.

Einfache Kurzhubkolbenpumpen erfordern Pulsationsdämpfer. Hierfür eignen sich RC-
Glieder, im einfachsten Falle ein durchströmtes BOURDON-Rohr (Rohrfeder) mit einem
in Reihe geschalteten Strömungswiderstand. Das BOURDON-Rohr ändert sein Volumen
durch elastische Querschnittsverformung in Abhängigkeit vom Druck.

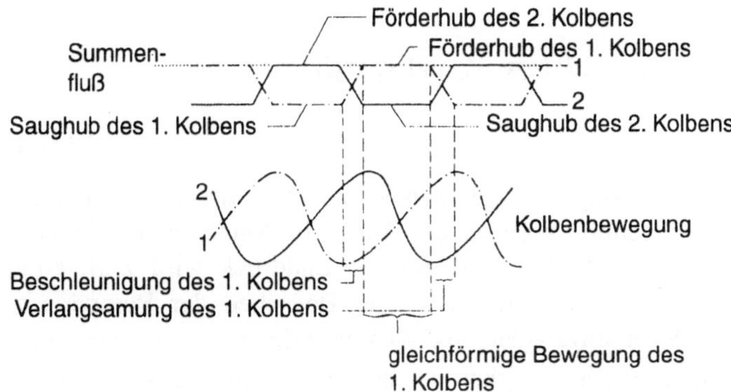

Bild 7.2 Förderkurve (oben) und Positionsprofil für die Kolbenbewegung (unten) einer Doppelkolbenpumpe mit gesteuertem Kolbenhub [2]

7.1.2 Langhubkolbenpumpen (Spritzentyp)

Das Kammervolumen dieses Typs wird durch einen einzigen, gleichmäßigen, länger dauernden Kolbenhub entleert. Der Verdrängerkolben ist mit Druckmanschetten abgedichtet. Das Prinzip erlaubt je nach Fabrikat und Volumen Drücke wesentlich über 500 bar. Man unterscheidet Langhubkolbenpumpen mit pneumatischem Antrieb (druckkonstante Pumpen) und Langhubkolbenpumpen mit mechanischem Antrieb (flußkonstante Pumpen).

Zur ersten Art gehören die Druckverstärkerpumpen. Sie besitzen zwei übereinander angebrachte Zylinder, in denen sich ein Doppelkolben mit den stark unterschiedlichen Querschnitten q_1 und q_2 bewegt. Herrscht vor dem ersten Kolben der Gasdruck p_1 (konstanter Primärdruck), so erzeugt der zweite Kolben den Flüssigkeitsdruck $p_2 = p_1 \cdot q_1/q_2$. Für Ein- und Auslaß können Kugelventile verwendet werden.

Der Vorteil der Druckverstärkerpumpen gegenüber den motorgetriebenen Langhubkolbenpumpen liegt in ihrer schnellen Rücklauf- und damit Füllgeschwindigkeit. Deswegen besitzen sie generell ein kleineres Hubvolumen als die motorgetriebenen Konstruktionen, für die das notwendigerweise große Hubvolumen Nachteile hat. Sie liegen in der kompakten Bauweise und im ungünstigen Verlauf der Förderkurve (Tab. 7.1).

Die typische Förderkurve mechanisch getriebener Langhubkolbenpumpen erklärt sich aus der Kompressibilität der Flüssigkeiten bei Druckeinwirkung.

Der isotherme kubische Kompressibilitätskoeffizient von Flüssigkeiten χ gilt als Maß für die Verminderung ΔV des Volumens V durch die allseitige Druckerhöhung Δp bei der Temperatur T

$$\chi = -\frac{1}{V}\left(\frac{\Delta V}{\Delta p}\right)_T . \tag{7.1}$$

Die Kompressibilitätskoeffizienten organischer Flüssigkeiten liegen meist bei ca. $1 \cdot 10^{-4}$ bar^{-1}, für Wasser ist $\chi = 0{,}5.10^{-4}$ bar^{-1}. χ kann über einige hundert Bar als konstant angesehen werden.

Integriert man Gl. (7.1) zwischen P_0 und P bzw. V_0 und V, ergibt sich

$$V = V_0 \cdot e^{-\chi\left(P - P_0\right)}. \tag{7.2}$$

Es ist ersichtlich, daß sich das ursprüngliche Volumen V_0 bei geschlossenem Pumpenventil mit wachsendem Kolbenvorschub (wachsendem Druck) im Sinne einer fallenden Exponentialfunktion ändert. Für $V_0 = 500$ ml und 400 bar Enddruck wird z. B. eine Volumenkompression von $V_0 - V \approx 20$ ml errechnet[1]. Bei Betreiben der Pumpe mit geöffnetem Ventil und einem Strömungswiderstand (Trennsäule) baut sich ein vom Volumenschub $\dot{V}_K$ („Kolbenflußgeschwindigkeit") und vom Strömungswiderstand abhängiger Säulenvordruck auf. Die Strömungsgeschwindigkeit $\dot{V}$ durch die Säule wird einerseits entsprechend Gl. (2.91) von dem gerade erreichten Druck ΔP, andererseits von dem um den jeweiligen Kompressionsfluß $-\mathrm{d}V/\mathrm{d}t = \chi \cdot V \cdot \mathrm{d}p/\mathrm{d}t$ (Gl. (7.1)) verminderten Kolbenvorschub $\dot{V}_K$ bestimmt:

$$\dot{V} = \frac{K \cdot q_\mathrm{m}}{\overline{\eta} \cdot L} \Delta P = \dot{V}_K - \chi \cdot V \frac{\mathrm{d}p}{\mathrm{d}t}. \quad ^{2)} \tag{7.3}$$

$V = V_0 - \dot{V}_K\, t$ ist das zum Zeitpunkt t im Zylinder vorhandene Flüssigkeitsvolumen (V_0 – nutzbares Gesamtzylindervolumen). Für $\mathrm{d}p/\mathrm{d}t = 0$ erfolgt keine weitere Kompression mehr, und es wird $\dot{V} = \dot{V}_K = $ konst. (Waagerechte der Förderkurve). Die Druck-Zeit-Kurve ergibt sich durch Integration von Gl. (7.3) und zeigt einen zur Förderkurve analogen Verlauf.

Bei mechanisch betriebenen Langhubkolbenpumpen nähern sich P und $\dot{V}$ asymptotisch ihrem Grenzwert. Die Zeit, die verstreicht, bis 95 % dieses Wertes erreicht sind, beträgt $3V_0 \cdot \chi \cdot \overline{\eta} \cdot L / \left(K \cdot q_\mathrm{m}\right)$. Sie kann bei 15 und mehr Minuten liegen. Solche Pumpen eignen sich deshalb z. B. nicht zur „stop-flow"-Injektion, es sei denn, man verriegelt den Pumpenzylinder während der Injektion automatisch oder stellt den Gleichgewichtsdruck mit einem Schnellvortrieb in kurzer Zeit wieder her. Der Vorteil mechanisch angetriebener Langhubkolbenpumpen gegenüber den anderen Typen der Tab. 7.1 besteht in ihrer völligen Pulsationsfreiheit, in der geringen Abhängigkeit des Lösungsmittelflusses (Förderleistung) vom Druck und in der problemlosen Realisierbarkeit kleinster Flüsse.

---

[1] Der Wert ist etwas zu hoch, weil der Abfall von χ mit wachsendem Druck $\chi = a/(b + P)$ (TAIT-Gleichung) vernachlässigt wurde.

$^{2)}$ Es wird mit einer mittleren Viskosität gerechnet. Tatsächlich ändert sich η mit P entsprechend $\eta = \eta_0[1 + \Theta(P - P_0)]$, wobei $\Theta \approx 10^{-3}$ bar^{-1} ist.

7.2 Der Hochdruck-Flüssigchromatograph

Je nach gewünschter Leistung umfaßt ein Gerät unabhängig davon, ob wir es als Kompaktgerät kaufen oder uns aus Bausteinen selbst zusammenstellen, eine Vielzahl von Teilen und Vorrichtungen, die in verschiedenen Abschnitten des Buches sachbezogen mehr oder weniger ausführlich besprochen werden. Eine Übersicht enthält zudem Bild 11.1 (siehe auch Bild 2.4).

Um Wiederholungen zu vermeiden, findet sich an dieser Stelle keine detailliert apparativ-technische Beschreibung eines Gerätes.

Ergänzend zur Problematik Probendosierung und Probeninjektion (Abschn. 2.4.1.1) zeigt Bild 7.3 das Schema einer automatischen Probendosier- und Injektionsvorrichtung (Autosampler). Die dargestellte Lösung (Hewlett Packard) ist sehr elegant.

Zunächst gelangt ein Probengefäß automatisch in die Injektoreinheit, deren Injektionskanüle seine Verschlußplatte (Septum[1]) durchsticht. Danach saugt der Mikrokolben 3 die vorgesehene Probenmenge unter Mikroprozessorkontrolle in eine Kapillare. Anschließend wird das Probengefäß wieder entfernt. Nach Drehen des Ventilrotors 4 kann das Eluens die Probe verlustfrei zur Trennsäule befördern. So sind Mengen von 0,1 bis 100 µl Probe mit hoher Genauigkeit dosier- und injizierbar.

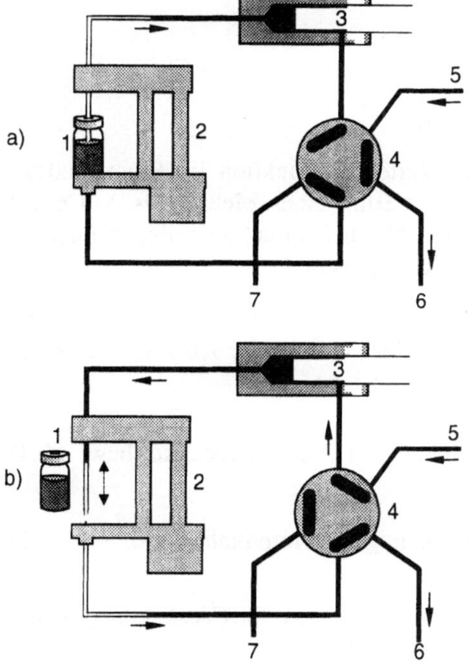

Bild 7.3
Schema zur Arbeitsweise
eines Autosamplers
a) Probendosierung („load")
        b) Probeninjektion („run")
1 – Probengefäß
2 – Injektoreinheit
3 – Mikrodosierkolben
4 – Ventilrotor
5 – Eluenszufuhr
6 – zum Trennsäulenanschluß
7 – zum Abfallbehälter

---

[1] Septum = Scheidewand (von *lat.:* saeptum – Schranke). Septa aus gegenüber Lösungsmittel resistenten flexiblen Kunststoffen (meist mehrschichtig) dienen u. a. zum Verschluß von Probenfläschchen. Sie lassen sich mit Dosierspritzen leicht durchstechen. Beim Herausziehen der Spritze schließt sich das gebildete Loch wieder.

Moderne Autosampler bieten z. T. beträchtlichen Komfort, der von einfachen Spül-schritten bis zur automatischen Probenvorbereitung und Derivatisierung reicht. Ein wesentliches Merkmal moderner Autosampler ist die programmierbare Selektion einzelner Gefäße.

Es ist möglich, Routineproben oder Versuchsserien von Autosamplern über Nacht bear-beiten zu lassen und die Ergebnisse am nächsten Tag auszuwerten. Das setzt einen sicheren, störungsfreien Betrieb der gesamten Anordnung voraus (vgl. Abschn. 12).

Um das zu gewährleisten, ist nicht zuletzt die Verwendung eines Säulenofens zur Ther-mostatisierung der Trennsäule notwendig. Der Autosampler wurde deshalb in das Bild 11.1c zusammen mit einem Säulenofen eingefügt.

Lassen Sie Probenserien unbeaufsichtigt, kann es ohne Säulenthermostat vorkommen, daß die Retentions-zeiten infolge Temperaturdrift im Raum aus ihren programmierten Fenstern wandern. Oder die Analysen-zeit steigt über den programmierten Wert an, wodurch die nächste Probe noch in die vorherige Analyse injiziert wird. Sie finden am nächsten Tag dann nichts Brauchbares vor.

Moderne Flüssigchromatographen sollten zuverlässig und automatisch arbeitende Fluß-messungen besitzen. Der angezeigte Wert muß nach Überprüfung vom Betreiber ein-fach nacheichbar sein.

Druckseitig ist eine viskositätsunabhängige Flußmessung unter gleichzeitiger Dämp-fung über *hydraulische Kapazitäten* leicht automatisierbar. Elektronische Flußanzeige, Kontrolle und Regelung stellen kein Problem dar.

7.3 Detektoren

7.3.1 Klassifizierung und Charakterisierung

Aufgabe des Detektors ist die Ermittlung der Verteilungsfunktion im Eluat gelöster Komponenten nach Verlassen der Trennsäule mit Hilfe eines Meßsignals S. Gemäß Bild 2.6 gibt es hierfür zunächst zwei prinzipielle Möglichkeiten, nach denen man die Detektoren früher einteilte, eine differentiale und eine integrale.

Schreibt man an die Ordinate statt $f(x)$ die Substanzkonzentration $dQ/dV = c$ bzw. den Massenstrom (Massendurchsatz) $dQ/dt = \dot{Q}$ im Eluat und an die Abszisse für x das Elutionsvolumen V_R bzw. die Retentionszeit t_R, so ergibt sich

$$S_c = f_{rc} \cdot \frac{dQ}{dV} = f_{rc} \cdot c \quad \text{konzentrationsabhängiger Differentialdetektor bzw.} \quad (7.4)$$

$$S_{\dot{Q}} = f_{r\dot{Q}} \cdot \frac{dQ}{dt} = f_{r\dot{Q}} \cdot \dot{Q} \quad \text{massenstromabhängiger Differentialdetektor} \quad (7.5)$$

Die zweite Möglichkeit besteht darin, die Summenkurve $F(x)$ der (Verteilungs)dichte-funktion $f(x)$ zu registrieren. In diesem Falle ist das Meßsignal

$$S_I = \int f(x)\,dx = f_{rI} \int dQ = f_{rI} \cdot Q \quad \text{Integraldetektor} \quad (7.6)$$

proportional der jeweils registrierten Gesamtsubstanzmenge Q. Die Proportionalitäts-faktoren f_r heißen Responsefaktoren (Wirkungsfaktoren). Sie besitzen z. B. folgende

Einheiten: $[f_{rc}] = \mathrm{V} \cdot \mathrm{ml} \cdot \mathrm{g}^{-1}$; $[f_{r\dot{Q}}] = \mathrm{A} \cdot \mathrm{s} \cdot \mathrm{g}^{-1}$; $[f_{rI}] = \mathrm{V} \cdot \mathrm{g}^{-1}$. Der erste Detektor der Gaschromatographie war ein Integraldetektor. Der universellste gaschromatographische Detektor, der Flammenionisationsdetektor (FID), ist ein massenstromabhängiger Differentialdetektor. Er kann für die Flüssigchromatographie in Verbindung mit dem Transportdetektor [3] verwendet werden.

Heute teilt man die Detektoren in zwei Gruppen ein, in Detektoren 1. Art (Gl. (7.4)) oder konzentrationsempfindliche Detektoren und in Detektoren 2. Art (Gl. (7.5)) oder massenstromempfindliche Detektoren. Beide Arten lassen sich sehr einfach unterscheiden: Wird der Elutionsmittelfluß gestoppt, bleibt das Signal bei Detektoren 1. Art entsprechend der gerade in der Meßzelle vorhandenen Konzentration erhalten, bei Detektoren 2. Art sinkt es auf die Grundlinie zurück, da der Meßzelle keine weiteren Substanzmoleküle zugeführt werden.

In der Flüssigchromatographie interessiert diese Systematik nicht so sehr, weil die meisten Detektoren, insbesondere der Ultraviolettdetektor und der Brechungsindexdetektor, konzentrationsempfindliche Detektoren sind. Man unterscheidet vielmehr zwischen Detektoren mit Bulk-Eigenschaften und Detektoren mit selektiven Eigenschaften. Erstere messen die Änderung einer physikalischen Größe des gesamten Elutionsstromes (Bulk), wobei der Beitrag des Elutionsmittels gegenüber dem Beitrag des gelösten Stoffes naturgemäß groß ist (Brechungsindexdetektor). Selektive Detektoren messen allein Eigenschaften des gelösten Stoffes (UV-Detektor, Fluoreszenzdetektor, elektrochemische Detektoren).

Zur Beurteilung von Detektoren sind außer für das Zellenvolumen Angaben zum Linearitätsbereich, zum Rauschen, zur Detektorempfindlichkeit, zur Zeitkonstanten sowie zur unteren Nachweisgrenze favorisierter Verbindungen notwendig.

Innerhalb des *dynamischen Detektorbereiches* werden alle Konzentrationen (oder Massenströme) in unterscheidbare Meßsignale verwandelt, ohne daß f_r konstant sein muß. Im *linearen Detektorbereich* liegen dagegen bei Verwendung doppelt logarithmischen Papiers alle Meßwerte auf einer Geraden der Steigung 45 °. Oft spricht man auch vom linearen dynamischen Bereich. Es ist wichtig zu wissen, ob sich die Angaben nur auf die Meßzelle oder auf die gesamte Anordnung beziehen und welche Linearitätsabweichung noch zugelassen wurde.

Bild 7.4 zeigt eine „verrauschte" Grundlinie. Man unterscheidet drei Rauschanteile. *Hochfrequenzrauschen* läßt sich relativ einfach mit RC-Gliedern unterdrücken. Das viel störendere *Kurzzeitrauschen* kann selbst durch starke Dämpfung, mit der man sich eine Verzerrung der Ausgangsfunktion einhandelt (s. Abschn. 2.4.1.3), nicht ausgeschaltet werden. Daraus ergibt sich die Forderung, daß die Gerätehersteller in der Spezifikation neben der *Drift* als Störpegel (Rausch) das Kurzzeitrauschen des oberen Empfindlichkeitsbereiches ihrer Geräte berücksichtigen sollten.

Die Detektorempfindlichkeit (Absolutempfindlichkeit) wird in Detektoreinheiten für Skalenvollausschlag bei $\pm 1\,\%$ Störpegel angegeben. Als untere Nachweisgrenze L (kleinste erfaßbare Konzentration bzw. kleinster erfaßbarer Massenstrom einer favorisierten Verbindung) in g/ml bzw. g/s errechnet sich $L = 2 \cdot (\text{Störpegel})/f_r$ (f_r vgl. Gln. (7.4) und (7.5)). Zu dieser Angabe interessiert das Verhältnis aus Peakhöhe und Peakbreite.

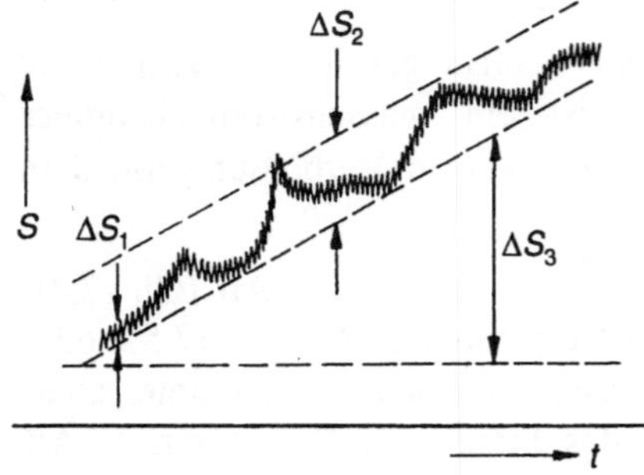

Bild 7.4
Definition der Rauschanteile
ΔS_1 – Hochfrequenzrauschen
ΔS_2 – Kurzzeitrauschen
(Enveloppe über wenigstens 10 min)
ΔS_3 – Drift (Abweichung während einer
Stunde). Angaben in absoluten Einheiten
des Meßsignals

7.3.2 Kommerzielle Detektoren

Tabelle 7.2 enthält Arbeitsparameter der vier häufigsten kommerziell erhältlichen flüssigchromatographischen Standarddetektoren. Die größte Einsatzbreite, die nicht immer ausgeschöpft wird, besitzen zweifellos die Ultraviolettdetektoren, da insbesondere im kurzwelligen UV eine sehr große Anzahl von Verbindungen oft noch hinreichend empfindlich detektiert werden kann (Tab. 17.2).

Tabelle 7.2 Arbeitsparameter kommerzieller Standarddetektoren

	Wellenlängenbereich (nm)	Zellenvolumen (µl)	Schichtdicke (mm)	Rauschen (EE)	Zeitkonstante (s)	Drift (EE·h⁻¹)	Spektrale Bandbreite (nm)
Photometrische Detektoren							
FD	$254^{1)}$	$5–8^{2)}$	10	10^{-5}	0,2–0,5	10^{-4}	0,1–10
$VWD^{3)}$	190–850	$8–10^{\,2)}$	10	$10^{-4}–10^{-5}$	0,2–0,5	$10^{-3}–10^{-4}$	5–10
Fluoreszenzdetektoren	variabel $^{4)}$	5–10	5–10	1 %	<0,5	<10 %/h	5–20
Differentialrefraktometer	$1–1,75^{5)}$	8–10	–	$2·10^{-8\,5)}$	0,5	$10^{-7\,5)}$	–

FD – Festwellenlängendetektoren; VWD – Detektoren variabler Wellenlänge; EE – Extinktionseinheiten

Man erkennt aus Tab. 17.2, daß die meisten Chromophore bei Wellenlängen <200 nm ε_λ–Werte ≥ 1000 besitzen, was Detektionsgrenzen <1 µg bis 1 ng erwarten läßt.

---

[1] Auch FD mit wählbaren unterschiedlichen Wellenlängen sind im Handel

[2] Die Zellenvolumina entsprechen den Schichtdicken. Bei kleinen Zellenvolumina nehmen die Schichtdicken entsprechend ab.

[3] einschließlich der Photodioden-Multikanaldetektoren (siehe S. 140)

[4] sowohl für Anregung als auch für Emission

[5] BIE (Brechungsindexeinheiten)

Sogar aliphatische Alkohole, die gemeinhin als UV-transparent angesehen werden, sind bei 190 oder besser 184 nm mehr oder weniger gut erkennbar. Monosaccharide z. B. lassen sich außer durch RI-Detektion auch im kurzwelligen UV erfassen (Detektionsgrenzen im μg-Bereich).

Eine gewisse Schwierigkeit bei der UV-Detektion liegt darin, daß sich die Extinktionskoeffizienten zwischen den Stoffklassen um mehrere Größenordnungen unterscheiden können. Verunreinigungen ergeben dadurch u. U. ein wesentlich größeres Signal als die Hauptkomponente, was zu Fehlinterpretationen führen kann. Eine Wellenlängenoptimierung wird in vielen Fällen unumgänglich (vgl. Abschn. 7.3.4).

Für das Arbeiten mit englumigen Säulen und zur Mikrochromatographie werden UV-Detektoren mit Zellen von 0,5 bis 0,03 μl (Weglängen 10···1 mm) angeboten.

Ganz neue Möglichkeiten, nicht zuletzt zur Identifizierung unbekannter Komponenten, eröffnen die Photodioden-Multikanaldetektoren (vgl. Abschn. 7.3.4).

Fluoreszenzdetektoren zeigen sehr hohe Empfindlichkeit und Selektivität für fluoreszierende Stoffe. Hauptanwendungsgebiete sind biologische Proben, Pharmazeutika, Nahrungsmitteluntersuchungen, fossile Brennstoffe und Proben des Umweltschutzes (vgl. Abschn. 7.3.6).

Universell lassen sich Differentialrefraktometer (RI-Detektoren[1]) einsetzen. Auf diese Geräte wird im Abschn. 7.3.5 ausführlich eingegangen.

Zunehmend Anwendung finden elektrochemische, vor allem amperometrische Detektoren und Leitfähigkeitsdetektoren (Abschn. 7.3.7). Aber auch Laser-Lichtstreudetektoren, Reaktionsdetektoren und Infrarot(IR)-Detektoren werden angeboten (s. u.). Ferner seien Polarimeterdetektoren und Radioaktivitätsdetektoren zur Messung von β- und γ-Strahlern in HPLC-Eluaten erwähnt. In letzter Zeit gewinnt der ELSD zunehmend Bedeutung.

Dieser Verdampfungs-Lichtstreudetektor (ELSD = Evaporative Light Scattering Detector), ist derzeit in drei Ausführungen im Angebot, als ACS- (UK), Varex- (USA) und Sedex-Gerät (Sedere, Frankreich)). Es handelt sich um einen universellen sog. Massendetektor, der allerdings nur für nicht oder schwer flüchtige Analyte brauchbar ist. Im Vergleich zu den (ebenfalls universellen) RI-Detektoren besitzen ELSD-Detektoren den Vorteil geringer Temperaturabhängigkeit des Signals. Sie sind vor allem Gradienten kompatibel und für alle gängigen Lösungsmittel verwendbar. Es gibt keine Beschränkungen wie z. B. hinsichtlich UV-Durchlässigkeit oder RI-Bereich. Flüchtige Puffer (Ammoniumsalze) können anwesend sein. Nachteilig ist ein relativ hoher Gasverbrauch (Stickstoff) von mehreren Litern pro Minute (s. u.).

Beim ELSD wird das aus der Trennsäule austretende Effluens zunächst mittels eines Hilfsgases über eine Venturi-Düse vernebelt. Danach erfolgt eine möglichst schonende Verdampfung des Elutionsmittels bei erhöhter Temperatur, wobei der Analyt in Form einer Partikel- oder Tröpfchen-Wolke übrigbleibt. Ein durch diese Wolke geführter Lichtstrahl erzeugt Streulicht, dessen Intensität mittels eines Photomultipliers oder einer Photodiode gemessen wird (Bild 7.5).

---

[1] RI ist die Abkürzung für Refraktionsindex (*lat.*: refractus – aufgebrochen, *engl.*: refractive index)

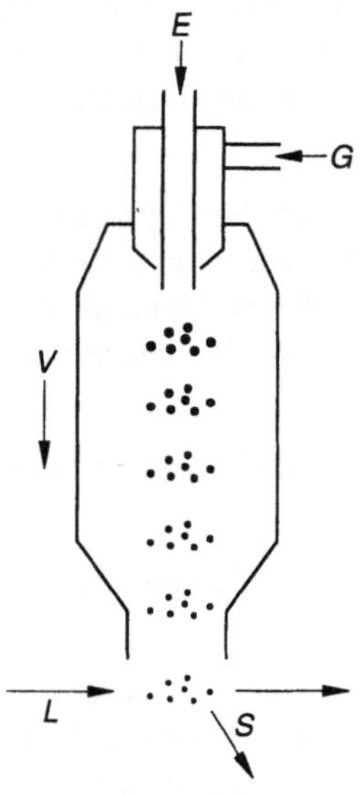

Bild 7.5
Prinzip des ELSD
E – Säuleneffluent
G – Hilfsgas
V – Verdampfungsvorgang
L – Lichtstrahl
S – Streulicht

Die dem Streulicht entsprechende Peakfläche ist proportional der Masse des Analyten m^b, wobei der Exponent b die Steigung der Eichgeraden $\lg A = b \cdot \lg m + \lg a$ repräsentiert. Sie wird maßgeblich vom Partikeldurchmesser bestimmt, der für die Art des Streulichtes verantwortlich ist. Die Konstanten b und a sind abhängig vom Gerät und von den Arbeitsbedingungen, insbesondere vom verwendeten Eluens und von der Verdampfungstemperatur. Der Detektorresponse verringert sich mit steigender Verdampfungstemperatur.

ELS-Detektoren erreichen einen Linearitätsbereich etwa über 2–3 Zehnerpotenzen. Eine Signalstandardabweichung von $\geq 1\,\%$ ist relativ hoch. Kalibrationskurven müssen für quantitative Messungen stets angefertigt werden.

Die beim ELSD möglichen Eluensflüsse von $<0,1$ ml/min gestatten ohne weiteres die Anwendung von Microbore-Säulen. Der Detektor erreicht mit noch $5 \cdot 10^{-7}$ g/ml detektierbarer Glucose (vgl. RI-Detektor) eine mittlere Empfindlichkeit, die aber beim Übergang zu Microbore-Säulen insgesamt günstig ausfällt, da kein Empfindlichkeitsverlust infolge verringerter optischer Weglänge auftritt.

An detektierbaren Verbindungen kommen Hochpolymere, Biopolymere, Kohlenhydrate, höhere Fettsäuren, Aminosäuren, Steroide, Pflanzenöle, höhere Kohlenwasserstoffe, Detergenzien, Vitamine usw. in Frage.

Große Bedeutung für die Molekülgrößen-Ausschlußchromatographie besitzt das Laser-Kleinwinkelstreulichtphotometer. Gemessen wird die Intensität des an einem Molekül unter sehr kleinem Winkel gestreuten Laserlichtes. Da diese Ablenkung von der Molmasse abhängt, eignet sich der Detektor zur Absolutbestimmung der Molmasse von Polymeren unter Verzicht auf Eichstandards.

Chemische Reaktionsdetektoren werden in Abschnitt 9.3 behandelt. Trotz etlicher Vorteile sind sie bislang nicht sehr verbreitet. Das liegt u. a. daran, daß vom Trend her rein physikalische Detektionsverfahren prinzipiell bevorzugt werden.

Infrarotdetektoren mit 10 µl-Zellen besitzen etwa die Empfindlichkeit von RI-Detektoren. Man kann die Geräte sowohl für selektive als auch für allgemeine Detektionsprobleme einsetzen. Mit Makromolekülen liefern sie weitgehend C-Zahl unabhängige Signale.

Die Kombination der sog. FOURIER-Transform-Infrarottechnik mit englumigen PMB-Säulen (Abschn. 4.2) stellt eine vielversprechende Weiterentwicklung dar, vor allem hinsichtlich der Steigerung der Empfindlichkeit und der Möglichkeit zur Aufnahme von Echtzeit-IR-Spektren.

Der Nachteil aller IR-Detektoren besteht darin, daß nur eine begrenzte Anzahl organischer Lösungsmittel mit IR-durchlässigen Frequenzfenstern als Elutionsmittel geeignet sind und kein Wasser anwesend sein darf.

Erhebliche Fortschritte wurden bei der Kopplung der Flüssigchromatographie (LC) mit der Massenspektrometrie (MS) erreicht. Da die Probe (wie bei allen Detektoren) am besten unverändert mit dem Elutionsmittel in das Detektionssystem (Ionenquelle des Spektrometers) eingeführt wird, wendet man vorteilhaft die Technik der sog. chemischen Ionisation (CI) an. Dabei reagiert die zu untersuchende Verbindung M mit den ionisierbaren Bestandteilen des Elutionsmittels, z. B. unter Bildung von Addukten des Typs MH^+ oder $MHCH_3CN^+$ (CH_3CN als Lösungsmittel), den sog. Quasimolekülionen.

Die Anzahl der Fragment-Ionen bei chemischer Ionisation ist gegenüber der Elektronenstoßionisation relativ klein, so daß die meisten CI-Massenspektren sehr übersichtlich ausfallen. Zahlreiche Verbindungen, in deren Elektronenstoßmassenspektren keine Molekülionenpeaks auftreten, ergeben durch chemische Ionisation Quasimolekülpeaks hoher Intensität.

Eine positive chemische Ionisation erfordert verhältnismäßig hohe Drücke in der Ionenquelle ($130\cdots13$ Pa[1]), die negative chemische Ionisation Drücke zwischen $1,3\cdots0,13$ Pa[2]. In beiden Fällen stört Wasser nicht. Das ist wichtig, weil dadurch im Gegensatz zur IR-Detektion auch die wäßrige RP-Chromatographie Anwendung finden kann.

Sehr günstig erwies sich das von VESTAL [4] eingeführte Thermospray-Interface [5]. Hierbei tritt die Probe mit dem gesamten Elutionsmittel (bis 2 ml/min ohne Split) aus einer erhitzten Kapillare unter Nebelbildung (Spray) in die Ionenquelle. Die sich bildenden Ionen gelangen anschließend zum Quadrupol-Massenfilter.

Im Falle wäßriger Elutionsmittel wird meist unter Zusatz von Ammoniumacetat (Bildung von NH_4^+-Addukten) sowie ohne die vorhandene Elektronenquelle gearbeitet. Bei weniger polaren Elutionsmitteln (Normalphasenchromatographie) oder zwecks erweiterter Strukturinformation benutzt man die Elektronenquelle.

Mit Hilfe der LC-MS-Kopplung ergeben sich aus den Einzelpeaks zu jedem Zeitpunkt sehr informative Massenspektren, die mit Hilfe gespeicherter Bibliotheken von Referenzspektren automatisch zugeordnet werden können. Die LC-MS-Kopplung liefert gleichzeitig einen universellen flüssigchromatographischen Detektor, der das Chromatogramm durch Messung des Totalionenstroms mit Nanogramm (10^{-9} g)-Empfindlichkeit

---

[1] $1 - 10^{-1}$ Torr

[2] $10^{-2} - 10^{-3}$ Torr

und bei Verwendung der SIM-Technik[1] (Massenfragmentographie) mit Picogramm (10^{-12} g)-Empfindlichkeit reproduziert. Gradientenelution ist anwendbar.

Die LC-MS-Kopplung erfuhr in den letzten Jahren eine extrem schnelle Verbreitung und Weiterentwicklung. Moderne Ionisationstechniken wie die chemische Ionisation bei Atmosphärendruck (APCI) und die sog. Elektrospraytechniken (ESI) ergänzen inzwischen das erfolgreiche Partikelstrahl- und das Thermospray-LC-MS-Verfahren bis hin zur Kombination LC/MS/MS.

7.3.3 Konventionelle UV-Detektoren

60 bis 70 % aller Detektoren in der Flüssigchromatographie sind Ultraviolettdetektoren. Sie erwiesen sich als relativ robust und unempfindlich gegen Temperaturschwankungen und sehr gut zur Gradientenelution geeignet. Ferner besitzen diese Detektoren einen weiten Linearitätsbereich ($5 \cdot 10^4$) sowie eine hohe, allerdings spezifische Empfindlichkeit.

UV-Photometer mit einer Empfindlichkeit von 0,001 Extinktionseinheiten (Skalenvollausschlag) sind preisgünstig herstellbar. Durch die hohe erreichbare Empfindlichkeit können noch Verbindungen mit relativ niedrigem molarem Extinktionskoeffizienten detektiert werden, und selbst für mittelmäßig UV-absorbierende Verbindungen sind Nanogrammengen erfaßbar (vgl. Abschn. 7.3.2). Zudem läßt sich die Absorption einer Vielzahl von organischen Verbindungen durch Derivatisierung in den UV-Bereich verschieben.

Man unterscheidet einerseits zwischen Ein- und Zweistrahlgeräten, zum anderen zwischen Photometern mit fixen Wellenlängen und Spektralphotometern mit variabler (durchstimmbarer) Wellenlänge (Tab. 7.2).

Festwellenlängenphotometer haben den Vorteil hoher Lichtstärke und damit großer Empfindlichkeit bei niedrigem Störpegel. Die Wellenlänge von 254 nm der sehr intensiven Resonanzlinie der Quecksilber-Niederdrucklampen ist für viele Probleme völlig ausreichend. Mitteldruckquecksilberlampen mit Filtern gestatten das Arbeiten bei mehreren diskreten Wellenlängen, wobei der Rauschpegel steigt.

Unter Verwendung einer Deuteriumlampe ($180\cdots340$ nm) und einer Wolframlampe ($340\cdots850$ nm) kann der UV-VIS-Bereich kontinuierlich überstrichen werden.

Deuteriumlampen sind die bevorzugten Lichtquellen im UV. Ihre glatte, kontinuierliche spektrale Verteilung und die geringe Intensität im Sichtbaren und IR gewährleisten ein gutes Signal/Rauschverhältnis für alle UV-Messungen. Der Streulichtanteil des sichtbaren Lichtes, für den die meisten Detektoren relativ empfindlich sind, wird mit solchen Lampen gering gehalten.

Aufgrund der Intensitätsverteilung der Lampe (Bild 17.4) ist das Grundlinienrauschen zwischen 200–300 nm (Acetonitril) sehr gering. Es vergrößert sich aber zu höheren und kürzeren Wellenlängen. Der Rauschpegel bei kurzen Wellenlängen ist dabei keine Frage der Lichtintensität der Lampe, sondern des *cutoff* der Lösungsmittel.

Zur Gewinnung der monochromatischen Strahlung verwendet man Quarzprismen oder hochwirksame Gittermonochromatoren. Solche Spektrophotometer sind zwar weniger empfindlich als Festwellenlängenphotometer, jedoch erleichtern sie die Peakidentifizie-

---

[1] *engl.*: Selected Ion Monitoring (SIM)

rung durch die Möglichkeit zur Spektrenaufnahme. Wichtig ist ihre spektrale Bandbreite.

Unter der spektralen Bandbreite $\Delta\lambda$ eines Photometerdetektors versteht man das Produkt aus der reziproken linearen Dispersion des Monochromators (RLD) in der Ebene seines Austrittspaltes in nm/mm und der gewählten Spaltbreite in mm. Eine „Bandbreite" von z. B. 4 nm bei 254 nm begrenzt den wirksamen Wellenlängenbereich von 252 bis 256 nm.

Eine weitere wichtige Größe ist das Auflösungsvermögen des Dispersionselementes $A = \lambda/d\lambda$, wobei $d\lambda$ die noch als verschieden erkennbare Differenz zweier Wellenlängen des Mittels λ bezeichnet. A errechnet sich aus der Gesamtzahl der Gitterstriche des Gitters multipliziert mit der Ordnung des verwendeten Bezugsspektrums.

Die RLD ist um so kleiner, je höher das Auflösungsvermögen ist. Somit sind bei besserer Auflösung für die gleiche Bandbreite größere Spaltweiten und folglich höhere Lichtstärken möglich. Das Signal/Rauschverhältnis wird auf diese Weise günstiger, ohne daß die Bandbreite auf Kosten der Signallinearität und Spektrenauflösung vergrößert werden muß.

Beim DAD (s. S. 140) gelten analoge Betrachtungen, nur daß hier die Diodenbreite die Funktion der Spaltbreite der normalen Optik übernimmt. Doppelte Diodenbreite der Einzeldioden ergibt doppelte Bandbreite, was man bei Bedarf durch Zusammenfassung von Datenpunkten realisiert (s. u.).

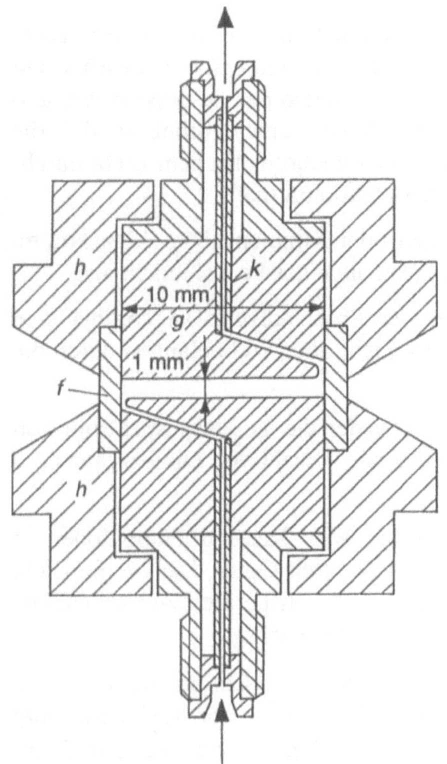

Bild 7.6
Konstruktion einer Z-Zelle (UV-Detektor)
Eigenbau
g – Teflon
f – Quarzfenster
h – Stahlkörper
k – Kapillarrohr

Besonderes Augenmerk muß, wie bei jedem Detektor, auf die Zellenkonstruktion gelegt werden. Je nach Flußführung unterscheidet man U-Zellen, Z-Zellen und H-Zellen. Letztere sind Spaltstromzellen, die den Zweck haben, Rauschen und Drift bei Strömungsänderungen durch entgegengesetzten Elutionsmittelfluß zu minimieren. Das ist für die Strömungsprogrammierung vorteilhaft. Bild 7.6 zeigt eine Z-Zelle üblicher Konstruktion. Der Grundkörper (g) besteht hier aus Teflon, wodurch eine Abdichtung der Quarzfenster (f) erleichtert wird.

Für photometrische Detektoren gilt das LAMBERT-BEERsche Gesetz

$$I_A/I_E = \exp(-\varepsilon_\lambda \cdot c \cdot d), \tag{7.7}$$

wobei I_A/I_E das Verhältnis zwischen austretender und eintretender Lichtintensität (= Lichtleistung pro Flächeneinheit, z. B. in Watt/cm^2) bei der Wellenlänge λ, d die Schichtdicke (Lichtweglänge in der Zelle) und c die Substanzkonzentration ist. Wird c in mol/l angegeben und verwendet man dekadische Logarithmen, so heißt ε_λ (mol$^{-1}\cdot l\cdot$ cm^{-1}) molarer dekadischer Extinktionskoeffizient und $E_\lambda = \lg(I_E/I_A) = \varepsilon_\lambda \cdot c \cdot d$ dekadische Extinktion[1]. Da das Meßsignal S der auf dem Empfänger (z. B. Photoelektronenvervielfacher, Photodiode) auftreffenden Lichtintensität I_A und damit der Lichtdurchlässigkeit $(I_A/I_E)\cdot 100$ der Probe proportional ist, aber Proportionalität zwischen S und c gewünscht wird, müssen logarithmische Verstärker zur Anwendung kommen.

7.3.4 Der Photodioden-Multikanaldetektor

Bei konventionellen registrierenden UV-Spektrophotometern fällt das weiße Licht zuerst auf das Dispersionselement (Gitter). Es bildet zusammen mit einem Austrittsspalt den eigentlichen Monochromator. Durch mechanisches Drehen des Dispersionselementes wandert das erzeugte Spektrum sequentiell am Austrittsspalt vorbei, so daß die dahinter in einer Küvette befindliche Probe stets von monochromatischem Licht durchstrahlt wird. Zur Signalaufnahme dient ein einziger Detektionskanal.

Für die Aufnahme eines Spektrums sind Sekunden oder Minuten nötig. Man kommt also bei schnellen Peaks ohne stop-flow-Technik („Anhalten des Peaks") nicht aus.

Das Dispersionselement kann aber auch hinter der Probenküvette angeordnet sein („umgekehrte Optik"). Dann fällt jeden Augenblick Licht aller Wellenlängen durch die Probenküvette.

Bei Verwendung einer umgekehrten Optik muß entweder das gesamte Spektrum von Dioden abgefahren werden, oder es ist eine hinreichende Anzahl von Dioden längs des Spektrums zu installieren.

Der Photodioden-Multikanaldetektor (DAD[2]) mit bis über Tausend Photodioden in linearer Anordnung arbeitet auf der Basis einer umgekehrten Optik. Das weiße Licht passiert zuerst die Probenküvette, um anschließend am Gitter dispergiert zu werden. Die polychromatische Strahlung erregt alle Kanäle (Dioden) gleichzeitig.

Moderne Geräte bieten die Möglichkeit, zu jedem Zeitpunkt des Chromatogramms ein vollständiges Spektrum von 190 bis 850 nm in Millisekunden abzuspeichern. Ihre Ausstattung mit leistungsfähigen Rechnern erlaubt darüber hinaus eine extensive Spektren- und Datenmanipulation, d. h. die Anwendung aufwendiger chemometrischer Methoden.

---

[1] Die dekadische Extinktion ist nach IUPAC als „dekadisches Absorptionsvermögen"zu bezeichnen, *engl.*: „absorbance"; den Extinktionskoeffizienten nennt man im Englischen „absorptivity".

[2] Dioden-Array-Detektor (DAD); *engl.*: array – Reihe, Anordnung

Hardwareseitig besitzen DADs weitere Vorzüge: Es gibt bei ihnen keine bewegten Bauteile, denn Gitter und Dioden sind fest installiert und sogar die optische Bandbreite kann ohne Spaltänderung mittels „Diodenbündelung", d. h. über eine wählbare gleichzeitige Auswertung des Signals mehrerer Dioden durchgeführt werden.

Sehr nützlich ist es, das Chromatogramm durch Selektion der Werte einzelner Photodioden simultan bei mehreren Wellenlängen aufzuzeichnen. Auf diese Weise lassen sich für die Registrierung jedes Peaks optimale Wellenlängen wählen. Bei der späteren Analyse schaltet das Gerät automatisch auf diese Wellenlängen um.

Ferner kann man an verschiedenen Stellen jedes Peaks aufgenommene UV-Spektren auswerten. Identität der Spektren beweist, daß eine einheitliche Substanz vorliegt, deren Identifizierung durch Spektrenvergleich möglich ist. Der Informationsgewinn läßt sich dadurch noch steigern, daß dem Eluat vor dem Detektor Shift-Reagenzien zugesetzt werden, die die Spektren (z. B. durch bathochrome Verschiebung) in definierter Weise verändern.

Mit Hilfe der sog. spektralen Unterdrückung, d. h. durch Auswahl einer geeigneten Wellenlänge, bei der nur erwünschte Substanzen absorbieren, ist es möglich, unerwünschte Peaks zu tilgen.

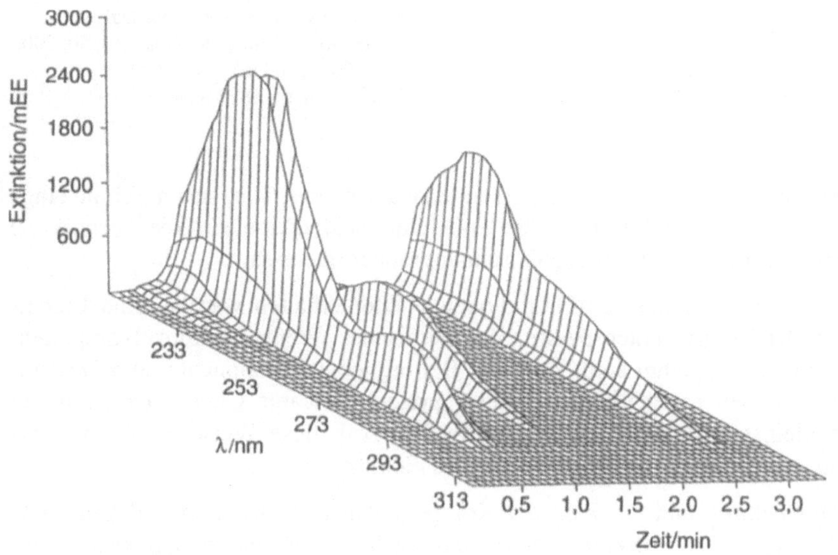

Bild 7.7   Isometrische Aufzeichnung eines Spektrochromatogramms von 4 Peaks (HP 1040A 3D-Plot, Fa. Hewlett Packard)

Die Rechentechnik gestattet ferner, Datenpunkte über die Wellenlängen (Öffnen der Bandbreite) oder über die Zeit (weniger Plotpunkte) zu akkumulieren, womit sich die Detektionsempfindlichkeit über eine Verbesserung des Signal-Rausch-Verhältnisses steigern läßt. Die erste Methode entspricht quasi der Anwendung des Totalionenstromchromatogramms bei der LC-MS-Kopplung. Durch gekoppelte Datenverarbeitung lassen sich auch leicht Derivativspektren (erste und höhere Ableitungen) erhalten, wodurch spektrale Details besser sichtbar werden.

Schließlich kann man das gesamte Chromatogramm über alle Wellenlängen aufschreiben (plotten) (Bild 7.7). Ein solches dreidimensionales Chromatogramm ist ganz besonders aussagefähig, weil die relevante Datenmatrix auf einen Blick erfaßbar wird. Die Hersteller bieten überdies Software zur Drehung des Bildes an, damit kleine Peaks nicht hinter großen verschwinden.

Letzteren Nachteil vermeidet die Konturendarstellung (Höhenlinienkarte, Bild 7.8). Die Höhenlinien (in Farbgrafik) entsprechen jeweils gleichen UV-Intensitäten (Isoextinktionslinien).

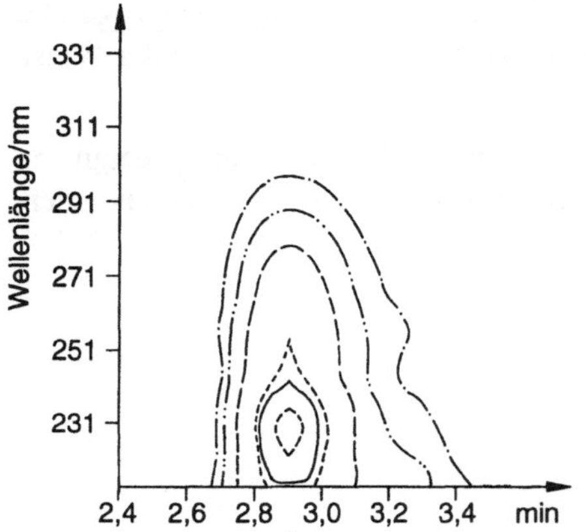

Bild 7.8
Isoabsorptions-(Isoextinktions-)linien eines in 3D-Darstellung aufgenommenen Peaks (HP 1040A, Fa. Hewlett Packard) Werte (von außen nach innen): 10, 50, 200, 800, 1000, 1600 mEE; Peakmaximum: 2877 mEE

Dem Spektroskopiker ist die Multikomponentenanalyse von Gemischen schon lange geläufig. In Verbindung mit dem Photodioden-Multikanaldetektor wird die Technik bei nicht aufgetrennten Peaks auch für den Chromatographer interessant.

Die Spektren, die dann durch den Photodiodendetektor erhalten werden, sind Linearkombinationen der Komponentenspektren des Gemisches. Wenn alle Einzelkomponenten und ihre Spektren bekannt sind, kann der Beitrag jeder Komponente zum Gesamtspektrum durch Lösen eines überbestimmten Systems linearer Gleichungen mit der Methode der kleinsten Quadrate berechnet werden. Auf diese Weise erhält man das Konzentrationsprofil jeder Einzelkomponente des Gemisches.

Sind die Einzelspektren und die Zahl der Komponenten nicht bekannt und kann eine gewisse Auflösung vorausgesetzt werden, ist das Verfahren der Faktoranalyse anwendbar. Es ermittelt die Zahl der nicht aufgelösten Komponenten sowie die reinen Spektren und Elutionsprofile, wenn weniger als 4 Komponenten vorliegen [6].

Die Anwendung moderner chemometrischer Verfahren erlaubt also gelegentlich den Verzicht auf eine vollständige Chromatogrammoptimierung.

7.3.5 Differentialrefraktometer

Differentialrefraktometer sind unspezifische und deshalb sehr allgemein anwendbare Detektoren. Ihre Empfindlichkeit liegt etwa bei 10^{-6} Indexeinheiten (Skalenvollausschlag). Sie eignen sich aber nicht für das Arbeiten mit Elutionsmittelgradienten. Die gegenüber dem UV-Detektor um etwa drei Zehnerpotenzen schlechtere untere Nachweisgrenze beträgt $\leq 5 \cdot 10^{-7}$ g/ml (favorisierte Probe).

Grundlage des Meßsignals ist die Differenz der Brechungsindices zwischen dem Gemisch aus Probe und Elutionsmittel n_G und dem reinen Elutionsmittel n_L. Bezeichnet n_i den Brechungsindex der Probe, c ihre Konzentration (g/g), so gilt für verdünnte Lösungen chemisch und physikalisch ähnlicher Komponenten

$$\Delta n = n_\mathrm{G} - n_\mathrm{L} \approx (n_i - n_\mathrm{L}) \cdot c. \tag{7.8}$$

Für refraktometrische Messungen ist es also günstig, wenn sich n_i und n_L stark unterscheiden. $\Delta n_\mathrm{L}/\,^\circ$C beträgt im Falle herkömmlicher organischer Flüssigkeiten 3,5 bis 5,5 $\cdot 10^{-4}$, für Wasser $1,1 \cdot 10^{-4}$. Δn_L/bar liegt bei 10^{-5}.

Die gebräuchlichen Differentialrefraktometer arbeiten entweder nach dem Reflexions- oder nach dem Deflexions-(Ablenk)-Prinzip[1]. Zum Verständnis der beiden Prinzipien seien einige Grundkenntnisse anhand von Bild 7.9 rekapituliert.

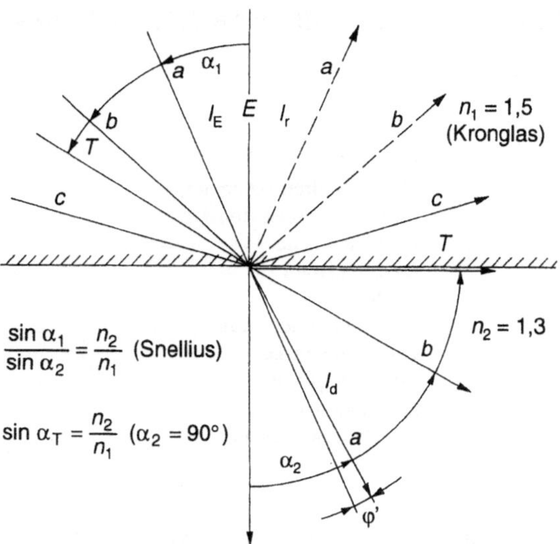

Bild 7.9   Verhalten eines Lichtstrahls an der Grenzfläche Glas – Flüssigkeit

Ein senkrecht mit dem Lot E einfallender Lichtstrahl durchdringt die Grenzfläche Glasplatte/Flüssigkeit ungehindert, wobei etwa 0,5 % der einfallenden Lichtintensität in sich zurückgeworfen werden (bei Luft als Zweitmedium wären es 4 %). Für $\alpha_1 > 0$ wird der Strahl entsprechend dem Brechungsgesetz von SNELLIUS um $\alpha_2 = \varphi' + \alpha_1$ vom Einfallslot weggebrochen und gleichzeitig ein mit dem Einfallswinkel wachsender Lichtanteil reflektiert (unterbrochene Strahlen). Am kritischen Winkel α_T, dem Grenzwinkel der Totalreflexion, beträgt der Ausfallswinkel $\alpha_2 = 90\,^\circ$. Mit $\alpha_1 > \alpha_T$ wird das gesamte ein-

---

[1] *lat.*: deflectere - ablenken

fallende Licht an der Grenzfläche Glas/Flüssigkeit reflektiert. Die Anteile der einzelnen Lichtintensitäten (I_d/I_E – deflektierter Anteil, I_r/I_E – reflektierter Anteil) sind mit Hilfe der FRESNELschen Gleichungen berechenbar. Die Gleichungen stellen Funktionen von α_1 und α_2 dar. Durch Anwendung des Brechungsgesetzes kann α_2 eliminiert werden, so daß sich I_d/I_E bzw. $I_r/I_E = f(\alpha_1, n_{Glas}/n_{Probe})$ ergibt.

7.3.5.1 Reflexionsprinzip

Vom Phänomen her ist es gleichgültig, ob die Intensitätsänderungen des reflektierten oder des deflektierten Strahls in Abhängigkeit von Brechungsindexänderungen der flüssigen Phase (Δn_2) gemessen werden. Mit Hilfe der FRESNELschen Gleichungen läßt sich zeigen, daß der Einfallswinkel des zur Messung benötigten Lichtstrahls nur wenig unter dem kritischen Winkel α_T liegen soll, weil dann die zu Δn_2 gehörende Intensitätsänderung (Empfindlichkeit) am größten ist und gute Linearität erreicht wird. Hierzu ist eine entsprechende Justierung des Strahlenganges erforderlich. Trotz optimalen Winkels α_1 sinkt die Empfindlichkeit jedoch mit wachsenden Werten von n_{Glas}/n_{Probe}, also bei Erweiterung des Meßbereiches. Außerdem wird dann der Justierwinkel der Projektionseinrichtung für I_E sehr groß. Deswegen kommt man bei Elutionsmittelwechsel für den Bereich der herkömmlichen Flüssigkeiten nicht mit einem einzigen Meßprisma aus. In kommerziellen Geräten wird je ein Prisma für die Index-Bereiche $1{,}31 \cdots 1{,}44$ bzw. $1{,}40 \cdots 1{,}55$ benutzt.

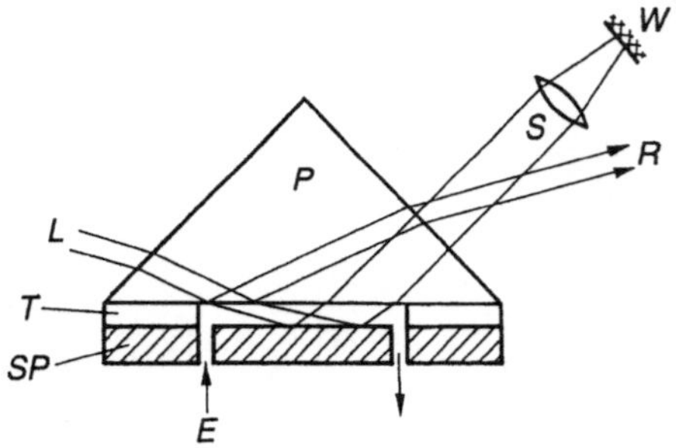

Bild 7.10
Differentialrefraktometer,
Prinzip des Reflexionstyps
P – Glasprisma
L – Lichtstrahl
S – Streulicht
R – reflektierter Strahl
T – Teflonmaske
SP – Stahlplatte
E – Elutionsmittel
W – Photowiderstand

Bild 7.10 zeigt die Wirkungsweise eines nach dem Reflexionsprinzip arbeitenden Refraktometers. Es wurde nur eine Seite (Haupt- bzw. Vergleichsseite) gezeichnet. Der vom Beleuchtungssystem kommende Lichtstrahl L wird an der Grenzfläche zwischen Prisma P und Elutionsmittel E zum Teil reflektiert, zum Teil tritt er in das Elutionsmittel, um von der Stahlplatte SP zurückgestreut zu werden. Es ist zweckmäßig, mit dem Photowiderstand W nicht den reflektierten Anteil R, sondern den gestreuten Anteil S zu messen. Bei Elutionsmittelwechsel braucht man lediglich das Beleuchtungssystem neu einzustellen.

Haupt- und Vergleichszelle des Refraktometers werden von einer zwischen Prisma und Stahlplatte gepreßten, sehr dünnen Teflonmaske T gebildet. Sie wurde in Bild 7.10 zwecks übersichtlicher Strahlendarstellung viel zu dick eingezeichnet. Mit Hilfe dieser Konstruktion lassen sich sehr kleine Zellenvolumina von $3 \cdots 5 \, \mu l$ oder weniger realisieren. Die Stahlplatte gewährleistet außerdem einen schnellen Temperaturausgleich zwi-

schen den beiden parallel angeordneten Zellen der Haupt- und Vergleichsseite, so daß
Störungen der Grundlinie durch Temperatur- und Durchflußschwankungen i. allg.
geringer sind als beim Deflexionstyp (s. u.). Die Empfindlichkeit beider Refraktometer-
typen ist prinzipiell gleich.

7.3.5.2 Deflexionsprinzip

Das Prinzip dieses Differentialrefraktometers ergibt sich unmittelbar aus dem SNELLIUS-
schen Brechungsgesetz: Ein Lichtstrahl α (Bild 7.9), der gleichzeitig durch Eluat
($n_G = n_1$) und reines Elutionsmittel ($n_L = n_2$) geht, wird an der Phasengrenze um den
Winkel φ' von seinem Weg abgelenkt. Bild 7.11 zeigt den Aufbau eines auf dieser
Grundlage arbeitenden Differentialrefraktometers. Die im Handel befindlichen Geräte
besitzen unterschiedliche Konstruktion. Alle sind jedoch mit einer Differentialküvette
der abgebildeten Form ausgestattet (Position 4, stark vergrößert gezeichnet, Flüssig-
keitszuführung senkrecht zur Papierebene). Die Haupt- und Vergleichsseite dieser
Küvette wird von zwei aufeinanderliegenden Hohlprismen mit dem Zellenwinkel ε
gebildet. Der Lichtstrahl passiert die Küvette zweimal, wodurch sich φ' verdoppelt, und
wird dann mit Hilfe eines Strahlenteilers in zwei Lichtbündel zerlegt, deren Intensitäts-
verhältnis vom Ablenkungswinkel abhängt. Für kleine Winkel und senkrechten Licht-
einfall gilt

$$\varphi \sim \Delta n \cdot \tan \varepsilon. \tag{7.9}$$

φ ist der φ' proportionale Ablenkungswinkel hinter der Zelle. Je größer ε ist, um so
empfindlicher arbeitet das Meßgerät. Für analytische Zwecke verwendet man Zellen-
winkel von 45 °, für präparative Zwecke Zellenwinkel < 10 °.

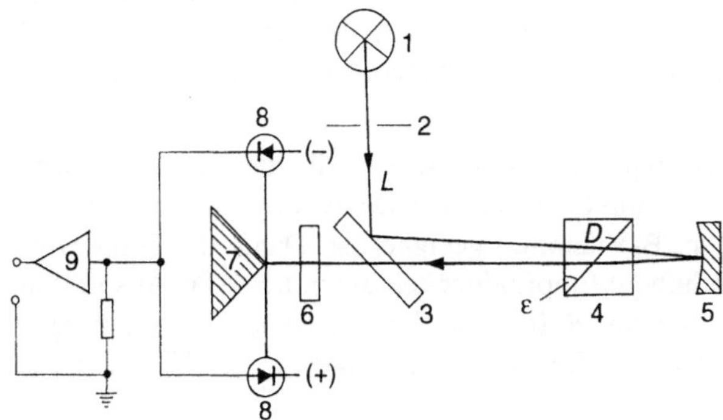

Bild 7.11 Differentialrefraktometer, Prinzip des Deflexionstyps
1 – Lichtwurflampe; 2 – Blende; 3 – halbdurchlässiger Spiegel; 4 – Differentialküvette;
5 – Hohlspiegel; 6 – Nullglas zum Intensitätsabgleich; 7 – Strahlenteiler (verspiegeltes
90 °-Prisma); 8 – Photodioden; 9 – Verstärker; L – Lichtstrahl; ε – Winkel der brechenden
Kante; D – Diagonaltrennwand

Das optische Signal wird durch Photodioden oder Cadmiumsulfid-Photowiderstände in
ein elektrisches Signal verwandelt.

Um die für Differentialrefraktometer oben angegebene Empfindlichkeit ausnutzen zu
können, sollten Temperaturschwankungen der Zelle keine über 10^{-8} BIE (= 1 % Voll-

ausschlag) liegenden Abweichungen hervorrufen. Das bedeutet bei den gegebenen Temperaturkoeffizienten die extreme Stabilität von 10^{-4} °C. Durch Temperaturausgleich zwischen Haupt- und Vergleichszelle wird dieser Wert um den Faktor 10 bis 100 günstiger. Trotzdem ist die erforderliche Thermostatisierung der Detektorzelle von 0,01 bis 0,001 °C unter chromatographischen Bedingungen schwierig, so daß die von den Herstellern angegebenen oberen Empfindlichkeiten i. allg. nicht ausgenutzt werden können.

Ein unzureichender Temperaturausgleich zwischen Haupt- und Vergleichszelle hat nicht nur eine unbequeme Nulliniendrift, sondern auch starke Strömungsempfindlichkeit des RI-Detektors zur Folge. Von der Konstruktion her bestehen für den schnellen Temperaturausgleich zwischen Haupt- und Vergleichszelle besonders beim Deflexionstyp ungünstige Voraussetzungen. Auch vorgeschaltete Wärmetauscher ändern diesen Sachverhalt nicht, wogegen sie das Totvolumen bis zum Detektor vergrößern.

Elektronisch kontrollierte Metallthermostaten hingegen verbessern das Stabilitätsverhalten und führen zu einem sehr geringen Rauschpegel von $3 \cdot 10^{-9}$ BIE.

Ein Nachteil des Deflexionstyps besteht darin, daß sich Zellenvolumina unter 8 µl nur schwer realisieren lassen.

7.3.6 Der Fluoreszenzdetektor

Durch Absorption von Photonen werden Elektronen der Atome und Moleküle in höhere Anregungszustände gebracht (Anregung, Excitation). Über strahlungslose Prozesse erfolgt dann ein Übergang zum niedrigsten Schwingungsniveau und von dort durch Abgabe einer Fluoreszenzstrahlung (Emission) zu einem Niveau des Grundzustandes. Deswegen ist die Emissionsstrahlung i. allg. langwelliger als die Anregungsstrahlung. Die Fluoreszenz stellt in gewisser Weise eine Umkehrung der Absorption dar, und Absorptions- und Fluoreszenzbanden verhalten sich annähernd wie Bild zu Spiegelbild (Bild 7.12).

Infolge intramolekularer Desaktivierungsprozesse fluoreszieren die meisten Substanzen nicht, so daß die Fluoreszenzmessung unmittelbar nur zur Detektion bestimmter Stoffklassen (z. B. kondensierte Aromaten, B-Vitamine) geeignet ist. Dann allerdings wird eine um bis zu drei Zehnerpotenzen höhere Empfindlichkeit als mittels UV-Absorption erreicht. Durch Derivatisierung läßt sich eine Reihe nichtfluoreszierender Verbindungen (z. B. Aminosäuren) in fluoreszierende Stoffe umwandeln und so der Fluoreszenzdetektion zugänglich machen.

Die Lichtquantenemission der Fluoreszenz ist der Zahl der vorhandenen absorptionsfähigen Moleküle proportional. Ihre Nachweisempfindlichkeit hängt aber von der Quantenausbeute ab, d. h. vom Verhältnis Q der aufgenommenen Anregungsquanten zu den abgegebenen Fluoreszenzquanten. Ist $Q > 0{,}5$, liegt starke Fluoreszenz vor, im Falle $Q < 0{,}01$ eignet sich die Substanz nicht zur Fluoreszenzdetektion. Bei hohen Quantenausbeuten und verdünnten Lösungen erreicht der Fluoreszenzdetektor eine Linearität von vier Zehnerpotenzen wie der UV-Detektor.

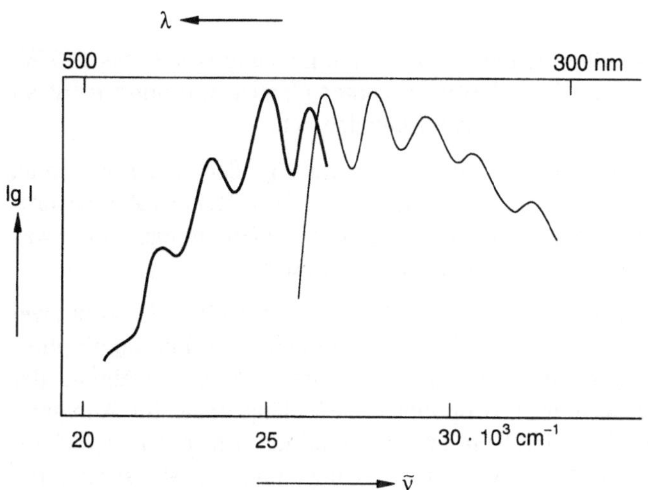

Bild 7.12 Absorptionsspektrum (links) und Fluoreszenzspektrum (rechts) von Anthracen
λ – Wellenlänge; $\tilde{v}$ – Wellenzahl; I – Intensität

Probleme können durch Quencheffekte auftreten, wenn Verunreinigungen im Elutionsmittel als Fluoreszenzlöscher (Quencher) wirken und angeregte Moleküle vorzeitig desaktivieren. Als Quencher wirkt z. B. gelöster Sauerstoff. Die Fluoreszenz hängt auch vom pH-Wert ab.

Fluoreszendetektion ist mit Gradientenelution kompatibel.

Bild 7.13 zeigt das Schema eines kombinierten UV-/Fluoreszenzdetektors.

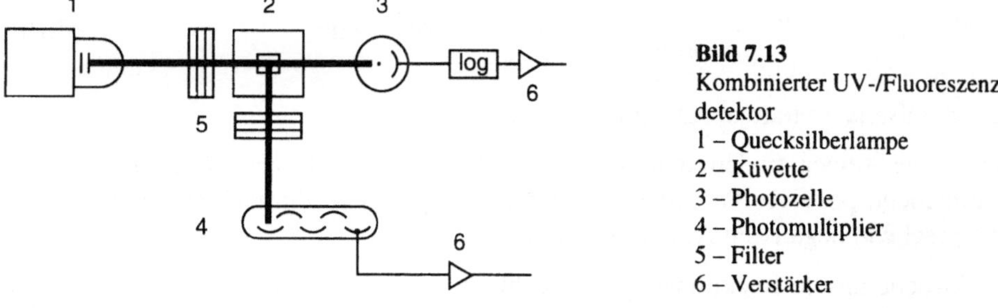

Bild 7.13
Kombinierter UV-/Fluoreszenzdetektor
1 – Quecksilberlampe
2 – Küvette
3 – Photozelle
4 – Photomultiplier
5 – Filter
6 – Verstärker

Mit Hilfe einer Quecksilberlampe (intensivste Bande bei 254 nm) können simultan UV-Chromatogramme und Fluoreszenzchromatogramme aufgenommen werden. Solche Monochromator-Fluorimeter zeichnen sich durch hohe Selektivität und Empfindlichkeit bei niedrigen Kosten aus.

Man entnimmt Bild 7.13 u. a., daß das Fluoreszenzlicht senkrecht zum Primärstrahl über einen Photomultiplier verstärkt wird.

Die meisten Fluorimeter benutzen als Lichtquelle Gasentladungslampen mit Deuterium oder Xenon. Sie strahlen ein kontinuierliches Spektrum ab, dessen Hauptintensität zwischen 200–300 bzw. 250–800 nm liegt.

Typische Lichtquellen in HPLC-Fluorimetern besitzen eine Leistung von 30 bis 150 W. Lampen mit hohem Energieverbrauch sind wegen starker Geräteerwärmung nicht so sehr zu empfehlen. Sehr günstig arbeiten gepulste Xenonlampen.

Ein Mangel vieler Fluoreszenzdetektoren sind die relativ großen Zellenvolumina zwecks hoher Emissionslichtausbeute, da letztere dem effektiven Zellenvolumen proportional ist. Gut konstruierte Geräte kommen mit 5 µl Zellenvolumen aus, was allerdings zur Anwendung von Microbore-Säulen noch zu groß ist.

Geräte der höheren Preisklasse arbeiten an Stelle der beiden Filter in Bild 7.13 mit zwei Gittermonochromatoren für Anregungs- bzw. Emissionsstrahlung. Die Photomultiplierverstärkung und die Wellenlängen für Anregung und Emission können während der Analyse beliebig programmiert werden. Das optimale Wellenlängenpaar für Anregung und Emission jedes Peaks wird über eine Scanfunktion[1] ermittelt. Entsprechende Computersoftware erlaubt außerdem die Abbildung der Anregungs- und Emissionsspektren.

7.3.7 Elektrochemische Detektoren

Wie der Name sagt, handelt es sich um Detektoren auf der Grundlage elektrochemisch ablaufender Reaktionen an hierfür prädestinierten Verbindungen. Solche Verbindungen müssen leicht oxidierbar oder reduzierbar sein, also funktionelle Gruppen tragen, die über die Arbeitselektrode des elektrochemischen Detektors (ECD)[2] Elektronen abgeben bzw. aufnehmen können. Solche Gruppen nennt man in Analogie zu den Chromophoren Elektrophore. Ein typischer Elektrophor ist die phenolische Hydroxylgruppe, an der gemäß

$$\text{HO}\!-\!\!\!\!\bigcirc\!\!\!\!-\text{R} \quad \underset{+\,2\,\text{e (Red.)}}{\overset{-\,2\,\text{e (Ox.)}}{\rightleftharpoons}} \quad \text{O}\!=\!\!\!\!\bigcirc\!\!\!\!-\text{R} \; + 2\,\text{H}^+ \tag{7.10}$$

elektrochemische Reaktionen ablaufen können.

Oxidationsreaktionen finden statt, sobald die Arbeitselektrode gegenüber der Lösung ein hinreichend positives Potential aufweist, der umgekehrte Vorgang (Reduktion) tritt bei entsprechend negativem Arbeitspotential ein.

Für elektrochemische Reaktionen gut brauchbare organische Elektrophore sind neben phenolischen Hydroxylen z. B. aromatische Amino- und Iminogruppen, heterocyclische Stickstoffatome, Thiole, Thioether, sekundäre und tertiäre aromatische Amine (Oxidation) sowie Nitrogruppen, chinoide Gruppierungen und Diazogruppen (Reduktion)[3].

---

[1] *engl.*: to scan – absuchen, abtasten

[2] Die eingeführte Abkürzung für elektrochemische Detektoren ist ECD, leicht zu verwechseln mit der in der Gaschromatographie gebräuchlichen Abkürzung für Electron Capture Detector.

[3] In dieser Aufzählung fehlen z. B. Aldehyd- und Ketogruppen. Ihre Elektroaktivität liegt aber außerhalb des für die HPLC brauchbaren Spannungsbereichs von ±1,2 Volt [7].

Die Palette Elektrophor tragender Verbindungen läßt sich über Derivatisierungsreaktionen (Abschn. 9.3) beträchtlich erweitern [8].

Gleichung (7.10) gibt die Redoxreaktion für Catecholamine bzw. ihrer Metabolite wieder, die als Paradebeispiel elektrochemischer Detektion angesehen werden kann.

Catecholamine spielen bei der Informationsübermittlung und Stoffwechselregulierung im Organismus eine zentrale Rolle. Die Bestimmung ihrer Abbauprodukte ist von erheblicher klinischer Bedeutung. Dies betrifft u. a. die Feststellung und Behandlung von Tumorerkrankungen wie des Neuroblastoms von Säuglingen und Kleinkindern oder des Karzinoidsyndroms, dessen Marker die 5-Hydroxyindol-3-ylessigsäure ist.

In solchen Fällen erweist sich die elektrochemische Detektion wegen ihrer spezifischen und hohen Empfindlichkeit der UV-Detektion überlegen.

Elektrochemische Detektoren teilt man ein in polarographische, amperometrische und coulometrische Detektoren. Polarographische und amperometrische Detektoren unterscheiden sich in der Art der Arbeitselektrode, die in einem Fall eine (tropfende) Quecksilberelektrode, im anderen Fall eine Festelektrode, meist eine Glas-Kohlenstoffelektrode darstellt. Der elektrochemische Umsetzungsgrad ist gering. Im Gegensatz dazu liegt er im Falle des coulometrischen Detektors bei nahezu 100 Prozent.

Breitere Anwendung fanden bisher nur amperometrische Detektoren.

Die meisten amperometrischen Detektoren arbeiten nach der Dreielektrodentechnik. Der Arbeitsstrom fließt zwischen der Arbeitselektrode und einer Hilfselektrode. Die dritte Elektrode dient als Referenzelektrode und ist eine Elektrode 2. Art (z. B. Ag/AgCl). Durch sie ist das Potential der Arbeitselektrode fixiert. Ein Potentiostat kompensiert den Spannungsabfall zwischen Arbeitselektrode und Hilfselektrode.

Zum Einsatz gelangen verschiedene Zellkonstruktionen, mit denen man leicht Zellvolumina $\leq 1\ \mu l$ realisieren kann. Sie unterscheiden sich durch die Eluensflußrichtung in Bezug auf die Arbeitselektrode. Diese kann parallel zur Arbeitselektrode oder senkrecht zu ihr (Wand-Düsen-Prinzip) liegen. Ferner wird die Arbeitselektrode plan, röhrenförmig oder als poröse Durchflußelektrode gestaltet.

Bild 7.14 zeigt den Aufbau eines elektrochemischen Detektors zur Gleichstrom-Amperometrie. Wichtig ist bei allen Konstruktionen, daß die Arbeitselektrode ohne mechanischen Aufwand ausgebaut und gereinigt werden kann. Die am häufigsten verwendeten Elektroden sind Glas-Kohlenstoffelektroden. Aber auch Elektroden aus Gold, Platin und Silber werden eingesetzt.

Hohe Fluß- und Temperaturkonstanz sowie gute Eluensentgasung sind notwendig, um optimale Empfindlichkeiten zu erreichen. Die meisten ECDs liefern Linearitätsbereiche von 3–5 Größenordnungen.

Prinzipiell kann man, wie schon angedeutet, oxidativ oder reduktiv arbeiten. Letzteres ist schwieriger, da einerseits Reste von Sauerstoff im Eluens leicht zu einem Anstieg des Grundstroms führen und andererseits die geringe Wasserstoffüberspannung an den meisten Feststoffelektroden die Bestimmung nur weniger Stoffklassen erlaubt.

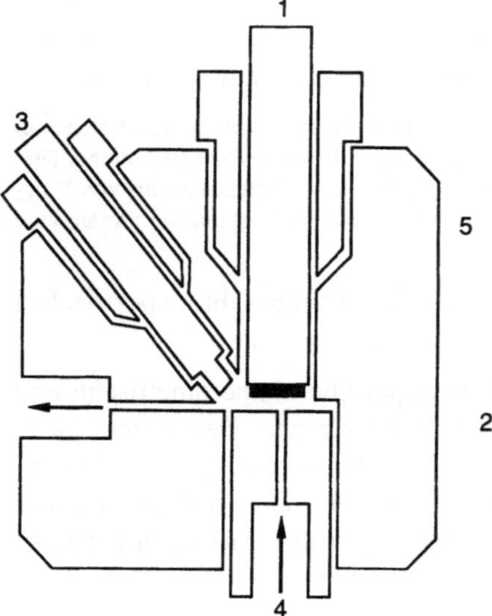

Bild 7.14
Amperometrische Detektorzelle
mit Wand-Düsenelektrode
1 – Arbeitselektrode mit Glas-Kohlenstoff-
      wandelektrode am unteren Ende
2 – Einlaßdüse
3 – Referenzelektrode
4 – Einlaß als Gegenelektrode
5 – Zellenkörper

Damit die Elektrodenreaktion diffusionskontrolliert ablaufen kann, muß das Elutionsmittel ausreichend Leitsalz enthalten. Nur dann ist der Diffusionsstrom der Depolarisator(Analyt-)konzentration proportional.

Diese Forderung an das Eluens ist meist bei einer Salzkonzentration von $\geq 10^{-3}$ mol/l erfüllt. Umkehrphasen mit den üblichen organischen Lösungsmitteln und Puffern sind uneingeschränkt einsetzbar, wobei der pH-Wert einen maßgeblichen Einfluß auf die Detektionsempfindlichkeit ausübt. Gradientenchromatogramme stellen kein Problem dar, sofern die Leitsalzkonzentration hinreichend konstant bleibt. Bei steigendem Anteil der organischen Komponente darf das Leitsalz nicht ausfallen. Am besten verwendet man Tetrabutylammoniumsalze[1].

Das eingestellte Arbeitspotential hat einen wesentlichen Einfluß auf die Selektivität der Detektionsreaktion. Es entspricht quasi der Detektionswellenlänge am Photometer, die ebenfalls bestimmt, wie empfindlich die betreffende Substanz registriert werden kann.

Für den Fall, daß keine Vorstellungen vorliegen, ob elektrochemisch aktive Komponenten eluieren, wird man das Arbeitspotential möglicherweise bis zur oberen Grenze hochsetzen, d. h. so weit, daß der Leitelektrolyt gerade noch nicht reagiert, allerdings der Grundstrom schon stark ansteigt.

Günstiger liegen die Dinge, wenn das optimale Detektionspotential oder auch das stoffspezifische Halbstufenpotential (Bild 7.15) der in Frage kommenden Verbindungen bekannt ist. Zur Ermittlung kann die wiederholte Probeninjektion unter stufenweisem Potentialanstieg (je 100 mV) dienen. Über die Peakhöhen wird das Voltammogramm analog Bild 7.15 zusammengesetzt. Die Arbeitsweise ist nicht zuletzt wegen der erforderlichen Elektrodeneinlaufzeiten umständlich.

---

[1] Tetrabutylammonium-trifluormethansulfonat ist auch in wenig polaren Lösungsmitteln löslich.

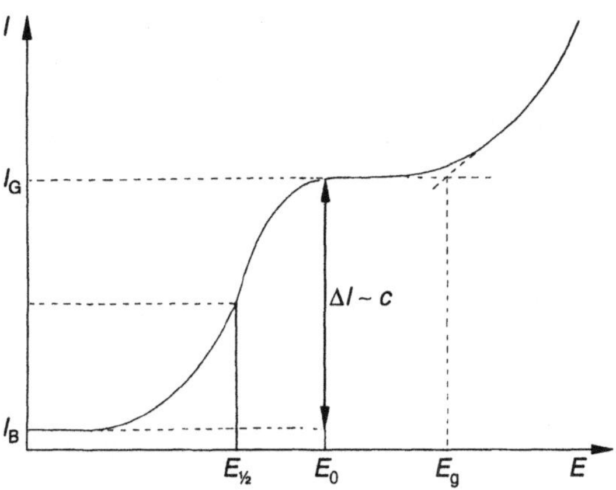

Bild 7.15 Voltammogramm
I – Diffusionsstrom; I_B – Grundstrom; I_G – Diffusionsgrenzstrom; E – Potential der Arbeitselektrode; $E_{1/2}$ – Halbstufenpotential; E_0 – optimales Detektionspotential; E_G – Grenzpotential des Eluens; c – Substanzkonzentration

Einfacher, aber nicht unbedingt aussagekräftiger ist die Aufnahme cyclischer Voltammogramme für jeden Chromatogrammpeak mittels (in modernen Geräten vorhandener) geeigneter Voltammeter[1].

Voltammetrische Detektionsverfahren führen im Gegensatz zur einfachen amperometrischen Detektion zu dreidimensionalen Chromatogrammaufzeichnungen (analog Bild 7.7). Bei diesen sog. Chromatovoltammogrammen stehen an Stelle von Wellenlänge und Extinktion das Potential und der Strom. Die hohe Aussagefähigkeit solcher Chromatovoltammogramme ist augenscheinlich (Bild 7.16). Einzelpotential-Chromatogramme erhält man daraus als Parallelschnitte zur Zeitachse.

Bei der praktischen Realisierung voltammometrischer 3D-Plots stören die hohen Untergrundströme durch wiederholtes, schnelles Potentialscannen. Sie können den Response des Analyten um Größenordnungen übersteigen [9].

Moderne elektrochemische Detektoren mit Festelektroden gestatten verschiedene Betriebsarten zur Überwindung von Elektrodenproblemen. Dazu zählen eine Elektrodenvorbehandlung (Pretreat-Modus) durch Potentialveränderungen, eine *on line*-Elektrodenreinigung im Puls-Modus[2], die schon erläuterte Aufnahme cyclischer Voltammogramme (Stromplot als Funktion der Spannung) und ein Auto-Inkrement-Modus, durch den die oben beschriebene manuelle Voltammogrammermittlung mit ansteigenden Potentialstufen vom Gerät selbsttätig erledigt wird.

---

[1] Unter Voltammetrie (Volt-Ampere-Messung) ist die Aufnahme von Strom-Spannungskurven zu verstehen.

[2] Näheres zur Puls-Amperometrischen Detektion (PAD) vgl. [10].

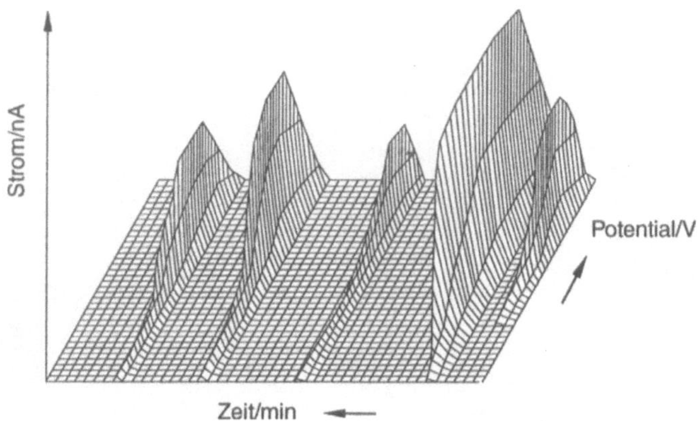

Bild 7.16 Chromatovoltammogramm phenolischer Carbonsäuren nach [9]

Es sind auch Detektoren mit mehreren Arbeitselektroden bekannt, die unabhängig voneinander durch unterschiedliche Potentiale belegt werden können. Mit mehreren Elektroden kann man gleichzeitig oxidierend und reduzierend arbeiten. Hinreichende Elektrodenzahl und entsprechende Kanäle führen zu „Quasi"-Chromatovoltammogrammen.

7.3.8 Der Leitfähigkeitsdetektor

Verhindert man Elektrodenpolarisation durch Verwendung von Wechselstrom, dann gehorcht die Stromleitung in Elektrolytlösungen dem OHMschen Gesetz.

Der OHMsche Widerstand R eines Leiters (Konduktometerzelle) ist gegeben zu $R = \rho \cdot l/q_L$, wenn l die Länge und q_L der Querschnitt des Leiters ist. Für $l = 1$ und $q_L = 1$ resultiert der spezifische Widerstand ρ, dessen reziproker Wert als spezifische Leitfähigkeit κ bezeichnet wird. κ gibt die Leitfähigkeit eines Würfels von 1 cm Kantenlänge an. Es gilt

$$\kappa = \frac{1}{R} \cdot \frac{l}{q_L} = \frac{I}{U} \cdot \frac{l}{q_L}. \tag{7.11}$$

Die Maßeinheit der spezifischen elektrischen Leitfähigkeit ist $\Omega^{-1} \cdot cm^{-1}$ bzw. $S \cdot cm^{-1}$ (Siemens pro cm)[1]. Leitfähigkeitswasser besitzt z. B. etwa $1\,\mu S \cdot cm^{-1}$, destilliertes Wasser $\geq 10\,\mu S \cdot cm^{-1}$. Der Faktor l/q_L heißt Zellkonstante. U und I stellen die angelegte Zellenspannung und die gemessene Stromstärke dar.

Die Leitfähigkeit des Wassers steigt durch Elektrolytzusätze beträchtlich an, wobei κ von der Anzahl der freibeweglichen Ionen abhängt. Führt man die Summe der je Zeiteinheit durch den Querschnitt q_L wandernden Ladungen über die Stromstärke I in Gl. (7.11) ein, ergibt sich für κ

---

[1] 1 S = 1 mho, im Englischen verwendet für reziprokes (= rückwärts gelesenes) Ohm

$$\kappa = \frac{c_e}{1000}\left(F \cdot u_+ + F \cdot u_-\right) = \frac{c_e}{1000} \cdot \lambda. \tag{7.12}$$

c_e ist die Elektrolytkonzentration, ausgedrückt als Zahl der (positiven oder negativen) Ionenäquivalente der gelösten Verbindung pro Liter, F bezeichnet die FARADAY-konstante ($9{,}65 \cdot 10^4$ Coulomb/mol), u ist die Wanderungsgeschwindigkeit der betreffenden Ionenart bei der Feldstärke 1 V$\cdot$cm^{-1} und λ die sog. Äquivalentleitfähigkeit als Summe der Ionenbeweglichkeiten $F \cdot u_+$ und $F \cdot u_-$.

Die Grenzionenbeweglichkeiten ($c \rightarrow 0$) liegen für Protonen (H_3O^+) und Hydroxylionen sehr hoch und betragen 350 bzw. 199 cm$^2 \cdot \Omega^{-1} \cdot$val^{-1}, während sie sich für fast alle übrigen anorganischen Ionen und auch für organische Ionen unter 100 cm$^2 \cdot \Omega^{-1} \cdot$val^{-1} bewegen[1]. Innerhalb der Reihen der Alkali-, Erdalkali- und Halogenidionen wachsen die Ionenbeweglichkeiten mit steigenden Ionenradien. Ebenso begünstigen höhere Ladungen die Beweglichkeiten.

Die elektrische Leitfähigkeit ist stark temperaturabhängig, so daß die Trennsäule und vor allem die Meßzelle sorgfältig thermostatisiert werden müssen.

Leitfähigkeitsdetektoren besitzen einen einfachen Aufbau. Die metallischen Eintritts- und Austrittsleitungen können unmittelbar als Elektroden dienen. Ebenso lassen sich die Zellvolumina, den Erfordernissen der Chromatographie entsprechend, sehr klein halten. Sie haben i. allg. Volumina < 1 µl.

Die Meßfrequenz für konduktometrische Detektoren beträgt meist 1 kHz, als Meßspannung genügen wenige Volt. Der Meßbereich kann zwischen 0,1 und $5 \cdot 10^3$ µS$\cdot$cm^{-1} liegen.

Wenig dissoziierende Verbindungen, wie z. B. schwache Säuren, liefern einen geringen Beitrag zur Leitfähigkeit und lassen sich auf diese Weise nur unempfindlich detektieren.

Wichtig für hohe Empfindlichkeiten bei der Leitfähigkeitsdetektion ist eine geringe Grundleitfähigkeit des Eluenten. Darauf zielt z. B. die Suppressortechnik (Abschn. 6.5.3) ab. Bei der Einsäulentechnik sind von vornherein möglichst schwache Eluenskonzentrationen anzuwenden. Dies wiederum setzt Ionentauscher mit niedrigen Austauschkapazitäten voraus (vgl. Abschn. 3.3.2).

Schaltet man Leitfähigkeitsdetektoren und andere Detektoren (UV-Detektor) in Reihe, können sich die Chromatogramme ergänzen. Bei Verwendung von Phthalsäure als Eluens an Anionentauschern werden insbesondere Anionen schwacher Säuren (z. B. Phosphat, Carbonat) am UV-Detektor (indirekte Detektion, s. Bild 6.19) wesentlich empfindlicher registriert.

---

[1] Die anomal große Beweglichkeit der Hydronium- und Hydroxylionen ist auf besondere Wanderungsmechanismen zurückzuführen.

8 Programmierte Elution

8.1 Programmiermethoden

Die k_i-Werte einzelner Komponenten des Chromatogramms können je nach Zusammensetzung der Probe weit auseinander liegen. In solchen Fällen läßt sich ohne programmierte Änderung der chromatographischen Bedingungen kein in allen Teilen gleichwertiges Chromatogramm erhalten. Wählt man konstante Bedingungen so, daß die am langsamsten wandernden Komponenten nach ausreichend kurzer Zeit registriert werden, ergibt sich eine schlechte Auflösung schnell eluierender Gemischpartner. Gute Auflösung der schnellen Komponenten hat andererseits lange Analysenzeiten und schlechte untere Nachweisgrenzen für die späten, entsprechend breiten Peaks zur Folge.

Zwecks Optimierung der Elutionsbedingungen für das gesamte Chromatogramm können prinzipiell alle Parameter y, die Einfluß auf die Elutionsgeschwindigkeit haben, in Abhängigkeit von der Zeit t verändert werden. Das sind Fluß, Temperatur, Elutionsmittelzusammensetzung und pH-Wert[1].

Man unterscheidet lineare ($y \sim t$), konkave ($y \sim \sqrt{t}$), konvexe ($y \sim t^n$), stufenförmige oder multiple Parameter-Zeitfunktionen.

Da die Retentionszeit dem Druckabfall der Trennsäule in guter Näherung umgekehrt proportional ist, entspricht eine lineare Druckerhöhung einer linearen Retentionszeitverkürzung. Für Homologe mit ihren exponentiell wachsenden Retentionszeiten ergeben exponentielle Druckprogramme gleiche Peakabstände.

Auch Temperaturprogrammierung läßt sich in der Flüssigchromatographie erfolgreich einsetzen. Bei Verwendung von Trägern mit chemisch fixierten Phasen ergeben sich dabei wenig Probleme. Anders ist es in der Adsorptionschromatographie. Hier kann die Temperaturerhöhung statt kürzerer sogar längere Retentionszeiten zur Folge haben, wenn gleichzeitig eine Trägeraktivierung durch Wasserabgabe eintritt.

Die vielseitigsten Möglichkeiten aller Programmiermethoden besitzt die Programmierung der Lösungsmittelzusammensetzung (Lösungsmittelprogrammierung).

8.2 Lösungsmittelprogrammierung

8.2.1 Allgemeines

Mit dieser Methode ist man meist in der Lage, auch sehr komplexe Gemische unpolarer und stark polarer Komponenten während einer einzigen Trennung aufzulösen. Die Lösungsmittelauswahl wird allerdings durch die Detektionsmöglichkeiten eingeschränkt. Detektoren mit Bulkeigenschaften (Differentialrefraktometer) eignen sich nicht zur

---

[1] Bei amphoteren Elektrolyten (Proteinen) erfolgt die Trennung entsprechend ihren isoelektrischen Punkten (Chromatofokussierung).

Lösungsmittelprogrammierung. Jedoch auch mit UV-Detektoren können Schwierigkeiten auftreten, sobald die Lösungsmittel UV-aktive Verunreinigungen enthalten.

Bei der Anwendung der Lösungsmittelprogrammierung in der Adsorptionschromatographie nimmt das Regenerieren der Trennsäule oft viel Zeit in Anspruch. Generell ist günstig, wenn das Programm bei der Regeneration in umgekehrter Richtung durchlaufen wird. Um Fehlinterpretationen des Chromatogramms durch sog. „Memory"-(„Geister"-) Peaks zu vermeiden, empfiehlt sich zwecks Prüfung von Restadsorption und Lösungsmittelreinheit immer ein Blindprogramm.

Sehr effektiv sind Lösungsmittelprogramme in der Fixphasenchromatographie. Infolge schneller Trennsäulenregeneration ist meist der sofortige Start des neuen Programms möglich.

Die benötigten Lösungsmittel können prinzipiell bei Atmosphärendruck oder unter erhöhtem Druck, also vor oder hinter der Druckpumpe vermischt werden. Dementsprechend unterscheidet man zwischen Niederdruck- und Hochdruckprogrammierung. Beide Prinzipien zeigt Bild 8.1.

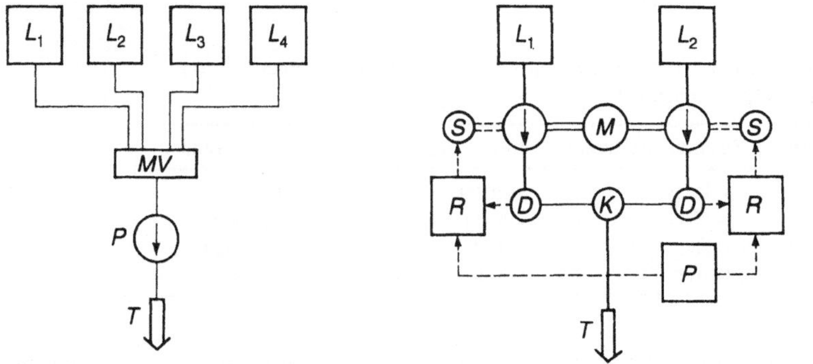

Bild 8.1 Erzeugung von Lösungsmittelgradienten
links: Einfache Vorrichtung für Niederdruckstufenprogramme
$L_1\cdots L_4$ – Lösungsmittelbehälter; MV – Mehrwegeventil; P – Druckpumpe; T – Trennsäule
rechts: Vorrichtung für Hochdruckprogramme mit binären Gemischen
M – Pumpenantriebsmotor; S – Hubverstellung; R – Regeleinheit; D – Druckwandler;
K – Mischkammer; P – Programmiereinheit

Niederdruckprogramme sind relativ einfach zu realisieren. In Bild 8.1a ist eine Vorrichtung zur Durchführung von Niederdruckstufenprogrammen gezeichnet. Denkt man sich MV als Anordnung von vier parallel arbeitenden programmierbaren Mikromagnetventilen oder Niederdruckpumpen, können beliebige Niederdruckprogramme (im Beispiel mit bis zu vier Lösungsmitteln) erzeugt werden. Ein wichtiger Nachteil der Vorrichtungen zur Erzeugung von Niederdruckprogrammen liegt in ihrer relativ großen Verzögerungszeit zwischen der Erzeugung des Gradienten und seinem Wirksamwerden am Säulenanfang. Zudem ist es mit vielen Ausführungen schwierig, bei den für den Einsatz englumiger Trennsäulen erforderlichen kleinen Flüssen einwandfreie Gradienten zu erzeugen.

Hochdruckprogramme erfordern mehr technischen Aufwand, da jedes Lösungsmittel eine Druckpumpe benötigt. Allerdings gestatten bereits zwei Pumpen die Anwendung sämtlicher, im Abschn. 8.1. genannten Parameter-Zeitfunktionen an binären Mischungen. Nur bei sehr anspruchsvollen Trennungen wird man Programme mit drei oder vier Lösungsmitteln einsetzen.

An modernen Geräten steuern und kontrollieren elektronische Einheiten (Module) sämtliche Pumpen oder Dosiereinheiten gleichzeitig. Die am Gerät umgesetzten Programmfunktionen (wie auch das Chromatogramm) lassen sich bei komfortablen Ausführungen auf einem Bildschirm verfolgen.

Man beachte, daß während des Programms für in der Polaritätsskala weit auseinander liegende Lösungsmittel die Gefahr der Entmischung besteht.

8.2.2 Klassifizierung

Mit der Variierung der Elutionsmittelzusammensetzung durch Vermischen mehrerer Lösungsmittel ändern sich zwei wichtige Parameter: die Elutionsmittelstärke und die Elutionsmittelselektivität (siehe Abschn. 5). Dadurch hat man zwischen vier grundsätzlichen Möglichkeiten der Lösungsmittelprogrammierung zu unterscheiden (Tab. 8.1).

Tabelle 8.1　Klassifizierung der Möglichkeiten zur Lösungsmittelprogrammierung von Lösungsmittelgemischen [1]

Lösungsmittelprogramm	Zusammensetzung	Elutionsmittelstärke	Selektivität
Einfach isokratisch	c = konst.	konstant	konstant
Selektiv isokratisch	$c = f(t)$	konstant	variabel
Isoselektiver Gradient	$c = f(t)$	variabel (steigend)	konstant
Selektiver Gradient	$c = f(t)$	variabel (steigend)	variabel

Die klassische isokratische Arbeitsweise liegt vor, sofern die Gemischzusammensetzung während des Chromatogramms unverändert bleibt[1]. Elutionsmittelstärke und -selektivität sind konstant. Andererseits können Lösungsmittel verschiedener Selektivität mit einem anderen Lösungsmittel geringerer Elutionsstärke so verdünnt werden, daß sich gleiche Elutionsstärken einstellen. Beim Zusammengeben dieser Gemische ändern sich dann nur die Selektivitäten, während stets gleiche Elutionsstärke herrscht[2].

In der Erweiterung der ursprünglichen Bedeutung wollen wir deshalb immer dann von isokratischer Elution sprechen, wenn die Elutionsmittelstärke während des Programms unverändert bleibt.

Wird ein Lösungsmittel oder Lösungsmittelgemisch mit einem Lösungsmittel verdünnt, das auf das Selektivitätsverhalten keinen Einfluß hat, so ändert sich nur dessen Elutionsstärke. Andererseits kann man natürlich auch Partner wählen, bei denen sich sowohl die Elutionsstärke als auch die Selektivität ändern.

---

[1] *giech.*: ισο–κρατος – gleichgemischt

[2] *griech.*: κρατειν – herrschen

Beide Fälle werden als Gradientenelution definiert, die somit unabhängig vom Selektivitätsverhalten eine Veränderung der Elutionsmittelstärke voraussetzt und das Pendant zur isokratischen Arbeitsweise darstellt (vgl. Tab. 8.1)[1].

Wir veranschaulichen uns die Verhältnisse am besten mit Hilfe des „Selektivitätsprismas" (Bild 8.2). Die Prismenseitenkanten sind die Achsen für die Lösungsmittelstärken. Als Lösungsmittel wurden Methanol (MeOH), Acetonitril (ACN) und Tetrahydrofuran (THF) gewählt, und zwar für den Fall der wäßrigen RP-Chromatographie. Die Lösungsmittelstärken betragen dann gemäß Tab. 5.1 $S_{MeOH} = 2{,}6$, $S_{ACN} = 3{,}2$, $S_{THF} = 4{,}5$ und für das zum Verdünnen notwendige Wasser $S_{H_2O} = 0$.

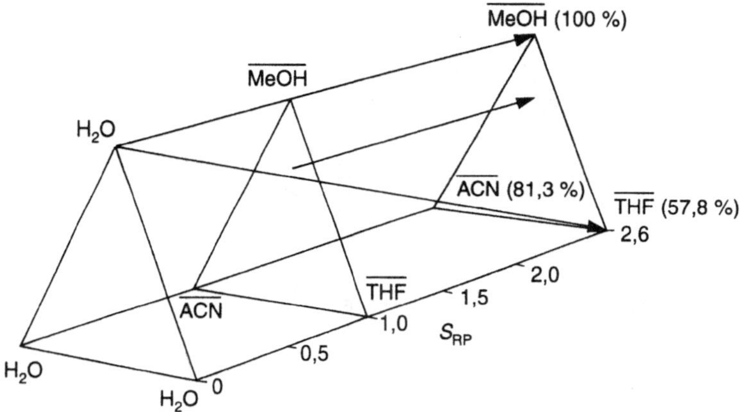

Bild 8.2 Selektivitätsprisma [1]
% steht für Vol.-%; MeOH – Methanol; ACN – Acetonitril; THF – Tetrahydrofuran.
Erläuterung siehe Text.

Offensichtlich müssen alle Achsen verschieden lang sein, d. h. das gezeichnete reguläre Prisma wäre um den entsprechenden nicht gezeichneten Teil zu verlängern.

Das Ende der Methanolachse ist mit 100 Vol.-% MeOH identisch, der zugehörige Punkt auf der ACN-Achse im gleichen Querschnitt mit $(2{,}6/3{,}2) \cdot 100 = 81{,}3$ Vol.-% $\overline{ACN}$ und auf der THF-Achse mit $(2{,}6/4{,}5) \cdot 100 = 57{,}8$ Vol.-% $\overline{THF}$. Die Striche über den Abkürzungen symbolisieren, daß es sich um Gemische mit dem Grundlösungsmittel (Wasser) handelt. Auf der Fläche des gleichseitigen Dreiecks herrscht überall die Lösungsmittelstärke 2,6, jedoch haben alle Flächenpunkte unterschiedliche Selektivitäten. Sie lassen sich durch die Konzentrations-Koordinaten in der GIBBS-ROOZEBOOMschen Darstellung charakterisieren (Bild 8.3). Der Selektivität eines Gemisches aus 0,8 Volumenteilen (VT) MeOH, 0,1 VT ACN und 0,1 VT THF kommen z. B. die Koordinaten 811 zu.

Nach Tab. 8.1 sind alle Parallelschnitte zur Prismengrundfläche Isokratenflächen. Jeder Punkt eines solchen Dreiecks entspricht der einfachen isokratischen Arbeitsweise (Selektivität und Elutionsmittelstärke bleiben konstant). Innerhalb der Dreiecksflächen

---

[1] In der Vergangenheit wurden alle Programme mit Konzentrationsänderungen in den Lösungsmittelmischungen als Gradientenelution bezeichnet, d. h. auch selektiv-isokratische Programme.

kann man sich während der Zeit *t* auf geraden (lineares selektiv-isokratisches Lösungs-mittelprogramm) oder krummen Linien (nicht lineares selektiv-isokratisches Lösungs-mittelprogramm) bewegen.

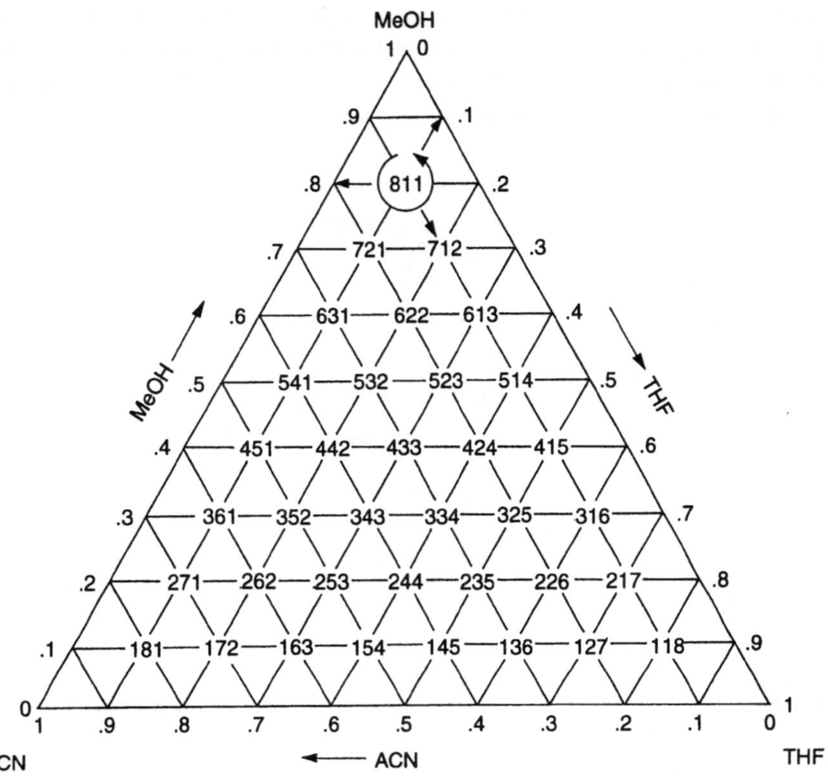

Bild 8.3 Selektivitätsdreieck [2]
Die Konzentrationskoordinaten innerhalb des Dreiecks charakterisieren gleichzeitig die Gemischselektivitäten, die gestreckten Pfeile verweisen auf die zugehörigen Volumenanteile an den Achsen, der gebogene Pfeil verdeutlicht die Reihenfolge der Lösungsmittel nach ihrer Elutionsstärke.

Die zugehörigen Konzentrationen lassen sich über die Konzentrationskoordinaten leicht berechnen. Sie betragen z. B. für den Punkt 811 innerhalb des schon betrachteten Selektivitätsdreiecks $c_{MeOH} = 0,8 \cdot 100 = 80$, $c_{ACN} = 0,1 \cdot 81,3 = 8,1$ und $c_{THF} = 0,1 \cdot 57,8 = 5,8$ Vol.-%.

Im Prisma wurden auch einige räumliche Gradienten durch Pfeile angedeutet: Der Pfeil an der Oberkante käme dem Verlauf eines isoselektiven (binären) Gradienten von 0 bis 100 % Methanol, der Pfeil parallel darunter dem Verlauf eines linearen isoselektiven (quaternären) Gradienten zu. Schließlich entspricht der Pfeil zwischen der linken oberen und rechten unteren Prismenecke einem linearen selektiven Lösungsmittelgradienten.

8.2.3 Lösungsmittelentgasung

8.2.3.1 Das Problem

So wichtig Luft sonst für uns und die Natur sein mag – in der Chromatographie ist sie Störenfried Nummer eins. Das zeigt sich insbesondere bei Einsatz der Lösungsmittelprogrammierung, weshalb die Möglichkeiten zur Entgasung von Elutionsmitteln (*engl.*: degassing) an dieser Stelle besprochen werden sollen.

Gelöste Luft behindert die Chromatographie auf zweierlei Weise: Gelöster Sauerstoff stört in speziellen Fällen die Detektion, und Luft neigt in Flüssigkeiten immer zur Bildung von Gasblasen, besonders bei Druckabfall, beim Mischen verschiedener Lösungsmittel und bei Temperaturerhöhung.

Am wenigsten Luft wird von Wasser gelöst. Wäßrige Lösungen braucht man bei isokratischen Arbeiten nicht entgasen. Ein Vielfaches an Luft und noch mehr Sauerstoff löst sich hingegen in organischen Lösungsmitteln, da wenig polare Gase sich in Flüssigkeiten um so besser lösen, je niedriger deren Polarität ist. Deswegen neigen sehr unpolare Elutionsmittel wie n-Hexan bevorzugt zur Gasblasenbildung.

Die Ausführungen lassen vor allem für die RP-Chromatographie Schwierigkeiten erwarten, denn hier vermischt man meist Wasser und organische Lösungsmittel in der Weise, daß dem Gemisch z. B. während des Gradienten immer wieder neues Lösungsmittel zugesetzt wird. Schlecht entgaste Lösungsmittel setzen so laufend Luft frei.

Gelöste Luft befreit sich zunächst in feinen Bläschen, die zu größeren Bläschen oder großen Luftblasen zusammentreten. Am augenfälligsten wird dieser Effekt im Detektor. Die Grundlinie verrauscht, zeigt in dichter oder weniger dichter Folge Ausschläge („Strichchromatogramm"), Sägezähne und vollständige Fluktuation aus dem Bereich.

Manche Detektorzellen sind relativ wenig empfindlich gegen hindurchströmende Luftblasen, andere fallen bei geringsten Luftmengen aus, weil sich Luftblasen infolge ungünstiger Konstruktion im Zellenraum ansammeln und hartnäckig festhalten. Bei Refraktometern kann die Basislinie schon durch gelöste Luft (ohne daß Bläschen entstehen) unruhig laufen.

Werden größere Luftmengen im letzten Teil der Trennsäule frei, stören sie den Fluß und erzeugen u. U. verzogene Peaks.

Besonders unerwünschte Effekte treten auf, sobald sich Luftblasen in den Pumpen bilden.

Die vom Plunger durch das Einlaßventil eingezogene bzw. beim Ansaughub freiwerdende Luftblase füllt den Kolbenraum mehr oder weniger aus. Der anschließende Kompressionshub fördert zu wenig oder kein Lösungsmittel. Beim nächsten Saughub dehnt sich die Luftblase möglicherweise erneut aus usw. Die Pumpe arbeitet überhaupt nicht mehr.

Auch hier ist es wie bei den Detektoren: Manche Pumpenköpfe sind sehr, andere weniger gegen Luftblasen empfindlich.

Während der Chromatographer bei einiger Aufmerksamkeit das Freiwerden von Luftblasen im Detektor schnell feststellen und beseitigen kann, bemerkt er solche Störungen in den Pumpenköpfen nicht immer sofort.

Besonders heimtückisch daran ist, daß meist nur eine von mehreren Pumpen gestört fördert. Stellt man sich unter diesen Umständen Lösungsmittelmischungen unter Verwendung mehrerer Pumpen her oder läuft eventuell ein Hochdruckgradient, so werden gravierend fehlerhafte Ergebnisse erhalten. Die Elutionsmittelzusammensetzung oder die Gradientensteigung kann völlig falsch sein.

Gelegentlich tritt eine Pumpenstörung durch Luft nur während eines Teils des Gradienten auf (Beispiel: Wasser-Acetonitril-Gradient). Der Systemdruck erniedrigt sich während des Gradienten, und die Wasser fördernde Pumpe arbeitet möglicherweise im letzten Teil des Programms schlecht. Folglich erhält das Eluens zu diesem Zeitpunkt mehr Acetonitril als vorgesehen, und der Chromatographer stellt fest, daß die letzten Komponenten auf einmal nicht mehr aufgelöst werden.

Zur Beseitigung von Luftblasen aus der Apparatur reicht das von den Herstellern empfohlene „Purgen"[1] oft nicht aus. Sehr wirksam erwies sich, Eluens über das Purgeventil oder nach Lösen von Schraubverbindungen an kritischen Stellen mit Hilfe einer Spritze (Spritzenvolumen 5–10 ml) anzusaugen.

Vorbeugen ist besser als Heilen, und mit einer sorgfältigen Entgasung aller Lösungsmittel vor Gebrauch wird jeder Betreiber gut beraten sein.

8.2.3.2 Technische Lösungen

Im Laufe der Zeit wurden viele Lösungen zur Beseitigung von Luft aus Elutionsmitteln beschrieben und kommerzielle Geräte z. T. damit ausgerüstet. Prinzipiell als brauchbar hierfür kann man betrachten:

- Sieden des Lösungsmittels unter Rückfluß

- Heliumpurging (Sparging)

- Erhitzen unter Rühren

- Vakuumentgasung

- Ultraschallbehandlung.

Manche dieser Methoden sind typische *off line*-Operationen, andere eignen sich mehr oder weniger gut zur *on line*-Entgasung. Refluxieren der Lösungsmittel ist zweifellos am aufwendigsten, aber auch am wirksamsten, sofern man Wiederaufnahme von Luft beim Abkühlen vermeidet.

Heliumpurging erfordert die sachgemäße Durchführung dieser Operation. Sie beruht auf der relativ geringen Löslichkeit von Helium in Wasser und organischen Lösungsmitteln. Einfaches Durchleiten von Helium bringt wenig Nutzen. Das Helium soll nicht nur hinreichend fein verteilt durch das Lösungsmittel strömen, es muß in einem geschlossenen Gefäß unter leichtem Überdruck aus der Flüssigkeit austreten (elegant improvisiert durch Verwendung eines Bunsenventils am Gefäßausgang). Dadurch wird die aufgrund der niedrigen Heliumdichte bewirkte Rückdiffusion von Luft während der Entgasung unterbunden.

---

[1] *engl.*: to purge – säubern. Beim Purgen wird die Pumpe nach Betätigen einer speziellen Taste und Öffnen des Purgeventils kurze Zeit mit hohem Fluß betrieben.

Am wenigsten wirksam ist die recht verbreitete Ultraschallentgasung. Das elegante, schnelle Verfahren reicht nur zum Entgasen von Lösungsmitteln zu isokratischen Arbeiten aus. Sind die Lösungsmittel für Gradienten bestimmt, kann man Ultraschallentgasung nicht empfehlen.

Erhitzen unter Rühren wurde lange Zeit als brauchbares *on line*-Verfahren verwendet. Heute ist die Membran-Vakuumentgasung mittels gasdurchlässiger Teflonschläuche die Methode der Wahl. Zahlreiche Geräte dieser Art befinden sich im Handel.

Dieser sog. „Vakuumdegaser" wird zwischen Lösungsmittelreservoir und Pumpe angeschlossen. Mehrere Lösungsmittel können in parallelen Strängen gleichzeitig und kontinuierlich entgast werden. Zur Vakuumerzeugung genügen sehr einfache Membranpumpen, denn schon bei mäßigem Vakuum läßt sich eine 85–90 %ige Entgasung erreichen. Man ist so in der Lage, auch Lösungsmittelgemische zu entgasen, ohne daß sich deren Zusammensetzung merklich ändert. Der Entgasungsvorgang erfolgt i. allg. diskontinuierlich, d .h. die meisten Geräte schalten ihre Vakuumpumpen zwischen zwei Grenzwerten ständig ein und aus. Das kann bei sehr niedrigen Wellenlängen zu Basislinienschwankungen führen. Ferner ist zu berücksichtigen, daß hohe Flüsse (je nach Gerätetyp) geringere Entgasungsraten zur Folge haben.

8.2.4 Theoretische Grundlagen für lineare Gradienten

Von den in vorangegangenen Abschnitten erläuterten Möglichkeiten der Gradientenelution betrachten wir nur lineare Gradienten aus binären Lösungsmittelgemischen unter den Bedingungen der Umkehrphasenchromatographie. Diese in der chromatographischen Praxis besonders verbreitete Arbeitsweise führt in der überwiegenden Zahl der Fälle zu befriedigenden Trennungen. Wie in Abschnitt 5 ausführlich erläutert wurde, gehen zumindest bei komplizierteren Proben mit den Konzentrationsänderungen im Lösungsmittelgemisch relevante Selektivitätsänderungen einher.

Zur Wanderung von Konzentrationsgradienten in der Trennsäule sei auf die grundsätzlichen Ausführungen bei der Frontal- und Verdrängungschromatographie hingewiesen (Abschn. 13). Das am Säuleneingang ankommende Gradientenprofil passiert die Trennsäule unverändert und überholt sukzessive alle Komponenten. Dabei wird a) die Elutionsgeschwindigkeit jeder Komponente erhöht und b) jede Komponentenbande (Peak) an der Rückfront komprimiert, beides um so ausgeprägter, je später die Komponente unter isokratischen Bedingungen austreten würde.

Der Sachverhalt ist in Bild 8.4 für zwei Zeitpunkte schematisch veranschaulicht. Zum Zeitpunkt t_1 hat der Gradient G die Komponente i, die zunächst längs s mit der Geschwindigkeit u_1 wandert, erreicht. Ihre Rückfront muß von da an schneller wandern als ihre Vorderfront, weil an ihr die Konzentration des stärker eluierenden Elutionsmittelanteils um Δc höher ist. Zum Zeitpunkt t_2 bewegt sich die Substanzzone im Mittel im Konzentrationszuwachs Δc und wandert schneller. i kann nur schneller wandern bei kleinerer Verteilungskonstante, d. h. der Anteil von i in der Kompaktphase hat sich gleichzeitig verringert. Wir erkennen eine schmalere Bande mit höherer Konzentration in der fluiden Phase.

Über die gesamte Elutionszeit gesehen, wandert jede Komponente des Probengemisches in einer durch die Gradientensteilheit bestimmten mittleren Eluenskonzentration – langsamer wandernde Komponenten in höheren Konzentrationen als schnell eluierende. Auf diese Weise verkürzt sich das Chromatogramm, je nach Steilheit des Gradienten.

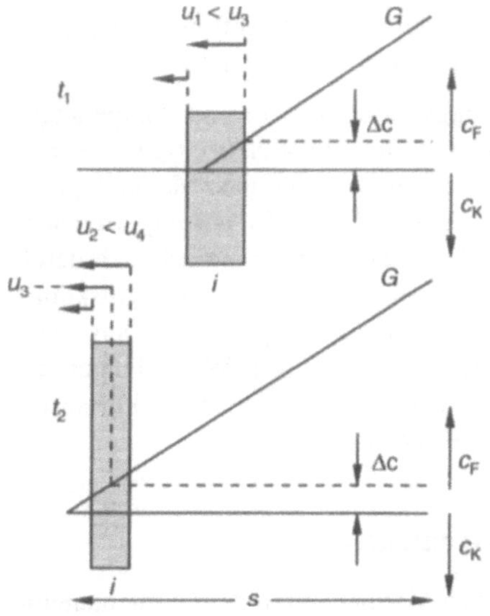

Bild 8.4
Zur Wanderung des Substanzimpulses einer Komponente i

c_F –   Fluidphasenkonzentration
c_K –   Kompaktphasenkonzentration
G –   Gradientenprofil
Δc –   Konzentrationsänderung
$t_1 < t_2$ –   Zeitpunkt der Profilbetrachtung
s –   Wanderungsstrecke des Gradientenprofils

Die Länge der kurzen waagerechten Pfeile symbolisiert die unterschiedlichen Wanderungsgeschwindigkeiten u an den Substanzfronten

Wie die Probenkomponenten unterliegt auch das Elutionsmittel den Gesetzen der Verteilung, und jeder seiner Bestandteile wandert entsprechend der ihm zukommenden Verteilungskonstante. Der Gradientenanfang muß nach Passieren der Trennsäule also nicht bei der Totzeit liegen, auch wenn er bei Säuleneintritt exakt mit der Probeninjektion zusammenfiel. In der RP-Chromatographie mit den üblichen Lösungsmitteln wie Acetonitril oder Methanol beginnt der Gradient allerdings unmittelbar nach t_M. Unter dieser Voraussetzung ist es zulässig, seinen Konzentrationsverlauf ohne Korrektur in das Chromatogramm zu übertragen (Bild 8.5).

Wir fragen nun nach dem Zusammenhang der Retentionsgrößen für eine Substanz beim isokratischen Passieren der Säule und gleichförmiger Elutionsgeschwindigkeit $u = \text{const.}$ und bei ungleichförmiger Elutionsgeschwindigkeit $u = f(t)$ unter dem Einfluß der Gradientenkonzentration.

Im ersten Fall sind die Wegelemente pro Zeiteinheit ds/dt immer gleich, im zweiten Fall nehmen sie (normalerweise) zu. Die gleichzeitig austretenden Volumina dV sind in beiden Fällen gleich, da der Fluß $\dot{V} = dV/dt$ konstant sein soll. Das während der Netto-retentionszeit unter Gradientenbedingungen t'_{RiG} ausgeflossene Elutionsvolumen beträgt $\Sigma dV = V'_{RiG}$. Es ist zu unterscheiden vom Volumen $\Sigma dV = V_\Phi$, das ausströmen würde, wenn die Komponente i bei der zur Zeit t gerade herrschenden Gradientenkonzentration Φ *isokratisch* wandern würde (Kapazitätsfaktor $k_\Phi = k_i$). Betrachtet man das Wegelement ds als Bruchteil der Gesamtlänge ($\Sigma ds = 1$), so gilt

$$\frac{\mathrm{d}s}{\mathrm{d}V} = \frac{1}{V_\Phi} \quad \text{und} \tag{8.1}$$

$$\int \mathrm{d}s = \int \frac{1}{V_\Phi}\mathrm{d}V = 1, \tag{8.2}$$

eine von SNYDER [3] angegebene, für die Gradientenelution allgemein gültige Gleichung.

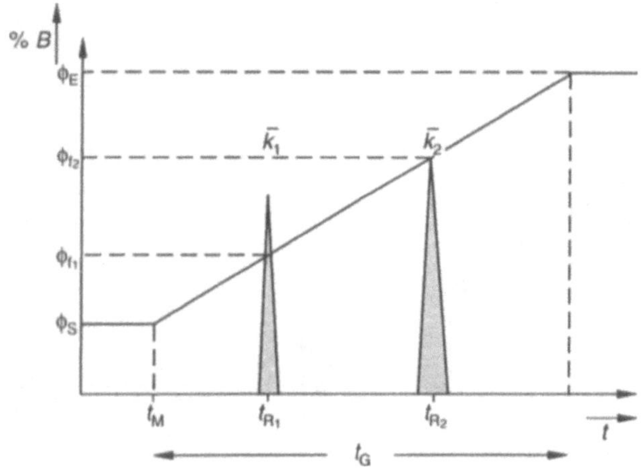

Bild 8.5 Chromatogramm und Gradientenverlauf schematisch
Binäres Lösungsmittelgemisch: A = Wasser, B = organischer Bestandteil[1]
t_G – Gradientenlaufzeit; t_M – Totzeit; t_{R1}, t_{R2} – Retentionszeiten der Komponenten 1 und 2; $\overline{k_1}, \overline{k_2}$ – Kapazitätsfaktoren der Komponenten 1 und 2 (vgl. Abschn. 5); Φ_S und Φ_E – Gemischanteile von B bei Start und Gradientenende; Φ_f – mit der jeweiligen Komponente gleichzeitig austretende Elutionsmittelzusammensetzung

Zur Lösung von Gl. (8.2) benötigen wir die Funktion $V_\Phi = k_\Phi \cdot V_M$, die sich für das LSS (Linear-Solvent-Strength)-Konzept von L. R. SNYDER und Mitarbeiter gemäß Bild 8.6 ableiten läßt.

Die Steigung der Geraden $\lg k_\Phi = f(t)$ kann man einerseits wie üblich über die k_Φ-Werte ausdrücken, andererseits aber durch Definition eines Steilheitsparameters b

$$\frac{\lg k_0 - \lg k_\Phi}{t} = \frac{b}{t_M}, \tag{8.3}$$

woraus folgt

---

[1] Der organische Lösungsmittel-Bestandteil wird gelegentlich (wenig glücklich) als Modifier bezeichnet.

$$\lg k_\Phi = \lg k_0 - b\,\frac{t}{t_M} = \lg k_0 - b\,\frac{V}{V_M}\,. \tag{8.4}$$

t ist die nach Probeninjektion und Gradientenbeginn verstrichene Zeit und V das zugehörige Elutionsvolumen, Φ die Gradientenkonzentration (Anteil der stärker eluierenden Elutionsmittelkomponente) zum Zeitpunkt t, $t_M = V_M/\dot{V}$ die Totzeit des Systems, k_0 der Wert von k_Φ zur Zeit $t = 0$, $\bar{k}$ der Medianwert (Zentralwert), also der mittelste Wert einer geordneten Wertefolge.

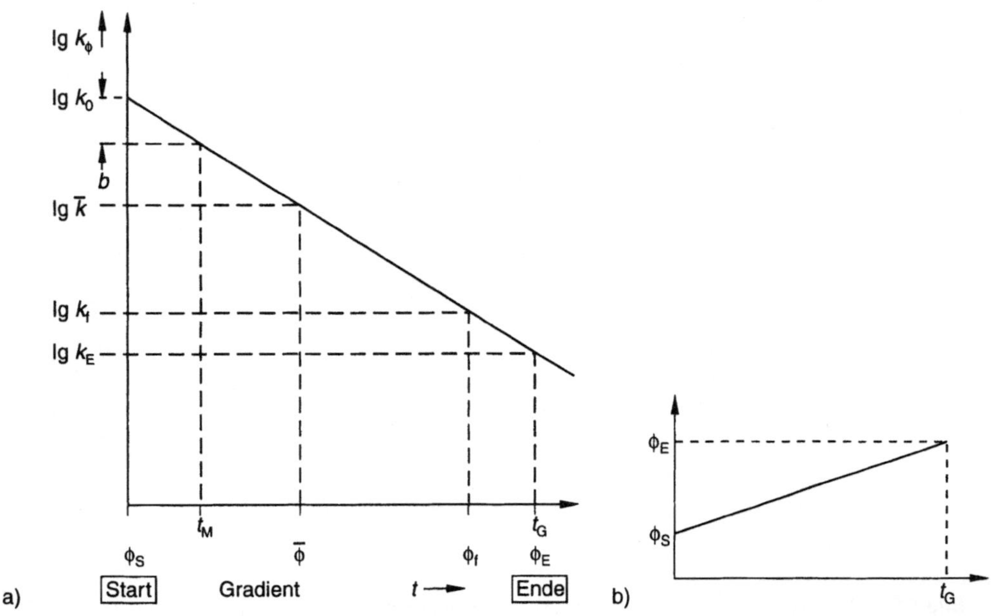

Bild 8.6 a) Zur Ableitung von Gleichung (8.2)

b – Steilheitsparameter der LSS-Theorie; t_M – Totzeit des Systems; k_0 – isokratischer Kapazitätsfaktor für Φ_S bei $t = 0$; k_f – isokratischer Kapazitätsfaktor für Φ_f bei Verlassen der Säule; k_E – isokratischer Kapazitätsfaktor für Φ_E bei t_G (Gradientenzeit); $\bar{k}$ – Medianwert von k_Φ, der mittleren Konzentration $\bar{\Phi}$ entsprechend

b) Zur Formulierung des linearen Gradienten

$\Phi = \Phi_S + (\Phi_E - \Phi_S)\cdot t/t_G$

Gradientensteigung: $\Phi' = (\Phi_E - \Phi_S)/t_G$

b stellt einen grundlegenden Parameter der LSS-Theorie dar und sollte eine Konstante sein, was in der Praxis nicht vollkommen zutrifft. b wächst mit der Steilheit des Gradienten und umgekehrt proportional zu $\bar{k}$. Für hinreichend große k_0-Werte gilt

$$b = \frac{1}{f \cdot \bar{k}} \tag{8.5}$$

mit $f = 1{,}15$ [4].

Führt man in Gl. (8.4) k_E und t_G (vgl. Bild 8.6a) sowie in Gl. (5.8) (Abschn. 5) k_0 und Φ_S bzw. k_E und Φ_E ein und setzt die erhaltenen Ausdrücke für $\lg(k_0/k_E)$ gleich, ergibt sich b zu

$$b = \frac{t_M}{t_G} \cdot S \cdot \left(\Phi_E - \Phi_S \right) \tag{8.6}$$

und unter Verwendung von Gl. (8.5) mit $t_M = V_M/\dot{V}$ die in Abschn. 5 schon verwendete Beziehung für $\bar{k}_i$ (Gl. (5.11))

$$\bar{k}_i = \frac{\dot{V}}{1{,}15\, V_M} \cdot \frac{1}{S} \cdot \frac{t_G}{\Delta \Phi} \qquad (2 < \bar{k} < 10). \tag{8.7}$$

Während die Auflösungsgleichungen (Gl. (2.77)), wie schon in Abschn. 5.2.1 dargelegt, unter Verwendung von $\bar{k}_i$ und dem isokratischen Wert für N für die Gradientenelution Gültigkeit besitzen, macht es keinen Sinn, auch die allein unter isokratischen Bedingungen anwendbaren Beziehungen für N (Gln. (2.37), (2.39), (2.40)) aus Gradientenchromatogrammen zu ermitteln.

Da die σ-Parameter aufeinanderfolgender Peaks durch die Peakkompression während des Gradienten i. allg. ziemlich gleich groß ausfallen, würde man grundsätzlich höhere Trennstufenzahlen erhalten, je spätere Peaks zur Berechnung kommen.

Dies vermeidet zwar die der Peakkompression Rechnung tragende Beziehung von SNYDER et al. [5], die außer b noch einen Kompressionsfaktor G enthält. Ihre Handhabung ist aber wenig bequem; auf jeden Fall empfiehlt sich die Bestimmung von N unter isokratischen Bedingungen.

Gl. (8.4) kann nach Entlogarithmieren von k_Φ und Multiplizieren mit V_M in Gl. (8.2) eingeführt werden. Aus Gl. (8.2) wird

$$\int \frac{10^{b \cdot V/V_M}}{V_M \cdot k_0} \, dV = 1. \tag{8.8}$$

Die Lösung dieses Integrals mit den Grenzen 0 und V'_{RiG} ergibt eine Gleichung für das Nettoretentionsvolumen bei linearen Gradienten:

$$V'_{RiG} = V_M \frac{\lg \left(2{,}3 k_0 \cdot b + 1 \right)}{b}. \tag{8.9}$$

Der Bruch rechts neben V_M in Gl. (8.9) drückt den Kapazitätsfaktor bei linearer Gradientenelution aus. Die Gleichung für die Bruttoretentionszeit lautet entsprechend

$$t_{Ri} = (t_M/b) \lg(2{,}3 k_0 \cdot b + 1) + t_M \; . \tag{8.10}$$

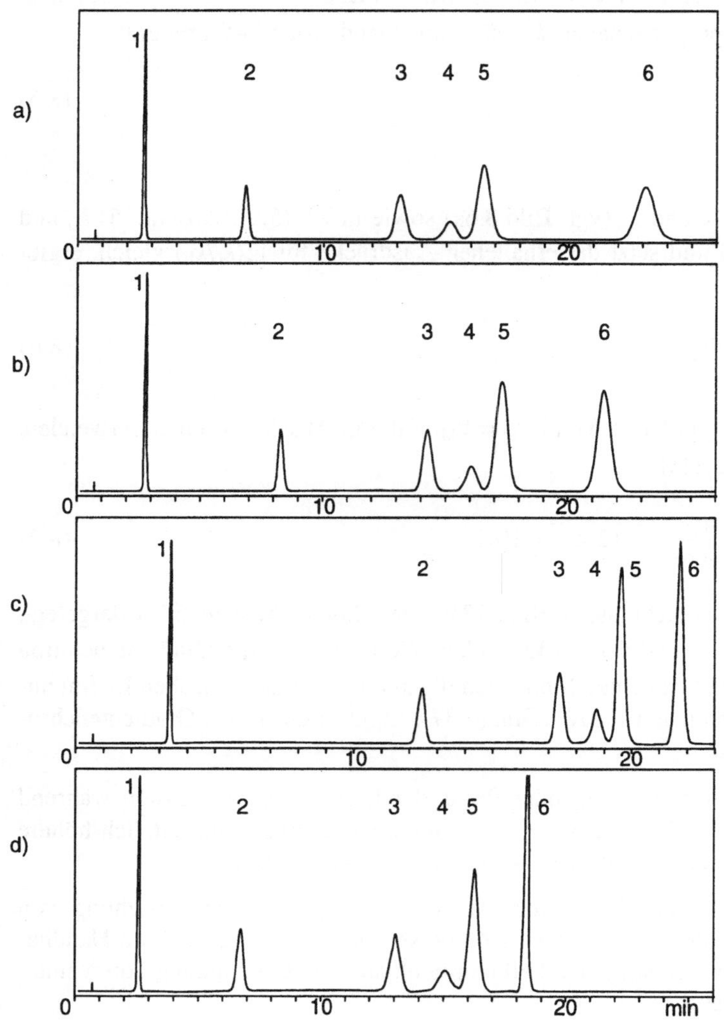

Bild 8.7   Trennung fettlöslicher Vitamine an UltraSep ES VIT F
Bedingungen und Komponentenbezifferungen siehe Bild 5.1 und Bild 5.2
Arbeitsweisen: a) isokratisch AN/H₂O (91/9); b) Gradient 88–98 % AN in 30 Minuten;
c) Gradient 80–98 % AN in 20 Minuten; d) 91 % AN 14 Minuten (isokratisch), dann Gradient
91–100 % AN in 3 Minuten; Erläuterungen vgl. Text

Es erhebt sich die Frage, wann eine Gradientenelution grundsätzlich zweckmäßig ist.

Den größten Nutzen bringt das Verfahren naturgemäß bei homologen Reihen, für Multikomponentengemische, sobald sehr unausgeglichene Chromatogramme vorliegen, oder wenn durch die Erhöhung der Elutionsstärke bemerkenswerte Selektivitätseffekte zu erwarten sind. Liegen isokratische Chromatogramme schon mit dichter Peakfolge vor, ist Gradientenarbeitsweise natürlich überflüssig.

Manchmal kann man die Trennung durch einfache Gradienten zwar wenig verbessern, jedoch u. U. trotzdem bestimmte Effekte erreichen. Nützlich sind oft kombinierte Gradienten, z. B. mit dem Verlauf *linear – linear* oder *isokratisch – linear*.

Bild 8.7a zeigt ein Chromatogramm fettlöslicher Vitamine isokratisch bei 91 % Acetonitril (AN). Legt man um diesen Prozentsatz einen Gradienten, z. B. 88 – 98 % AN in 30 Minuten (Bild 8.7b), wird ein ganz ähnliches Chromatogramm erhalten und praktisch keine Analysenzeit eingespart. Der letzte Peak ist aber deutlich schmaler und höher, was eine empfindlichere Bestimmung der Verbindung erlaubt. Ein Gradient 80 – 98 % AN in 20 Minuten (Bild 8.7c) bringt trotz deutlicher Verkürzung der Gradientenzeit nur die gleiche Analysenzeit. Durch den niedrigeren Anfangs-AN-Gehalt werden alle Komponenten zunächst verzögert und die beiden letzten schließlich stark zusammengedrückt. Liegen gerade diese beiden Verbindungen in verhältnismäßig niedriger Konzentration vor, ist so ein Vorgehen naturgemäß günstig. In diesem Falle kann man den erzielten Effekt unter Gewinn an Analysenzeit z. B. noch durch Kombination einer isokratischen Phase mit einem steilen, kurzen Gradienten steigern (Bild 8.7d).

8.2.5 Praktische Realisierung von Gradienten

Im folgenden sollen weniger gerätetechnische Einzelheiten verschiedenster auf dem Markt befindlicher Gradientenvorrichtungen besprochen werden, sondern prinzipielle Probleme, wie sie mit der Durchführung von Gradienten verbunden sind.

Ein Chromatographer stellt sich z. B. an seinem „Programmer" exakt den für die Trennung an einer bestimmten Säule vorgeschriebenen Gradienten ein. Er wird möglicherweise trotzdem feststellen müssen, daß sein Chromatogramm in den Retentionswerten von dem mitgelieferten Testchromatogramm abweicht. In ungünstigen Fällen kann die Trennung an einigen Stellen sogar deutlich schlechter sein.

Was liegt näher, als hierfür die Trennsäule verantwortlich zu machen?

Dieser Schluß ist allerdings zu simpel. Jede Trennung wird nicht nur von der Trennsäule, sondern gleichermaßen vom Gerät bestimmt. So betrachtet, läßt sich die Ursache des veränderten Chromatogramms leicht klären: Soll- und Ist-Gradient stimmen nicht im erforderlichen Maße überein. Nach dem, was wir aus den vorangegangenen Ausführungen wissen, muß sich das auf das Aussehen des Chromatogramms mehr oder weniger auswirken.

In Bild 8.8 wurde der ideale oder programmierte Gradient (vgl. auch Bild 8.5) gestrichelt (0) und der stets mehr oder weniger parallel verschobene Ist-Gradient (1) ausgezogen gezeichnet.

Man kann Gradienten aus technischen Gründen nicht unmittelbar vor der Trennsäule realisieren. Folglich beginnen alle Gradienten nicht mit der Probeninjektion, auch nicht, falls Gradientenstart und Injektion elektronisch gekoppelt sind. Man darf also den realen Gradientenbeginn nicht unbesehen bei t_M in das Chromatogramm einzeichnen, selbst wenn gilt $t'_{RG} = 0$ (vgl. S. 162). Vielmehr verstreicht immer eine als Dwellzeit (*engl.*: dwell – Verzögerung) bezeichnete Verzögerungsphase t_D, die zum (meist) geringeren Teil durch externe Totvolumina aus Verbindungsleitungen, Verbindungsstücken und dem Probeninjektor (Autosampler) verursacht wird (entspricht t_{ex}), aber zum größeren

Teil aus der Verzögerungsgzeit t_{mix} durch das Kammervolumen der überwiegend verwendeten dynamischen Mischkammer stammt.

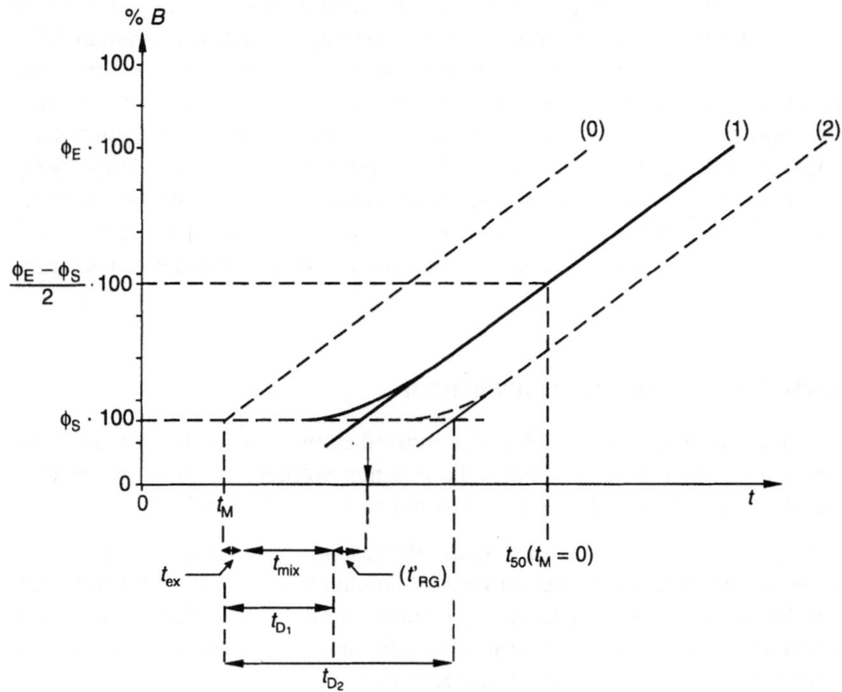

Bild 8.8   Zum Begriff der Dwellzeit t_D bei der Gradientenelution
(Erläuterungen siehe Text)
(0) – idealer Gradientenverlauf; (1) und (2) – reale Gradienten am Gerät 1 bzw. 2; t_M – Säulentotzeit; t_{ex} – Verzögerungszeit durch externe Gerätevolumina; t_{mix} – Verzögerungszeit durch das Mischkammervolumen; t_{D1}, t_{D2} – Dwellzeiten für Gerät 1 bzw. 2; t'_{RG} – Nettoretentionszeit des Gradienten (vgl. S. 162; bei t_{D2} nicht berücksichtigt); t_{50} – siehe Text; Φ und B – vgl. Bild 8.5

Das Problem liegt nun nicht am Vorhandensein von t_D an sich, da t_D ein fixer Geräteparameter ist. Es liegt in erster Linie darin, daß t_D bei einzelnen Gerätesystemen sehr unterschiedlich sein kann und deshalb Trennungen, die an einem Gerät funktionieren, beim anderen schlechtere Ergebnisse liefern und umgekehrt.

Schwierigkeiten sind generell vorprogrammiert, wenn man zwischen Geräten mit Hochdruck- und Niederdruckgradienten wechselt, da letztere meist ein Mehrfaches an Verzögerungszeit als Hochdruckgradienten erbringen.

Sind die Verzögerungsvolumina $V_D = t_D \cdot \dot{V}$ der Geräte, zwischen denen man die Methode wechselt, bekannt, vereinfacht sich die Problematik. Man injiziert die Probe einfach um $\Delta t = t_{D2} - t_{D1}$ nach ($t_{D2} > t_{D1}$) oder vor ($t_{D2} < t_{D1}$) dem Gradientenstart (wenn die Methode am Gerät 1 erarbeitet wurde) und versucht so, Übereinstimmung der Chromatogramme zu erzielen.

t_D kann unter Entfernen der Trennsäule durch direkte Verbindung der Injektionsvorrichtung („inject"-Stellung) mit dem Detektoreingang über einen Testgradienten ermittelt werden (vgl. Abschn. 12). t_D ergibt sich gemäß Bild 8.8 ($t_M = 0$!) zu

$$t_{50} - t_G/2 \equiv t_D, \tag{8.11}$$

wenn t_{50} die nach Ablauf des „halben" Gradienten (% B) verstrichene Zeitspanne und t_G die festgelegte Gradientenlaufzeit ist. Ebenso ist eine Bestimmung über die eingezeichnete Tangentenextrapolation möglich (experimentelle Bedingungen s. Bild 12.1).

Die aufgezeigte Problematik stellt sich komplizierter dar, sobald der Gradientenverlauf nicht nur parallel verschoben, sondern noch durch konstruktiv bedingte Mängel der verwendeten Vorrichtung in irgendeiner Weise verfälscht wird.

Binäre lineare Hochdruckgradienten erzeugt man mit Hilfe von zwei Pumpen, deren Volumenflüsse $\dot{V}_1$ und $\dot{V}_2$ sich immer zum (konstanten) Gesamtfluß $\dot{V}_p$ ergänzen (Bild 8.9). Entscheidend ist, daß die Volumenflüsse sorgfältig vermischt werden[1]. Das kann durch *statische* oder *dynamische* Mischer geschehen.

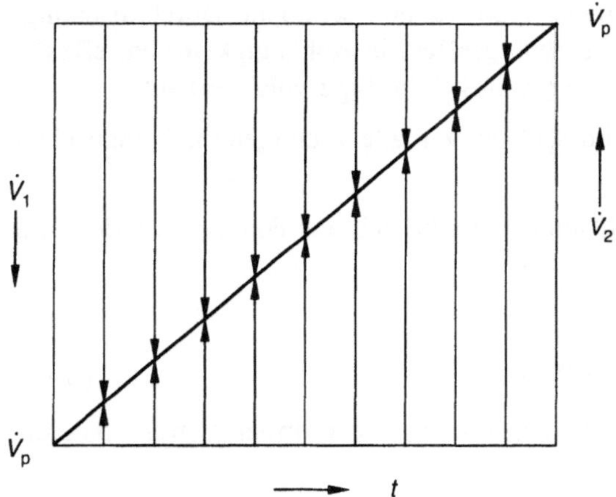

Bild 8.9   Herstellung eines linearen Gradienten mit zwei Hochdruckpumpen

Ein statischer Mischer besteht im einfachsten Falle aus einem T- bzw. Y-Stück. Eine so einfache Vorrichtung ergibt allerdings keine brauchbaren Gradienten, da die zu mischenden Lösungsmittel wegen ihres laminaren Flusses geraume Zeit „nebeneinander" strömen würden. Ist durch geeignete Konstruktion für hinreichende radiale Vermischung gesorgt, bleibt beim statischen Mischer noch das Problem, daß sich Unregel-

---

[1] Zu dieser Problematik für die Mikro-HPLC und Kapillar-HPLC vgl. [6]

mäßigkeiten der Pumpenflüsse unmittelbar in Konzentrationsschwankungen des programmierten Gemisches niederschlagen.

Dynamische Mischer besitzen eine Mischkammer mit Rührwerk. Meist verwendet man Magnetrührwerke (Bild 8.10).

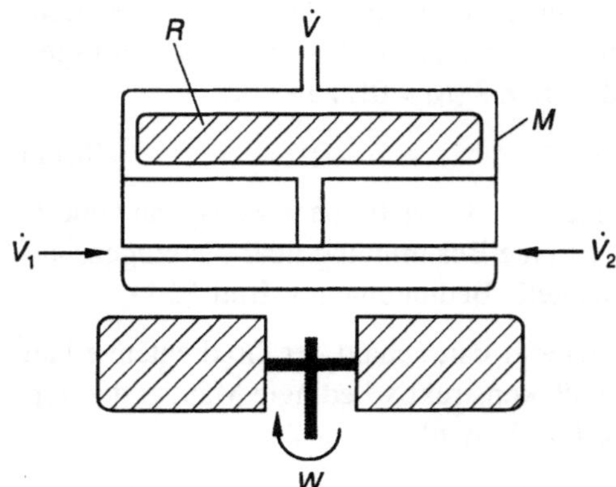

Bild 8.10
Dynamische Mischkammer zur
Gradientenelution mit Magnetrühr-
werk W (schematisch)
M – Mischkammer
R – Magnetrührstab

Dynamische Mischer vermeiden bei hinreichender Rotationsfrequenz Grundlinienrauschen durch Pumpenpulsation und Störungen infolge von Konzentrationsunregelmäßigkeiten.

Solche Mischkammern zeigen bei geeigneter Konstruktion sehr gute Durchmischung, aber es tritt immer ein exponentieller Verdünnungseffekt in Abhängigkeit vom effektiven Kammervolumen (Mischkammervolumen minus Rührkörpervolumen) auf.

Zur Erläuterung des Phänomens diene Bild 8.11, in dem alle wichtigen mathematischen Größen aufgeführt sind.

Die Massenzunahme von i in der Mischkammer ergibt sich aus den eintretenden und austretenden Massenanteilen gemäß

$$\mathrm{d}m_i = \mathrm{d}m_{i\mathrm{E}} - \mathrm{d}m_{i\mathrm{A}} \quad \text{und} \tag{8.12}$$

$$\mathrm{d}m_i = c_{i\mathrm{E}} \cdot \dot{V} \cdot \mathrm{d}t - c_i \cdot \dot{V} \cdot \mathrm{d}t = (c_{i\mathrm{E}} - c_i) \cdot \dot{V} \cdot \mathrm{d}t. \tag{8.13}$$

Durch Division mit V_M erhält man $\mathrm{d}c_i = \mathrm{d}m_i/V_\mathrm{M}$ und nach Umformen Differentialgleichung (8.14)[1]

$$\frac{\mathrm{d}c_i}{c_{i\mathrm{E}} - c_i} = \frac{\dot{V}}{V_\mathrm{M}}\,\mathrm{d}t \,. \tag{8.14}$$

Nach Integration von Gl. (8.14) zwischen c_{i0} (Ausgangskonzentration von i in der Mischkammer) und c_i zu den Zeitpunkten $t = 0$ und t resultiert

---

[1] Man beachte, daß das in Abschnitt 8.2.5 für das Mischkammervolumen benutzte Symbol V_M sonst für das Totvolumen der Trennsäule verwendet wird.

$$\frac{c_i - c_{i\,E}}{c_{i0} - c_{i\,E}} = \exp\left(-\dot{V} \cdot t / V_M\right). \tag{8.15}$$

Für $c_{i0} = 0$ (reines Grundlösungsmittel zum Zeitpunkt $t = 0$) vereinfacht sich die Exponentialfunktion zu

$$c_i / c_{i\,E} = 1 - e^{-\left(\dot{V} \cdot t / V_M\right)}. \tag{8.16}$$

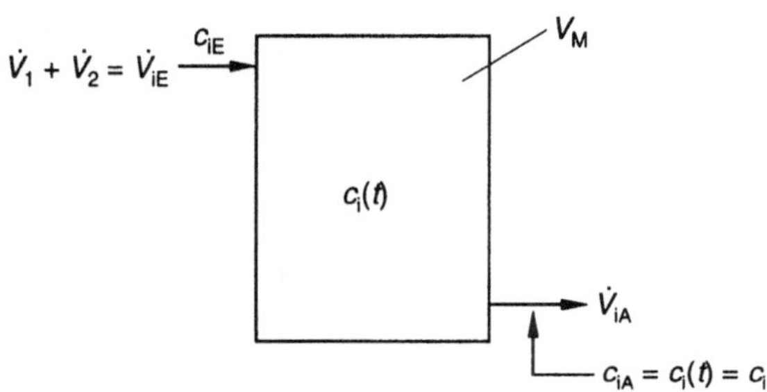

Bild 8.11 Mischkammervolumen V_M mit eintretenden (Index E) und austretenden (Index A) Volumenflüssen $\dot{V}$. c_i sind die Konzentrationen der eluierenden Mischungskomponente i, z. B. Acetonitril für die Zuflüsse Wasser ($\dot{V}_1$) und Acetonitril ($\dot{V}_2$);

$$c_{i\,E} = \frac{\mathrm{d}m_{i\,E}}{\dot{V}_{i\,E} \cdot \mathrm{d}t}\,; \quad c_i(t) = \frac{m_i(t)}{V_M}\,; \quad \dot{V}_{i\,E} = \dot{V}_{i\,A} = \dot{V}$$

Als entscheidend für die Übereinstimmung zwischen Soll- und Ist-Gradienten erkennt man das Verhältnis des Flusses $\dot{V}$ zum Mischkammervolumen V_M (vgl. auch Bild 8.12). Liegt das Mischkammervolumen in der Größenordnung des gewählten Flusses, wird der programmierte Stufengradient durch die Verdünnung in der Mischkammer unzulässig verfälscht (Kurve 4). Ist das Mischkammervolumen hingegen in bezug auf den gewählten Fluß sehr klein (Kurve 1), bleibt der theoretische Gradientenverlauf praktisch erhalten.

Gleichung (8.15) eignet sich zur Vorausberechnung des für den programmierten Testgradienten (Stufengradienten) nach Bild 12.1 zu erwartenden realen Verlaufs, sofern V_M bekannt ist. Hierzu erhält sie die Form

$$c_i = c_{i\,E} - (c_{i\,E} - c_{i0}) \cdot e^{w\left(t_{St} \cdot z - t\right)} \tag{8.17}$$

mit $w = \dot{V}/V_M$ und z als Nummer der zu berechnenden Stufe der Stufenbreite t_{St}. Die zugehörige Stufenhöhe beträgt $(c_{iE} - c_{i0})$.

Für lineare Gradienten ergibt der Verdünnungseffekt an Stelle gerundeter Stufen die bereits erwähnte Parallelverschiebung (Bild 8.8). Eine hierfür anwendbare Beziehung leitet sich ebenfalls aus Gl. (8.14) ab, wenn man vor der Integration für den Sollgradienten statt $c_{iE} = \mathrm{const.}$ $c_{iE} = kt$ festlegt:

$$c_i = k\,t - \frac{k}{w}\left(1 - e^{-wt}\right). \tag{8.18}$$

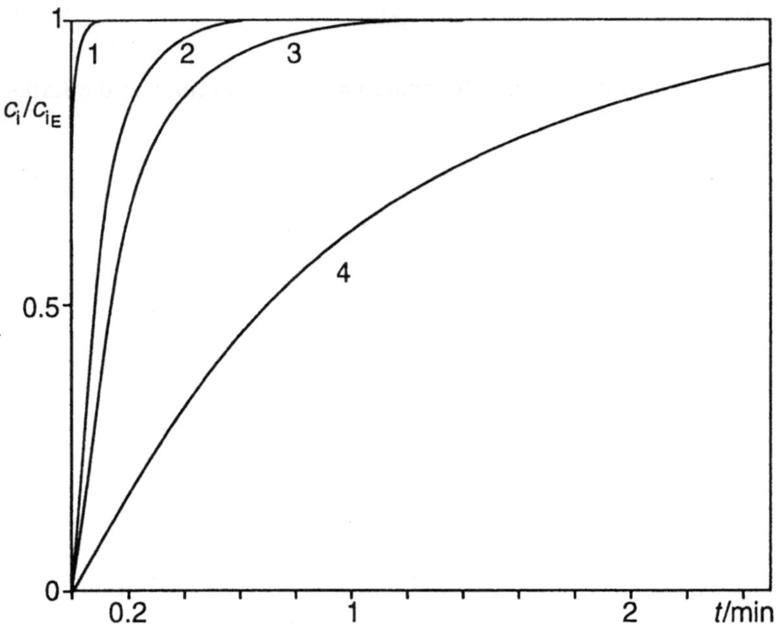

Bild 8.12 Graphische Darstellung der Gleichung (8.16)
$\dot{V} = 100\ V_\mathrm{M}$ (Kurve 1); $\dot{V} = 10\ V_\mathrm{M}$ (Kurve 2); $\dot{V} = 5\ V_\mathrm{M}$ (Kurve 3); $\dot{V} = V_\mathrm{M}$ (Kurve 4)
$c_{i\mathrm{E}}$ – in die Mischkammer eintretende Konzentration der eluierenden Gradientengemisch-
komponente i; c_i – aus der Mischkammer austretende Konzentration an i (vgl. Bild 8.11);
V_M – Mischkammervolumen

Gleichung (8.18) unterscheidet sich nicht prinzipiell von Gl. (8.17). Beide Male liegt die
Differenz zwischen der Sollfunktion und einer exponentiellen Korrekturfunktion vor.
Das rechte Glied in Gl. (8.18) stellt also die zu jedem Zeitpunkt t gegebene Kon-
zentrationserniedrigung Δc_i des Ist-Gradienten dar. Für hinreichend große Werte von t
ergibt sich die Parallele zur ursprünglichen Funktion, deren Abstand Δc_i vom
Steigungsfaktor k der Ursprungsfunktion und von $w = \dot{V}/V_\mathrm{M}$ abhängt. Große Werte für
V_M begünstigen Kurvenverformung und Parallelverschiebung, große Werte für $\dot{V}$
vermindern sie. w kann man als „Wahrheitsfaktor" bezeichnen. Je größere Werte er
annimmt, desto mehr gleicht der Ist-Gradient dem wahren, programmierten Soll-
Gradienten.

Im Bild 8.13 wurden berechnete Ist-Gradienten für eine kommerzielle Mischkammer
mit $V_\mathrm{M} = 0{,}6$ ml und dem linearen Soll-Gradienten $0 - 100\ \%$ B/25 Minuten einmal bei
$\dot{V} = 1$ ml/min (4 mm-Säule) und das andere Mal bei 0,2 ml/min (2 mm-Säule) dargestellt.

Zur Berechnung bis zum Ende des Soll-Gradienten diente Gl. (8.18), ab 25 Minuten
wurde mit Gl. (8.17) unter Berücksichtigung von $t_{\mathrm{St}} \cdot z = 25$ min und $c_{i\mathrm{E}} = 100\ \%$ gerechnet. Für c_{i0} ist der jeweilige Endwert des Ist-Gradienten bei 25 Minuten zu setzen.

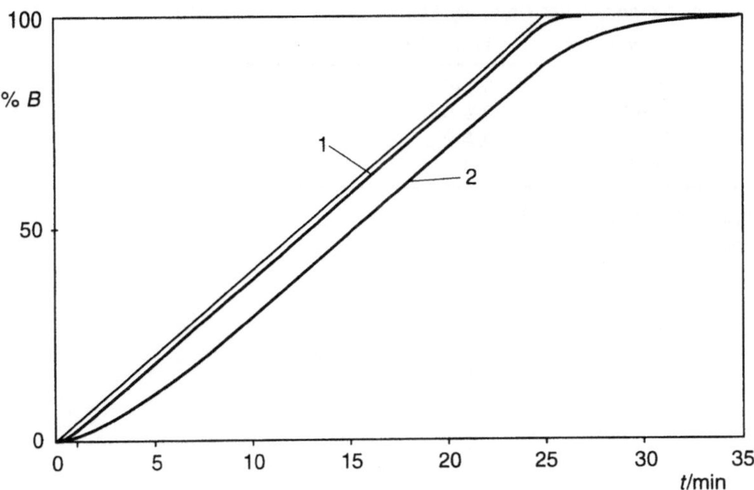

Bild 8.13 Gradientenverläufe bei Verwendung einer Mischkammer mit $V_M = 0{,}6$ ml und Flüssen von 1 ml/min (Kurve 1) bzw. 0,2 ml/min (Kurve 2), berechnet nach Gl. (8.18)

Bild 8.13 macht deutlich, daß beim Arbeiten mit den üblichen Mischkammervolumina und den bei konventionellen Säulen üblichen Flüssen Soll- und Ist-Gradienten recht gut übereinstimmen sollten. Anders ist die Sachlage, wenn solche Mischkammern bei niedrigen Flüssen (englumige Säulen) betrieben werden (Kurve 2). Dann muß grundsätzlich mit der auf S. 167 diskutierten Problematik gerechnet werden.

Es ist deshalb zweckmäßig, t_D für jede Apparatur einmal sorgfältig zu ermitteln oder wenigstens V_M für die Mischkammer beim Hersteller zu erfragen.

Aus Gleichung (8.18) resultiert noch die Verzögerung des Ist-Gradienten gegenüber dem Soll-Gradienten Δt, d. h. die Zeitspanne, um die das Gradientenprofil verspätet an jedem Punkt der Säule eintrifft

$$\Delta t = \frac{1}{w}\left(1 - e^{-wt}\right). \tag{8.19}$$

$\Delta t = t_{\text{mix}}$ (Bild 8.8). Δt wird $\approx t_D$, sobald t_{ex} hinreichend klein ist. Für genügend groß gewählte t-Werte gilt dann

$$t_D \approx \Delta t = V_M/\dot{V} . \tag{8.20}$$

Nach Multiplikation mit dem Fluß wird $V_D \approx V_M$.

Tabelle 8.2 enthält zu erwartende Verzögerungszeiten für verschiedene Trennsäulen und Mischkammern. Die gängigen Mischkammern mit Kammervolumen um 0,5 ml sind für das Arbeiten mit Microbore-Säulen ungeeignet. Eine Mischkammer mit $V_M = 0{,}1$ ml dürfte den meisten Anforderungen gerecht werden.

Tabelle 8.2   Verzögerungszeiten für das Konzentrationsprofil von Gradienten beim Arbeiten mit verschiedenen Säulen und Mischkammern

d_S	$\dot{V}$ (ml/min)	Verzögerungszeiten (min) nach Gl. (8.20)	
		$V_M = 0,5$ ml	$V_M = 0,1$ ml
4 mm	1–2	0,5–0,25	0,1–0,05
3 mm	0,5–1	1–0,5	0,2–0,1
2 mm	0,25–0,5	2–1	0,4–0,2
1 mm	0,05–0,1	10–5	2–1

d_S – Säuleninnendurchmesser; $\dot{V}$ – Volumenfluß;
V_M – Mischkammervolumen

9 Analytische Chromatographie

9.1 Vorbereitungen zur Analyse

In der Chromatographie stellt jedes Analysenproblem in erster Linie ein Trennproblem dar. Bei Kenntnis des Stoffgemisches lassen sich Kompakt- und Fluidphase nach allgemeinen Gesichtspunkten oder Literaturbeispielen auswählen. Aus ökonomischen Gründen strebt man an, mit der Trennsäule die Analysenbedingungen zu erwerben, d. h. man kauft am besten gleich eine auf das Trennproblem zugeschnittene Spezialsäule.

Ist die Probenzusammensetzung unbekannt, sind Vorversuche zweckmäßig, wobei Dünnschichtchromatographie und IR-Spektroskopie, aber auch andere Analysenverfahren gute Dienste leisten.

Vor der Injektion wird die Probe in einem geeigneten Lösungsmittel(gemisch) vollständig gelöst. Man dosiert i. allg. Volumina der Lösung zwischen 0,5 und 5 µl. Die Konzentration richtet sich nach Analysenart und Detektorempfindlichkeit. Lösungsmittel der Wahl ist das Elutionsmittel. Erweist sich dies als unzweckmäßig, löst man in geeigneten organischen Lösungsmitteln (Fixphasen- und Adsorptionschromatographie) oder in Wasser (Ionenchromatographie).

Das gewählte Lösungsmittel darf die Analyse nicht stören. Es hat mit dem Eluenten vollständig mischbar zu sein und soll möglichst nicht zusammen mit den Analyten eluieren. Zeigt es unter den gewählten Detektionsbedingungen einen starken Response, muß es die Trennsäule sowieso vor den Analysensubstanzen verlassen haben. Günstig sind immer Lösungsmittel mit geringerer Elutionsstärke als das Eluens (vgl. S. 20).

Zu hohe Einspritzmengen verschlechtern die Trennstufenzahlen und damit die prinzipiell erreichbare Auflösung. Näheres hierzu siehe Abschn. 2.4 und Kapitel 14. Im allg. braucht man sich, solange Probenmenge und Einspritzvolumen in dem der Säule angemessenen Bereich bleiben, hierüber wenig Gedanken zu machen. Durch Einschätzung des Chromatogramms nach z. B. 1 µl- und 10 µl-Injektionen (4 mm-Säule) ist zudem schnell feststellbar, ob Änderungen notwendig sind.

Häufig finden wir die zu analysierenden Komponenten als Bestandteil einer organischen und/oder einer anorganischen Matrix vor, aus der sie vor der Chromatographie isoliert werden müssen. Sei es, weil sich die Komponenten sonst nicht chromatographieren lassen, sei es, weil die Matrix oder Teile davon die Trennsäule kontaminieren würden. In anderen Fällen kann die Probe auch so verdünnt vorliegen, daß sie vor der Analyse angereichert werden muß.

Die für solche Operationen verfügbaren Methoden und Techniken werden im Abschnitt 9.2 behandelt.

Gelegentlich muß die Probensubstanz noch chemisch derivatisiert werden. Das kann notwendig sein zur Verbesserung der Chromatographierbarkeit, zur Selektivitätsveränderung, zur Erhöhung der Detektionsempfindlichkeit oder überhaupt zum Erreichen einer Kompatibilität mit dem gewählten Detektionsverfahren [z. B. UV- (Abschn. 7.3.3) und Fluoreszenz-Detektion (Abschn. 7.3.6), amperometrische Detektion (Abschn. 7.3.7)]. Näheres hierzu findet man in Abschn. 9.3.

9.2 Probenaufbereitung

9.2.1 Festphasenextraktion

Im letzten Jahrzehnt hat sich die Methode der Festphasenextraktion (SPE[1]) vehement entwickelt [1]. Sie ist um ein Vielfaches schneller sowie wesentlich bequemer und billiger durchführbar als die vordem zur Analytisolierung verwendete Flüssig-flüssig-Extraktion. Die SPE läßt sich überdies verhältnismäßig leicht automatisieren.

Bild 9.1 zeigt das Prinzip der Festphasenextraktion: Eine geringe Menge zylinderförmig angeordneten Adsorbens, es genügen 100–200 mg, wird mit der Probenlösung beaufschlagt. Die Korngröße des Adsorbens liegt i. allg. um 30 µm. Bei kleinen Flüssigkeitsmengen (einige Milliliter) genügt das Eindrücken der Probe mit einer Spritze, bei großen Volumina (z. B. 500 ml) wendet man geringen Unterdruck (Saugflasche) an. Es können so etwa 5–10 mg Probe ohne Durchbruchsgefahr adsorbiert werden, was die Analytkonzentration in praktischen Proben, die meist im µg- und mg-Bereich pro Milliliter liegen, ausreichend übersteigt. Anschließend wäscht man die unerwünschten Bestandteile vom Sorbens, um danach die Analyten mit wenigen Millilitern eines geeigneten Lösungsmittels zu eluieren.

In manchen Fällen lassen sich analog auch die unerwünschten Bestandteile sorbieren.

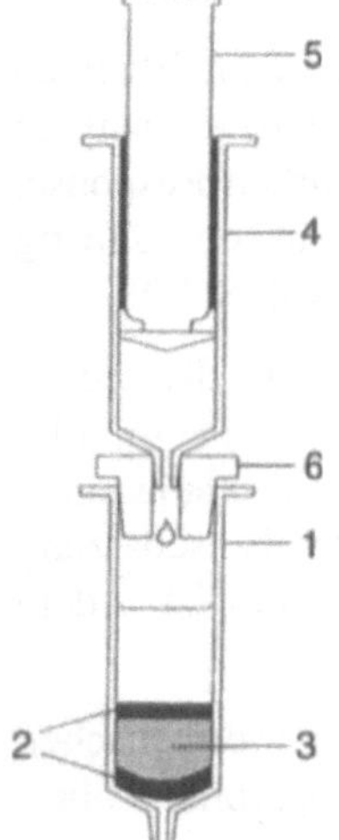

Bild 9.1
Prinzip der Festphasenextraktion
1 – Extraktionsröhrchen aus Polypropylen (Einmalsäule)
2 – Polyethylenfritten
3 – Adsorptionsmaterial
4 – aufgesetzte Spritze mit Elutionsmittel
5 – Spritzenkolben
6 – Adapter

Man erkennt, daß bei dieser Art der Probenaufbereitung die Chromatographie wesentliche Innovationen beisteuern kann. Tatsächlich werden inzwischen praktisch alle zur Chromatographie brauchbaren Phasen als Sorbenzien eingesetzt, und die dem Chromatographer geläufigen Prinzipien dienen zur Sorbensauswahl (Tabelle 9.1).

---

[1] *engl.*: SPE – Solid Phase Extraction

Tabelle 9.1 Zur Sorbensauswahl bei der SPE

| Organischer Analyt | | Extraktionsbedingungen | |
Löslichkeit	Index	Festphase[1]	Eluens
Org. Lösungs-mittel	stark-/mittelpolar	Diol Cyano Amino	z. B. Methanol, Isopropanol
	mittel-/wenig polar	Silikagel	z. B. Methanol, Isopropanol
	unpolar	Phenyl Octyl Octadecyl	z. B. Methanol, Dichlormethan, n-Hexan
Wasser	stark-/mittelpolar	Diol Cyano Amino	z. B. Methanol Isopropanol
	mäßig polar/unpolar	Phenyl Octyl Octadecyl	z. B. Methanol, Dichlormethan, n-Hexan
	anionisch (Säuren)	SAX-Austauscher[2] $pH = pK_a + 2$	Puffer $pH = pK_a - 2$
	kationisch (Basen)	SCX-Austauscher $pH = pK_a - 2$	Puffer $pH = pK_a + 2$

[1] Konditionierung vor der Adsorption entsprechend Applikationsvorschrift

[2] Die pH-Werte beziehen sich auf die Lösungen, die pK_a-Werte auf die Analyte:
organische Carbonsäuren $pK_a \approx 1-5$ (aliphatische Carbonsäuren $pK_a \approx 5$); aromatische
Amine $pK_a \approx 5-7$; aliphatische Amine $pK_a \approx 9,5-11$

Bei der Auswahl der Festphase muß beachtet werden, daß polare Adsorbenzien stets unpolare Spacer tragen und je nach Lösungsmittel verschiedene Mechanismen wirken können. Deswegen sind für manche Stoffklassen durchaus verschiedene Festphasen brauchbar oder Mischlösungsmittel vorteilhaft. Wichtig ist die Frage, wovon der Analyt abgetrennt werden soll. Sind die Verunreinigungen weniger polar als die Probe, wird man Normalphasen geeigneter Polarität verwenden, um nur den Analyten zurückzuhalten. Ist der Analyt unpolarer als die abzutrennenden Bestandteile, kommen Umkehrphasen in Frage.

Als wesentliche Komponente hat man das Probenlösungsmittel in Betracht zu ziehen. Es soll für die Probe möglichst wenig, für die Verunreinigungen möglichst gut eluierend sein, also gerade entgegengesetzt wirken wie das anschließend zu verwendende Eluens. Besonders einfach stellt sich ganz allgemein die Konzentrierung organischer Spurenanalyte aus wäßrigen Lösungen an RP-Phasen dar.

Eine gute Probenvorbereitung erleichtert die anschließende Chromatographie erheblich. Renommierte Hersteller bieten ihren Kunden nicht nur breite Sortimente an SPE-Röhrchen und Zubehör, sondern auch ausführliche Applikationsvorschriften für klinisch-chemische, pharmazeutische, lebensmittelchemische und umweltanalytische Problemstellungen an.

9.2.2 Sonstige Extraktionsverfahren

Zur Extraktion fester Proben diente früher die SOXHLET-Extraktion mit vielen Stunden Extraktionszeit und hohem Lösungsmittelbedarf. Alternativ stehen heute eine automatisierte SOXHLET-Extraktion mit heißen Lösungsmitteln (Soxtec), die Mikrowellen unterstützte Extraktion in druckfesten Gefäßen bis 120 °C, Extraktionen unter Verwendung von Ultraschall, die ASE[1]-Technik [2] sowie die überkritische Fluidextraktion (SFE[2]) zur Verfügung.

Bei der ASE-Technik nutzt man konventionelle Lösungsmittel unter Druck durch Anwendung von Temperaturen bis 200 °C. Hierbei wird i. allg. der superkritische Zustand nicht erreicht. Die Extraktionszeiten sind mit etwa 10 min extrem kurz.

Zur praktischen Durchführung werden Extraktionskartuschen verwendet, ähnlich HPLC-Säulen. Mittels einer Druckpumpe gelangt das Extraktionsmittel in das Extraktionsgut. Sobald die Luft verdrängt ist, wird das Auslaßventil hinter der Kartusche verschlossen. Ein zusätzlich angebrachtes Überdruckventil verhindert Überschreitungen des Solldruckes während des Erhitzens im Thermostaten. Nach Öffnen des Auslaßventils erfolgt Druckentspannung und gründliche Spülung mit Extraktionsmittel.

Einfache Handhabung, gute Reproduzierbarkeit sowie leichte Automatisierbarkeit sichern dieser effektiven Technik schnelle Verbreitung in der Umweltanalytik [3].

Ähnlich wie die ASE-Technik arbeitet die SFE, wobei meist flüssiges Kohlendioxid als Extraktionsmittel zur Anwendung kommt. Es besitzt eine kritische Temperatur von 31 °C, einen kritischen Druck von 73,9 bar und eine kritische Dichte von 0,47 g/cm³. Als Extraktionsgefäße dienen Probenkartuschen aus Edelstahl, Aluminium oder temperaturresistenten Polymeren. Das einer Stahlflasche entnommene CO_2 wird langsam durch die in einem Ofen bis 150 °C erhitzbaren Kartuschen gepumpt. Eine Restriktorkapillare verhindert zu schnelles Ausströmen des Extraktionsmittels hinter der Kartusche. Die Kapillare taucht unmittelbar in ein flüssigkeitsgefülltes Probensammelgefäß.

Erreichbare Extraktionsausbeuten sind stark matrixabhängig. Ein Zusatz organischer Modifier (über eine zweite Druckpumpe) verbessert das Lösevermögen des Kohlendioxids gegenüber polaren Verbindungen, beeinträchtigt aber seine selektiven Löseeigenschaften.

9.2.3 Automatische Probenaufbereitung

9.2.3.1 On line-Festphasenextraktion

Bei dieser Art der Extraktion können bis zu einer Größenordnung geringere Adsorbensmengen als bei manuellem *off line*-Betrieb verwendet werden, außerdem die üblichen HPLC-Korngrößen (3–10 µm). Dadurch reduziert sich die erforderliche Probenmenge im gleichen Umfang und natürlich auch die Arbeitszeit. Wegen des fehlenden Verdünnungsschrittes der *off line*-Desorption ist die Probenanreicherung bei automatisierter

---

[1] *engl.*: ASE – accelerated solvent extraction

[2] *engl.*: SFE – supercritical fluid extraction

Arbeitsweise wesentlich erhöht, und Probenverluste durch eventuelles Einengen des Desorbats werden vermieden.

In Bild 9.2 wurde das Prinzip der automatisierten *on line*-Festphasenextraktion bei kontinuierlichem Kartuschentransport dargestellt (z. B. OSP2, Fa. Merck).

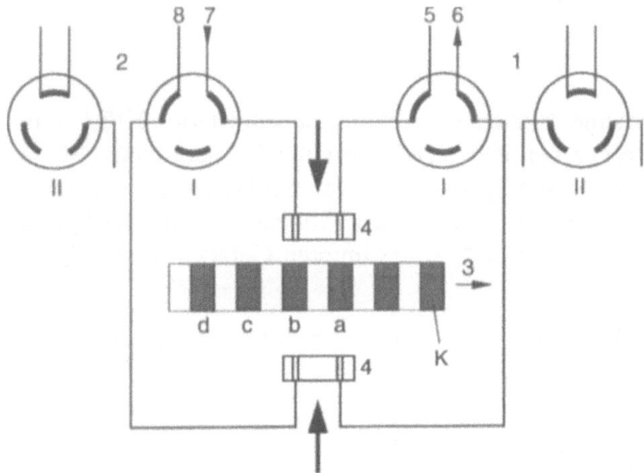

Bild 9.2 Prinzip der *on line*-Festphasenextraktion
1 und 2 – Schaltventile mit den Stellungen I und II; 3 – Drehteller zur Aufnahme und Bewegung der Kartuschen K in Pfeilrichtung; 4 – Verbindungsbacken; 5 – Eluens von HPLC-Pumpe; 6 – zur Trennsäule; 7 – Zuleitung für Probe und Spülflüssigkeiten; 8 – Abfall

Die mit Sorbens gefüllten Kartuschen K befinden sich auf einem Drehteller (3), der 50–100 Kartuschenbohrungen enthalten kann. Nach jedem Rotationsschritt werden die Verbindungsbacken 4 (automatisch) gegen zwei benachbarte Kartuschen gepreßt. Gleichzeitig schalten die Ventile 1 und 2 in Position I, wodurch Kartusche a HPLC-seitig eluiert und Kartusche b probenseitig mit Probe beaufschlagt wird. Die Schaltung ist auch so möglich, daß die Elution HPLC-seitig im Gegenstrom erfolgt.

Bei der Probenaufgabe müssen über weitere Schaltventile und Pumpen oder mittels eines geeigneten Probengebers alle erforderlichen Schritte ablaufen können: Vorkonditionierung, Probensorption bzw. *on column*-Anreicherung und Matrix-Desorption.

Danach erhalten die Ventile 1 und 2 Schaltstellung II, wodurch die Kapillaren zu den Verbindungsbacken entspannt werden und der Drehteller nach Lösen der Backen eine Kartusche weiterrückt.

Mit Hilfe der automatisierten Festphasenextraktion lassen sich auch generelle Probleme überwinden.

Bei der Anreicherung polycyclischer aromatischer Kohlenwasserstoffe (PAK, PAH[1]) aus Wasserproben besteht z. B. das Problem, daß durch Wandadsorption an den verwendeten Gefäßen ein mehr oder weniger großer Teil der Kohlenwasserstoffe verloren-

---

[1] *engl.*: PAH – polycyclic aromatic hydrocarbons

geht. Durch höhere Propanolzusätze kann man dies minimieren, muß dann aber eine zu geringe Adsorption der niederanellierten PAHs am SPE-Material tolerieren. Dieses Problem vermeidet die bei automatisierter Arbeitsweise ohne weiteres mögliche Einschaltung eines Verdünnungsschrittes vor der Festphasenextraktion [4].

An Stelle von SPE-Kartuschen werden für große Volumina mit geringen Gehalten an Analyten oft sog. SPE-Disks verwendet. Es handelt sich um Membranfilter mit den üblichen imprägnierten oder eingebetteten Phasen [5].

9.2.3.2 Workstations

Workstations sind für die allgemeine Probenvorbereitung spezialisierte, HPLC-integrierbare „*bench*"-Roboter. Die Proben befinden sich in horizontal angeordneten Magazinen, im Prinzip Gestelle mit der notwendigen Anzahl von Proben(Arbeits-)gefäßen innerhalb eines Arbeitsfeldes. Ein xyz-Arm besorgt den Probentransport und bewegt sich in programmierbaren Schritten „*overhead*" zu bestimmten Gefäßen oder Arbeitselementen.

Auf diese Weise lassen sich z. B. folgende Operationen ohne Zutun des Analytikers in beliebiger Reihenfolge ausführen:

- Probenwägung

- Standardzugabe (Probenkalibrierung)

- Reagenszugabe

- Probenerhitzen

- Probenderivatisierung

- Probenverdünnung (bis 1 : 10 000)

- Probenvermischung

- Filtrationen

- Extraktionen

- Probenverdampfung (via Gascarrier)

- Probeninjektion

Manche Arbeitsgänge sind *en bloc*, andere einzeln vorgesehen, wobei immer alle Proben nacheinander bearbeitet werden. Wichtige Arbeitselemente einer Workstation stellen die integrierte Waage, Spritzenpumpen zum Ansaugen der Proben, Reagenzien und Lösungen, Membranfiltersets und ein Vortex(Wirbel)-Mischer dar.

Entsprechend dieser Konzeption laufen Festphasenextraktionen (SPE) an einer Workstation ganz analog zur manuellen Arbeitsweise ab. Manuelle Vorschriften sind deshalb ohne zusätzliche Arbeiten auf den Automaten übertragbar.

Der Automat entnimmt die üblichen Spritzencartridges[1] via xyz-Arm einem Vorratsgestell und bringt sie nacheinander zum jeweiligen Arbeitselement. Es erfolgt die Durchführung der Konditionierung, der Probenaufgabe und der Probenelution. Anschließend

---

[1] *engl.*: cartridge – Kartusche

kommt das Gefäß mit dem fertigen Eluat in den automatischen Probengeber des HPLC-Gerätes, oder das Eluat wird direkt von der Workstation zur Probenschleife befördert.

Automatische Systeme steigern den Probendurchsatz um mehrere 100 Prozent, verbessern Genauigkeit und Reproduzierbarkeit der Analysen und lassen den Lösungsmittelverbrauch drastisch absinken [6].

9.3 Probenderivatisierung

Die Probenderivatisierung war lange vor der HPLC ein wichtiges Mittel zur Gruppenanalyse und Identifizierung organischer Verbindungen. Zwecks Zuordnung funktioneller Gruppen an Spurenkomponenten kann man Kombinationen aus Derivatisierung, Chromatographie und selektiver Detektion auch heute gelegentlich vorteilhaft neben den gängigen *on line*-Kopplungen mit spektrometrischen Geräten anwenden.

Hauptzielsetzungen der Derivatisierung in der HPLC sind allerdings das Erreichen einer prinzipiellen Detektierbarkeit „detektionsinerter" Verbindungen und Stoffklassen durch *„tagging"* mit Chromophoren, Fluorophoren oder Elektrophoren bzw. eine Steigerung der Detektionsempfindlichkeit. In bestimmten Fällen beabsichtigt man die Verbesserung der chromatographischen Eigenschaften des Gemisches oder auch günstigere Anreicherungs- und Reinigungsmöglichkeiten bei der Probenvorbereitung.

Derivatisierungsverfahren für die Chromatographie entwickelten sich rasch etwa ab 1980. Prinzipiell ist eine Probenderivatisierung vor der chromatographischen Säule (*pre-column*, PreCD) oder nach der chromatographischen Säule (*post-column*, PostCD) möglich.

Bei der PreCD arbeitet man meist *off line*, bei der PostCD ausschließlich *on line*.

Jede *off line*-Arbeitsweise der PreCD kann manuell oder mittels Workstation erfolgen. Eine Vielzahl von Reaktionen mit kurzen bis langen Reaktionszeiten sind geeignet. Manche Reagenzien stören allerdings die nachfolgende Trennung; die Trennsäule verschmutzt und verdirbt möglicherweise.

Die PostCD (chemische Reaktionsdetektion im engeren Sinne) ist bezüglich der anwendbaren Reaktionen weit weniger universell. Alle Reaktionszeiten sollen kurz sein, um Peakverbreiterung während der Umsetzungen gering zu halten. Vor allem ist bei PostCD-Verfahren immer ein zusätzlicher apparativer Aufwand erforderlich, der sich meist nur bei größeren Probenzahlen im Routinebetrieb lohnt.

Bei postchromatographischer Derivatisierung gibt es keine Beeinflussung des Trennprozesses. Eine vollständige Umsetzung ohne die Bildung von Nebenstoffen ist nicht erforderlich. Die Stabilität der Reaktionsprodukte hat weit weniger Bedeutung als im Fall der PreCD. Hingegen dürfen die Ausgangschemikalien für die verwendeten Reaktionen das Detektionssignal nicht stören, eine Forderung, die nicht immer zu erfüllen ist. Gelegentlich wird deshalb ein zusätzlich eingeschalteter Extraktionsprozeß notwendig. Last not least müssen alle eingebrachten Verbindungen mit dem Eluens kompatibel sein.

Zur Durchführung einer PostCD werden Segmentflußreaktoren, Festbettreaktoren und Rohrreaktoren eingesetzt.

Segmentflußreaktoren verwenden das Auto-Analysator-Prinzip, d. h. zur Vermeidung der unerwünschten Longitudinalvermischung wird die Reaktionsphase durch Luftblasen (oder nicht mischbare Flüssigkeiten) segmentiert. Die Fremdphase muß über einen Abscheider wieder entfernt werden. Eine solche Arbeitsweise ermöglicht Reaktionszeiten von 10 und mehr Minuten.

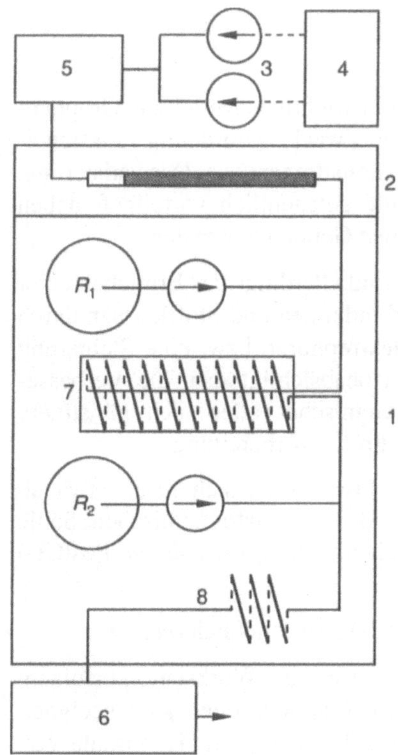

Bild 9.3
Postsäulenderivatisierungsmodul (Pickering Laboratories, Inc. USA)
Derivatisierungsmodul, bestehend aus Derivatisierungsteil 1 und Trennsäulenthermostat 2; 3 – HPLC-Pumpen mit Programmer 4 u. Injektionsvorrichtung 5 sowie Fluoreszenzdetektor 6; 7 – Heizbarer Rohrreaktor mit 500 µl Reaktorvolumen; 8 – Rohrreaktor mit 100 µl Reaktorvolumen;
R_1, R_2 – Reaktionsflüssigkeit 1 bzw. 2

Festbettreaktoren sind gepackte Reaktionsrohre, die Reaktionszeiten bis maximal 5 Minuten erlauben. Sie können für bestimmte Zwecke auch vor der Trennsäule stationiert werden. Im einfachsten Fall dient ein Festbettreaktor mit inertem Material (Glaskügelchen) nur als Reaktionsraum zur Durchführung einer homogen ablaufenden Reaktion.

Haupteinsatzgebiete von Festbettreaktoren sind trägergestützte Reaktionen [7], die katalytischer, d. h. auch enzymatischer [8] Natur sein können oder Ox/Red-Reaktionen sowie Derivatisierungsreaktionen beinhalten. Im Fall enzymkatalysierter Reaktionen werden auf dem Reaktionsträger native Enzyme immobilisiert, die für bestimmte Substrate oder Verbindungsklassen extreme Spezifität aufweisen. Vielfach benutzt man Enzymreaktionen zur sog. Molekülsubstitution. Beispielsweise bilden Oxidasen mit Sauerstoff als Wasserstoffakzeptor aus bestimmten Substraten (S) unter Dehydrogenierung H_2O_2, das dann statt des Substrates an einer Platinelektrode elektrochemisch bestimmt werden kann [9]:

$$S^-H_2 + O_2 \xrightarrow{\text{Oxidase}} S + H_2O_2 \ . \tag{9.1}$$

Rohrreaktoren finden sehr häufig Anwendung. Gerade Kapillaren sind als Reaktor wegen der Ausbildung parabolischer Strömungsprofile (vgl. Bild 2.7) als Reaktor ungünstig. Verformte Kapillaren, im einfachsten Fall Kapillarwendeln, bewirken Sekundärströmungen und schaffen damit günstige Bedingungen zur radialen Vermischung und Verminderung der Peakverbreiterung. ENGELHARDT [10] empfiehlt die Verwendung „gestrickter" Teflonkapillaren mit einer Länge bis zu 10 Metern. Sie gestatten Reaktionszeiten bis zu 2 Minuten.

Bild 9.3 zeigt einen Modul zur Postsäulenderivatisierung für zwei Reaktionsstufen. Die erste Reaktorstufe dient zur Durchführung von Vorreaktionen, die zweite Stufe ist die eigentliche Derivatisierungseinheit. Sie kann z. B. die Aufgabe haben, Aminogruppen tragende Verbindungen mit o-Phthaldialdehyd (OPA) in fluoreszierende N-Alkyl-alkylthio-isoindole zu überführen.

1. Stufe ⎢Oxidation⎢

$$\begin{array}{l} CH_2 - NH - CH_2PO(OH)_2 \\ | \\ COOH \quad \text{(Glyphosat-Herbizid)} \end{array} \xrightarrow[40-50\ s]{NaOCl\ (pH\ 11,\ 36°C)} \begin{array}{l} CH_2 - NH_2 \\ | \\ COOH \quad \text{(Glycin)} \end{array} \tag{9.2}$$

oder ⎢Hydrolyse⎢

$$CH_3 - NHCO - OR \xrightarrow[20-25\ s]{NaOH\ (0,05\ N,\ 100°C)} CH_3 - NH_2 \tag{9.3}$$

(Carbamat-Insektizide)

2. Stufe ⎢Derivatisierung⎢

$$\text{(OPA)} \underset{CHO}{\overset{CHO}{\bigcirc}} + H_2N - R + HS - (CH_2)_2 - N(CH_3)_2 \xrightarrow[\approx 5\ s]{OH^- \ (RT)} \tag{9.4}$$

(prim. Amino-säuren, prim. Amine)   (Thiofluor*)

S – (CH₂)₂N(CH₃)₂
N–R

(Isoindolderivat,
Excitation: $\lambda = 330$ nm
Emission: $\lambda = 465$ nm)

* Warenname der Fa. Pickering Laboratories. Thiofluor wird an Stelle von 2-Mercaptoethanol empfohlen.

Aminosäuren lassen sich nach der Trennung ohne Derivatisierung nicht ausreichend empfindlich detektieren. In vielen Fällen wird die Derivatisierung mit OPA als Vorsäulenreaktion durchgeführt, am besten durch eine Workstation. (Zur automatisierten Aminosäureanalyse vgl. [11].)

In der Literatur existiert eine große Zahl von Übersichten möglicher Derivatisierungs-reaktionen, z. B. [12, 13]. Wichtige Standardreaktionen mit Ausführungsvorschriften findet man u. a. in [14]. Auch von manchen Anbieterfirmen der Reagenzien sind detaillierte Reaktionstabellen und Umsetzungsvorschriften erhältlich.

9.4 Optimierung der Trennung

Zunächst wird das Trennproblem entsprechend Bild 2.2 bzw. Übungsaufgabe 14.2.24 zugeordnet und die geeignete Kompaktphase bzw. Trennsäule ausgesucht. Ferner sind Parameter wie Fluß, Arbeitstemperatur und das Detektionsprinzip festzulegen.

Gegenstand der Optimierung im engeren Sinne ist die Ermittlung der geeignetsten Fluidphasenzusammensetzung, zweckmäßig unter Anwendung rechnergestützter Verfahren. Einen Überblick zu modernen Optimierungsstrategien gibt [15].

Wir behandeln hier ergänzend zu Abschn. 5.2.1 zwei Suchalgorithmen zur Ermittlung der optimalen Fluidphasenzusammensetzung, das Window-Verfahren[1] und das ORM-Verfahren[2].

Beim Window-Verfahren [16] verwendet man als Parameter für die Optimierung den Selektivitätskoeffizienten α (Abschn. 2.5). Im einfachsten Falle werden die α-Werte aller Peakpaare in Abhängigkeit von einer relevanten Einflußgröße aufgetragen (Einzelfaktor-Window-Diagramm).

Der pH-Wert beispielsweise ist eine solche Einflußgröße (Bild 6.8). Die zur Anfertigung eines Window-Diagramms notwendigen α-Werte sind aus dem Verhältnis der Nettoretentionszeiten zweier übereinanderliegender Kurvenpunkte zugänglich. Für alle Kurvenschnittpunkte gilt $\alpha = 1$ (keine Trennung). Diese Punkte legen die Fensterbreiten im Window-Diagramm fest. Die Fensterhöhen entsprechen den maximal erreichbaren α-Werten der am schlechtesten zu trennenden Peakpaare.

Meist liegen mehrere Einflußgrößen vor, z. B. außer dem pH-Wert die Elutionsmittelzusammensetzung. Dann benötigt man zweidimensionale Window-Diagramme, die mit Hilfe eines Computers berechnet werden müssen. Das Verfahren eignet sich auch für höherdimensionale Faktorräume.

Typisch für die beschriebene Vorgehensweise ist das Auftreten einer ganzen Reihe lokaler Optima auf Grund von Änderungen der Retentionsreihenfolge. Ihre Anzahl kann bei mehrdimensionalen Berechnungen relativ groß sein und erschwert das Auffinden eines Globaloptimums. Ein weiterer Nachteil des Window-Verfahrens besteht darin, daß α nichts über die tatsächlich erreichte Trennung aussagt.

Diese Nachteile vermeidet das ORM-Verfahren [17][3]. Zielgröße für die Optimierung ist hier R_S. Als Ergebnis wird mittels einer Konturenkarte dasjenige Gebiet des Selektivitätsdreiecks (Bild 8.3) dargestellt, für das eine vorgegebene Auflösung R_S mit allen Peakpaaren erreicht oder überschritten wird.

Zunächst ermittelt man experimentell[4] eine geeignete Schnittfläche am Selektivitätsprisma ($S = 1{,}0$, Bild 8.2). Die Fläche repräsentiert diejenige Elutionsmittelstärke, die für das betreffende Trennproblem einen vernünftigen Bereich der k_i-Werte ergibt. Für

---

[1] *engl.*: window – Fenster

[2] *engl.*: Overlapping Resolution Mapping – überlappende Auflösungskartierung

[3] Programme sind kommerziell erhältlich.

[4] Zur Erläuterung wählen wir wiederum das Standardsystem der RP-Chromatographie. Im Falle der Normalphasenchromatographie wird ganz analog, z. B. mit den Lösungsmitteln Methyl-*tert.*-butylether, Chloroform und Methylenchlorid, verfahren.

die Versuche genügt eines der drei Lösungsmittel (z. B. MeOH) zusammen mit dem Grundlösungsmittel (H_2O). Die übrigen Gemische ($\overline{ACN}$, $\overline{THF}$) werden daraus in der bereits beschriebenen Weise errechnet.

Ein statistischer Plan zur Ermittlung des Datenmaterials sieht insgesamt 7 verschiedene Elutionsmittel mit den Volumenanteilen 1/0/0; 0/1/0; 0/0/1; 0,5/0,5/0; 0/0,5/0,5; 0,5/0/ 0,5 und 0,33/0,33/0,33 (jeweils in der Reihenfolge MeOH/ACN/THF, vgl. Bild 8.3) vor.

Zur visuellen Beurteilung der Ergebnisse schematisiert man die Chromatogramme, indem jeder Peak durch einen Punkt oder Strich auf einer Geraden dargestellt wird. Nach Verbinden aller Punkte gleicher Peaks auf den untereinander angeordneten Geraden können die vermutlich günstigsten Trennungen erkannt bzw. interpoliert werden.

Besser ist allerdings, mit Hilfe eines Computerprogramms aus den k_i-Werten und den zugehörigen Konzentrationen des Elutionsmittels für jedes Peakpaar die Auflösungsfläche im Selektivitätsdreieck zu berechnen. Zur Modellierung des Retentionsverhaltens lassen sich Polynome zweiten Grades verwenden. Aus den einander überlappenden Auflösungsflächen der einzelnen Peakpaare erhält man die schon erwähnte Konturenkarte.

Solche Optimierungen sind auch bei Anwendung der Gradientenelution [18] und unter Einbeziehung unterschiedlicher Kompaktphasen [19] möglich.

Entsprechend den Gln. (2.77) bis (2.79) läßt sich die Trennung nicht nur über k_i und α, sondern auch durch Vergrößern von N optimieren. Sehr hohe Trennstufenzahlen führen schon ohne große Ansprüche an die Selektivität zu ausreichenden Trennungen. Gerade darin liegt die Stärke der Kapillarchromatographie. Allerdings steigt die Auflösung nur proportional zur Wurzel aus der Trennstufenzahl. Für zwei Trennsäulen (Index 1 und 2) unterschiedlicher Länge mit konstanten, von L unabhängigen k_i- und α-Werten gilt somit $R_1/R_2 = \sqrt{N_1/N_2}$.

Aus Gl. (2.91) folgt unmittelbar

$$\frac{L_1}{L_2} = \frac{P_1 \cdot u_2}{P_2 \cdot u_1} = \frac{P_1 \cdot L_2 \cdot t_{A1}}{P_2 \cdot L_1 \cdot t_{A2}} . \tag{9.5}$$

Für u = konst. ergibt sich daraus $L_1/L_2 = P_1/P_2 = N_1/N_2$. Im Falle P = konst. resultiert Gl. (9.6a)

$$\frac{t_{A1}}{t_{A2}} = \frac{L_1^2}{L_2^2} \tag{9.6a}$$

und für t_A = konst. Gl. (9.6b)

$$\frac{P_1}{P_2} = \frac{L_1^2}{L_2^2} . \tag{9.6b}$$

Bei Konstanthalten des Vordrucks wächst der Zeitbedarf t_A für die Analyse quadratisch mit der Säulenlänge (Gl. (9.6a)). Will man andererseits die Analyse trotz längerer Säulen in der gleichen Zeit beenden, sind quadratisch steigende Vordrücke die Folge (Gl. (9.6b)).

Je nach Verlauf der $H_T(u)$-Funktion ändert sich mit u in beiden Fällen auch die Trennstufenhöhe.

Für $P_1 = P_2$ verhält sich u umgekehrt wie die Säulenlänge (Gl. (9.5)), d. h. wenn L steigt, verkleinert sich u und konform H_T. N fällt also größer aus, als dem Zuwachs der Säulenlänge entspricht. $t_{A1} = t_{A2}$ bedeutet nach Gl. (9.5) $u_2/u_1 = L_2/L_1$. u wächst jetzt im gleichen Verhältnis wie L und konform zu H_T. Damit wird die L entsprechende Trennstufenzahl nicht erreicht.

9.5 Qualitative Auswertung

9.5.1 Peakcharakterisierung

Die Charakterisierung chromatographisch getrennter Substanzen erfolgt durch ihre Retentionsgrößen. Retentionszeit und -volumen beziehen sich stets auf ein bestimmtes Phasensystem. Für Retentionsgrößen lassen sich mit leistungsfähigen Chromatographen ohne weiteres Standardabweichungen von $\sigma_{rel} < 1\ \%$ erhalten. Das ist für eine effiziente Anwendung der elektronischen Datenverarbeitung wichtig.

Absolute Retentionsgrößen können in verschiedener Weise beeinflußt werden. Ihre Relativierung mit Hilfe von Bezugsgrößen (Bezugssubstanzen) ist auf jeden Fall zweckmäßig. In der modernen Chromatographie wird hierfür neben der relativen Retention α vor allem der Kapazitätsfaktor k_i verwendet (Abschn. 2.5.). α stellt ein Vielfaches der Nettoretentionsgröße der Bezugssubstanz, k_i ein Vielfaches der Retentionsgröße der „Inertsubstanz" dar. Retentionsindizes [20] haben in der Flüssigchromatographie bisher immer noch eine relativ geringe Bedeutung.

Die Bestimmung von k_i und α setzt die Kenntnis der Säulentotzeit t_M bzw. des Säulentotvolumens V_M ($k_i = 0$) voraus. Eine Bestimmung dieser Parameter erwies sich für die Flüssigchromatographie wesentlich problematischer als für die Gaschromatographie [21]. Die Schwierigkeit besteht darin, eine für jedes System geeignete Komponente zu finden, die die Trennsäule unbeeinflußt von sterischen, elektrostatischen, adsorptiven und distributiven Effekten genau nach t_M verläßt.

Am reellsten, aber auch am schwierigsten ist die Bestimmung der Säulengesamtporosität ε_m, woraus sich wegen $V \cdot \varepsilon_m = V_M$ (Abschn. 4.4) bei exakter Arbeitsweise [22] mit V (Leervolumen der Trennsäule) das wahre Totvolumen der Trennsäule (vgl. Abschn. 2.5) ergibt.

Das Totvolumen einer gegebenen Trennsäule ist eine Konstante, braucht also nur einmal bestimmt werden[1].

Die Bestimmung von t_M (V_M) unter chromatographischen Bedingungen mit Hilfe der in der Literatur in großer Zahl empfohlenen sog. „Inertsubstanzen" ist mit großen Risiken verbunden, da die Werte sowohl zu klein als auch zu groß ausfallen können.

---

[1] Allerdings sind u. U. die späteren chromatographischen Bedingungen gleich in Betracht zu ziehen. Chromatographiert man beispielsweise an wassergesättigtem Kieselgel, darf das Totvolumen nicht für das völlig desaktivierte Gel bestimmt werden.

Mit gewissen Einschränkungen und Abstrichen von der Genauigkeit können in der Normalphasenchromatographie (Silikagel) Benzen und Tetrachlorethylen als UV-aktive V_M-Marker Verwendung finden [23]. Für die Umkehrphasenchromatographie sind Formamid und Thioharnstoff brauchbar [22].

Keinesfalls sollte man (obgleich in der Literatur angegeben) UV-aktive Salze, wie z. B. Natriumnitrat, benutzen, da anorganische Salze meist infolge elektrostatischer Effekte deutlich vor t_M eluieren.

Nützlich, aber arbeitsintensiv ist die Bestimmung von V_M an RP-Phasen durch Chromatographie der Glieder homologer Reihen. Die Retentionszeiten solcher Reihen gehorchen der Beziehung

$$\lg(t_R - t_M) = a n + b, \tag{9.7}$$

wenn n die Gliedzahl der betreffenden Substanz in der Reihe darstellt. Extrapolation auf $n = 0$ ergibt t_M. Das Verfahren wird durch *on line*-Computerkopplung mit linearer Regressionsanalyse attraktiv [24].

Eine sichere chromatographische Bestimmung von t_M (V_M) ist mit Hilfe deuterierter Verbindungen unter Anwendung eines Refraktometers gegeben. Da, wie erwähnt, die einmal ermittelten Werte Bestand haben, ist der Aufwand schon lohnend. Für Normalphasen injiziert man CD_2Cl_2 in CH_2Cl_2, für RP-Phasen D_2O im richtigen Verhältnis mit dem organischen Eluens (Methanol, Acetonitril). Das hat den Zweck, die jeweils reale Totgröße zu ermitteln, denn die Säulengesamtporosität hängt auch vom Faltungszustand der RP-Ketten auf dem Träger ab. In reinem Wasser kollabieren die Ketten (vgl. Abschn. 6.3), das zugängliche Porenvolumen und somit t_M wird kleiner. Das Umgekehrte (maximale Solvatation) ist mit reinem organischen Lösungsmittel der Fall. Bei etwa 40–50 % Methanol oder Acetonitril findet man für ε_m und V_M (t_M) ein Minimum [23].

9.5.2 Prüfung auf Selektivität

Eine analytische Methode wird als selektiv bezeichnet, wenn sie verschiedene, nebeneinander zu bestimmende Komponenten ohne deren gegenseitige Störung erfaßt.

Für die Chromatographie ist diese Forderung eine Frage der „Peakreinheit".

„Peakreinheit" bedeutet, daß der Chromatogrammpeak nachgewiesenermaßen das Signal einer und *nur* einer Verbindung repräsentiert.

Das Aufspüren unerwünschter Coeluenten kann chromatographisch durch Verbessern der Trennselektivität unter Änderung des chromatographischen Phasensystems oder durch drastische Erhöhung der Trennstufenzahl erfolgen. Dieser Weg ist aber aufwendig und keinesfalls sicher.

LC-MS-Kopplungen liefern demgegenüber nicht nur allgemein anwendbare Prüfmöglichkeiten, sondern bieten eine große Sicherheit der Aussage. Hierzu müssen die Spektren an verschiedenen Stellen des Peakprofils aufgenommen und miteinander verglichen werden.

Weniger kostenintensiv und für den Chromatographer meist die Methode der Wahl ist eine Ermittlung von Peakreinheitsparametern im UV.

Brauchbar sind im einfachsten Fall sog. Ratiochromatogramme. Hierzu nimmt man den betreffenden Peak (oder das Chromatogramm) bei zwei unterschiedlichen Wellenlängen auf. Im Falle einheitlicher Substanzen resultieren so zwei Peaks unterschiedlicher Größe mit genau gleicher Retentionszeit und Peakform. Ihre übereinander gelegten zeitgleichen Signale ergeben stets dasselbe Signalverhältnis (Ratio), wodurch an Stelle des ursprünglichen Peaks ein Rechteckimpuls entsteht (Bild 9.4).

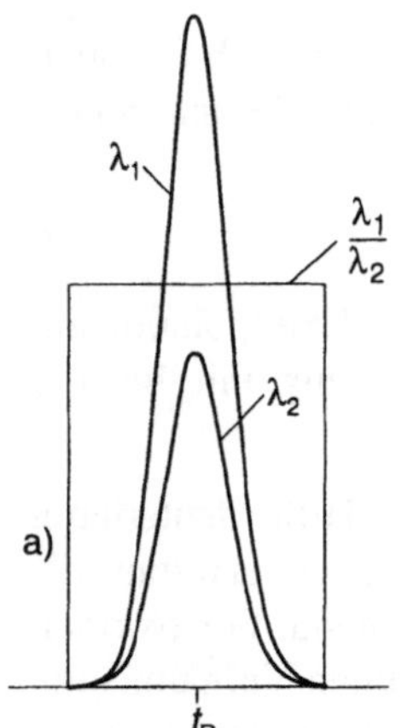

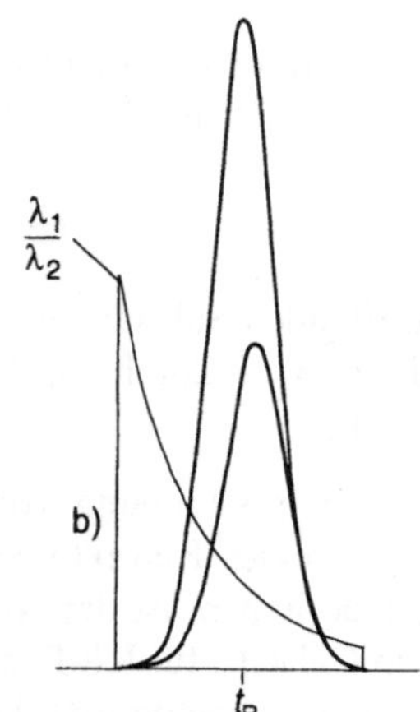

Bild 9.4 Zur Erläuterung von Ratiochromatogrammen
a) Peakprofil einer Komponente bei zwei Wellenlängen λ_1 und λ_2 und dazugehöriges Ratioprofil λ_1/λ_2
b) beide Signale bei einem verunreinigten Peak mit Ratioprofil

Zur Aufnahme solcher Ratiochromatogramme genügt ein Detektor variabler Wellenlänge, die Ratiobildung geschieht beispielsweise von Hand. Stark driftende Nullinien stören.

Empfehlenswerter ist die Aufnahme von Ratiochromatogrammen mit Hilfe eines Dioden-Array-Spektrophotometers (Abschn. 7.3.4). Die moderne Software solcher Geräte bietet darüber hinaus weitere Methoden der Reinheitskontrolle [25]. Aussagekräftig ist z. B. die Aufnahme von UV-Spektren an verschiedenen Stellen des Peaks, die automatisch normalisiert und zwecks Kontrolle auf Gleichheit überlagert werden können. Ebenso lassen sich 2-Wellenlängenplots (Bild 9.4) nach Normalisierung auf gleiche Flächen oder maximale Extinktion überlagern. In günstigen Fällen beobachtet man für „unreine" Peaks eine Verschiebung des Retentionszeitmaximums.

Besser als der Spektrenvergleich, insbesondere bei geringen Verunreinigungen, ist die Subtraktion der komparativen Spektren. Handelt es sich um einen reinen Peak, resultiert aus der Differenzbildung der statistisch geprägte Rauschpegel. Liegt hingegen durch Anwesenheit einer zweiten oder dritten Komponente eine systematische Spektrenabweichung vor, erhält man deutliche „Störungen" des Untergrundrauschens.

Eine weitere Möglichkeit zur Peakreinheitskontrolle ergibt das über die Extinktion gewogene Wellenlängenmittel des Peakspektrums. Bei Vorliegen reiner Komponenten ist dieser Wert an allen Stellen des Peakprofils gleich. Im Falle von Mischpeaks ändert er sich längs der Peakflanke. Ein Vergleich dieses Parameters mit dem Ratioparameter fällt günstig aus [26].

9.5.3 Peakidentifizierung

Bei Kenntnis der Stoffklasse ist die Zuordnung von Einzelpeaks einfach durch Vergleichschromatogramme oder durch Testsubstanzzusatz möglich. Um eine ausreichende Nachweissicherheit zu erreichen, müssen mehrere Phasensysteme zur Anwendung gelangen. Die Zuverlässigkeit solcher Identifizierungen setzt einen entsprechenden Aufwand und bekannte Selektivitätsverhältnisse für die in Frage kommenden funktionellen Gruppen, Homologen, Stellungs- und Stereoisomeren voraus.

Der Nachweis funktioneller Gruppen einzelner Komponenten kann eventuell nach Derivatisierung der Probe durch ein Vergleichschromatogramm oder durch spezifische Farbreaktionen im Eluat erfolgen (Abschn. 9.3).

Universeller als die genannten Methoden der Peakidentifizierung sind instrumentelle Techniken. Das angestrebte Ideal ist die heute weitgehend angewendete *on line*-Kopplung des Chromatographen mit selektiven Detektoren (Abschn. 7.3.2). Nach verschiedenen Techniken erhaltene Massenspektren sowie UV- und IR-Spektren ergeben allein oder in Kombination zuverlässige Zuordnungen.

9.6 Quantitative Auswertung

9.6.1 Automatisierte Methoden

Für die quantitative Auswertung setzen wir voraus, daß relevante Signaländerungen S des Detektors streng proportional mit Konzentrationsänderungen der getrennten Substanzen im Eluat zusammenhängen. Dann repräsentiert die Peakfläche $A_i = \int S_i \mathrm{d}t$ die Menge der injizierten Komponente i.

Die Signalverarbeitung in der Chromatographie ist heute dank der schnellen Entwicklung der Mikroelektronik auf einem hohen Automatisierungsstand. Elektronische Integratoren und *on line* betriebene Kleinrechner haben die aufwendige manuelle Auswertung verdrängt.

Bei der elektronischen Integration wird das Signal der Meßzelle laufend mittels eines Spannungs-Frequenz-Konverters in eine proportionale, einem Zähler zugeführte Impulsrate umgewandelt (Fläche A_i). Vom Signalverlauf steht der Differentialquotient $\mathrm{d}S_i/\mathrm{d}t$ zur Verfügung. Beim Erreichen eines für Peakanfang und -ende voneinander unabhängig einstellbaren Wertes (*slope sensitivity*) beginnt bzw. endet die Flächenmessung. Moderne Integratoren besitzen automatische Basisliniendriftkorrektur. Jeder Vorgang weist sich im Chromatogramm durch eine Kontrollmarkierung aus. Für die Peakmaxima werden Retentionszeiten ermittelt und zusammen mit den Flächenwerten ausgedruckt. Elektronische Integratoren arbeiten mit höchster Genauigkeit (Fehler <0,1 %). Ihr linearer dynamischer Bereich beträgt 10^6:1.

Die beindruckende Entwicklung der modernen Rechentechnik hat die Chromatogrammauswertung, Meßwertverarbeitung und Gerätesteuerung revolutioniert.

Im Echtzeitverfahren entsteht über den Rechner ein vollständig geschriebenes Chromatogramm mit ausgedruckten Retentionszeiten, Peaknummern u. a. m. Man kann wahlweise Flächenprozente, korrigierte Flächenprozente (Flächennormalisierung mit Eichfaktoren) oder mit externen bzw. internen Standards ausgewertete Ergebnisse berechnen lassen (vgl. Abschn. 9.6.3) und im Report mit Kommentaren versehen.

Für den Rechner ist es kein Problem, die Empfindlichkeit durch Rauschpegelanalyse zu optimieren und Aufsetzer mit Hilfe der Tangentenmethode zu berechnen. Nicht aufgelöste Peakgruppen werden durch Fällen eines Lotes ausgewertet (Bild 9.5).

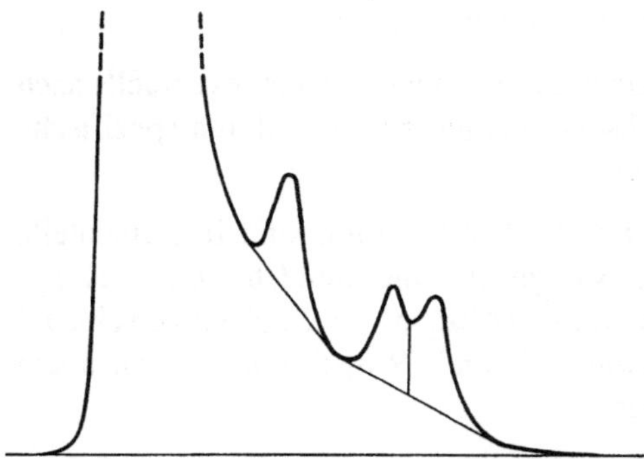

Bild 9.5 Integration mittels Tangentenmethode und Lotfällen bei Aufsetzern

Gerätekompatible Rechner entsprechender Speicherkapazität erlauben die automatische Spektrenidentifizierung, die Ausführung komplizierter Rechnungen und 3 D-Plots.

Bei rechnergesteuerten Geräten kann der Rechner außer der Ergebnisberechnung die vollständige Kontrolle und Steuerung des Analysenablaufs einschließlich der Gradienten- oder (und) der Flußprogrammierung übernehmen.

In großen Laboratorien lohnt sich eine Vernetzung der einzelnen Geräte (Datensysteme) zu einem übergeordneten Informations-Management-System (LIMS)[1]. Dort können die fertigen Analysendaten zentral verwaltet, d. h. überprüft, bearbeitet, attestiert und archiviert werden.

9.6.2 Manuelle Peakflächenermittlung

Trotz weitestgehenden Computereinsatzes sollte auch die klassische Peakflächenermittlung zum Rüstzeug des Chromatographers gehören.

Die Peakfläche kann z. B. mit Hilfe eines Polarplanimeters bestimmt werden. Es gilt $A_i \sim l_p n_p$, wenn l_p die Meßarmlänge und n_p die Umdrehungszahl des Planimetermeßrades ist. Für kleine Peakflächen eignet sich die Planimetermethode nicht.

Eine sehr einfache Flächenbestimmungsmethode, die zudem wesentlich genauer als die planimetrische ist, besteht in der Dreiecksapproximation. Hierzu legt man zeichnerisch

---

[1] *engl.*: Laboratory Information Management System

ein gleichschenkliges Dreieck über die Peakfläche. Das geschieht entweder durch Einzeichnen der Wendetangenten (Bild 9.6a) oder durch Einzeichnen der Peakhöhe und der Höhenhalbierenden (Bild 9.6b). Die Dreiecksfläche beträgt $A = (g/2) \cdot h = (2\sigma) \cdot h$ bzw. $(z_{0,5}) \cdot f$ (g – Dreiecksgrundlinie, h – Dreieckshöhe, $2\sigma = \overline{W_1 W_2}$ – Wendepunktabstand).

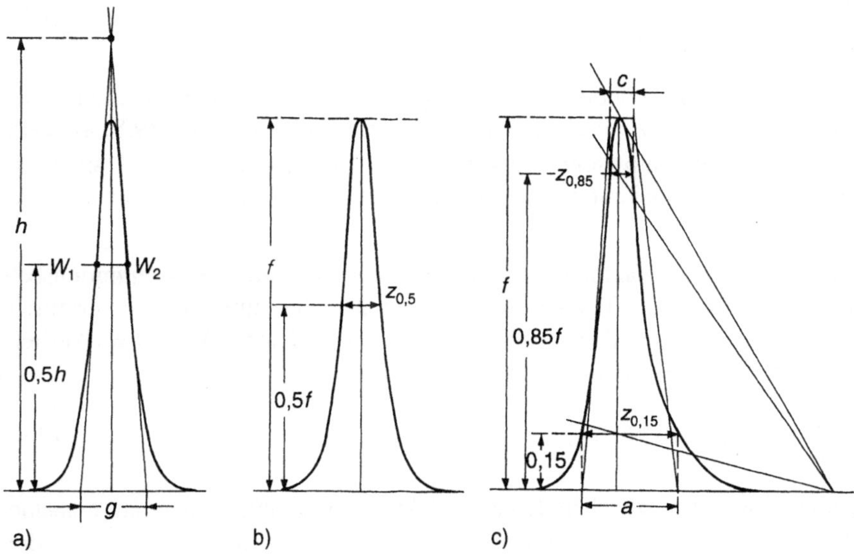

Bild 9.6 Manuelle Methoden zur Peakflächenberechnung
a) und b) Dreiecksapproximation; c) Trapezapproximation

Durch Methode a) wird die Peakfläche (mit nur 3 % Defizit) besser approximiert als durch Methode b) (vgl. Abschn. 2.3). Dieser Umstand spielt jedoch bei der relativierten Chromatogrammauswertung (Prozentbildung) eine untergeordnete Rolle. Deshalb kann man die Dreiecksmethode auch für tailingbehaftete Peaks anwenden, sofern das Tailing nicht zu stark und bei allen Peaks etwa gleichmäßig vorhanden ist.

Das Einzeichnen der Wendetangenten, vor allem des Tangentenschnittpunktes, ist mit Unsicherheiten behaftet. Methode b) ergibt demzufolge besser reproduzierbare Flächenwerte als a). Sie hat sich allgemein durchgesetzt.

Das beste Näherungsverfahren ist jedoch die Trapezapproximation gemäß $A = 1/2\,(a + c) \cdot f = 1/2\,(z_{0,15} + z_{0,85}) \cdot f$ (Bild 9.6c), wobei die Trapezfläche (im Gegensatz zur Fläche des gleichschenkligen Dreiecks) die Peakfläche sowohl bei GAUSS-Profil als auch bei starkem Tailing des Peaks ausgezeichnet wiedergibt. Um die etwas umständliche Höhenteilung zu erleichtern, kann man eine durchsichtige, entsprechend der Linienführung in Bild 9.6c ausgeschnittene Schablone benutzen.

9.6.3 Berechnungs- und Eichmethoden

Die Kenntnis der Peakfläche(n) erlaubt noch keine quantitative Analyse. Man benötigt außerdem Korrekturfaktoren, die stoffspezifische sowie gegebenenfalls apparative

Einflüsse auf die Detektorsignale eliminieren. Um solche Faktoren ermitteln zu können, muß die qualitative Zusammensetzung des Chromatogramms bekannt sein.

Häufigste Auswertemethoden sind die Flächennormalisierung, die äußere Eichung und die innere Eichung. Für die Normalisierung mit stoffspezifischen Korrekturfaktoren f_r gilt

$$(\text{Masse-\%})_i = \frac{A_i \cdot f_{ri} \cdot 100}{A_a f_{ra} + A_b f_{rb} + \cdots + A_z f_{rz}} . \tag{9.8}$$

Hierbei kennzeichnet i jede beliebige Komponente des Chromatogramms, dessen Peakflächen mit den Indices a bis z versehen wurden. Zur Anwendung von Gl. (9.8) muß ein vollständig eluiertes Chromatogramm vorliegen. Im Falle $f_{ra} = f_{rb} = \ldots f_{rz} = 1$ sprechen wir von einfacher Normalisierung. Die Voraussetzungen hierfür sind meist nicht gegeben.

Korrekturfaktoren (Responsefaktoren) müssen im interessierenden Konzentrationsbereich unter Verwendung von Testgemischen bekannter Zusammensetzung ermittelt werden. Man benutzt geeignete Bezugssubstanzen (Index r), deren Faktor f_{rr} willkürlich gleich eins gesetzt wird (m – eingewogene Substanzmenge):

$$f_{ri} = \frac{A_r}{A_i} \cdot \frac{m_i}{m_r} \cdot f_{rr} . \tag{9.9}$$

Sind nicht alle substanzspezifischen Korrekturfaktoren bekannt, sollen nur einzelne Komponenten (z. B. Spurenverunreinigungen) bestimmt werden bzw. läßt sich die Probe nicht vollständig eluieren, arbeitet man mit äußerer oder innerer Eichung.

Für die *äußere Eichung* werden sehr konstante apparative Bedingungen und reproduzierbare Dosiervolumina vorausgesetzt. Man injiziert unterschiedlich konzentrierte Lösungen der interessierenden Komponente i und stellt die Peakhöhe oder Peakfläche als Funktion der zugehörigen Menge m_i dar (Eichkurve).

Zwecks Bestimmung einer Substanz i durch *innere Eichung* wird der Probe (Einwaage E in Gramm) eine geeignete Substanz (Menge m_r in Gramm) zugewogen. Man unterscheidet die innere Eichung mit Fremdsubstanz und mit analyseneigener Substanz. Bei Verwendung einer Fremdkomponente soll deren Retentionszeit in der Nähe der Retentionszeit der zu bestimmenden Komponente liegen. Die Berechnung erfolgt nach

$$(\text{Masse-\%})_i = \frac{A_i \cdot f_{ri} \cdot m_r}{A_r \cdot f_{rr} \cdot E} \cdot 100 . \tag{9.10}$$

Ist im Chromatogramm für eine zusätzliche Komponente kein Platz, wägt man der Probe für die jeweils zu bestimmende Komponente i noch die Menge m_{iz} (in Gramm) zu. Das Chromatogramm dieses Gemisches (Index 2) ergibt die Fläche A_{i2}. Zur Ergebnisberechnung benötigt man außerdem das Chromatogramm der Originalprobe (Index 1) und die beliebige Bezugsfläche A_x eines Peaks x in beiden Chromatogrammen. Für die innere Eichung mit analyseneigener Substanz gilt dann:

$$(\text{Masse-\%})_i = \frac{m_{iz} \cdot 100}{\left(\dfrac{A_{x1}}{A_{x2}} \cdot \dfrac{A_{i2}}{A_{i1}} - 1 \right) \cdot E} . \tag{9.11}$$

Korrekturfaktoren sind für diese Methode nicht erforderlich, und an die Reproduzierbarkeit der Probendosierung werden keine besonderen Anforderungen gestellt. Jedoch ergeben nur sehr genaue Peakflächen befriedigende Ergebnisse.

Bei quantitativer Bestimmung aller Peaks durch innere Eichung mit einer Fremdsubstanz errechnet sich der eluierbare Probenanteil (Wiederfindungsrate) R_{Pr} entsprechend Gl. (9.10) zu

$$R_{Pr}(\%) = \frac{m_r \cdot \sum_{i=a}^{z} A_i f_{ri} \cdot 100}{A_r \cdot E}. \tag{9.12}$$

9.6.4 Analysenfehler

Die Genauigkeit der Analyse oder, besser gesagt, eines Analysenwertes wird auf verschiedenen Stufen der Bearbeitung beeinflußt. Im weiteren Sinne gehören hierzu *Probennahme*, *Probenaufbewahrung* und *Probenvorbereitung*, wobei insbesondere die Probennahme nicht unbedingt Sache des Analytikers ist. Seine Arbeit fängt mit der Probenaufbereitung und gegebenenfalls Probenderivatisierung und Handhabung der entsprechenden Probenlösungen an. Die letzte Stufe ist dann die chromatographische Analyse und deren Auswertung.

Man unterscheidet *systematische* und *zufällige* Fehler, die zusammen die *Analysengenauigkeit* ausmachen. Systematische Fehler charakterisieren die *Richtigkeit*, zufällige Fehler die *Reproduzierbarkeit* (*Präzision*) der Ergebnisse, genauer: der erhaltenen Mittelwerte. Systematische Fehler lassen sich über Standardproben mit bekanntem Gehalt, über Vergleichsanalysen oder über Probenaufstocken („Spiken" mit der Probensubstanz) ermitteln.

Besondere Bedeutung kommt der *Robustheit* eines Analysenverfahrens zu. Man versteht darunter, daß das Ergebnis von Parameteränderungen in einem bestimmten Umfang möglichst unabhängig und insgesamt wenig störanfällig ist.

Zufällige Fehler rühren von statistischen Meßwertschwankungen her. Bei hinreichend großer Meßwertezahl gehorchen sie der im Abschn.2.3 behandelten Wahrscheinlichkeitsverteilung.

In der quantitativen chromatographischen Analyse wächst der systematische Fehler, wenn die Auflösung schlechter wird. Der zufällige Fehler steigt mit abfallender Peakhöhe. Beide Fehler vergrößern sich bei geringen Konzentrationen. Für moderne Geräte und normale Arbeitsweise sei als Anhaltswert für einen akzeptablen Zufallsfehler $\sigma_{rel} \approx 0,5\,\%$ angegeben.

Die Schnelligkeit der modernen Flüssigchromatographie erlaubt die mehrmalige Wiederholung der Analyse. Man sollte deshalb ihren Zufallsfehler ermitteln und die Zuverlässigkeit der Angaben beurteilen. Nachstehend sei nur kurz das Wichtigste mitgeteilt; zur ausführlichen Information kann z. B. Literatur [27] bis [29] dienen.

Die Einzelwerte jedes Peaks werden zunächst geordnet und auf Ausreißer geprüft. Es mögen $n = 5$ Analysenwerte $x_1 < x_2 < x_3 < x_4 < x_5$ vorliegen. Man berechnet die Größe Q (Testquotient) nach DIXON gemäß

$$Q = \frac{x_2 - x_1}{x_{max} - x_{min}} \, . \tag{9.13}$$

x_1 sei ausreißerverdächtig, x_2 der benachbarte Wert. Die Differenz im Nenner heißt Spannweite (Variationsbreite). Den nach Gl. (9.13) erhaltenen Wert stellt man Q_{Tab} ($P = 95\ \%$) gegenüber (Tab. 9.2). Sofern $Q > Q_{Tab}$ ist, liegt ein Ausreißer vor.

Tabelle 9.2 Zur schnellen Ermittlung von Ausreißern, der Standardabweichung s und des Konfidenzbereichs q

n	2	3	4	5	10
Q_{Tab}	–	0,94	0,77	0,64	0,41
$t/\sqrt{n}$	9,0	2,48	1,59	1,24	0,72
k_s	0,886	0,591	0,486	0,430	0,325
k_q	6,4	1,3	0,72	0,51	0,23

Die entsprechenden Werte gelten für $P = 95\ \%$.

Von den „unverdächtigen" Werten wird das arithmetische Mittel $\bar{x}$ gebildet. Die Unsicherheit eines aus einer kleinen Anzahl von Werten gebildeten Mittels drückt sein Vertrauensbereich (Konfidenzbereich) $\pm q$ aus. Innerhalb dieses Intervalls liegt der wahre Mittelwert mit der Wahrscheinlichkeit P. Es gelten folgende Gleichungen:

$$q = \pm \frac{1,96\sigma}{\sqrt{n}} \quad \text{bzw.} \quad \pm \frac{t \cdot s}{\sqrt{n}} \quad (P = 95\%)$$

$$s = \sqrt{\frac{\sum\limits_{i=1}^{n} (x_i - \bar{x})^2}{n-1}} \;=\; \sqrt{\frac{\sum\limits_{i=1}^{n} x_i^2 - n\bar{x}^2}{n-1}}^{\,1)} \tag{9.14}$$

Die Standardabweichung σ bezieht sich auf eine sehr große Wertezahl, so daß man meist die Standardabweichung s für eine begrenzte Anzahl n von Einzelwerten x_i ermittelt. Der Faktor t (STUDENT-Faktor) trägt dem dann notwendigerweise größeren Vertrauensbereich Rechnung (Tab. 9.2).

Zwei unabhängig voneinander erhaltene Einzelwerte x_i unterscheiden sich bei einer statistischen Sicherheit von $P = 95\ \%$ um weniger als $W = \sqrt{2} \cdot 1,96\sigma = 2,77\sigma$. W heißt Wiederholbarkeit[2] [30].

In der älteren wissenschaftlichen Literatur wird s als mittlerer Fehler bezeichnet. Die Bezeichnungen mittlerer quadratischer Fehler und Streuung werden nicht einheitlich gebraucht.

Die relative (prozentuale) Standardabweichung heißt Variationskoeffizient v. Ob s oder v Verwendung findet, hängt davon ab, welche Größe im konkreten Fall weniger gehaltsabhängig ist.

---

[1] zum Arbeiten mit Rechnern besonders geeignete Form

[2] Die statistische Sicherheit $P = 95\ \%$ entspricht einer Überschreitungswahrscheinlichkeit von 5 %. Das bedeutet, W darf z. B. nur in einem von 20 Fällen überschritten werden.

Eine schnelle Errechnung von s und q ist durch Multiplikation der Spannweite mit den Faktoren k_s bzw. k_q möglich (Tab. 9.2).

10 Die Dünnschichtchromatographie als Pilottechnik der Säulenchromatographie

Dank ihrer großen Einfachheit, ihrer relativ kurzen Trennzeiten sowie der Möglichkeit zur gleichzeitigen Untersuchung mehrerer Proben erfreute sich die Dünnschichtchromatographie [1] geraume Zeit wesentlich breiterer Anwendung als die zunächst vergleichsweise zeit- und substanzaufwendige Säulen-Flüssigchromatographie.

Mit der Entwicklung der modernen Säulen-Flüssigchromatographie, also etwa ab 1970, änderte sich das Bild. Jedoch ließ die Anwendung der kleinen, eng fraktionierten Partikel auch für die Schicht nicht lange auf sich warten: 1975 wurde die HPTLC[1] vorgestellt [2] und brachte eine Verminderung der Trennzeiten um etwa eine Zehnerpotenz, d. h. auf 3···20 Minuten, bei erheblich verbesserter Auflösung bzw. Trennwirksamkeit der Schichten.

Heute sind Planar- und Säulenchromatographie in ihrer Ausführung als Hochleistungsmethoden (HPTLC bzw. HPLC) gleichermaßen beliebt. Die Hochleistungs-Flüssigchromatographie hat u. a. den Vorteil höherer Trennstufenzahlen, quantitativ genauerer Ergebnisse und leichter Automatisierbarkeit. Andererseits ist die Dünnschichtchromatographie nach wie vor bestechend einfach, von der Überdruck-Dünnschichtchromatographie (OPTLC)[2] [3] einmal abgesehen. Diese Tatsache und die weitgehend ähnlichen Phasensysteme beider Methoden[3] prädestinieren die Dünnschichtchromatographie neben ihren eigenständigen Aufgabenstellungen als risikolose, zeitsparende Pilottechnik für die Flüssigchromatographie. Es sei angemerkt, daß sie als solche ursprünglich von ISMAILOW und SCHRAJBER gedacht war [4].

Zur einfachen Elutionsmittelauswahl für das gegebene Trennproblem erwies sich eine von STAHL beschriebene Arbeitsweise [5] als nützlich. Hierzu wird die Substanz mehrmals punktförmig auf eine kleine Platte mit dem betreffenden Träger aufgetragen. Nach der Trocknung entwickelt man die Flecken mit Lösungsmitteln steigender Elutionsstärke aus einer Mikropipette (Bild 10.1a).

Die Korngröße des Trägermaterials spielt für die Übertragung eine untergeordnete Rolle. Zu beachten ist aber neben dem Aktivitätsgrad der Adsorbenzien, daß dünnschichtchromatographische Träger anorganische sowie organische Bindemittel enthalten. Da der Elutionsmitteltransport in der Dünnschichtchromatographie im Gegensatz zur HPLC durch Kapillarkräfte erfolgt, können ferner an RP-Trägern mit wasserreichen Lösungsmitteln Benetzungsprobleme auftreten. Bei Verwendung von Lösungsmittelgemischen spielen häufig Sättigungsprobleme der Dünnschichtchromatographie eine Rolle. Für die Übertragbarkeit ist es deshalb wichtig, ob in großvolumigen Normalkammern oder in Schmalkammern gearbeitet wurde. Gut übertragbar sind Ergebnisse aus Normalkammern.

---

[1] High Performance Thin-Layer Chromatography

[2] Overpressure Thin-Layer Chromatography

[3] Beispielsweise sind alle Fixphasenträger der HPLC in der Dünnschichtchromatographie anwendbar.

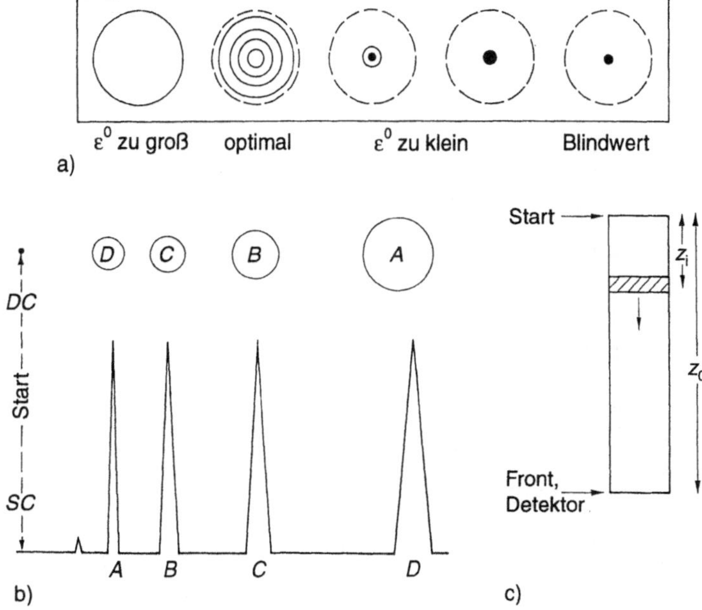

Bild 10.1 Übertragung dünnschichtchromatographischer Ergebnisse auf die Säule
a) Elutionsmittelschnelltest
b), c) zum Vergleich zwischen Schicht- und Säulenchromatographie

Beim Vergleich von Dünnschicht- und Säulenchromatogramm erscheint die Reihenfolge der Substanzen vertauscht (Bild 10.1b). Der Unterschied ist verständlich: In der Säule legen alle Substanzen die gleiche Strecke zurück, wozu sie verschiedene Zeiten benötigen. Die zuletzt in den Detektor eintretende Verbindung hat die größte Peakbreite. Auf der Dünnschichtplatte wandern alle Stoffe die festgelegte Zeit, legen aber unterschiedliche Wege zurück. Verbindungen mit großer Verteilungskonstante verbleiben als schmale Flecken in Startnähe.

Der in der Dünnschichtchromatographie gebräuchliche R_F-Wert drückt die Laufstrecke z_i der Substanz i als Bruchteil der Gesamtlaufstrecke z_0 (Start-Front) aus (Bild 10.1c). Diese Laufstrecken müssen sich naturgemäß umgekehrt wie die entsprechenden, auf die Strecke Start-Detektion bezogenen Laufzeiten bzw. Elutionsvolumina verhalten.

Zwischen dem R_F-Wert und dem Kapazitätsfaktor k_i, der in der Dünnschichtchromatographie auch Verteilungszahl heißt, läßt sich folgende Beziehung herstellen:

$$R_F = \frac{z_i}{z_0} = \frac{V_M}{V_{Ri}} = \frac{V_M}{V'_{Ri} + V_M} = \frac{1}{k_i + 1}. \tag{10.1}$$

Wenn man vom System her Gleichheit der Verteilungskonstanten der Substanzen in der Säule und an der Platte annimmt, ist i. allg. weitgehende Proportionalität zwischen den Kapazitätsfaktoren $k_{i(\text{Säule})}$ und $k_{i(\text{Platte})}$ zu erwarten. Dies wird durch Bild 10.2 verdeutlicht. Eine Berechnung der Kapazitätsfaktoren für die Säule aus dünnschichtchromatographischen R_F-Werten ist bei entsprechendem Aufwand mit einer Genauigkeit von 1 % möglich [7].

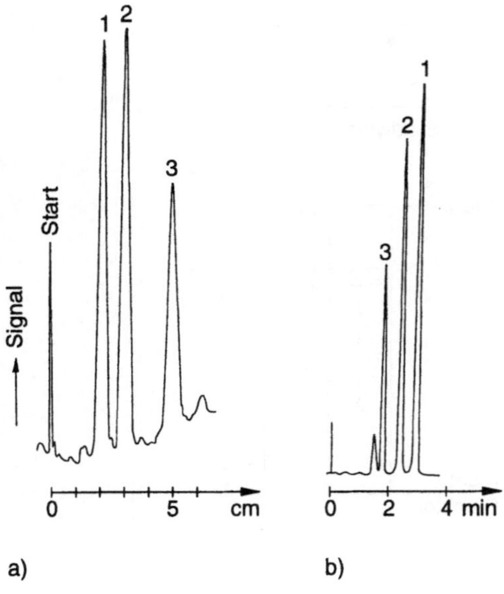

a)   b)

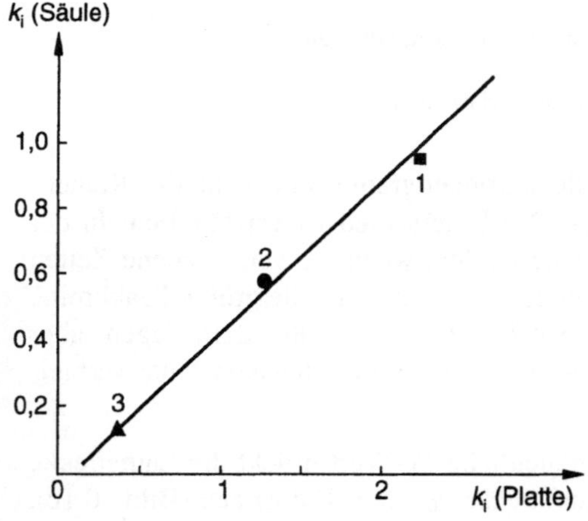

c)

Bild 10.2
Vergleich von k_i-Werten für Methylphenole an Aminosilikagel
Fluide Phase: Chloroform/Methanol
95/5 (V/V); Detektion bei 254 nm [6]
a) HPTLC-Platte NH_2F_{254s} (Merck)
b) HPLC, LiChrosorb NH_2, 5 µm (Merck)
c) Graphische Beziehung zwichen $k_{i(Säule)}$ und $k_{i(Platte)}$, vgl. Gl. (10.1)
1 – p-Kresol; 2 – 2,3-Dimethylphenol; 3 – 2,4,6-Trimethylphenol

11 Anschaffung eines HPLC-Gerätes

11.1 Allgemeine Überlegungen

Nehmen wir an, Sie besitzen noch keine HPLC-Apparatur, haben sich aber auf dem Gebiet der Chromatographie schon qualifiziert.

Die erste Fragestellung könnte lauten: Welche Aufgaben stehen für die HPLC an und wie sollen sie gelöst werden? Sind vorwiegend Routineaufgaben oder vielleicht mehr Entwicklungsarbeiten geplant?

Je nachdem wie die Antworten ausfallen, müssen Sie weniger tief oder tiefer in Ihren Geldbeutel (oder den Ihrer Einrichtung) greifen. Mit den Antworten ist auch schon die Frage klar, ob rein analytisch und/oder semipräparativ bzw. präparativ getrennt werden soll. Wir gehen davon aus, daß rein analytische Probleme zu bearbeiten sind.

Bevor Sie einen bestimmten Gerätetyp ins Auge fassen, sollten Sie den Innendurchmesser Ihrer Trennsäulen festlegen. Entscheiden Sie sich bei normalen Arbeiten für den „Stand der Technik", d. h. für 2-Millimetersäulen. Damit wählen Sie auch eine bestimmte Leistungsklasse moderner Geräte und keine Ladenhüter von gestern. Sie sichern sich von vornherein ein produktives Arbeiten (Tab. 11.1). An solchen Geräten können Sie, falls erforderlich, auch mit 3- oder 4-Millimetersäulen arbeiten, während ein Gerät, das mit 4-Millimetersäulen verkauft wird, ein Arbeiten mit 2-Millimetersäulen möglicherweise nicht erlaubt.

Microbore-Säulen und insbesondere Säulen zur Mikro- und Kapillarchromatographie stellen hohe Anforderungen an die Hardware. Dafür werden Sie sich entscheiden, sobald es Ihre Probleme erfordern, z. B. wenn nur Mikromengen an Substanz zur Verfügung stehen, bei LC-MS-Kopplungen usw. (vgl. auch Tab. 2.3).

Tabelle 11.1 Zusammenhang zwischen Säuleninnendurchmesser und anderen erforderlichen Geräteparametern sowie Lösungsmittelkosten

Geräteparameter[1] Säuleninnendurchmesser (mm)	Standard[2] 4 und 4,6[3]	Mediumbore 3	Narrowbore 2	Microbore 1
Peakvolumina $\Delta V = 4\sigma_t \cdot \dot{V}$ (µl)	200–1000	100–600	50–250	10–60
Zellenvolumina $\approx 0,1 \cdot \Delta V$ (µl)[4]	≈10	<10	<5	<1
Pumpenfluß (ml/min)	0,5–2 (A)	0,3–1,5 (A)	0,1–0,5 (A)	0,03–0,15 (A, M)
Dosiervolumina (µl)	0,5–5 (Loop)	0,5–5	0,5–5	0,2–1 (Rotor)
Verbindungskapillaren (∅, in mm)	0,25	0,25	0,12	0,12
Lösungsmittelkosten (%)	100	56	25	6

$\dot{V}$ – Volumenfluß; σ_t – Peakstandardabweichung als Zeitgröße
A – Analytischer Pumpenkopf   0,001–10 ml/min; 0,01–5 ml/min
M – Mikropumpenkopf   0,001–1 ml/min oder Split

[1] Mischkammervolumen vgl. Abschn. 8.2.5 bzw. Tab. 8.2
[2] für normale analytische Arbeiten als veraltet anzusehen
[3] sollte man nicht mehr verwenden
[4] vgl. Aufg. 14.4.8

Nach diesen Überlegungen können Sie daran denken, das für Ihre Anforderungen zweckmäßigste Gerät (Gerätesystem) auszusuchen; bei dem riesigen Marktangebot kein einfaches Unterfangen.

Zunächst ist zu entscheiden: Kompaktgerät oder Bausteingerät?

Kompaktgeräte haben ihren Preis und von vornherein einen bestimmten Platzbedarf. Sie „bieten" mehr Blackbox und man kann weniger falsch machen. Für den Einsteiger ergibt sich als Vorteil, sofort und optimal arbeiten zu können. Solche Geräte „fordern" ihn technisch weniger.

Mit dem „Bausteinprinzip" hingegen kann jeder billig und „klein" anfangen: Eine Pumpe, ein Injektor, eine Säule, ein Detektor (ein passender gebrauchter Schreiber oder Integrator findet sich vielleicht irgendwo) — schon kann man für nicht einmal 20 TDM isokratisch arbeiten (Bild 11.1a)[1].

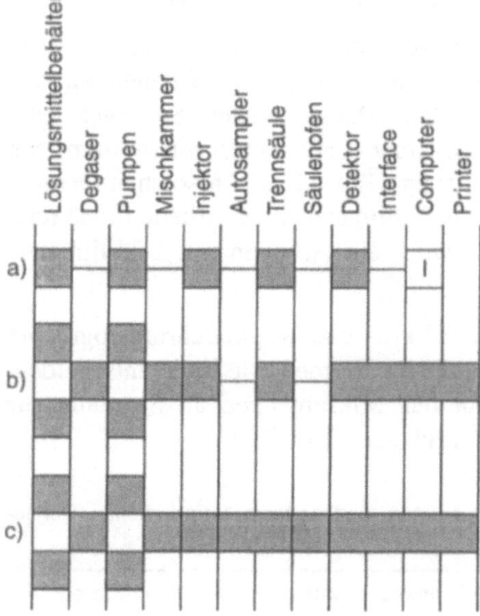

Bild 11.1
Erweiterung der HPLC-Apparatur aus Bausteinen
a) Minimalvariante für isokratisches Arbeiten
b) Erweiterte Variante für Hochdruckgradienten
c) Komfortable Gerätevariante mit Autosampler und Säulenthermostat (Säulenofen)
I – einfacher Integrator mit Schreibsystem[2]
Das Interface ist ein Analog-Digital-Konverter, der als selbständiges Modul oder als Steckkarte für den Kommunikationsbus des Computers existiert

Falls Ihnen die Bausteinvariante zusagt, haben Sie die Möglichkeit, alle Teile von *einem* Hersteller oder verschiedene Teile von *verschiedenen* Anbietern zu erwerben, wobei die Gerätefirmen zunehmend bestrebt sind, Komplettsysteme anzubieten. Das hat durchaus Vorteile. Der erfahrene Chromatographer wird aber gern auf die zweite Variante zurückgreifen, weil dadurch wesentliche Vorteile des Bausteinprinzips voll zum Tragen kommen.

---

[1] Wenn es das Budget erlaubt, ist Variante b) auch für isokratisches Arbeiten vorteilhaft, weil dabei generell manuelles Herstellen und Entgasen der Eluenten entfällt.

[2] z. B. Datenprozessoren C–R5A und C–R4A der Fa. Shimadzu mit nutzerfreundlicher Möglichkeit zur Eigenprogrammierung in BASIC

Ein Hersteller baut z. B. gute Pumpen, aber der angebotene Detektor zeigt Schwächen. Beim nächsten Anbieter ist es umgekehrt usw. Von manchen Bausteinen ist allgemein bekannt, daß sie ausgesprochene Spitzenprodukte darstellen.

Bei guter Gerätekenntnis können Sie immer die besten Bausteine des Marktes auswählen und sich auf diese Weise selbst ein optimal leistungsfähiges und sukzessive ausbaufähiges Gerätesystem (vgl. Bild 11.1b und c) zusammenstellen.

Da einem als Einsteiger für ein solches Vorgehen sicherlich der Überblick fehlt und es ein Analogon zur „Stiftung Warentest" für die Chromatographie nicht gibt, kann man nur den Rat erfahrener Kollegen oder geeigneter Service-Firmen einholen. Es soll aber nicht verschwiegen werden, daß ein „Multifirmen"-Bausteingerät die Gefahr gewisser Inkompatibilitäten in sich birgt und auch der Service eventuell aufwendiger wird.

Ein anderes Problem, mit dem Sie konfrontiert werden, lautet: Billigbausteine, mittlere oder höhere Preisklasse? Hier heißt „billig" keinesfalls automatisch „schlecht", und für viel Geld erhalten Sie nicht immer das beste Gerät!

In der unteren Preisklasse müssen Sie i. allg. auf den Serviceingenieur verzichten, d. h. neue Geräte sind selbst in Betrieb zu nehmen und defekte Bauteile gehen zum Hersteller zurück. Service ist bequem aber teuer, und manchmal sind Sie zur Inanspruchnahme gezwungen, weil Sie Ihr Gerät anders nicht repariert bekommen.

Das Einsenden eines Bausteins zur Reparatur stellt an sich kein Problem dar, nur fällt die Apparatur möglicherweise einige Zeit aus. Hier sind große Laboratorien mit mehreren Bausteinapparaturen im Vorteil. Man sollte also auch beim Aufbau verschiedener Apparaturen immer ausreichende Kompatibilität im Auge behalten. Ansonsten können Sie mit dem Hersteller für den Reparaturfall die Bereitstellung eines Austauschbausteins vereinbaren.

11.2 Worauf ist bei der Anschaffung von Geräten prinzipiell zu achten?

11.2.1 Pumpen

Die Pumpen sollten pulsarm, flußkonstant, wartungsarm (Dichtungen der Pumpenköpfe usw.) und wenig „luftempfindlich" sein. Letzteres heißt, daß sich möglichst keine Luftblasen im Pumpenkopf ansammeln, da sie schnell zu inkonstantem Förderstrom oder gar zur „Nullförderung" führen; ein für den Chromatographer sehr lästiges Problem (vgl. Abschn. 8.2.3). Spitzenerzeugnisse auf diesem Gebiet arbeiten ohne solche Probleme.

Beim Kauf einer Pumpe ist darauf zu achten, ob sie mit *einem* Pumpenkopf oder mit mehreren *austauschbaren* Pumpenköpfen zu betreiben ist.

Ferner ist daran zu denken, welcher Gradient später in Frage kommt. Im Falle eines Hochdruckgradienten wird man die zweite (oder ausnahmsweise dritte) Pumpe vom gleichen Typ wählen. Man sollte wissen, ob die Pumpen sich später selbst steuern können, über einen Prozessor zu betreiben sind oder, wenn man den Anschluß eines Computers beabsichtigt, von diesem aus angesteuert werden können.

11.2.2 Detektoren

Die erste Ausstattung wird i. allg. ein normaler UV-Detektor sein, zweckmäßig mit kontinuierlicher Wellenlängenselektion im Bereich 180–340 nm (Deuteriumlampe). Falls höhere Ansprüche gestellt werden müssen, wäre zu überlegen, ob statt eines UV-Spektrophotometers gleich ein Dioden-Array-Detektor (DAD) beschafft wird, der dann wenig Wünsche offenläßt. Wichtig ist, daß der Detektor hohe Nullinienstabilität und geringes Rauschen auch noch bei höheren Empfindlichkeiten zeigt, wofür die technischen Daten des Herstellers nicht immer Gewähr bieten. Während bei Pumpen insbesondere an die mechanische Konstruktion höchste Anforderungen zu stellen sind, hängt die Störanfälligkeit des Detektors von der Zuverlässigkeit der Elektronik ab.

Nicht mindere Beachtung verdient allerdings auch die Konstruktion der zum Detektor gehörenden Zelle. Es gibt Zellen, die extrem „luftempfindlich" sind, so daß trotz Verwendung eines Degasers immer wieder Störungen durch Luftblasen auftreten. Blasen sammeln sich leicht in der Nähe der Quarzfenster, an Durchführungen, Kanten oder unzweckmäßig angebrachten Dichtelementen an (Bild 7.6). Ausgereifte Zellenkonstruktionen ergeben in dieser Hinsicht keine Schwierigkeiten.

Es ist günstig, mit Detektorzellen zu arbeiten, die Überdruck tolerieren, damit bei Verstopfungen der Auslaßkapillare (Restriktor) keine Zerstörung der Zelle eintritt. Meist hebt sich nur ein Fenster etwas ab, und der Überdruck entweicht. Die Zelle bleibt unversehrt. Allerdings gibt es auch Konstruktionen, bei denen dann das Lösungsmittel in das Gerät läuft und dort Schaden anrichtet.

Die Zellenkonstruktion sollte schließlich auf möglicherweise erforderliche Serienschaltungen mit anderen Detektoren Rücksicht nehmen. Nicht selten führen zu weit aufgebohrte Auslaßkanäle Peakverbreiterungen herbei, die die Auflösung im folgenden Detektor verschlechtern.

11.2.3 Auswerteperipherie

Auf Dauer kommen Sie um die Anschaffung eines Computers mit geeignetem Interface und brauchbarer Software zur Chromatogramm- und Reportausgabe auf einem Drucker nicht herum. Sorgfalt bei der Auswahl der Software zahlt sich aus. Wählen Sie streng nach Ihren Erfordernissen aus und lassen Sie sich durch den manchmal irrelevanten Ballast nicht beeindrucken. Folgende Gesichtspunkte sind wesentlich:

1. Bedienungsfreundliche Benutzeroberfläche der Software und Kompatibilität mit anderen Anwendungsprogrammen (z. B. Textverarbeitung)

2. Weitgehend eigene Gestaltungsmöglichkeit des Ausdrucks zwecks optimaler Ergebnisarchivierung

3. Möglichkeiten zur Berechnung der wichtigsten (bzw. der für Sie wichtigen) Chromatogrammparameter

4. Chromatogrammausdruck in einwandfreier Qualität, d. h. kontinuierliche Peakkurvendarstellung ohne die ziemlich unschönen Stufen

5. Einfacher Datentransfer. Schaffen Sie nur noch ein System an, das den Anforderungen des AIA (Analytical Instrument Association)-Standards genügt. Man kann die

Daten zu Computern transferieren und weiterverarbeiten bzw. auf deren Festplatten oder anderen Speichermedien ablegen.

6. Überlegen Sie, ob Sie eine computergestützte Fehlerschnelldiagnose möchten. Es ist heute auch möglich, z. B. über ein Modem „Troubleshooting" als Ferndiagnose durch den Hersteller oder Diagnose und Gerätekontrolle von zu Hause zu betreiben.

Hinsichtlich der Chromatogrammbearbeitung und der quantitativen Auswertung bieten die meisten Programme alles Notwendige. Zu begrüßen sind Programme, die dem Nutzer bei Bedarf und Qualifikation in begrenztem Umfang Ergänzungen erlauben, z. B. Berechnungen zusätzlich gewünschter Chromatogrammparameter.

11.2.4 Sonstiges

Eine Erweiterung der HPLC-Apparatur gemäß Bild 11.1b und c erfordert außer der Beschaffung einer zweiten Pumpe auch die Installation einer *Mischkammer* oder *Mischstrecke*. Hier ist Vorsicht angebracht, denn die im Handel erhältlichen Vorrichtungen sind nicht alle uneingeschränkt einsetzbar. Das macht sich besonders bei Gradienten mit geringen Flüssen bemerkbar.

Universell einsetzbare Mischkammern sollten verstellbare Kammervolumina haben (vgl. Abschn. 8.2.5) und *intensive Durchmischung* gewährleisten. Andernfalls weichen Soll- und Istgradient zu stark voneinander ab, eine Übertragbarkeit der Ergebnisse auf andere Geräte ist nicht gegeben. Zweckmäßig vereinbart man vor dem Kauf einer Mischstrecke oder Mischkammer einen Test.

Zur Lösungsmittelentgasung sollte man die Ausgabe für einen *Degaser* nicht scheuen (Abschn. 8.2.3.2). Jedoch gibt es Degaser, bei denen nicht alle Teile gegen organische Lösungsmittel beständig sind. Beständigkeit gegen Methanol und Acetonitril allein ist nicht ausreichend.

Schließlich komplettieren Sie Ihre Apparatur mit einem *Autosampler* und einem *Säulenofen* (Bild 11.1c). Vor nicht allzu langer Zeit glaubte man noch, daß die HPLC mit einfach im Raum hängenden Säulen auskommt. Heute ist ein Säulenthermostat kein Diskussionspunkt mehr. Für vielseitige HPLC-Trennungen benötigen Sie sogar ein Gerät, das auch Arbeiten unterhalb Raumtemperatur zuläßt (z. B. Temperaturbereich +4 bis +80 °C), also ein Gerät, das nicht nur heizt, sondern auch kühlt.

Bevor Sie eine HPLC-Apparatur kaufen, sollten Sie sie sich ansehen oder möglichst vorführen lassen. Schon aus dem Gerätedesign lassen sich manchmal Rückschlüsse ziehen. Zum einen ist es die Qualität der Verarbeitung, zum anderen spielt neben einer ansprechenden Form auf jeden Fall die *ergonomische* Gerätegestaltung eine Rolle.

Wenn Sie sich beim An- und Abstellen des Gerätes jedesmal fast verrenken müssen, weil der Ein/Aus-Schalter an der Geräterückwand angebracht wurde, ist das ein ergonomisch ernsthafter Mangel. Der Verkäufer führt Ihnen jeden Baustein einzeln vor und wird erklären, daß der Schalter an der Rückwand kein Problem darstellt. Sie aber wollen das Bausteinprinzip nutzen, haben wenig Platz und setzen die Teile über- und nebeneinander. Dann stört oft ein Schalter an der Seitenwand.

Auffallend wenig Gedanken machen sich einige Hersteller z. B. auch über die Verträglichkeit des Geräteäußeren mit organischen Lösungsmitteln. Als Nutzer setzen Sie z. B. einen Detektor über die Förderpumpe. Der Zellenanschluß leckt etwas, Acetonitril tropft auf die darunterstehende Pumpe. Bei Pumpen mit Display ist dieses garantiert verdorben, oder es lassen sich auf einmal verquollene Tasten nicht mehr betätigen usw.

Unschön bei Verwendung vieler Bausteine ist das „Strippendurcheinander" an der Rückseite. Weitgehend Abhilfe schafft ein Kabelbaum mit Umschalteinheiten, von denen aus man kompatible Bausteine wahlweise verbinden kann.

Im argen liegt häufig auch die Führung der Kapillarleitungen zwecks Zusammenwirken mehrerer Bausteine. Achten Sie darauf, daß unnötig lange Verbindungskapillaren zwischen den Bauteilen vermieden werden. Prüfen Sie den Aufbau des Thermostateninnenraums, ob Sie Ihre Säulen überhaupt vernünftig unterbringen können, ob ausreichend viele und zweckmäßig angebrachte Öffnungen zum Ein-und Ausführen der Kapillaren vorhanden sind. Durchführungen von Kapillarleitungen z. B. durch Thermostatentüren oder an Türen angebrachte Ventile sind immer hinderlich.

Bei der Injektion sollten Sie das Gradientenprogramm, den Registriervorgang und bestimmte extern eingebundene Vorrichtungen gleichzeitig und automatisch starten können. Andererseits ist es sehr unzweckmäßig, ein Gerät zu besitzen, bei dem der Gradient obligatorisch mit der Injektionsvorrichtung gestartet wird (vgl. Abschn. 8.2.5).

Achten Sie generell darauf, daß Ihre Vorrichtungen hohe Kompatibilität besitzen und ein möglichst flexibles Arbeiten erlauben. Kaufen Sie wenig „Extras", die Sie vielleicht erst später benötigen, denn die Geräteentwicklung vollzieht sich mit hohem Tempo. Nach minimal 2–3 und maximal 5 Jahren (je nach Aufgabenstellung) sind viele Geräte moralisch „verschlissen". Die Abschreibungsraten werden hoch angesetzt. Der Zeitraum für den physischen Verschleiß der meisten Bauteile ist länger und kann ohne weiteres 5–7 Jahre übersteigen. Für diese Zeit möchte man sich selbstverständlich des Service vergewissern.

Am besten fertigen Sie vor dem Kauf eine Art „Checkliste" an, die Sie mit dem Verkäufer durchgehen.

Alles in allem werden Sie gut kaufen und vor finanziellen Verlusten bewahrt bleiben, wenn jede Geräteanschaffung einige Zeit geplant und gründlich vorbereitet ist. Möglicherweise bleibt trotzdem noch etliches übrig, was Sie übersehen haben oder nicht wissen konnten.

Zum Schluß noch ein Hinweis: Wenn Sie Ihr Gerät zur Inbetriebnahme bereit haben, vergessen Sie nicht, es *ohne Trennsäule* gründlich (z. B. mit Aceton) zu spülen! Es kann sein, daß dies eine überflüssige Vorsicht ist, weil der Hersteller alle Teile schon gründlich gereinigt hat. Oft ersparen Sie sich aber durch diese kleine Mühe Ärger und eine neue Trennsäule.

12 Arbeitet mein Gerät zuverlässig?

Bevor der Chromatographer daran geht, dokumentationsfähiges Wertematerial zu erstellen, wird er sich vergewissern, daß sein Gerät in Ordnung ist und zuverlässig arbeitet. Dabei kommt es weniger darauf an, übermäßigen Aufwand zu betreiben und die Statistik zu strapazieren als vielmehr apparative Schwachpunkte schnell zu erkennen und zu beseitigen. Hierzu dienen bestimmte Standard-Arbeits-Vorschriften (SOPs[1]).

Im Sinne der GLP (*„Good Laboratory Practises"*) [1, 2] spricht man von der Validierung[2] der HPLC-Apparatur und will ausdrücken, daß ein jederzeit nachprüfbarer Nachweis ihrer Eignung und zuverlässigen Funktion für den vorgesehenen Zweck geführt wurde. Dabei stellt sich immer die Frage des ungerechtfertigten Prüfaufwandes, denn eine Vielzahl von Testparametern wird empfohlen. Wie Tab. 12.1 zeigen soll, kommt man aber schon mit wenigen Standard-Operationen aus.

Tabelle 12.1 Prüfung der HPLC-Apparatur

Nr.	Standardoperation (SOP)	Testobjekt	Zielstellung
1	10-Stufengradient 0–100 % [3] *Vergleich mit Sollgradienten*	Pumpen, Mischkammer, Detektorlinearität	Prüfung der funktionsgerechten Arbeitsweise der Testobjekte
2	Testchromatogramme mit 3–5 Peaks, isokratisch, UV-Detektor *Statistische Auswertung der Peakflächen A, Peakhöhen f, Retentionszeiten t_R und Trennstufen N aller Peaks; Beurteilung der Peaksymmetrie (b/a)*	Trennsäule, Pumpen (t_R, A), Injektionsventil (f, b/a), unzulässige externe Varianzen (N)	Prüfung der funktionsgerechten Arbeitsweise der Testobjekte
3	Rauschpegelmessung *Vergleich mit früher bestimmten Werten*	Detektor (bei UV-Detektoren Lampenverschleiß)	Prüfung der funktionsgerechten Arbeitsweise des Testobjektes
4	Pumpenflußmessung mittels Volumenmeßgerätes und Stoppuhr *Soll-Ist-Vergleich*	Absolutwert des Volumenflusses	Bestimmung der Abweichung zwischen Soll- und Istwert und eventuelle Einstellung des genauen Wertes

Anmerkung:
Schon der visuelle Vergleich der täglichen Testchromatogramme mit einem Standardchromatogramm bietet eine hohe Arbeitssicherheit, so daß alle SOPs gemäß 1–4 nur selten notwendig werden. Hingegen sollten Ventil-Blindschaltungen ohne Probe und Lösungsmittel-Blindinjektionen mindestens bei Wechsel der Probenart vorgenommen werden, um Memory-Störquellen schnell festzustellen.

Wer ein Gerät gerade angeschafft hat, sollte zunächst die Überprüfung der vom Hersteller angegebenen technischen Geräteparameter vornehmen. Sehr zweckmäßig ist darüber hinaus, z. B. auf Aufnahme von SOP 1 (Tab. 12.1) in den Kaufvertrag zu dringen und sie bei der Abnahme mit dem endgültig konfigurierten Gerät vorführen zu lassen.

---

[1] *engl.*: Standard Operating Procedures

[2] *engl.*: valid – rechtskräftig

Meist wird bei der Geräteabnahme an einfachen Trennungen isokratisch getestet. Muß später ein kompliziertes Trennproblem durch einen kombinierten oder sehr flachen Gradienten gelöst werden, stellt man u. U. die Unmöglichkeit dieses Unterfangens mit der gewählten Gerätekonfiguration fest.

SOP 1 ist gemäß Bild 12.1 durchzuführen:

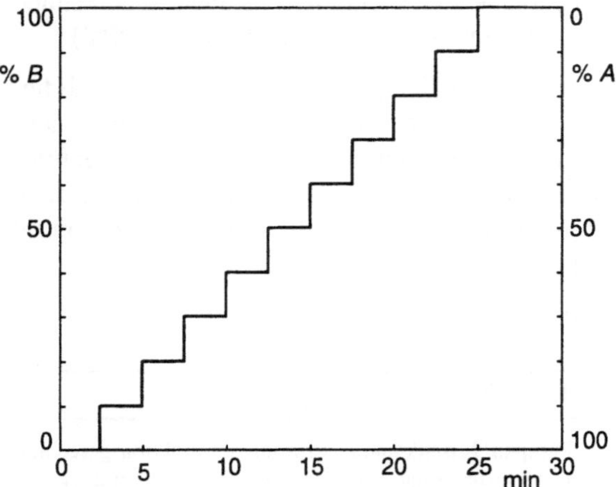

Bild 12.1 SOP Nr.1: Vergleich Soll-/Istgradient
Lösung A – Wasser; Lösung B – 0,1 % Aceton in Wasser; λ = 250–260 nm.
Der Gradient von 100 % A zu 100 % B erzeugt alle 2,5 min eine Konzentrationsstufe von 10 % (0,01 % Aceton). Es wird an Stelle der Trennsäule mit einer kurzen Kapillare (Restriktorkapillare) gearbeitet.

Die Chromatogrammempfindlichkeit wird so geschaltet, daß alle 10 Stufen innerhalb der Schreiberbreite liegen. Alle Stufenhöhen sind in Prozentanteile umzurechnen und in ein vorbereitetes, die theoretisch zu erwartenden Stufen enthaltendes Diagramm einzuzeichnen. Kleine Abweichungen und Abrundungen an den Stufen können toleriert werden. Ein gutes Testdiagramm bestätigt gleichzeitig die Detektorlinearität.

Für den Test wählt man etwa den später für die beabsichtigte Konfiguration (Säulenabmessungen!) vorgesehenen Fluß. Insbesondere bei kleinen Flüssen muß (durch eine Kapillare) dafür gesorgt werden, daß ein geringer Rückdruck vorliegt, damit die Pumpenventile einwandfrei arbeiten. Ist die registrierte Treppe gestört, haben entweder die Pumpen oder die Mischkammer nicht einwandfrei gearbeitet. Man überprüfe die Luftfreiheit des Systems. Zeigt sich die Treppe gebogen, liegt das entweder am Pumpenfluß oder an der Detektorlinearität. Je kleiner der Fluß gewählt wird, um so abgerundeter sind die Stufen, schließlich gehen sie meist in eine Wellenlinie über.

Bei dem Test kommt es darauf an, daß unter den gewählten Bedingungen eine lückenlose, einigermaßen „akzentuierte", unbedingt gleichmäßige Treppenkurve erhalten wird. Dabei macht es wenig Sinn, mit sehr hohen Flüssen zu arbeiten, da dann, sofern keine eklatante Störung vorliegt, immer scharfe Stufenfolgen erzeugt werden können.

Zu SOP 2 ist nicht viel anzumerken. Am besten verwendet man für das Probengemisch des Testchromatogramms die im *Prüfchromatogramm* des Herstellers angegebenen Substanzen oder Stoffe aus dem Probengemisch, das laufend analysiert werden soll.

Bei einer gegebenenfalls notwendigen Fehlerortung können die entsprechenden Übungsfragen im Kapitel 14 hilfreich sein.

Häufiger vorkommende Störungen an HPLC-Geräten sind in Tab. 12.2 zusammengestellt.

Tabelle 12.2 Häufige Störungen

Fehler	Ursache
Druckanstieg	Verstopfungen - am Säulenkopf - an Verbindungsstellen - in Kapillaren
Pumpe(n) mit ungleichmäßiger Förderung	Luft im Pumpenkopf Ventil „klebt" Kolbendichtung defekt
Signalgrundlinie unregelmäßig	Luft in der Zelle Belegtes Zellenfenster Undichte oder verstopfte Zelle Verbrauchte Lampe Elektronik/Elektrik-Störung
Probendosierung unreproduzierbar	Injektionsventil undicht Rotor beschädigt Störung am Autosampler

Anmerkung:
Luft im System führt sehr häufig zu Störungen im Pumpenfluß und im Detektor. Schmutzteilchen (Abrieb, Korrosion) setzen sich bevorzugt am Säulenkopf ab, schädigen allmählich die Trennsäulen und bewirken einen kontinuierlichen Druckanstieg im Gerät.

Ständige Aufmerksamkeit verdient der Injektionsvorgang. Um eine einwandfreie Arbeit des Injektionsventils längere Zeit zu gewährleisten, ist auf rückstandsfreie, mechanisch saubere Proben zu achten. Die Filtration über Membranfilter, die als Spritzenvorsatz zu haben sind, kann angebracht sein. Auf die Bedeutung von Blindinjektionen wurde bereits hingewiesen, wobei „Blindpeaks" nach der Injektion reinen Lösungsmittels nicht selten auch aus der Dosierspritze stammen.

Relativ viele Störungen trivialer Natur verursacht der Chromatographer selbst. Genaues Beobachten des Gerätes (z. B. Auffinden von Lecks, wenn die Säule gewechselt wurde), gründliches Spülen aller Teile nach Umstellen des Elutionsmittels (insbesondere beim Umsteigen von organischen Elutionsmitteln auf wäßrige Pufferlösungen und umgekehrt!), größte Sauberkeit und Vermeiden, daß Luft in das Gerät gelangt, eliminieren schon einen großen Teil der Ärgernisse.

Viel gesündigt wird beim Verbinden der Geräteteile durch Kapillaren. Sie sind unnötig lang und besitzen oft zu große Innendurchmesser. Auf solche Weise wird die Trennwirksamkeit des Systems mehr oder weniger stark herabgesetzt. Kapillaren mit 0,5 mm Innendurchmesser sollten für analytische Arbeiten grundsätzlich „tabu" sein!

Unproblematisch und allgemein zu empfehlen sind die üblichen Kapillaren mit 0,15 (0,12) mm Innendurchmesser. Aber schon eine 25 cm lange Kapillare mit 0,3 (0,25) mm Innendurchmesser zwischen Säule und Detektor kann je nach Säule und Trennproblem zu lang sein!

Der Anschluß von Kapillaren erfolgt gemäß Bild 12.2 mittels Schraubverbindungen, deren Herzstück der als Schneidring konzipierte durchbohrte Dichtkegel 3 (Ferrule) ist. Er wird über die Kapillare geschoben und mit der sog. Anpreßschraube in das Verbindungsgegenstück 2 im anzuschließenden Baustein (Säule, Detektor usw.) gepreßt. Dieses Gegenstück 2 (Fitting[1]-Adapter) besteht aus einer Führungsbohrung zur Aufnahme des Kapillarenendes und einer trichterförmigen Öffnung für das Ferrule. Da der Ferrule-Kegel eine etwas geringere Steigung als der Trichter des Fitting-Adapters besitzt, wird die Kegelspitze des Ferrules beim Anziehen in das Kapillarrohr gedrückt. Gleichzeitig entsteht eine sicher wirkende Dichtkante zwischen Ferrule und Adapter, und man braucht die Anpreßschraube stets nur leicht mit dem Schlüssel anzuziehen. Gelingt die Abdichtung nicht sofort, ist entweder das Ferrule oder der Adapter defekt.

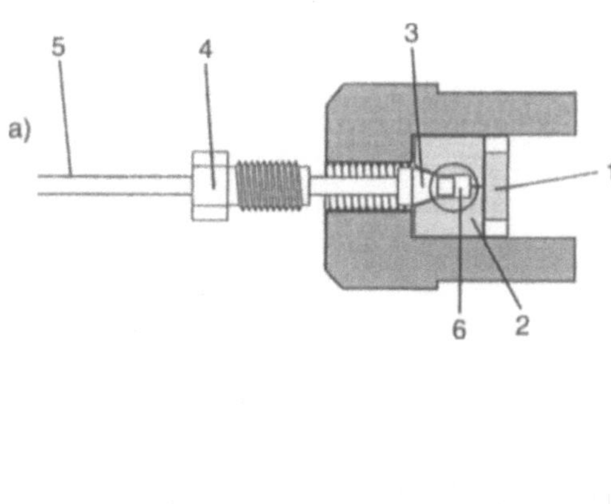

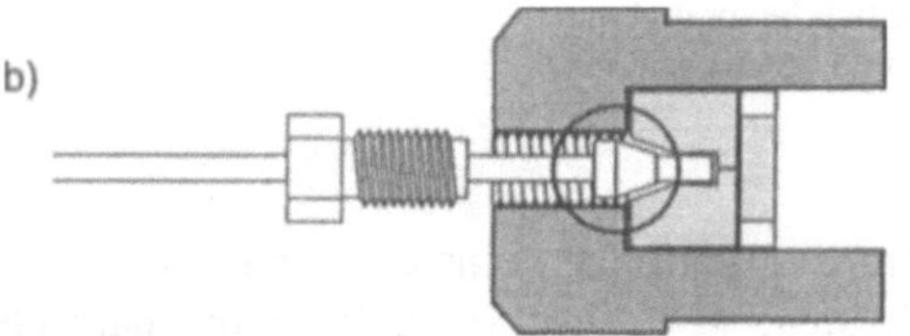

Bild 12.2
Falsch adaptierte Verbindungskapillaren
a) Ferrule sitzt zu tief
b) Ferrule sitzt zu hoch
1 – Frittenstück
2 – Fitting-Adapter
3 – Ferrule
4 – Anpreßschraube
5 – Kapillare
6 – Totvolumen

Der Dichtkegel kann normalerweise nicht wieder von der Kapillare entfernt werden, d. h. schon durch einmaliges Anpressen wird sein Abstand vom Kapillarenende festgelegt.

Es ist wichtig zu wissen, daß die Führungsbohrungen der Adapter an einzelnen Geräten und Zubehörteilen unterschiedliche Anschlagtiefen besitzen. Häufig wird man 0,5 oder 1 mm messen, am Rheodyneventil 7010 sogar 4,5 mm. Solche Unterschiede können zu Schwierigkeiten führen.

Ist die Anschlagtiefe des Adapters größer als das durch das Ferrule markierte Kapillarstück, entsteht ein unerwünschtes Totvolumen (Bild 12.2a). Besitzt das Kapillarstück

---

[1] *engl.*: fitting – Verbindungsstück, Paßstück

eine größere Länge als die Anschlagtiefe (Bild 12.2b), dann leckt die hergestellte Verbindung. Es hat jetzt keinen Zweck, die Anpreßschraube übermäßig stark anzuziehen. Tut man das, wird die Kapillare gestaucht und möglicherweise das Gewinde beschädigt; eventuell ist der Durchfluß behindert, und es kommt zu einem zusätzlichen Druckanstieg. Um solche Pannen zu vermeiden, wird man eingepaßte Verbindungskapillaren beim Ausbau kennzeichnen und so ein späteres Vertauschen vermeiden.

13 Frontal- und Verdrängungschromatographie

13.1 Frontalchromatographie

Die Frontalchromatographie ist mit Abstand das älteste chromatographische Verfahren. Es wurde in Form der radialen frontalen Papierchromatographie schon 1850 von F. F. RUNGE beschrieben. Die Bezeichnung „Frontalchromatographie" stammt von TISELIUS und CLEASSON (1942)[1].

In der Elutionschromatographie wird die Probe, wie wir sahen, grundsätzlich diskontinuierlich in Form eines Probenimpulses auf die Trennsäule gebracht. Dieser Probenimpuls verteilt sich auf den Säulenquerschnitt. Ein Impuls, der bei einem Volumen von 1 µl in einer Zuführungskapillare von 0,25 mm Durchmesser eine Breite (Pfropfenlänge) von 20 Millimetern ausbildet, wird in einer 3 mm-Säule sehr schmal sein. Rechnerisch wäre seine Breite zunächst höchstens 0,14 mm. Je nach den chromatographischen Bedingungen wächst sie aber beim Säulendurchtritt wegen der „obligaten Verdünnung" um mehrere Größenordnungen (vgl. Übungsaufgabe 14.4.4).

Ganz andere Verhältnisse liegen vor, sobald die Probe während einer längeren Zeit zugeführt wird. Sie okkupiert dann so lange Säulenvolumen, bis die Zuführung wieder unterbrochen wird. Die Probenzuführung kann noch andauern, obwohl die erste Komponente die Säule wieder verläßt.

Während dieses Vorgangs geht für jede Komponente i so lange Substanz in die Kompaktphase K über, bis die Verteilung ihrem durch die Verteilungskonstante wiedergegebenen Verteilungsverhältnis entspricht. Die Fluidphasenkonzentration der Komponenten bleibt dabei immer gleich ihren ursprünglichen Konzentrationen c_P in der Probe (Bild 13.1).

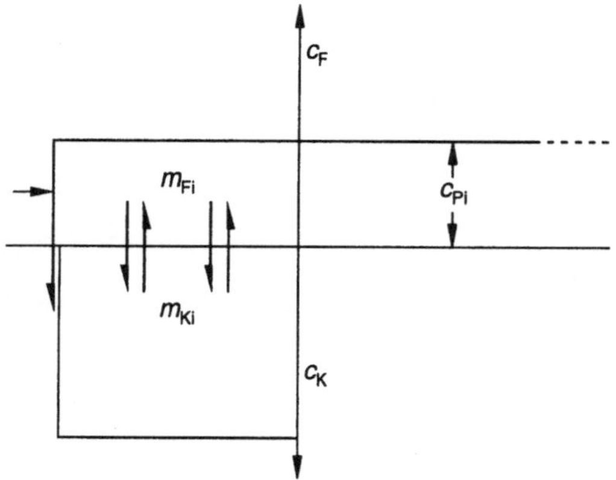

Bild 13.1
Zur Substanzverteilung bei kontinuierlicher Probenzuführung
c_F, c_K – Konzentration in der fluiden bzw. kompakten Phase
c_{Pi} – Konzentration der Komponente i in der Probe
m_{Fi}, m_{Ki} – Masse der Komponente i in der fluiden bzw. kompakten Phase

---

[1] Näheres zur Geschichte siehe Lit. [1] zu Kapitel 1.

Je größer K_i ist, desto mehr Substanz muß in die Kompaktphase übertreten, und entsprechend langsamer wandert die betreffende Front.

Auf diese Weise entsteht ein stufenförmiges Chromatogramm (Bild 13.2). Im Bild ist die von der Kompaktphase nach Frontdurchgang für die 1. Komponente aufgenommene Substanzmenge $V'_{R1} \cdot c_1$ grau unterlegt.

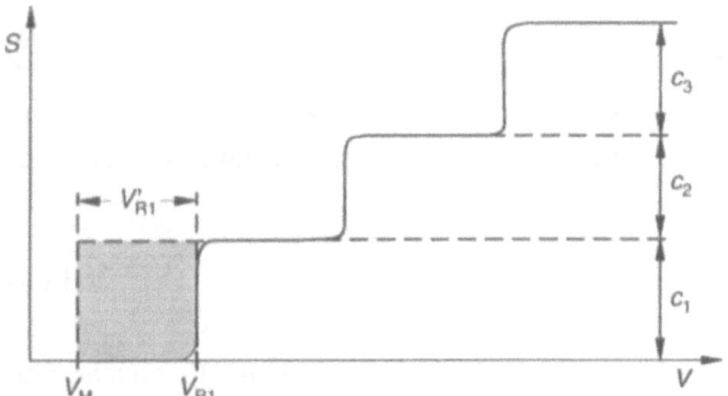

Bild 13.2 Frontalchromatogramm einer 3-Komponentenmischung mit den Ausgangskonzentrationen c_1, c_2 und c_3
V_M – Totvolumen der Trennsäule; V_{R1} – Bruttoretentionsvolumen; V'_{R1} – Nettoretentionsvolumen (jeweils für die erste Komponente)
Division durch den Fluß $\dot{V}$ ergibt die entsprechenden Zeitgrößen

Hört man mit der Probenzuführung so rechtzeitig auf, daß die einzelnen Stufen bis zum Säulenende Zeit haben, sich voneinander abzutrennen, entsteht eine Folge typischer Tafelberge, deren Plateaus ebenfalls die eingeführten Substanzkonzentrationen repräsentieren.

Der während der Probenaufgabe stattfindende Substanzentzug durch Übergang relativ großer Probenmengen in die Kompaktphase bedingt auch eine Erniedrigung des Volumenflusses, die allerdings in der Flüssigchromatographie vernachlässigbar klein ist.

Durch Differentiation des Frontalchromatogramms erhält man ein wie ein Elutionschromatogramm aussehendes Differential-Frontalchromatogramm. Man kann differentiale und integrale Kurvenzüge ineinander umwandeln. Im Falle von GAUSS-Profilen (Bild 2.6) ist die Frontalstufe mittels Gl. (2.22) mathematisch zu beschreiben. Aus Gl. (2.22) folgt ohne weiteres mit $f(x)$ entsprechend Gl. (2.19) und $x = t$

$$\frac{c_i}{c_{i\,\text{max}}} = \frac{1}{2} + \int_{t_{Ri}}^{t} f(t)\,\mathrm{d}t = \frac{1}{2} + \Phi \; . \tag{13.1}$$

Φ läßt sich als Reihe entwickeln. Für $t - t_{Ri} = \pm\sigma$ erhält man $\Phi = \pm 0{,}3414$ und $c_i/c_{i\,\text{max}} = 0{,}841$ bzw. $0{,}159$, d. h. bei diesen Stufenhöhen ist die halbe Stufenbreite gleich der Standardabweichung σ (Bild 2.6).

Differentiation von Gl. (13.1) führt zu

$$\frac{\mathrm{d}\,F(t)}{\mathrm{d}\,t} = \frac{\mathrm{d}\Phi}{\mathrm{d}\,t} = \frac{1}{\sigma_t\sqrt{2\pi}}\,e^{-\frac{1}{2}\left(\frac{t-t_{\mathrm{R}i}}{\sigma_t}\right)^2}. \tag{13.2}$$

Für den Wendepunkt der Verteilungsfunktion (vgl. Bild 2.6), d. h. für $t = t_{\mathrm{R}i}$ ergibt sich die Steigung der Wendetangente zu

$$\frac{\mathrm{d}\,F(x)}{\mathrm{d}\,x} = \frac{\mathrm{d}\,F(t)}{\mathrm{d}\,t} = \frac{1}{\sigma_t\sqrt{2\pi}} = \frac{c_{i\,\mathrm{max}}}{w_t}, \tag{13.3}$$

wenn man mit w_t den Abstand des Schnittpunktes der Wendetangente mit der Abszisse und der Geraden $F(x) = 1$ ($c_{i\mathrm{max}}$) bezeichnet. Aus Gl. (13.3) folgt $w_t = \sigma_t\sqrt{2\pi}$ und durch Einsetzen in Gl. (2.37b) für die Berechnung der Trennstufenzahl aus einer Frontalstufe

$$N = 2\pi\,\frac{t_{\mathrm{R}i}^2}{w_t^2}. \tag{13.4}$$

Frontalchromatogramme besitzen nicht nur an der Vorderseite Stufen. Die gleiche Stufenzahl bildet sich analog an der Rückfront aus, denn die bei Trennsäuleneintritt in die Kompaktphase übergetretenen Stoffanteile kehren beim Verlassen der Säule zur Fluidphase zurück. Auf diese Weise erhalten die gegeneinander verschobenen Konzentrationsprofile ihre ursprüngliche Länge zurück. Die Zuordnung der Komponenten kehrt sich um; die unterste Stufe an der Rückfront entspricht der letzten Komponente, während sie an der Vorderfront zur ersten Komponente gehört.

Prinzipiell sind so viel Stufen zu erwarten wie Komponenten aufgelöst werden (Bild 13.3). Nachteilig ist an einem solchen Chromatogramm die oft geringe Prägnanz benachbarter Stufen. Andererseits spielt z. B. das starke Peaktailing der Komponenten 4 und 6 im Elutionsmodus (Bild 13.3a) für die Ausbildung der Stufen keine Rolle.

Bei den für analytische Anwendungen niedrigen Konzentrationen befindet man sich i. allg. im linearen Teil der Adsorptionsisotherme. Dadurch sind sowohl die vorderen als auch die hinteren Konzentrationsstufen scharf ausgebildet. Es wird die ideale Form des Chromatogramms gemäß Bild 13.2 erhalten. Außerdem ist unter diesen Bedingungen die jeweilige Stufenhöhe der Substanzkonzentration in der Probe proportional und im Gegensatz zur Höhe diskreter Peaks (Elution) vom Wanderungsweg (Säulenlänge) unabhängig. Die Stufenlänge (Frontauflösung) wächst mit der Säulenlänge.

Für die Frontauflösung gelten die Gleichungen (2.76) bis (2.79) wie im Falle der Elutionschromatographie. Retentionszeiten werden gemäß Bild 13.2 im Wendepunkt der Stufen abgelesen.

Wegen der fehlenden Probenverdünnung bei frontalchromatographischen Analysen kann man gegenüber der Elution um 1–2 Größenordnungen höhere Empfindlichkeiten realisieren. Da wesentlich mehr Probe benötigt wird, erscheint ein Arbeiten mit Microbore-Säulen besonders angezeigt.

Ist die Verteilungsisotherme nichtlinear, wird nach den Ausführungen in Abschn. 2.2 (Bild 2.5) nur die Vorderfront *oder* die Rückfront der betreffenden Stufe scharf ausgebildet sein. Eine der beiden Fronten liegt dann in mehr oder weniger diffuser Form vor. Bei konkaven, also zur Abszisse gebogenen Isothermen bleibt die Vorderfront steil, da kleinere Konzentrationen zurückbleiben und frontverschärfend wirken (Bild 2.5c). Im umgekehrten Falle tritt Selbstverschärfung der Rückfront ein, und die Vorderfront ist diffus. Diffuse und selbstverschärfende Fronten eignen sich gleichermaßen zur Bestimmung von Verteilungsisothermen.

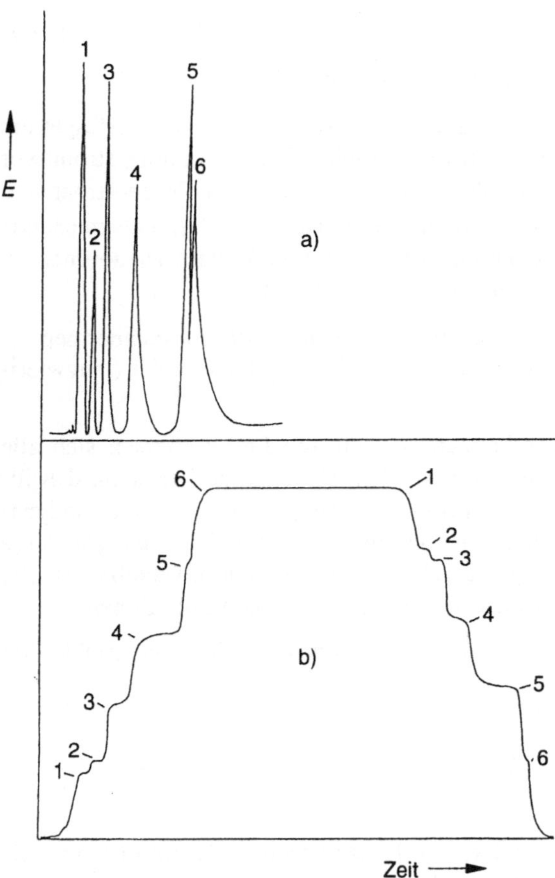

Bild 13.3 Trennung verschiedener organischer Säuren an einem Anionentauscher [1]
Elutionsmittel 0,075 M Phosphorsäure pH 1,9; Detektionswellenlänge 200 nm.
Bild a: Elutionschromatogramm. Dosiervolumen 10 µl einer Lösung mit 5–50 ppm der Säuren.
Bild b: Frontalchromatogramm der 100fach verdünnten Probenlösung unter sonst gleichen
Bedingungen. Dosiervolumen 35 ml (!)

Verwendet man eine selbstverschärfende Front, so steht zur Bestimmung der Verteilungsisotherme nur das Plateau zur Verfügung (sog. Frontalanalyse, FA). Man muß demnach so viele Konzentrationen durch die Trennsäule schicken, wie Isothermenpunkte gewünscht werden. Die Fluidphasenkonzentration c_{Fi} entspricht, wie gesagt, immer der eingeführten Probenkonzentration. Da sich c_{Fi} ausdrücken läßt durch m_{Ki}/V'_{Ri}, wird die ihr entsprechende Probenmasse m_{Ki} bzw. Konzentration c_{Ki} über eine Ermittlung von V'_{Ri} erhalten (Bild 13.2):

$$m_{Ki} = c_{Fi} \cdot V'_{Ri}.$$

$$(13.5)$$

Nach Teilen durch die Bezugsgröße der Kompaktphase X (z. B. Masse oder Volumen des Trägermaterials) lautet die Isothermengleichung[1]

$$^1 m_{Ki} = f(c_{Fi}) = c_{Fi} \frac{V'_{Ri}}{X} \quad \text{bzw.}$$

$$(13.6)$$

$$c_{Ki} = c_{Fi} \cdot V_g .$$

$$(13.7)$$

V_g ist das spezifische (Netto) Retentionsvolumen (s. Abschn. 2.2).

Bei konvexer Verteilungsisotherme ist analog die Rückfront zu benutzten. Erfolgte ein Umschalten des Konzentrationsstromes c_i auf reines Fluid (Zeitpunkt Null), strömt vor dem Durchbruch der Rückfront zunächst das Volumen V_M (um das Vorderfront und Rückfront gleichermaßen verzögert werden) aus und dann das V'_{Ri} entsprechende Volumen, dem wieder die Substanzmenge m_{Ki} aus der Kompaktphase zuzuordnen ist (Bild 13.4). Man kommt erneut zu den Gleichungen (13.5) bis (13.7).

Die beschriebene dynamische Methode zur Bestimmung von Adsorptionsisothermen via Plateaukonzentration ergibt gute Übereinstimmung mit den Ergebnissen der (langwierigen) statischen Bestimmungsmethoden.

Bei der Ermittlung von Adsorptionsisothermen aus diffusen Fronten lassen sich alle Isothermenpunkte mit einem Chromatogramm erhalten. Dabei ist zu beachten, daß für diffuse Fronten und Peakverbreiterungen (Tailing, Fronting), wenn sie thermodynamisch und nicht kinetisch bedingt sind, die in Abschn. 2.2 behandelte *Grundgleichung* der *idealen linearen* Chromatographie (Gl. 2.12b bzw. 2.54) nicht anwendbar ist. Sie gilt nur für Peakmaxima, selbstverschärfende Zonen und Plateaukonzentrationen.

An ihre Stelle tritt die *Grundgleichung* der *idealen nichtlinearen* Chromatographie. Sie lautet

$$V_{Ri} = V_M + \frac{dc_K}{dc_F} \cdot X \qquad \left(\frac{dc_K}{dc_F} = V_{gi} \right).$$

$$(13.8)$$

Zu Gl. (13.8) kommt man beispielsweise über den Kapazitätsfaktor k_i. An unsymmetrischen Peakflanken, deren Ursache gekrümmte Isothermen sind, ändern sich beständig Aufenthaltszeit und Massenverteilungsverhältnis der Moleküle in den Phasen. k_i muß demnach als Differentialquotient dm_K/dm_F formuliert werden. Nach Erweitern mit X und V_M resultiert:

$$k_i = \frac{dc_K}{dc_F} \cdot \frac{X}{V_M} \quad \text{bzw.}$$

$$(13.9)$$

$$V_g = \frac{V'_{Ri}}{X} = \frac{dc_K}{dc_F} .$$

$$(13.10)$$

---

[1] Die hochgestellte 1 bedeutet Masse pro Gramm Kompakt- bzw. Wirkphase (Adsorbens). Bei einem auf festes Trädsorbens bezogenen Adsorptiv heißt $^1 m_K$ bekanntlich spezifische Adsorption.

In Worten: *Das spezifische (Netto) Retentionsvolumen längs einer Konzentrationsfront der idealen nichtlinearen Chromatographie ist gleich der ersten Ableitung der Verteilungsisotherme $c_K = f(c_F)$. Aus Gl. (13.10) erhält man schließlich [2]

$$c_K = \int V_g \, dc_F \, . \tag{13.11}$$

Bild 13.4 veranschaulicht die Bestimmung von Adsorptionsisothermen nach Gl. (13.11).

Zum Zeitpunkt $t = 0$ wird die Zuführung der Konzentration c_{Fi} unterbrochen. Für den Fall einer selbstverschärfenden Rückfront ergäbe sich, wie oben erwähnt, das (gestrichelte) Rechteckprofil. Aufgrund der konkaven Isotherme flacht die Rückfront aber ab und erhält den (stark) gezeichneten Verlauf. Die zu jedem Isothermenpunkt P längs der Flanke gehörende Kompaktphasenkonzentration c_{KP} berechnet man gemäß Gl. (3.11) mit $c = 0$ bis c_{FP} aus der grau unterlegten Fläche.

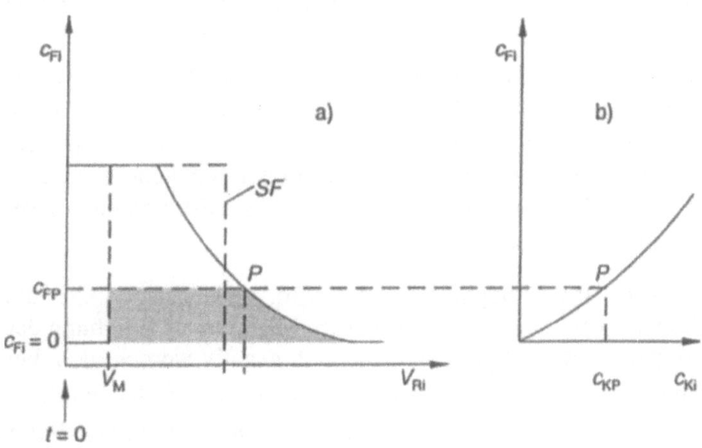

Bild 13.4 Frontalchromatographische Bestimmung der Adsorptionsisotherme aus einer diffusen Rückfront nach der Methode des „charakteristischen Punktes" (FACP)
a) Frontalchromatogramm (diffuse Rückfront). Erläuterungen siehe Text
b) Zugehörige Adsorptionsisotherme
$c_{Fi} = 0$ – Chromatogrammgrundlinie; c_{Fi} – Konzentration der Komponente i (Eichung über den Detektorresponse); c_{FP} – Fluidphasenkonzentration im Punkt P; c_{Ki} – Kompaktphasenkonzentration der Komponente i; c_{KP} – Kompaktphasenkonzentration im Punkt P; t_0 – Zeitpunkt der Probenunterbrechung; V_M – Totvolumen; V_{Ri} – Effluentvolumen ab $t = 0$; $V_{Ri} - V_M = V'_{Ri}$; SF – Rechteckprofil einer sich selbst verschärfenden Front

Da eine gewisse Verfälschung der Werte durch Axialdiffusion eintritt, gibt die Methode der Isothermenbestimmung aus diffusen Fronten nicht so gut übereinstimmende Ergebnisse mit statischen Methoden wie die Methode der selbstverschärfenden Fronten. Die Reproduzierbarkeit wird durch die relativ ungenaue Erfassung des auslaufenden Tailings etwas beeinträchtigt. Beide Methoden erfordern eine sichere und genaue Messung des Säulentotvolumens.

Wie C. HORVÁTH und Mitarbeiter [3] zeigen konnten, sind die für die Belange der Flüssigchromatographie relevanten Isothermen i. allg. vom LANGMUIR-Typ. Sie gehorchen somit der Gleichung

$$c_{\mathrm{K}} = c_{\mathrm{Kmax}} \cdot \frac{\omega \cdot c}{1 + \omega \cdot c}, \tag{13.12}$$

in der $c = c_{\mathrm{F}i}$ die Konzentration des gelösten Stoffes in der Flüssigphase ist. c_{Kmax} korreliert mit der Monoschichtadsorption an der Oberfläche der Kompaktphase, ω heißt Adsorptionskoeffizient und hängt vom Molvolumen des Adsorptivs und von der Adsorptionsenergie ab. Für hinreichend kleine Werte von c geht Gl. (13.12) in die Geradengleichung

$$c_{\mathrm{K}} = c_{\mathrm{Kmax}} \cdot \omega \cdot c \tag{13.13}$$

über, die unmittelbar die Verteilungskonstante gemäß Gl. (2.6a) ergibt

$$K = c_{\mathrm{Kmax}} \cdot \omega . \tag{13.14}$$

Frontalchromatographische Trennungen spielen bei Gegenstromprozessen eine wichtige Rolle.

Für die folgenden Gedankengänge vergegenwärtige man sich die Trennung zweier Komponenten A und B anhand von Bild 13.2. Die kontinuierliche Probenzuführung soll aber nicht am Säulenanfang, sondern in der Mitte der gewählten Trennsäule erfolgen. Außerdem sei die Möglichkeit gegeben, die bislang stets stationär gehaltene Kompaktphase in Richtung auf die fluide Phase zu bewegen (vgl. S. 5). Es existieren dann zwei einander entgegengesetzte Volumenströme $\dot{V}_{\mathrm{F}}$ und $\dot{V}_{\mathrm{K}}$.

Sobald die Kompaktphase gegen die Fluidphase bewegt wird, verlangsamen sich die Wanderungsgeschwindigkeiten u_{A} und u_{B} der beiden Zonen. Mit weiterer Erhöhung der Kompaktphasengeschwindigkeit muß u_{B} Null und schließlich negativ werden, d. h. bei einem bestimmten Verhältnis von $\dot{V}_{\mathrm{F}}$ zu $\dot{V}_{\mathrm{K}}$ wandern die Zonen A und B diametral. Ist dieser Fall eingetreten, lassen sich beide Stoffe der Trennsäule in reiner Form *kontinuierlich* entnehmen. Bei Anschluß von Detektoren erhält man an jedem der geeignet gewählten Ausgänge ein „einstufiges" Frontalchromatogramm.

Der beschriebene chromatographische Gegenstromprozeß ist als *True Moving Bed (TMB)-Verfahren* seit Jahrzehnten bekannt [4].

Das Prinzip erlaubt die kontinuierliche Probenaufgabe und -abnahme bei Einspeisung relativ hoher Probenkonzentrationen. Man arbeitet dadurch im Gebiet gekrümmter Isothermen (LANGMUIR-Typ), und es gilt Gl. (13.8). Eine exakte Optimierung der insgesamt 5 Volumenströme erfordert die Kenntnis der Isothermen und eine mathematisch nicht ganz einfache Modellierung des Prozesses. Allerdings ist es möglich, die Modellierung nur für den linearen Teil der Isothermen durchzuführen und für den nichtlinearen Teil über eine experimentelle Justierung der Volumenströme nach bestimmten Algorithmen zu optimieren.

Eine solche Gegenstromtrennung muß vor allem dann attraktiv erscheinen, wenn man die relativ schwierige mechanische Bewegung der Kompaktphase durch eine nur simulierte Bewegung ersetzt. Diese Variante ist unter dem Namen *Simuliertes Moving Bed (SMB)-Verfahren* bekannt geworden und konnte sich großtechnisch schnell etablieren (Universal Oil Products). Aber erst neuerdings gibt es kleine handliche Geräte, die

SMB-Trennungen auch im Laboratoriumsmaßstab unter Verwendung analytischer Trennsäulen eine angemessene Verbreitung sichern.

Für die Trennungen werden 6–16 HPLC-Säulen ringförmig miteinander in Reihe geschaltet. Ein Multifunktionsventil [5] erlaubt die Anschlüsse für die Volumenströme der Probe, des Eluens und der getrennten Stoffe A und B zyklisch so weiter zu schalten, daß ein Beobachter an einem der Zu- oder Ablaufports den Eindruck einer echten Gegenbewegung zwischen Kompakt- und Fluidphase erhält. Der scheinbare Feststoffvolumenstrom errechnet sich zu $\dot{V}_K = V_S / t_S$, sofern V_S das Feststoffvolumen einer Trennsäule und t_S die Schaltzeit zwischen zwei Takten darstellt.

Aufgrund der einzelnen Schalttakte ist die Konzentration von A und B in den Effluenten nicht wie beim TMB-Verfahren konstant. Nach einigen Zyklen wird ein quasistationärer Zustand mit identischen Profilen („Sägezähnen") aufeinanderfolgender Takte erreicht. Denkt man sich eine unendlich große Zahl von Säulensegmenten und Schalttakten, geht das SMB-Prinzip in das zugrundeliegende TMB-Prinzip über.

Der Vorteil aller Moving Bed-Trennungen liegt in den möglichen hohen Produktdurchsätzen, bezogen auf die eingesetzte Menge an Trägermaterial. Auch Laboratoriumsvorrichtungen mit analytischen Säulen sind für die Gewinnung relativ großer Produktmengen gedacht. Im Gegensatz zu präparativen Batch-Verfahren (Elution) lassen sich bei einem Trennungsgang i. allg. nur Zweikomponentengemische auftrennen.

13.2 Verdrängungschromatographie

Die Einführung der Verdrängungschromatographie gelöster Substanzen geht auf A. TISELIUS zurück (1943). Später hat B. J. MAIR (1945) die Methode in Form der direkten Verdrängungsentwicklung zum Standardverfahren der Kohlenwasserstoffanalytik, der sog. FIA-Analyse entwickelt[1]. Nach Übertragung auf kleine Korngrößen fand es in Form der schnellen Mikro-FIA Verbreitung [6].

Bei der direkten Verdrängungschromatographie an Silikagel ordnen sich flüssige Analyte längs der Trennsäule nach steigender Substanzpolarität. So bilden sich hintereinander liegende Zonen von Paraffinen, Olefinen, Aromaten, Sauerstoffverbindungen und Aminen. Die auf die Gesamtlänge aller Zonen bezogenen Einzellängen ergeben unmittelbar den Prozentgehalt der betreffenden Stoffklasse in Vol.-%. Jede folgende Stoffklasse stellt den Verdränger für die vorhergehende dar.

Die Zonenausbildung bei einem Gemisch zweier Flüssigkeiten A und B veranschaulicht Bild 13.5.

In der Profilentwicklung spiegelt sich die Tatsache wider, daß höhere Konzentrationen schneller wandern als kleinere, was das Vorliegen konkaver Isothermen voraussetzt[2]. Auf solche Weise bildet sich bei der Fortbewegung des Gemisches längs L eine sog. stationäre Zwischenfront aus. Gestörte Profile stabilisieren sich selbst, während jede Ban-

---

[1] Die Markierung der Stoffgrenzen erfolgt hierbei durch Fluoreszenzfarbstoffe (Fluoreszenz-Indikator-Adsorptions-Verfahren). „FIA" wurde später noch als Abkürzung für die Fließ-Injektions-Analyse verwendet.

[2] Im vorliegenden Fall ist A Lösungsmittel für B.

denverbreiterung in der Elutionschromatographie irreversibel ist. Die Säulenlänge bleibt nach Erreichen des stationären Zustandes im Gegensatz zur Elutionschromatographie ohne Einfluß auf die Güte der Trennung. Unschärfen an der Grenzfront fallen um so weniger reinheitsmindernd ins Gewicht, je länger die einzelnen Zonen sind.

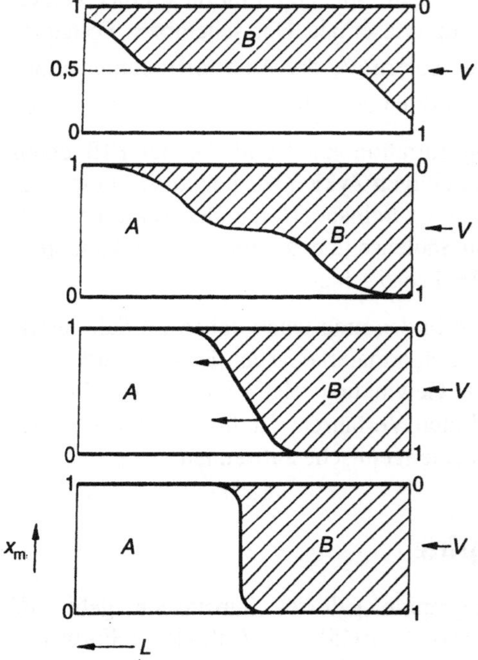

Bild 13.5
Ausbildung des Grenzprofils (stationäre Zwischenfront) bei der direkten Verdrängungsentwicklung zweier Flüssigkeiten A und B
x_m – Molenbruch
L – Säulenlänge
V – Verdränger

Im Bild 13.6 wurde die Ausbildung der Banden bei direkter Verdrängungschromatographie an einer realen Probe dargestellt [7].

Verwendet man als Trägermaterialien die Palette moderner HPLC-Phasen und eine fluide Hilfsphase in Form geeigneter wenig verdrängungswirksamer Lösungsmittel, lassen sich Selektivität und Universalität der Verdrängungschromatographie beträchtlich erweitern.

In neuer Zeit wurde, von der erwähnten Anwendung in der Petrolindustrie abgesehen, die lange Zeit wenig beachtete Verdrängungschromatographie insbesondere von HORVÁTH und Mitarbeitern wieder eingehender bearbeitet. Dabei ließ sich zeigen, daß ihr Einsatz für präparative Trennungen schon mit den für analytische Zwecke konzipierten HPLC-Geräten und Trennsäulen ausgesprochen vorteilhaft ist [8, 9].

Zur Durchführung einer verdrängungschromatographischen Trennung muß ähnlich wie bei der Frontalchromatographie wesentlich mehr Probenflüssigkeit zugeführt werden als bei Elution. Nur so können sich Zonen ausreichender Länge ausbilden. Nach der Probeneingabe ist sofort auf eine geeignete Verdrängerlösung umzuschalten.

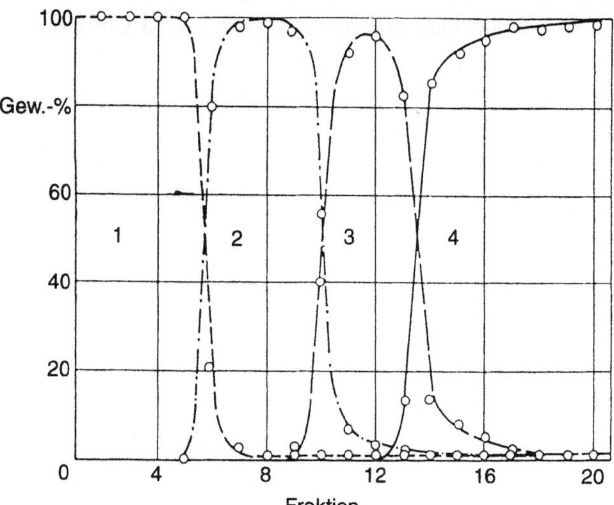

Bild 13.6 Trennung von Mono- und Diepoxiden an Silikagel
1 – n-Dodecan; 2 – 1,2-Epoxytridecan; 3 – 1,2; 7,8-Diepoxyoctan;
4 – Dimethylsulfoxid (Verdränger)

Der Verdränger schiebt die in der Hilfsphase gelösten Probenkomponenten vor sich her. Ihre Konzentration erhöht sich dadurch unabhängig von den Ausgangskonzentrationen so lange, bis der stationäre Zustand der Fronten erreicht ist (isotachische[1] Bedingung). Danach wandern alle Fronten und Zonen 1 bis n mit der Geschwindigkeit u_V der Verdrängerfront, d. h. es gilt

$$u_1 = u_2 = \cdots = u_n = u_V. \tag{13.15}$$

Gleiche Wanderungsgeschwindigkeiten bedeuten gleiche Verteilungskonstanten, so daß entsprechend Gl. (13.7) gilt

$$\frac{f(c_{F1})}{c_{F1}} = \frac{f(c_{F2})}{c_{F2}} = \cdots = \frac{f(c_{FV})}{c_{FV}} = V_{gV}. \tag{13.16}$$

Der Zusammenhang zwischen den Verteilungsisothermen vom LANGMUIR-Typ (Abschn. 13.1) und der Ausbildung der Zonenprofile ist in Bild 13.7 dargestellt[2].

Das obere Diagramm in Bild 13.7 enthält die Isothermen von 4 Komponenten sowie die des Verdrängers V. Die Verbindungen wandern immer langsamer, je höher sich ihre Isothermen wölben und je niedriger die Verdrängerkonzentration ist. Man wählt c_{FV}

---

[1] *griech.:* ταχος – Geschwindigkeit

[2] Es sei erläuternd zu Bild 13.7 vermerkt, daß die zu den Stofffronten gehörende Verteilungskonstante K (ideale lineare Chromatographie) über die Sehne G ermittelt wird, während Tangenten an den Schnittpunkten die für die nichtlineare Chromatographie geltenden Differentialquotienten (vgl. Abschn. 13.1) ausdrücken würden.

normalerweise so hoch, daß die durch den Punkt P gelegte Gerade G möglichst viele Isothermen schneidet. Die Schnittpunkte ergeben die Gleichgewichtskonzentrationen, mit denen die betreffenden Komponenten gemäß Gl. (13.16) mit gleicher Geschwindigkeit durch die Trennsäule wandern. G hieß deshalb ursprünglich Geschwindigkeitslinie.

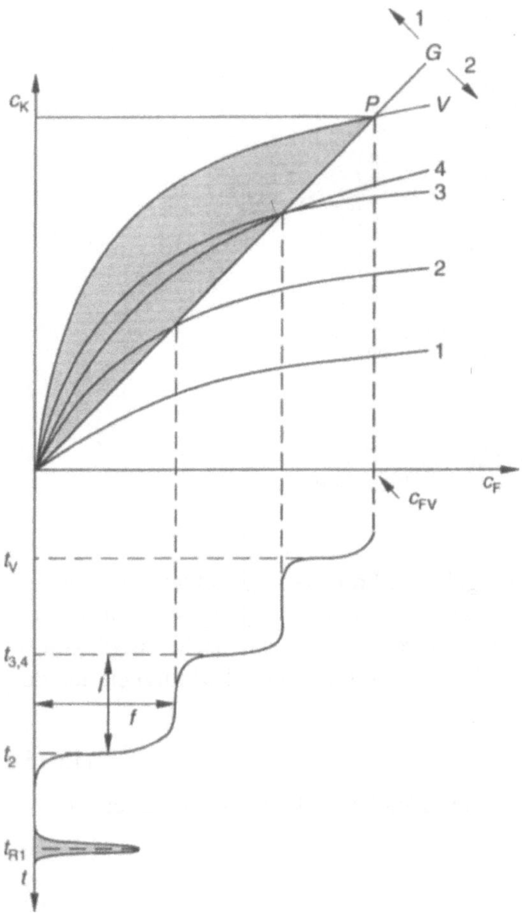

Bild 13.7 Isothermenverlauf und zugehöriges Verdrängungschromatogramm (Erläuterungen siehe Text)
c_K – Kompaktphasenkonzentration; c_F – Fluidphasenkonzentration; 1–4 – Bezeichnung der Komponenten; V – Verdränger; G – Arbeitsgerade (Geschwindigkeitslinie); c_{FV} – Verdrängerkonzentration; f – Stufenhöhen; l – Stufenbreite; t_{R1} – Retentionszeit für Peak 1; $t_{2,3,4,V}$ – Austrittszeiten der Komponenten 2, 3, 4 und des Verdrängers (entspricht $t_{R\,Front}$)
Steile Geschwindigkeitslinien (Pfeil 1) bedeuten langsame Trennungen. Flache Geschwindigkeitslinien (Pfeil 2) bedeuten schnelle Trennungen und höhere Detektionsempfindlichkeiten

Da Isotherme 1 im Bild nicht geschnitten wird, wandert Komponente 1 mit der ihrer Gleichgewichtskonstanten entsprechenden Geschwindigkeit als Elutionspeak vor der ersten Front.

Alle übrigen Konzentrationen liegen zunächst über der Arbeitsgeraden, d. h. sie wandern langsamer, als der Gleichgewichtskonzentration entspricht, und werden auf die „Schnittpunktkonzentrationen" aufkonzentriert.

Die Isothermen 3 und 4 schneiden sich bei der Gleichgewichtskonzentration. Beide Verbindungen werden somit unter den gegebenen Bedingungen nicht getrennt. Sie ergeben eine gemeinsame Stufe.

Das Stufenchromatogramm der Verdrängungsentwicklung hat Ähnlichkeit mit dem ersten Teil eines Frontalchromatogramms. Jedoch sei darauf hingewiesen, daß im Bild 13.7 jede Stufe (prinzipiell) eine reine Komponente repräsentiert, während im Frontalchromatogramm immer nur die erste (und die letzte) Stufe „pur" ist und alle anderen Stufen Mischstufen darstellen.

Die Stufenhöhe f ist im Verdrängungschromatogramm quasi ein qualitativer Parameter; sie wird durch die eingestellte Gleichgewichtskonzentration bestimmt, die wiederum von der individuellen Isotherme abhängt. Länge l bzw. Fläche $F = l \cdot f$ einer Stufe sind hingegen der Menge oder Konzentration der betreffenden Verbindung proportional. f und l wie auch alle Retentionsgrößen und die Auflösung der Fronten hängen von der Verdrängerkonzentration ab.

Ein entscheidender Nachteil der Verdrängungschromatographie war lange Zeit der Umstand, daß der Verdränger vor jeder neuen Trennung vollständig von der Säule entfernt werden muß. Dieser Nachteil fällt heute insbesondere an chemisch modifizierten Phasen und bei geeigneter Prozeßführung nicht so sehr ins Gewicht. Meist arbeitet man mit zwei Säulen parallel; während eine Säule regeneriert wird, entwickelt sich auf der anderen das Chromatogramm. Mit etwas Arbeit verbunden ist jedoch zunächst die Auswahl des geeigneten Verdrängers.

Die Verdränger-Isotherme muß über allen anderen für die Trennkette relevanten Isothermen liegen. Ein Verdränger soll hohe Löslichkeit in der fluiden Phase besitzen und sich einigermaßen leicht von der Säule entfernen lassen. Für die RP-Chromatographie ist neben hohem Rückhaltevermögen an der Kompaktphase gleichzeitige Wasserlöslichkeit erwünscht, weswegen der Verdränger hier sowohl hydrophobe als auch hydrophile Eigenschaften aufweisen sollte [9].

Als Faustregel kann gelten, daß eine Verbindung, die im Elutionsmodus am stärksten zurückgehalten wird, im Verdrängungsmodus alle anderen Komponenten verdrängt.

Es lassen sich folgende Vorteile der Verdrängungschromatographie herausstellen:

1. Die Zonenauflösung hängt bei hinreichender Zonenlänge nicht von der Probenkonzentration ab, wohingegen letztere die Wirksamkeit elutionschromatographischer Trennungen stark beeinträchtigt.

2. Die Konzentration getrennter Produkte im Effluent kann bei verdrängungschromatographischer Arbeitsweise wesentlich höher sein als bei Elution. Beide Phasen werden besser „genutzt".

3. Als Ergebnis der Frontenselbstverschärfung spielt Peaktailing bei Verdrängung eine geringere Rolle als bei Elution.

Die Lage der durch den Verdränger und seine Konzentration gegebenen Linie G innerhalb der Isothermenschar (Steigung) ist entscheidend für eine optimale Führung

der Verdrängungsentwicklung. Die heute gebräuchliche Bezeichnung Arbeitsgerade für
G erscheint deshalb sehr treffend.

Für die Steigung der Arbeitsgeraden ergibt sich Proportionalität zum Nettoretentionsvolumen der Verdrängerfront bzw. zu V_{gV}. Man kann gleiche Steigungen mit verschiedenen Verdrängern realisieren.

Eine Verkleinerung des Steigungswinkels (Pfeil 2 in Bild 13.7) ergibt schnellere Zonenwanderung, höhere Zonenkonzentrationen mit kleineren Durchbruchsvolumina und
großem Durchsatz. Auf diese Weise ist allerdings der Mischungsanteil zwischen den
Zonen relativ hoch und Produktreinheit oder Ausbeute nehmen ab.

Hebt man andererseits die Geradensteigung z. B durch Erniedrigen der Verdrängerkonzentration an (Pfeil 1 in Bild 13.7), wird die Zonenwanderung langsamer und die
Zonenkonzentrationen nehmen ab. Alle Zonen okkupieren ein größeres Ausflußvolu-
men, haben dadurch aber wegen der weniger ins Gewicht fallenden Mischungsanteile
höhere Reinheit. Durchsatz und Produktionsgeschwindigkeit sind kleiner.

Hoher Durchsatz und hohe Produktreinheit stellen wie bei der präparativen Elutions-
methode zwei entgegengesetzte Forderungen dar. Das Arbeitsoptimum findet man
durch die richtige Lage der Arbeitsgeraden.

Eine solide Optimierung der Trennbedingungen setzt die Kenntnis der Adsorptionsisothermen der beteiligten Stoffe voraus. Ihre Ermittlung kann man in einfacher Weise
vornehmen:

Zunächst ist die Verdrängungsfolge über die k_i-Werte eines Chromatogramms festzulegen, wonach mehrere verdrängungschromatographische Läufe mit unterschiedlichen
Verdrängerkonzentrationen durchgeführt werden.

Mißt man die Plateaukonzentration der einzelnen Zonen bei voll entwickelter Kette, läßt
sich über die Arbeitslinie pro Komponente und Verdrängerkonzentration jeweils ein
Punkt der Isotherme zeichnen (Bild 13.7). Die zur Ermittlung von P notwendige
Kompaktphasenkonzentration des Verdrängers wird mittels Gl. (13.7) aus dem Netto-
durchbruchsvolumen der Verdrängerfront erhalten. n Verdrängerkonzentrationen ergeben n Isothermenpunkte pro Komponente.

Bild 13.8 schematisiert den Ablauf der einzelnen Arbeitsstufen bei verdrängungschromatographischen Trennungen.

Gelegentliche Störungen des Chromatogramms (schlecht aufgelöste und verstümmelte
Stufen) können verschiedene Gründe haben.

Zum Beispiel ist es möglich, daß die Säulenlänge im Verhältnis zur Zonenlänge des
isotachischen Zustands durch Aufgabe großer Probenvolumina zu kurz ist. Bei der
Probenaufgabe bildet sich ja zunächst immer ein Frontalchromatogramm aus. Es geht
erst nach Verdrängerzugabe in die Zonenkette über, die wesentlich mehr Platz und eine
gewisse Mindestsäulenlänge beansprucht.

Andere Gründe können mit ungenügender Löslichkeit der Analyte zusammenhängen.
Obwohl, wie die Durchführbarkeit der direkten Verdrängungschromatographie (s. o.)
zeigt, im Hinblick auf den chromatographischen Prozeß prinzipiell weit höhere Probenkonzentrationen möglich sind, als der maximalen Trägerkapazität oder einer Multi-
schichtenadsorption entspricht, sind im Falle der Verdrängungschromatographie gelöster Substanzen die Löslichkeitsverhältnisse einzelner Stoffe im Effluent u. U. so

ungünstig, daß es bei Konzentrationserhöhungen zu Frontstörungen und Substanzverschleppungen kommt.

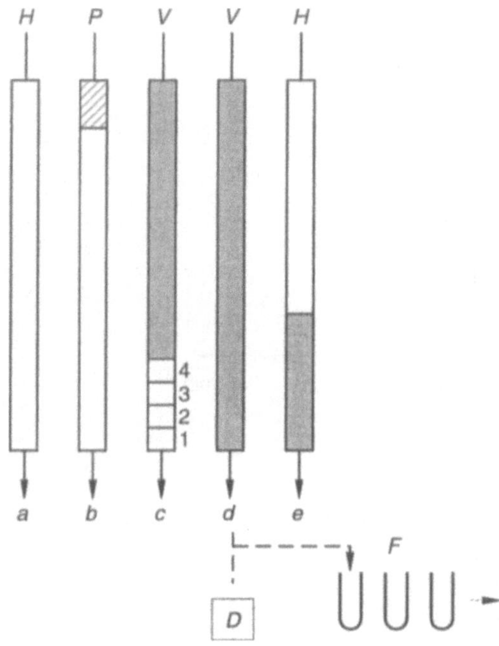

Bild 13.8 Ablauf der verdrängungschromatographischen Trennung
    a) Spülen der Trennsäule mit der Hilfsphase H
    b) Aufgabe der Probe P
    c) Aufgabe des Verdrängers V und Trennung der Komponenten 1 bis 4
    d) Austritt der Substanzzonen 1–4 und Registrierung durch den Detektor D mit simultaner
       Fraktionsnahme F
    e) Regeneration der Trennsäule unter Elution des Verdrängers durch Lösungsmittel H

Hat man die günstigsten Trennbedingungen allerdings erst einmal ermittelt, lassen sie sich leicht auf einen anderen Maßstab übertragen.

So kann aus dem mit analytischen Säulen (250 x 4 (3) mm) beherrschbaren mg-Maßstab (Bild 13.9) durch Vergrößern des Säulendurchmessers (Säule z. B. 250 x 40 mm) ohne zusätzliche Experimente in den Gramm-Maßstab übergegangen werden [11]. Andererseits wurden auch Microbore- oder Kapillar-Säulen verdrängungschromatographisch eingesetzt [12]. Eine 0,2 mm starke, gepackte Kapillare „verkraftet" immerhin noch den oberen Mikrogrammbereich.

Verdrängungsprozesse werden stets dominant, sobald beim Chromatographieren eine gewisse Probenüberladung eintritt und die Trennung sich in den nicht linearen Isothermenteil verschiebt. Das gilt gleichermaßen für Frontal- und Elutionsprozesse.

Bei der präparativen Trennung eng benachbarter Elutionspeaks wirken sich Verdrängungseffekte positiv auf die Bandenreinheit aus [13].

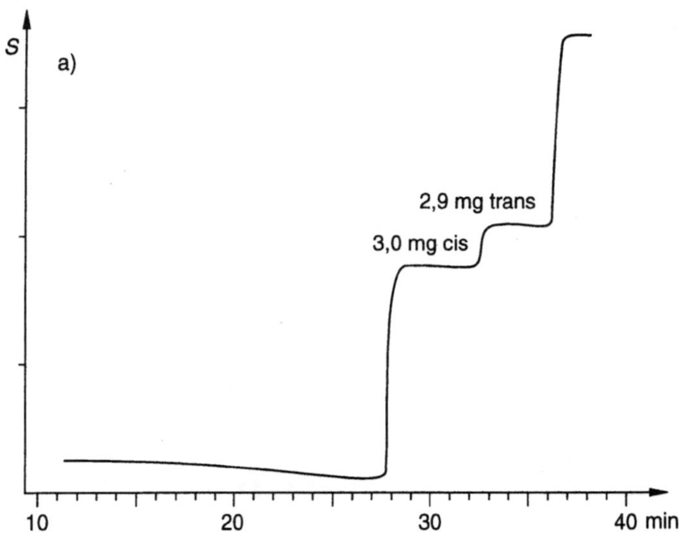

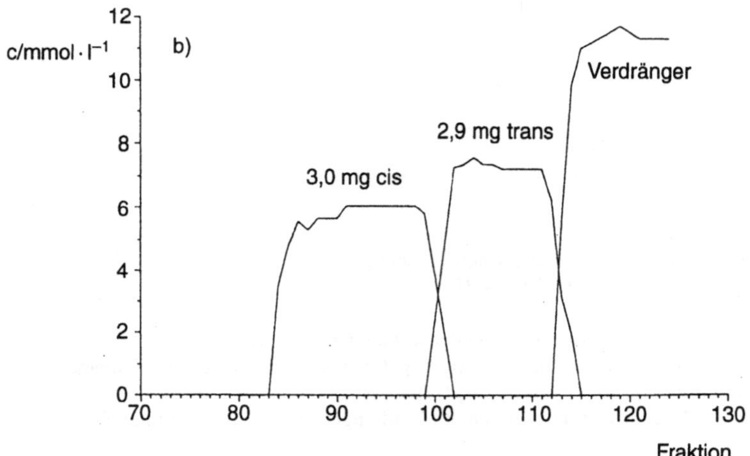

Bild 13.9 Chromatogrammbeispiele einer Verdrängung entsprechend Bild 13.8 [10]
a) Durch den Detektor D im by-pass registriertes Stufenchromatogramm
Bedingungen: 6 mg Probe von cis-/trans-3-Hexen-1-ol; Trennsäule: 250 x 4,6 mm; Träger:
α-Cyclodextrin-Silica (Cyclobond III, 5 µm); Hilfsphase: Wasser; Verdränger: 12 mM 1-Hep-
tanol in Wasser; Fluß: 1 ml/min; 1. Stufe – 3 mg cis-Isomeres; 2. Stufe – 2,9 mg trans-
Isomeres; 3. Stufe – Verdränger
b) Das zugehörige über die Einzelfraktionen F (Bild 13.8) erhaltene Zonenchromatogramm
Bedingungen wie unter a)
1. Zone – 3 mg cis-Isomeres in etwa 5 ml Effluent; 2. Zone – 2,9 mg trans-Isomeres in etwa
4 ml Effluent; 3. Zone – Verdränger; Fraktionsgröße: 300 µl

Wie J. F. K. HUBER [14] gezeigt hat, kann man die Verdrängungschromatographie als
Grenzfall der Gradientenelution (Kapitel 8) betrachten.

Wir wissen bereits, daß unter dem Einfluß eines Lösungsmittelgradienten die Peakrück-
front gezwungen wird, sich schneller als die Vorderfront zu bewegen, und so beständig

Probe von der Kompakt- zur Fluidphase übergeht. Der betreffende Peak wird schmaler, Substanz reichert sich an. Wachsende Gradientensteilheit und Gradientenstärke führen schließlich zum Übergang des Elutionsprozesses in einen Verdrängungsprozeß.

Teilen wir Gl. (2.61) durch die Säulenlänge, ergibt sich nach reziproker Schreibweise die lineare Wanderungsgeschwindigkeit einer Komponente i bei Elution zu

$$u_i = u \cdot \frac{1}{1+k_i}. \tag{13.17}$$

u ist die Wanderungsgeschwindigkeit der Fluidphase (Lösungsmittel), $1/1 + k_i$ entspricht dem durchschnittlichen Anteil von i in der Fluidphase (Gl. (2.70)). Holt der Verdränger (Index V) die Komponente i ein, muß gelten

$$u_V = u \cdot \frac{1}{1+k(c)_i}. \tag{13.18}$$

Die Flußgeschwindigkeit des Elutionsmittels (Hilfsphase) ist offensichtlich auch für die Wanderungsgeschwindigkeit der Verdrängerfront bedeutsam. Entsprechend u_V befindet sich ein bestimmter Analytanteil in der Fluidphase. Die für k_i in Gl. (13.18) formulierte Konzentrationsabhängigkeit soll ausdrücken, daß k_i von u_V abhängt. Im Falle $u_V = u$ muß sich die gesamte Substanz i in der fluiden Phase befinden. ($k(c)_i = 0$, totale Anreicherung).

Die Probe reichert sich immer so weit an, bis sich die entsprechend Gl. (13.18) bzw. Gl. (13.16) mögliche Fluidphasenkonzentration eingestellt hat. Dies wird anschaulich durch Bild 13.10 wiedergegeben [14].

Unter isokratischen Bedingungen (a) würde ein Probenimpuls mit der Breite b die Säule als Impuls I_c wieder ungefähr mit der Breite b verlassen. Lediglich die Peakflanken werden unter den Bedingungen der nicht idealen Chromatographie etwas „verwaschen"; die Probe mußte sich ja zwischen F und K entsprechend ihrer Verteilungskonstanten verteilen und längs L wandern.

Bei (b) wurde nach dem Start der isokratischen Elution zu einem bestimmten Zeitpunkt stärkeres Eluens eingespeist (Stufengradient). Die Impulsbreite ändert sich dadurch längs der Trennsäule zwar nicht, aber der Stoffanteil innerhalb der fluiden Phase wächst, die Probe wandert schneller. Da während des Probenaustritts weniger Substanz in das Effluens übergehen muß, ist I_c schmaler, die Probensubstanz wurde angereichert.

Im Falle (c) ist nach dem Start ein Verdränger höherer Elutionsstärke und entsprechender Konzentration zugegen. Seine Front wandert viel schneller als die Probe und zwingt ihr die gleiche Wanderungsgeschwindigkeit auf. Um die entsprechend Gl. (13.18) notwendige Fluidphasenkonzentration zu erreichen, geht der größte Teil der Probe in die Fluidphase über. Die Probe wird bis zum Einstellen der isotachischen Bedingung gewissermaßen zwischen der schnell wandernden Verdrängerfront und ihrer langsameren Vorderfront „komprimiert". Sie verläßt die Säule dadurch innerhalb eines kleinen Volumens in hochangereicherter Form.

In der dargestellten Weise lassen sich große Probenvolumina aufkonzentrieren und Anreicherungsfaktoren von 1 : 1000 ohne weiteres realisieren. Es handelt sich hier um das ab 1978 kommerziell propagierte Prinzip der Festphasenextraktion (Abschn. 9.2.1).

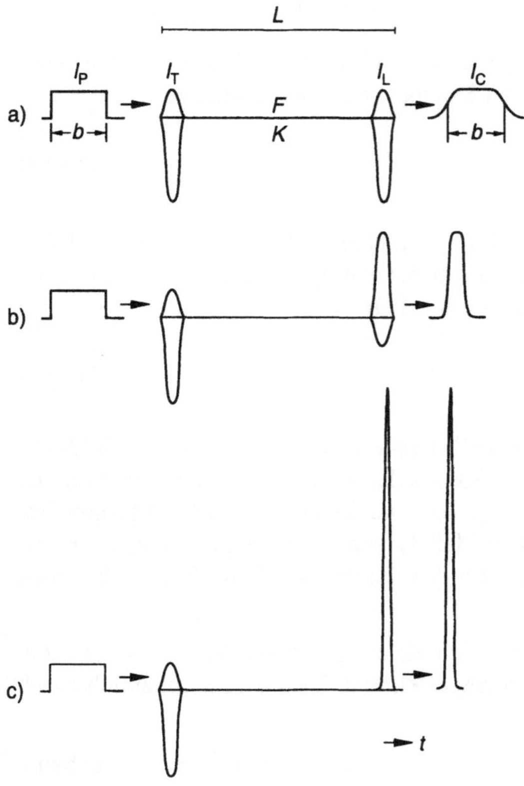

Bild 13.10 Änderung eines Rechteckimpulses längs der Trennsäule in Abhängigkeit vom Elutionsmittel (Erläuterungen siehe Text)
a) isokratische Elution; b) Stufengradient; c) Verdrängung
I_P – Probenimpuls vor Eintritt in die Trennsäule; I_T – Probenimpuls nach Säuleneintritt und Verteilung in den Phasen; I_L – Probenimpuls kurz vor Säulenaustritt; I_C – Probenimpuls nach Säulenaustritt (Chromatogramm); F – fluide Phase; K – kompakte Phase; L – Säulenlänge; t – Zeit

Die Wegstrecken, die Verdrängerfront und Probenfront zunächst ohne gegenseitige Beeinflussung in der Säule zurücklegen, müssen sich wie ihre Lineargeschwindigkeiten verhalten. Aus Gl. (13.17) folgt deshalb

$$\frac{\Delta L}{L} = \frac{u_i}{u_V} = \frac{1+k(c)_V}{1+k(c)_{i0}}. \tag{13.19}$$

$k(c)_V$ ist der Kapazitätsfaktor der Verdrängerfront bei der gewählten Konzentration c_V, $k(c)_{i0}$ der Kapazitätsfaktor der Probe für ihre Ausgangskonzentration. ΔL stellt die Mindestsäulenlänge dar, die zum Erreichen des isotachischen Zustandes zur Verfügung stehen muß.

14 Kontrollaufgaben mit Lösungen

14.1 Erkennen von Fehlerursachen beim Chromatographieren

Aufgabe 14.1.1

Der Durchfluß stimmt nicht. Er schwankt, obgleich alle Teile des Gerätes luftfrei und die Verbindungen dicht sind. Wie stellen Sie die Ursache des gestörten Flusses fest?

<u>Lösung</u>

Die meisten (reziproken Tauch-)Kolbenpumpen haben zwei Schwachstellen: Pumpenkopfventile und Kolbendichtungen. Häufige Störungen ergeben nicht oder unvollständig schließende Ventile. Das ist oft auf kleine mechanische Verunreinigungen zurückzuführen.

Ventilstörungen sind einfach zu lokalisieren. Man befestigt einen etwa 20 cm langen Teflonschlauch am Einlaßstutzen des Pumpenkopfes, saugt eine Luftblase ein und taucht den Schlauch wieder in das Elutionsmittel.

1. Fall: *Die Luftblase bewegt sich rhythmisch vorwärts und rückwärts.* Das bedeutet, daß beim Saughub zwar Lösungsmittel in den Pumpenkopf gesaugt, aber beim Druckhub wieder herausgedrückt wird. Somit arbeitet das Einlaßventil nicht richtig.

2. Fall: *Die Luftblase bewegt sich praktisch nicht.* Das läßt auf ein defektes Auslaßventil schließen. Dadurch wird ständig Flüssigkeit in den Pumpenkopf zurückgesaugt und wieder ausgestoßen. Das Einlaßventil öffnet dabei nicht.

3. Fall: *Die Luftblase bewegt sich bei jedem Kolbenhub langsam in Richtung Pumpenkopf.* Beide Ventile müssen demnach arbeiten. Man prüfe auf ein Leck an der Kolbendichtung.

Pumpenkopfventile lassen sich leicht ausbauen und im Ultraschallbad reinigen.

Aufgabe 14.1.2

Nach dem Austausch Ihrer Trennsäule durch eine neue des gleichen Typs haben alle Retentionszeiten andere Werte. Sie sind sicher, daß Durchfluß und Säulentemperatur stimmen.

a) Verwendete der Hersteller ein neues Batch?

b) Stimmt die Eluenszusammensetzung nicht?

c) Hat die Säule andere Abmessungen?

<u>Lösung</u>

Zu a): Das ist ausnahmsweise möglich. Vergleichen Sie die Batch-Nr. und prüfen Sie die α-Werte. Sind die α-Werte unverändert und stimmt die Batch-Nr., dürfte dieser Fall auszuschließen sein, abgesehen davon, daß die Batch zu Batch-Reproduzierbarkeit normalerweise gesichert ist.

Zu b): In manchen Fällen reicht die einfache „Meßzylindermethode" zur Herstellung der Eluenszusammensetzung nicht aus. Prüfen Sie, ob die Retentionszeiten schon auf geringe Änderungen der Eluenszusammensetzung ansprechen.

Zu c): Wenn Sie a) und b) ausschließen können, wird Fall c) vorliegen. Der Innendurchmesser Ihres Säulenrohrs stimmt nicht. Eine Toleranz von 0,1–0,2 mm für den Innendurchmesser ändert das Volumen einer 100 x 3 mm-Säule (nominelles Volumen 0,71 ml) um etwa ±7 bis ±14 %. Entsprechend verändern sich die Retentionszeiten.

Aufgabe 14.1.3

Sie beobachten, daß der Vordruck Ihrer Trennsäule täglich wächst und auch die Trennung schlechter wird. Was passiert?

a) Die Packung rutscht zusammen. Durch die Verdichtung steigt der Vordruck, der entstehende Hohlraum verbreitert die Peaks.

b) Das Packungsmaterial ist schlecht gesichtet, und kleine Partikel verstopfen den Säulenausgang.

c) Schmutzteilchen durch Abrieb und Korrosion aus dem Gerät verstopfen den Säuleneingang.

<u>Lösung</u>

Fall c) wird in den meisten Fällen zutreffen. Die Schmutzteilchen sammeln sich je nach Säulentyp auf den Fritten oder Filtern hinter der Zuführungskapillare bzw. vor der Öffnung des Säulenendfittings (Bild 12.2) auf ganz kleiner Fläche an. Natürlich müssen Sie ausschließen, daß der Druckanstieg von Verstopfungen im Gerät herrührt.

Druckerhöhungen lassen sich nicht selten auch auf gequetschte Kapillarenden zurückführen (vgl. Bild 12.2). So eine Stelle kann sich sogar auf der „drucklosen" Seite hinter der Trennsäule befinden. Wenn Sie bei der Fehlersuche die Kapillare am Trennsäuleneingang lockern und der Druck zeigt sich normal, muß der Verursacher des Druckanstiegs also noch nicht die Trennsäule sein. Es ist notwendig, dann einen Test mit gelockerter Ausgangskapillare durchzuführen. Falls der hohe Vordruck erhalten bleibt, ist tatsächlich die Trennsäule für den Druckanstieg verantwortlich.

Ob mit der Druckerhöhung eine Verschlechterung der Trennung einhergeht, hängt von Art und Menge der Schmutzteilchen sowie der Natur der chromatographierten Verbindungen ab.

Fall b) ist (auch bei sehr schlecht gesichtetem Material) wenig wahrscheinlich, denn die kleineren Partikel können nicht durch die Füllung wandern. Befindet sich Material mit hohem Feinanteil in der Säule, ist der Vordruck zwar erhöht, bleibt aber konstant.

Unabhängig von ihrer Korngrößenverteilung ergeben unterschiedliche Trägermaterialien unterschiedliche Säulenvordrücke. Dies ist eine ihnen inhärente Eigenschaft, die mit der Trägertextur zusammenhängt und keinerlei Rückschlüsse auf die chromatographische Qualität des Materials erlaubt.

Fall a) wird nur bei organischen Trägern eintreten, da sie durch höhere Drücke komprimiert werden und bei Eluenswechsel quellen oder schrumpfen können. Ein solches Verhalten führt meist zu einem schnellen Druckanstieg.

Packungen mit Silikagelträgern sind normalerweise stabil. Die modernen Packungstechnologien erlauben sehr regelmäßige Füllungen, und die Materialien behalten Form und Größe auch während Druckänderungen oder Lösungsmittelwechsel. Voraussetzung ist, daß im vorgeschriebenen pH-Bereich gearbeitet wird.

Falls eine solche Säule wegen mangelhafter Packungsdichte doch einmal rutschen sollte, weist sich der am Säulenanfang entstandene Hohlraum durch eine hohlraumgrößenabhängige Peakverbreiterung und Tailing aus.

Aufgabe 14.1.4

Nach der Substanzinjektion erscheint kein Peak. Was ist die Ursache?

<u>Lösung</u>

Prinzipiell kommen vier Ursachen in Frage:

1. Die Substanz wird unter den gegebenen Bedingungen nicht zur Anzeige gebracht. Ist man nicht sicher, ob eine Substanz unter den gegebenen Bedingungen überhaupt detektiert wird, injiziert man sie nach Ersatz der Trennsäule durch ein Kapillarstück. Ihre Löslichkeit im Eluens muß gewährleistet sein.

2. Die Substanz gelangte gar nicht in den Eluensstrom. Um das auszuschließen, überprüft man das Injektionssystem entweder mit einer Substanz, die unter den gegebenen Bedingungen mit Sicherheit eluiert und angezeigt wird oder man verfährt wie unter 1. beschrieben.

3. Die Substanz wird mit der Totzeit eluiert. Diesen Fall erkennt man leicht an dem relativ großen Response in der Nähe der Totzeit.

4. Die Substanz verbleibt auf der Trennsäule oder wird sehr spät eluiert.

Substanzen werden im gewählten System häufig nicht oder sehr spät eluiert. Man erreicht in diesen Fällen elutionsbeschleunigende Bedingungen durch

- Erhöhung des unpolaren Lösungsmittelanteils, möglicherweise bis 100 % organisches Lösungsmittel (RP-Chromatographie),

- drastische Erhöhung des polaren Lösungsmittelanteils (Normalphasenchromatographie),

- Erhöhung der elutionsbestimmenden Ionenkonzentration und des elutionsbestimmenden pH-Wertes (Chromatographie an Ionentauschern).

- Darüber hinaus wird die Flußgeschwindigkeit so hoch wie noch angemessen gewählt und (wenn möglich) die Säulenlänge verkürzt. In stark wasserhaltigen Systemen ist eine Steigerung der Temperatur auf 30–50 °C angebracht, was die Fließmittelviskosität beträchtlich erniedrigt und auf diese Weise höhere Flüsse erlaubt.

Vor jeder Probeninjektion muß man absolut sicher sein, daß alle Substanzen im Elutionsmittel ausreichend löslich sind. Fällt eine Substanz schon teilweise im Injektor aus,

ergeben sich u. U. auch für nachfolgende Analysen ernsthafte Störungen.. Löslichkeits-
prüfungen mit dem Eluens sind an unbekannten Proben immer angebracht. Sie erfolgen
im Ultraschallbad oder unter Erhitzen. Minimal nachgewiesene Löslichkeit bei makro-
skopischer Prüfung ist für die Chromatographie völlig ausreichend. Fällt der gelöste
Stoff bei Zusatz des Elutionsmittels hingegen teilweise aus, darf nicht injiziert werden.

Es gibt natürlich noch andere, sehr triviale Fälle, bei denen trotz Injektion kein Peak erscheint: Die Pumpe
ist ausgeschaltet oder fördert viel zu wenig. Es kann auch vorkommen, daß das Eluens verbraucht ist und
schon Luft in das System gesaugt wurde. Sie erkennen das stets an der auffallend „gut aussehenden"
Nullinie.

Aufgabe 14.1.5

Ihr Blindgradient mit einer Mischkammer zeigt sehr unregelmäßigen Verlauf. Ist die
Ursache

a) zu hohe Empfindlichkeit am Detektor?

b) schlechte Lösungsmittelqualität?

c) eine defekte Mischkammer?

Lösung

Zu a): Der Gradient muß (vgl. aber b) die Grundlinienqualität der isokratischen Einstellung behalten.

Zu b): Schlechte Lösungsmittel zeigen sich in erster Linie durch Nulliniendrift und/oder
Geisterpeaks (vgl. Aufgabe 14.1.7).

Zu c): Der beobachtete Mangel rührt wahrscheinlich von der Mischkammer her. Verwenden Sie eine dynamische Mischkammer, wurde sie möglicherweise nicht einge-
schaltet, oder die Rührgeschwindigkeit ist zu gering eingestellt. Hohe Rührgeschwin-
digkeiten sind insbesondere dann wichtig, wenn der Volumenfluß im Vergleich zum
Kammervolumen relativ hoch ist. Eventuell ist auch der (meist) teflonbeschichtete
Rührkörper durch schnelles Rühren im Lauf der Zeit soweit abgenutzt worden, so daß
nur noch unzureichende Vermischung erfolgen kann. In diesem Fall sollten Sie die
Mischkammer öffnen und einen neuen Rührkörper einsetzen.

Aufgabe 14.1.6

Sie chromatographieren z. B. Chlorphenole, Nitrophenole oder auch wasserlösliche
Vitamine an einer RP-Phase unter Anwendung eines Wasser-Methanol-Gradienten. Da
Sie wissen, daß in solchen Fällen der Zusatz von Essigsäure zum Eluens zweckmäßig
ist, verwenden Sie als Komponente I des Gradienten 0,1 %ige Essigsäure, als Komponente II Methanol „HPLC-grade".

Schon bei Ausführung des Blindgradienten erhalten Sie einen großen breiten UV-Peak,
der Analysen unmöglich macht. Wie erklären Sie sich das Phänomen?

Lösung

Sie haben nur das Wasser angesäuert und versäumt, auch dem organischen Lösungsmittel (den gleichen Anteil) Essigsäure zuzusetzen. Als Folge davon eluiert bei
ansteigender Methanolkonzentration während des Gradienten Essigsäure. Da Essigsäure

wie alle Carbonsäuren relativ UV-aktiv ist, weist sich dieser Vorgang im niederen UV durch einen breiten nicht analytischen Peak aus.[1]

Aufgabe 14.1.7

Für eine Trennung benutzen Sie einen Lösungsmittelgradienten. Sie stellen fest, daß die Grundlinie stark abwandert und mehr Peaks im Chromatogramm erscheinen als in der Probe sein können. Was ist die Ursache?

a) Die Trennsäule trägt ab.

b) Der Detektor ist defekt.

c) Sie verwenden unsauberes Elutionsmittel.

<u>Lösung</u>

Wenn Sie die für die Säule erlaubten Bedingungen einhalten, können Sie Ursache a) i. allg. ausschließen. Möglicherweise haben Sie aber bei früheren Arbeiten Substanzen auf die Trennsäule gebracht, die vom Gradienten abgelöst werden (Memoryeffekt). Das gleiche Problem kann vom Injektionsventil hervorgerufen werden. In solchen Fällen müssen Sie längere Zeit mit einem für die Analyten *gut lösefähigen Lösungsmittel* spülen.

Meistens liegt Ursache c) vor. Prüfen Sie das durch einen Blindgradienten. Wandert die Nullinie schon bei mittlerer Empfindlichkeit ab und/oder zeigen sich im Chromatogramm Artefakte (nicht injizierte Peaks), dann wechseln Sie die Qualität des organischen Lösungsmittels oder den Lösungsmittelhersteller. Prüfen Sie vorher noch, ob die Verunreinigungen nicht durch das Wasser oder durch bestimmte Zusätze zum Eluens eingeschleppt werden.

Aufgabe 14.1.8

In Ihrem Chromatogramm liegt zwischen den normal aussehenden Peaks ein überproportional breiter Peak. Was ist die Ursache?

a) Der Peak stammt von der Trennsäule.

b) Der Peak rührt von einer anderen Probe her.

c) Es ist eine „signifikante" Substanz in der Probe enthalten.

<u>Lösung</u>

Fall a) ist auszuschließen, sofern Sie die Säule „an sich" meinen. Die Substanz kann allerdings z. B. von früheren Arbeiten stammen und auf der Säule verblieben sein.

Fall b) tritt häufig bei isokratischem Arbeiten auf, wenn die Probe sehr spät eluierende Substanzen enthält. Solche meist breit und symmetrisch aussehenden Peaks stammen aus vorhergehenden Einspritzungen.

---

[1] Anmerkung: Normale, nicht speziell „als zur Chromatographie geeignet" ausgewiesene Essigsäure ist i. allg. für die Gradientenelution unbrauchbar.

Fall c) erkennt man i. allg. schon an der Peakform. Eine Substanz, die sich von den anderen strukturell grundsätzlich unterscheidet, paßt häufig nicht zu den gewählten Trennbedingungen. Die Folge ist eine wenig „gut" aussehende, verbreiterte, auf jeden Fall „abweichende" Peakform.

Aufgabe 14.1.9

Für Microbore-Säulen (1 mm Säuleninnendurchmesser) benutzt man z. B. Rotorventile mit Bohrungen für Dosiervolumina von 0,5 oder 0,2 µl. Sie beobachten, daß die Peaks zwar schlank sind, aber deutliche „Füße" zeigen. Was ist die Ursache?

<u>Lösung</u>

Das Ausspülen des Rotors erfolgt ungenügend, ein Teil der Probe wird verschleppt. Sie beseitigen diesen Mangel, indem Sie aus der Stellung „Inject" so schnell wie möglich in die Stellung „Load" zurückschalten. Dadurch können Probenreste nicht mehr ausgespült werden, und das Peaktailing (sofern es nicht andere Ursachen hat) verschwindet. Eine äußere Eichung ist bei diesem Arbeiten natürlich schlecht möglich.

Aufgabe 14.1.10

Ihre Grundlinie im UV ist stark verrauscht. Kommt als Ursache

a) die Trennsäule,

b) das Elutionsmittel oder

c) der Detektor

in Frage?

<u>Lösung</u>

Normalerweise können Sie die Trennsäule als Verursacher ausschließen. Das Elutionsmittel ist immer dann in Betracht zu ziehen, wenn Sie bei niedrigen Wellenlängen arbeiten und entweder unreine Lösungsmittel oder nur wenig UV-transparente Zusätze bzw. Lösungsmittel einsetzen. Ist das nicht der Fall und sind Sie sicher, daß Ihre UV-Lampe noch deutlich unter der empfohlenen Betriebszeit liegt, dann nehmen Sie die Zelle aus dem Detektor und reinigen Sie vorsichtig die Zellenfenster. Schon geringe Abscheidungen (nicht unbedingt mit bloßem Auge sichtbar) beeinträchtigen die UV-Durchlässigkeit in unerlaubtem Maße.

Aufgabe 14.1.11

Worauf sollten Sie bei der Übernahme oder Erarbeitung einer Vorschrift mit Gradientenelution achten?

<u>Lösung</u>

Sie sollten grundsätzlich darauf achten, daß alle notwendigen Details zum Reproduzieren der Analysenbedingungen angegeben sind. Dazu gehören i. allg.:

Gerät (Typ, Hersteller)
Trägermaterial (Typ, Hersteller)
Korngröße
Säulenabmessungen
Elutionsmittel (Zusammensetzung)
Qualität der Chemikalien (Hersteller)
Trenntemperatur
Volumenfluß
Detektionsparameter
Angaben zur Probe (Komponenten, Lösungsmittel, Konzentration)
Angaben zum Gradienten (Gradientenverlauf)
Angaben zum Dwellvolumen des Gerätes
Angaben zum Säulenvordruck
Angaben zum Eichverfahren
Chromatogramm

Prüfen Sie, ob das von Ihnen verwendete Gerät unter den gewählten Analysenbedingungen einwandfreie Flußgradienten erzeugt (Kapitel 12).

Liefert Ihr Gerät bei dem vorgesehenen Fluß einen akzeptablen Stufengradienten und kennen Sie sein Dwellvolumen, sind Sie in der Lage, beliebige standardgerechte Analysenvorschriften zu erarbeiten, d. h. Vorschriften, die in jedem Laboratorium ohne weiteres angewendet werden können.

Falls Sie eine fertige Analysenanleitung übernehmen oder erwerben wollen, sollten Sie fordern, daß das Dwellvolumen des betreffenden Gerätes angegeben wird. Auf diese Weise können Sie die Bedingungen für Ihr Gerät leicht anpassen (vgl. Aufgabe 14.1.13) und sparen Arbeitszeit.

Ist das Dwellvolumen des fremden Gerätes nicht zu ermitteln und zeigen sich markante Abweichungen von der angegebenen Trennung, kann man versuchen, die optimale Zeit zwischen Gradientenstart und Probeninjektion zu finden. Weniger gut fällt meist der Versuch aus, den mitgelieferten Gradienten „passend" zu machen.

Bestimmen Sie Ihr Dwellvolumen spätestens dann, wenn Sie eine Vorschrift mit Gradienten erarbeiten, die das Laboratorium verlassen soll.

Im übrigen benötigen Sie das Dwellvolumen unbedingt für computergestützte Optimierungen (Abschn. 5.2.1).

Aufgabe 14.1.12

Sie bearbeiten eine Serie von Proben und beobachten, daß die Empfindlichkeit im Lauf der Zeit immer kleiner wird. Was ist die Ursache?

a) Die Säule trägt ab,

b) die Empfindlichkeit des Detektors läßt nach.

Lösung

Beide Ursachen treffen möglicherweise nicht zu. Hingegen ist es wahrscheinlich, daß Probenanteile (auch bestimmte Lösungsmittel) langsam und breit über die Trennsäule wandern. Injizieren Sie die Proben hintereinander, bildet sich ein „Fremdlevel", das die Empfindlichkeit des Detektors herabsetzt. Das tritt gelegentlich mit UV-Detektoren ein, wenn solche Probenanteile stark UV-aktiv sind. Der Fall ist z. B. vergleichbar mit der

Anwesenheit geringer Mengen an Alkoholen während einer Zuckertrennung in Wasser/Acetonitril bei 190 nm; die Empfindlichkeit der UV-Detektion geht auf diese Weise verloren. Analoges Detektionsverhalten kann sich z. B. bei Fluoreszenzdetektoren durch Fluoreszenzquenching oder bei elektrochemischen Detektoren durch elektroaktive Verunreinigungen ergeben.

Versuchen Sie in derartigen Fällen, zwischen den einzelnen Injektionen längere Zeit zu spülen, um die Trennsäule wieder frei zu bekommen, oder setzen Sie eventuell die Rückspültechnik ein.

Aufgabe 14.1.13

Welche praktischen Konsequenzen ergeben sich bei Vorliegen unterschiedlicher Dwellvolumina?

<u>Lösung</u>

Dwellvolumina erzeugen unterschiedlich lange isokratische Phasen vor dem Gradienten. Bei Geräten mit dynamischer Mischkammer sind sie prinzipiell größer als bei Geräten mit statischer Mischkammer. Vorrichtungen mit Niederdruckgradienten haben meist wesentlich größere Dwellvolumina als Vorrichtungen mit Hochdruckgradienten.

Unterschiedliche Dwellvolumina der Geräte erweisen sich häufig als Ursache von Diskrepanzen und Enttäuschungen beim Chromatographieren mit Lösungsmittelgradienten: Die betreffende Analysenvorschrift oder Trennsäule zeigt scheinbar nicht das erwartete Ergebnis.

Bei Kenntnis der Dwellvolumina der verwendeten Geräte existiert dieses Problem nicht.

Das Dwellvolumen eines Gerätes V_D ergibt sich aus der Verzögerungszeit t_D (Gradientenbeginn – Gradientenstartzeit) multipliziert mit dem verwendeten Volumenfluß $\dot{V}$. Nach Ausbau der Trennsäule bestimmen Sie es in einfacher Weise gemäß den Angaben in Abschn. 8.2.5.

Nehmen wir an, der Bearbeiter (A) einer Analysenvorschrift findet an seinem Gerät die Dwellzeit $t_{DA} = 2$ min, Ihr Gerät (B) ergibt beim vorgegebenen Fluß $t_{DB} = 3$ min und ein drittes Gerät (C) $t_{DC} = 1$ min. Jedesmal sind dem vom Bearbeiter A festgelegten Gradienten unterschiedlich lange isokratische Verzögerungsphasen vorgeschaltet, nämlich 2, 3 und 1 Minuten. Erst nach diesen Zeiten „schaltet" sich der Gradient verzögert in das Trenngeschehen ein. Bezogen auf A dehnt sich das Chromatogramm am Gerät B und wird an Gerät C zusammengedrückt.

Um das zu vermeiden, muß man die Probe am Gerät B um $\Delta t = t_{DB} - t_{DA} = 3-2 = 1$ min *nach* dem Gradientenstart, am Gerät C um $\Delta t = t_{DC} - t_{DA} = 1-2 = -1$ min *vor* dem Gradientenstart in die isokratische Arbeitsphase injizieren. Auf diese Weise werden in allen 3 Fällen identische Elutionsbedingungen und damit gleich aussehende Chromatogramme erhalten.

14.2 Praktische Fragestellungen

Aufgabe 14.2.1

Welche Meinung haben Sie zur Verwendung von Vorsäulen vor der Hauptsäule? Sollte man

a) stets mit einer Vorsäule arbeiten

b) nur manchmal

c) überhaupt nicht?

<u>Lösung</u>

Falls Sie sich einen häufigen Ersatz der teuren Trennsäule leisten können, brauchen Sie keine Vorsäulen. Andernfalls sollten Sie stets mit Vorsäulen arbeiten. Vorsäulen dienen dazu, die Lebensdauer der Hauptsäule zu verlängern. So einfach ist das. Aber lesen Sie trotzdem weiter.

Man hat zu unterscheiden zwischen Vorsäulen als *Guardsäulen* vor dem Injektionsventil und Vorsäulen unmittelbar vor der Trennsäule (also hinter dem Injektionsventil). Erstere üben eine generelle Filterwirkung aus und entfernen mechanische Teilchen aus dem Eluens (Wasser) und aus der Apparatur (Korrosion, Abrieb). Die ständige Verwendung solcher „Partikel"filter an Stelle der üblichen „Fritten"filter hat den Vorteil, daß durch ihre dreidimensionale Wirkung eine effektivere Filterung als mit Frittenfiltern, die häufig gewechselt werden müssen, erreicht wird. Filterung vor der Injektion schont auch das Injektionsventil.

Vorsäulen unmittelbar am Kopf der Trennsäule sind i. allg. kurze *Kartuschen*. Sie haben die Aufgabe, insbesondere Matrix-Verunreinigungen aus Proben von der Hauptsäule fernzuhalten. Je nach Art der Proben sollte man sie relativ häufig austauschen.

Vorsäulen*kartuschen* müssen nicht Trägermaterial der gleichen Partikelgröße wie die Hauptsäule enthalten. Ihre Füllung kann durchaus etwas grobkörniger sein, damit der Säulenvordruck nur wenig ansteigt. Vorsäulenkartuschen sollen allerdings keinen größeren Durchmesser als die Hauptsäule haben, da sich das ungünstig auf die Bodenzahl der Hauptsäule auswirkt.

Aufgabe 14.2.2

Sind Silanolgruppen für das chromatographische Arbeiten mit RP-Trägern schädlich?

a) Ja, grundsätzlich

b) Nur manchmal

c) Überhaupt nicht

Nennen Sie potentielle Tailingverursacher!

Lösung

Richtig ist Antwort b). Es kommt immer auf das zu bearbeitende Problem an. Die Bedeckung der Geloberfläche mit chemisch fixierten Resten beseitigt sehr aktive Silanolgruppenzentren. Die dann noch verbleibenden oder durch trifunktionelle Reste neu eingeführten Silanolgruppen bewirken einen u. U. nützlichen Retentionsbeitrag („silanophile Retention", Abschn. 3.3.2). Wer nur „endcapped"-Material verwendet, beraubt sich von vornherein dieses manchmal wichtigen Selektivitätsbeitrages.

Potentielle Tailingverursacher sind aktive Zentren geringer Population, gegenüber Basen insbesondere auch Verunreinigungen der Silikagelgrundmatrix, die als LEWIS-Säuren oder wie Silanole als BRÖNSTEDT-Säuren wirken können, z. B.

Alkali- und mehrwertige Metallionen (LEWIS-Säuren),

Silanol-Bulks und hydratisierte Kationen (BRÖNSTEDT-Säuren)

$$[Fe(H_2O)_6]^{3+} \rightleftharpoons [Fe(H_2O)_5OH]^{2+} + H^+ \quad (pK_a = 2{,}2).$$

Die Reaktion solcher Zentren mit organischen Basen erfolgt über Säure-Basengleichgewichte oder in vielen Fällen durch Komplexbildung. Metallzentren sind im übrigen am Tailing spezifischer Nachweisreagenzien zu erkennen.

Aufgabe 14.2.3

Kann man mit Silikagelphasen oberhalb von pH 7 arbeiten? Wenn ja, worauf ist zu achten?

Lösung

Mit chemisch gebundenen Phasen (RP-Trägern) ist das Arbeiten bis etwa pH 10 möglich. Die Phasen sollen einen hohen Bedeckungsgrad haben und eventuell nachsilanisiert sein. Auf diese Weise wird dem Puffer wenig Gelegenheit zur Reaktion mit der Grundmatrix gegeben; denn die Hydrolyse findet primär nicht an den kovalent gebundenen organischen Resten statt, sondern die Grundmatrix (Silikagel) löst sich auf.

In der Reihenfolge ihrer Wichtigkeit sind bei Verwendung von Pufferlösungen zur Schonung der Phasen folgende Maßnahmen zweckdienlich:

- Es wird unter Zusatz organischer Lösungsmittel gearbeitet. Der Zusatz muß um so höher sein, je höher der für den wäßrigen Anteil gewählte pH-Wert ist.

- Temperaturen, die wesentlich über 25 °C liegen, auf jeden Fall ab 40 °C, sind nach Möglichkeit zu vermeiden.

- Im alkalischen Bereich sollten keine Phosphatpuffer Verwendung finden. Man arbeitet mit organischen Puffern, z. B. Citrat- oder TRIS-Puffer.

- Die Pufferkonzentration soll möglichst niedrig liegen, am besten im millimolaren Bereich.

Aufgabe 14.2.4

Was müssen Sie bei Anwendung von Pufferlösungen in der HPLC wissen?

<u>Lösung</u>

Pufferlösungen besitzen einen definierten pH-Wert, der gegenüber Verdünnung, atmosphärischen Einflüssen (CO_2) sowie stark sauren und basischen Zusätzen weitgehend unempfindlich ist. Pufferlösungen bestehen immer aus einer schwachen bis mittelstarken Säure oder Base und ihrem Salz. Nach der HENDERSON-HASSELBALCHschen Gleichung gilt für eine schwache Säure als Pufferelektrolyt mit den (durch Einwaage ermittelten) Konzentrationen c:

$$\text{pH} = \text{p}K_a + \lg\left(c_{\text{Salz}}/c_{\text{Säure}}\right). \tag{14.1}$$

Für $c_{\text{Salz}} = c_{\text{Säure}}$, d. h. $\text{pH} = \text{p}K_a$ besteht die größte Pufferwirkung[1]. Sobald $c_{\text{Salz}}/c_{\text{Säure}}$ den durch $\text{p}K_a$ festgelegten optimalen pH-Wert verändert, nimmt die Pufferkapazität stark ab und wird bei Abweichungen von ca. $\pm 1{,}5$ pH-Einheiten praktisch Null.

Bei der Chromatographie saurer oder basischer Verbindungen ist die Verwendung gepufferter Elutionsmittel sehr zweckmäßig, um durch konstanten pH-Wert längs der Peakprofile unerwünschten Peakverbreiterungen, aber auch instabilen Retentionszeiten (vgl. Abschn. 6.4.1) vorzubeugen.

Die hierzu eingesetzten Pufferkonzentrationen sollten gegenüber denen der Standard-Pufferlösungen sehr gering sein, da hohe Salzkonzentrationen leicht zu Komplikationen während der Chromatographie führen und wegen der geringen Analytkonzentration nicht notwendig sind.

Das bedeutet allerdings, daß solche Puffersysteme sehr wohl empfindlich gegen Zusätze sind und je nach pH auch durch CO_2 aus der Luft rasch verändert werden.

Nach obigen Ausführungen ist die Wahl eines für den gewünschten pH-Wert geeigneten Pufferelektrolyten so vorzunehmen, daß sein $\text{p}K_a$-Wert höchstens ± 1 Einheit von diesem Wert abweicht.

Für die häufig benutzte Phosphorsäure ($\text{p}K_1 = 2{,}1$; $\text{p}K_2 = 7{,}2$; $\text{p}K_3 = 12{,}3$) ist demnach ein Einsatz im pH-Bereich 1–3 und 6–8 anzustreben. Im dazwischen liegenden pH-Bereich kann man (z. B.) auf Citratpuffer (pH 2 bis 6) oder Acetatpuffer (pH 4 bis 6) zurückgreifen.

---

[1] $\text{p}K_a = -\lg K_a$ bei unendlicher Verdünnung. Die bei höheren Konzentrationen bestimmten Werte unterscheiden sich etwas infolge der Abhängigkeit des $\text{p}K_a$-Wertes von den Aktivitätskoeffizienten der Ionen.

Aufgabe 14.2.5

Lassen sich organische Säuren und Basen in wäßrig-organischen Elutionsmitteln unmittelbar an RP-Trägern chromatographieren? Wenn ja, was ist zu beachten? Sind Gradienten anwendbar?

<u>Lösung</u>

Ja. Man realisiert dies z. B. durch Ionenunterdrückung (ISC) (Abschn. 6.4.1). Diese Technik ist besonders für schwache und mittelstarke organische Basen und Säuren geeignet. Von besonders schwachen Säuren und Basen abgesehen, benötigen Sie dabei stets Pufferlösungen.

Die Pufferkonzentrationen können im millimolaren Bereich liegen. In der Literatur werden häufig unnötig hohe Pufferkonzentrationen angegeben. Vermeiden Sie Puffersalze, die mit organischen Lösungsmitteln ausfallen. Der Schaden in Ihrer Apparatur kann beträchtlich sein! Eine Verwendung organischer Basen (z. B. Triethylamin) statt anorganischer Basen für die Salzbildung beseitigt diese Gefahr weitgehend (vgl. auch Aufgabe 13.2.4).

Zur Wahl geeigneter pH-Werte für das Eluens sollten Sie die pK_a-Werte Ihrer Substanzen kennen. Gemäß Bild 6.7 wählt man zweckmäßig einen gewissen Abstand dieses pH-Wertes vom pK_a-Wert des Analyten (1,5–2 Einheiten). pH 2,5 ist zur Ionenunterdrückung für schwache bis mittelstarke Säuren ($pK_a > 4$) geeignet, also für Carbonsäuren, saure Phenole, Sulfonamide usw. Auch lipophile Basen (Amine, Aniline) können so in protonierter Form chromatographiert werden. Für schwache bis mittelstarke Basen $pK_a < 6$ (Aniline, Pyridine, heterocyclische Basen) ist bei pH 7,5 ausreichende Deprotonierung erreicht, und damit hinreichend große Retardierung. Auch Säuren, die bei diesem pH-Wert in ionisierter Form vorliegen, lassen sich im Falle genügender Lipophilität so chromatographieren.

Sie können die Elutionsgeschwindigkeit von Säuren und Basen über pH-Wertänderungen sowie über Gradienten durch Erhöhen der Konzentration des organischen Lösungsmittels steigern und auf diese Weise die für Gradienten typischen Vorteile nutzen.

Aufgabe 14.2.6

Wie stellen Sie die Beladungskapazität einer Kompaktphase oder die Austauschkapazität eines Ionentauschers fest?

<u>Lösung</u>

Sie nehmen eine Durchbruchskurve auf (vg. Abschn. 13.1).

Angenommen, Sie möchten die Kapazität einer Anionentauschersäule bestimmen. Zur Aufnahme einer Durchbruchskurve schicken Sie am besten eine Lösung eines UV-aktiven Anions bestimmter Konzentration c_L über die Säule, z. B. eine 2 mM Bromid- oder Nitratlösung. Der Durchbruch der Ionen macht sich durch einen plötzlichen starken Extinktionsanstieg bemerkbar (niedrige Empfindlichkeit einstellen!) und erfolgt nach der Zeit t_D, sobald die bisherigen Gegenionen der Säule (z. B. Cl^-) durch Bromid- bzw. Nitrationen ausgetauscht sind.

Das Durchbruchsvolumen V_D errechnet sich gemäß

$$V_D = (t_D - t_M) \cdot \dot{V}. \tag{14.2}$$

Die Austauschkapazität C der verwendeten Säule in Mikroval[1] beträgt (c_L in µval/ml):

$$C = V_D \cdot c_L. \tag{14.3}$$

Ist das Trockengewicht der Säulenfüllung bekannt, wird hieraus leicht die Austauschkapazität des Trägers in Mikroval/Gramm errechnet (vgl. Bild 17.5).

Analog kann man z. B. die Beladbarkeit von Umkehrphasen mit Ionenpaarreagenzien oder die Adsorptionskapazität eines anorganischen Trägers ermitteln.

Aufgabe 14.2.7

Die Bestimmung von Nitrit und Nitrat ist wichtig für die Lebensmittelanalytik. Unter welchen Bedingungen würden Sie arbeiten?

<u>Lösung</u>

Anorganische Ionen werden an Ionentauschern mit wäßrigen Eluenten chromatographiert. Sie können starke oder schwache Anionentauscher verwenden. Zweckmäßig arbeiten Sie im Sauren.

Aufgabe 14.2.8

Können Sie die Gradiententechnik für die Ionentauschchromatographie und für die Ionenpaarchromatographie einsetzen? Wenn ja, ist der Leitfähigkeitsdetektor verwendbar?

<u>Lösung</u>

Ja, Gradiententechnik ist in beiden Fällen möglich, wobei wie üblich die Konzentration der stärker eluierenden Eluenskomponente erhöht werden muß. Dazu ist im Fall der Ionentauschchromatographie in erster Linie eine gradientengerechte Änderung der Salz- oder beispielsweise Säurekonzentration notwendig. Für die Ionenpaarchromatographie (an RP-Phasen) kommen eine Konzentrationsanhebung des organischen Lösungsmittels und eine Erniedrigung der Gegenionkonzentration in Frage (je *höher* die Gegenionkonzentration, desto *länger* die Retentionszeiten).

Da sich in allen Fällen die Leitfähigkeit stark ändert, ist der Leitfähigkeitsdetektor zur Gradientenelution nicht zu verwenden.

---

[1] Im „SI-System" und in der „IUPAC-Terminologie für physikalische Chemie" zugunsten der alleinigen Anwendung des Mols aufgegebene Einheit. Das „val" ist aber wie die „Normalität" eine für die chemische Praxis sehr zweckmäßige und stets eindeutig verwendbare Einheit.

Aufgabe 14.2.9

Sie verifizieren eine Trennung wasserlöslicher Vitamine an einer RP-Phase. Vitamin C und Vitamin B_1 trennen sich unter den gegebenen Bedingungen (Wasser/Acetonitril (AN) mit 0,1 % Essigsäure) aber nicht.

Würden Sie

a) das Verhältnis Wasser/AN ändern,

b) den Gehalt der Essigsäure erhöhen,

c) etwas anderes tun?

<u>Lösung</u>

Wählen Sie die Antworten a) oder b), haben Sie keinen Erfolg. Zudem wäre das ein unbegründetes Experimentieren. Überlegen Sie deshalb zuallererst, in welcher Weise beide Vitamine chemisch unterschiedlich sind.

Vitamin C ist, wie die synonyme Bezeichnung L-Ascorbinsäure verrät, eine Säure ($pK_a = 4{,}2$), Vitamin B_1 aber eine (zweiwertige) Base. Nach dieser Erkenntnis fällt die Lösung nicht schwer.

Wenn man den pH-Wert des Elutionsmittels, der zunächst unter 3 liegt, anhebt, kommt es zur Deprotonierung beider Verbindungen. Aber sie werden im Chromatogramm prinzipiell entgegengesetzt wandern: die Säure nach vorn, weil mehr Ladungsträger entstehen, die Base nach hinten, weil jetzt weniger Ionen Ladung tragen. Da Ascorbinsäure wegen ihres Verhältnisses C/O = 1 sowieso nur geringe RP-Wechselwirkung entwickelt, können Sie bei pH-Wert-Erhöhung beobachten, daß Vitamin B_1 gegenüber Ascorbinsäure zurückbleibt.

Einen analogen Effekt erreichen Sie ohne pH-Wertänderung durch Zusatz eines Ionenpaarers (Sulfonsäure), da Vitamin B_1 ein quartäres Stickstoffatom besitzt, Ascorbinsäure jedoch keine Paarungsmöglichkeit bietet.

Aufgabe 14.2.10

Wie verbreitet sind UV-Detektoren? Können Sie relevante Daten moderner UV-Detektoren angeben? Hängt der Rauschpegel von der Wellenlänge ab?

<u>Lösung</u>

Eine Nutzungsquote von etwa 2/3 der Detektoren besitzen UV-Photometer als Spektralphotometer, Dioden-Array-Photometer und Festwellenlängenphotometer. Hiervon am meisten verbreitet sind spektrophotometrische Detektoren.

Diese Detektoren werden entweder mit einer Deuteriumlampe ausgerüstet und sind etwa zwischen 190 und 340 nm[1] oder mit einer zusätzlichen Wolframlampe bis etwa 850 nm einsetzbar.

Die Bandbreite der Detektoren beträgt meist 5–10 nm, ihre Standardmeßbereiche reichen von 0,001 bis 2 oder sogar 3 EE/Vollausschlag, wobei die Linearität über

---

[1] Die Angaben der Hersteller schwanken naturgemäß (vgl. Bild 17.4).

1,0 (1,5) EE zu wünschen übrigläßt[1]. Der Rauschpegel der Grundlinie (ΔS_1, Bild 7.4) liegt um 10^{-5} EE (250 nm).

Das Grundlinienrauschen der Detektoren ist bei 254 nm sehr gering, vergrößert sich aber nach niederen und höheren Wellenlängen, d. h. bis 195 bzw. 350 (370) nm, und ist bei ≥ 400 nm wiederum sehr klein.

Durch Einschalten höherer Zeitkonstanten läßt sich Grundlinienrauschen (Kurzzeitrauschen) herabsetzen. Schnelle Peaks werden dadurch aber breiter.

Aufgabe 14.2.11

Zwecks indirekter Detektion Ihrer Probenbestandteile wollen Sie dem Eluens eine UV-aktive Komponente zusetzen.

a) Ergibt eine solche Verbindung einen Beitrag zur Elutionsstärke?

b) Wächst die Detektionsempfindlichkeit mit steigender Konzentration der UV-aktiven Komponente? Begründen Sie Ihre Antwort?

<u>Lösung</u>

Zu a)

Ja. Sie kann sogar entscheidenden Einfluß haben. Wählen Sie Zusätze, die bei brauchbarer Elutionsstärke auch eine günstige UV-Absorption (optimale Wellenlänge, Extinktionskoeffizient) haben.

Zu b)

Die erzielbare Empfindlichkeit ist in erster Linie von der Wahl einer günstigen Wellenlänge abhängig. Dabei darf die Grundextinktion allerdings nicht zu hohe Werte erreichen, da sonst das hohe Signal/Rausch-Verhältnis empfindlichkeitsmindernd wirkt. Aus der Photometrie ist dem Analytiker geläufig, daß der günstigste Extinktionsbereich (genaueste Messung) bei Extinktionen von 0,2–0,8 liegt. In diesem Bereich sollte somit die Untergrundextinktion nach Möglichkeit liegen.

Ideal stellt sich ein Eluens dar, mit dem man erstens in der Nähe des Absorptionsmaximums arbeiten kann, um maximale Extinktionsänderung zu erreichen, zweitens trotzdem im optimalen Extinktionsbereich bleibt und drittens eine günstige Elutionsmittelstärke (d. h. nicht zu lange oder zu kurze Retentionszeiten) realisiert.

Aufgabe 14.2.12

Was sind Systempeaks und was können Sie zu ihrem Auftreten sagen?

<u>Lösung</u>

Systempeaks sind zusätzlich zur Anzahl der Analytpeaks auftretende Peaks, deren Ursache in einer vorübergehenden (kurzen) Gleichgewichtsstörung des chromatographischen Systems zu suchen ist.

---

[1] EE – Extinktionseinheiten (vgl. Abschn. 7.3.3), *engl.*: AU – Absorbance units bzw. AUFS – Absorbance units full-scale deflection

Die Voraussetzung für das Auftreten von Systempeaks ist prinzipiell gegeben, wenn die fluide Phase aus mehr als einer Komponente besteht.

Für das Erkennen von Systempeaks ist Kompatibilität mit dem Detektionsverfahren notwendig. Systempeaks haben nichts mit Memoryeffekten oder Geisterpeaks zu tun.

Systempeaks sind um so wahrscheinlicher, und es werden um so mehr Systempeaks auftreten, je komplexer die Zusammensetzung der fluiden Phase ist. Die Peaks können sich als positive oder negative Abweichungen von der Grundlinie darstellen und im Verlauf des gesamten Chromatogramms erscheinen.

Die Lage von Systempeaks im Chromatogramm läßt sich über die Zusammensetzung der fluiden Phase sowie durch andere Parameter (Temperatur, pH-Wert) verändern.

Systempeaks werden während der Probeninjektion „induziert". Schon die Injektion des Probenlösungsmittels allein kann sämtliche Systempeaks hervorrufen.

Aus diesen Darlegungen geht hervor, daß eine Erklärung für das Auftreten von Systempeaks vor allem im konkreten Falle sinnvoll ist.

Mit Systempeaks hat man z. B. in der Ionenpaarchromatographie oder bei indirekten Detektionsverfahren zu rechnen. Nach Möglichkeit sind die Systembedingungen so zu wählen, daß Systempeaks nur zu Beginn oder am Ende des Chromatogramms erscheinen.

Sehr spät eluierende Systempeaks werden entsprechend breit und zeigen sich häufig erst im nächsten oder übernächsten Chromatogramm als vorübergehende Grundlinienabweichung.

Das Zustandekommen negativer Systempeaks kann man in Analogie zur Vakanzchromatographie erläutern (Abschn. 2.1). In beiden Fällen werden infolge komplexer Eluenten Vakanzpeaks induziert.

Treten positive Systempeaks auf, wurde bei der Injektion eine bestimmte Substanzmenge aus der Kompaktphase verdrängt.

Die Zuordnung von Systempeaks ist in der Weise möglich, daß man einer Probe fluider Phase, die unmittelbar dem Vorratsgefäß entnommen wird, eine gewisse Menge eines Bestandteils zusetzt. Während die Injektion des Eluens exakt gleicher Zusammensetzung keinen Einfluß auf das Chromatogramm haben darf, ergibt das „Doping" eine zuordnungsfähige Änderung des Systempeakmusters.

Aufgabe 14.2.13

Wie stellen Sie fest, ob der verwendete Detektor konzentrations- oder stoffstromempfindlich arbeitet?

<u>Lösung</u>

Sie stoppen den Elutionsmittelstrom am besten nach dem Peakmaximum. Arbeitet der Detektor konzentrationsempfindlich, bleibt das gerade angezeigte Signal unverändert, denn die vom Detektor registrierte Konzentration ändert sich ja nicht mehr (Bild 14.1).

Das können Sie z. B. bei photometrischen Detektoren (UV-Detektor, Fluoreszenzdetektor) oder bei Refraktometern beobachten. Anders ist es im Fall stoffstromempfindlicher Detektoren. Nach Stoppen des Elutionsmittelflusses sinkt das Signal für den jeweiligen

Massen- oder Stoffstrom $dQ/dt = \dot{Q}$ zur Nullinie und darunter ab, da die laufende Zufuhr einer bestimmten Probenmenge unterbrochen ist. Dieses Verhalten zeigen z. B. elektrochemische Detektoren und auch Leitfähigkeitsdetektoren. Typische Beispiele sind der früher verwendete Transportdetektor oder das Massenspektrometer.

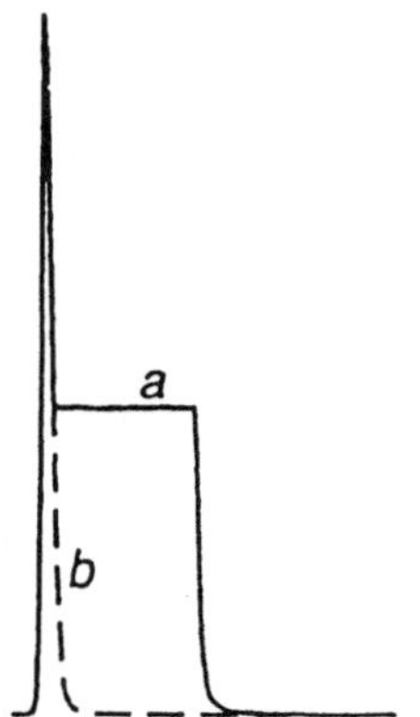

Bild 14.1
Typischer Signalverlauf bei Anhalten des Flusses
a) für konzentrationsempfindliche Detektoren
b) für stoffstromempfindliche Detektoren

Aufgabe 14.2.14

Was verstehen Sie unter Detektorempfindlichkeit und minimaler Detektierbarkeit? Wie bestimmen Sie diese?

<u>Lösung</u>

Die *Detektorempfindlichkeit* S_D (Response) wird durch die *Responsefaktoren* f_{rc} bzw. $f_{r\dot{Q}}$ gegeben (Abschn. 7.3.1). S_D ist gleichzeitig substanzbezogen, bei Verwendung einer Trennsäule auch systembezogen.

Zur Bestimmung nimmt man eine Eichgerade auf und ermittelt S_D innerhalb des linearen Bereiches (Bild 14.2).

Mit der Detektorempfindlichkeit S_D fällt auf diese Weise auch eine untere Nachweisgrenze L des Detektors an (minimale Detektierbarkeit nach ASTM E 685–79 und IUPAC).

Die *minimale Detektierbarkeit L* einer Substanz durch einen Detektor ist ihre Konzentration oder ihr Massenfluß in einem bestimmten Lösungsmittel bei Erreichen eines Signals von der Größe des doppelten Rauschpegels.

Bei Aufnahme solcher Signalkurven kann prinzipiell eine lange Stahlkapillare zwischen Dosiereinrichtung und Detektor verwendet werden oder eine Trennsäule. Lediglich ohne Trennsäule sind S_D und L exakt Detektor bezogen, wobei man am besten strömende Eichlösungen benutzt.

Mißt man im zweiten Fall (Trennsäule) das Signal intermittierend am Peakmaximum, ändert es sich auch in Abhängigkeit von den Säulenparametern (Gl. (2.106)). Die Empfindlichkeit fällt z. B. kleiner aus, sobald die Peaks später erscheinen.

Von der Nachweisgrenze des Detektors ist die Massenempfindlichkeit des Systems zu unterscheiden (Gl. (2.107)).

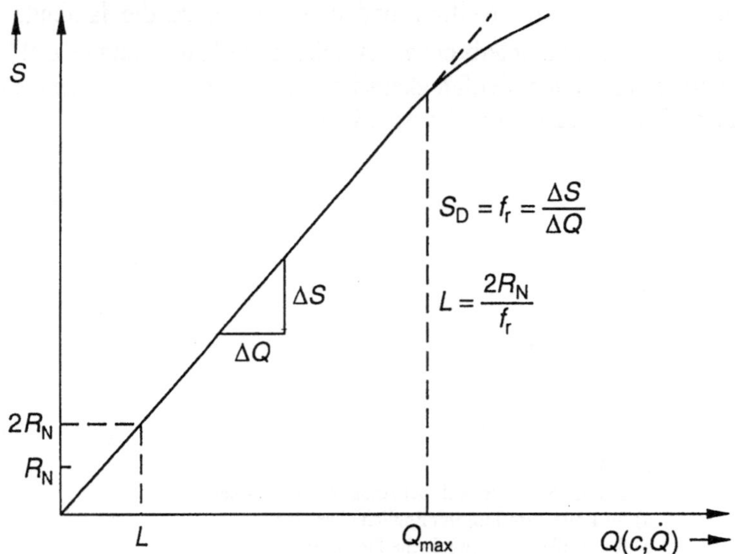

Bild 14.2 Zur Bestimmung der Detektorempfindlichkeit aus einer Eichgeraden
S – Detektorsignal; Q – Substanzmenge als Konzentration c oder Massenstrom $\dot{Q}$; R_N Stör-
oder Rauschpegel (Bild 7.4); Q_{max} – Maximale Substanzmenge am Ende des linearen
Detektorbereiches; f_r – Responsefaktor; übrige Symbole siehe Text

Aufgabe 14.2.15

Schätzen Sie die Aussagekraft der Peakreinheitsanalyse mittels Ratioprofil und
Spektrenüberlagerung ein!

<u>Lösung</u>

Beide Methoden sind nur anwendbar, sofern sich die UV-Spektren zwischen
Hauptsubstanz und Verunreinigung hinreichend unterscheiden. Enantiomere können
also so nicht auf optische Reinheit untersucht werden.

Für den (etwas hypothetischen) Fall zweier Komponenten mit *unterschiedlichen* UV-
Spektren, aber gleicher Retentionszeit und genau gleichem Peakprofil würde man bei
unkritischer Ratioprofilaufnahme oder Spektrenüberlagerung zu dem falschen Schluß
kommen, daß eine einheitliche Substanz vorliegt. Ein Vergleich der Ratiowerte oder
besser der Peakspektren des fraglichen Peaks mit dem der garantiert reinen Substanz
wäre notwendig.

Aufgabe 14.2.16

Sie können die Peaks im Chromatogramm a) durch höhere Elutionsmittelstärke oder b) durch höheren Fluß zu kürzeren Retentionswerten verschieben. Was ist der Unterschied zwischen beiden Möglichkeiten?

<u>Lösung</u>

a) Durch Anwendung höherer Elutionsmittelstärken erhalten Sie kürzere Retentionszeiten und schmalere Peaks. Weil sich die Gesamtmenge Q der Substanz natürlich nicht ändert und somit die Peakflächen gleich bleiben, werden die Peaks gleichzeitig höher. Sie gewinnen an Empfindlichkeit (vgl. Gl. 2.24). Da sich möglicherweise der Selektivitätskoeffizient verändert, läßt sich über die Güte der Trennung zunächst nichts aussagen. Gemäß Gln. (2.77) bis (2.79) wird sie prinzipiell etwas schlechter.

b) Wenn Sie den Volumenfluß $\dot{V}$ vergrößern, verkürzen sich die Retentionszeiten im umgekehrten Verhältnis zur Flußerhöhung, denn die Bruttoretentionsvolumina bleiben gleich

$$V_{R1} = V_{R2} \tag{14.4a}$$

$$t_{R1} \cdot \dot{V}_1 = t_{R2} \cdot \dot{V}_2 \tag{14.4b}$$

$$\frac{t_{R1}}{t_{R2}} = \frac{\dot{V}_2}{\dot{V}_1} . \tag{14.4c}$$

Doppelter Fluß bedeutet somit halbe Retentionszeiten und (etwa) halbe Peakbreiten. Da aus Flußerhöhungen gemäß der $H_T(u)$-Funktion i. allg. schlechtere Trennstufen resultieren, sind die Peaks meist etwas breiter, als nach Gl. (14.4c) zu erwarten wäre. Die Trennung fällt ein wenig schlechter aus. Bezüglich der Peakhöhen ist zu beachten, daß sie detektortypabhängig sind.

Die Konzentration einer Lösung ist unabhängig davon, wie schnell sie fließt, immer dieselbe. Somit bleibt das konzentrationsabhängige Signal unverändert. Die Peakhöhen konzentrationsempfindlicher Detektoren ändern sich im Gegensatz zu ihren Peakflächen bei Flußänderungen im Idealfall nicht. Ein flußbeschleunigter Peak behält also seine ursprüngliche Höhe.

Anders liegen die Dinge bei massenstromempfindlichen Detektoren. Der Massenstrom $\dot{Q} = \mathrm{d}Q/\mathrm{d}t$ verdoppelt sich z. B. bei doppeltem Fluß, dem Detektor werden pro Zeiteinheit doppelt so viel Moleküle zugeführt

$$c \cdot \dot{V} = \frac{\mathrm{d}Q}{\mathrm{d}V} \cdot \frac{\mathrm{d}V}{\mathrm{d}t} = \frac{\mathrm{d}Q}{\mathrm{d}t} = \dot{Q} . \tag{14.5}$$

Als Folge davon verdoppelt sich das Detektorsignal. Die Peaks erscheinen schmaler und größer, die Detektion wird durch die Flußerhöhung empfindlicher. Alle Peakflächen bleiben unverändert.

Proportionalität zwischen Fluß und Detektorsignal besteht jedoch nur so lange (z. B. bei elektrochemischen Detektoren), solange alle zugeführten Moleküle quantitativ bzw. im gleichbleibenden Verhältnis umgesetzt werden. Ist das nicht der Fall, fällt die Peakfläche zu klein aus.

Aufgabe 14.2.17

Wie können Sie das Totvolumen einer Trennsäule in grober Näherung sofort angeben?

<u>Lösung</u>

Nach Gl. (4.2) gilt für das Totvolumen V_M

$$V_M(1) = V \cdot \varepsilon_m = \pi \cdot \frac{d^2}{4} \cdot \varepsilon_m, \tag{14.6a}$$

wenn wir das Leersäulenvolumen bei der Säulenlänge von 1 cm verwenden.

Mit $d = 0{,}4$ cm und $\varepsilon_m = 0{,}8$ (Silikagel) erhalten Sie für 4 mm-Trennsäulen von 1 cm Länge

$$V_{M4}(1) = 0{,}10 \text{ ml}. \tag{14.6b}$$

Bei der Länge von 10 cm ergibt sich $V_{M4}(10) = 1{,}0$ ml usw. Im Falle anderer Säulendurchmesser dividieren Sie einfach durch $4^2 = 16$ und multiplizieren mit d^2. Beträgt $d = 2$ mm, wird $V_{M2}(1) = V_{M4}(1) \cdot 4/16 = 0{,}1 \cdot 1/4 = 0{,}025$ ml. *Man braucht sich demnach als „Daumenregel" nur* $V_{M4}(1) \approx 0{,}10$ ml *merken.* Für RP-Träger ist mit $V_{M4}(1) = 0{,}08$ zu rechnen.

Aufgabe 14.2.18

Zwei Komponenten erscheinen mit den Nettoretentionszeiten 20 und 22 Minuten, ihre Peakbreiten an der Grundlinie seien 1,0 und 1,1 Minuten.

Berechnen Sie

a) die Selektivität der Trennung,

b) die erreichte Trennwirksamkeit

c) die erreichte Trennleistung,

d) die Peakauflösung!

<u>Lösung</u>

Der Selektivitätskoeffizient der Trennung beträgt $\alpha = 22/20 = 1{,}1$, die erreichte Selektivität nach Gl. (2.73) $S = 2 \cdot 0{,}1/2{,}1 = 0{,}095$.

Die Trennwirksamkeit errechnet sich aus σ^2 nach Gl. (2.37b). Als Peakbreite an der Grundlinie gilt der Abstand der Tangentenschnittpunkte 4σ (Abschn. 2.3). Da die Bruttoretentionszeit nicht angegeben wurde, verwenden wir statt N die effektiven Böden (Gl. (2.43)) und erhalten

$$N_{\text{eff}} = \frac{t_{Ri}'^2}{\sigma_t^2} \tag{14.7a}$$

$$\text{1. Peak: } N_{\text{eff1}} = \frac{20^2}{(1/4)^2} = 6400 \text{ TP} \tag{14.7b}$$

$$\text{2. Peak: } N_{\text{eff2}} = \frac{22^2}{(1,1/4)^2} = 6400 \text{ TP} \tag{14.7c}$$

Daraus ergibt sich die Trennleistung in effektiven Böden zu

$$\dot{N}_{\text{eff}} = \frac{N_{\text{eff}}}{t_{\text{R}i}} = \frac{6400}{21 \cdot 60} = 5 \text{ TP}/\text{s}. \tag{14.8}$$

Das Einsetzen des Mittels von $t'_{\text{R}i}$ für $t_{\text{R}i}$ ist hier ohne weiteres statthaft, da wir mit ganzen Böden rechnen und $t'_{\text{R}i}$ sich von $t_{\text{R}i}$ nicht so stark unterscheidet (Aufgabe 14.2.17). Die erzielte Trennleistung liegt mit 5 Böden pro Sekunde recht niedrig.

Als Peakauflösung berechnet man gemäß Gl. (2.80)

$$R_{\text{S}} = \frac{1}{4}\sqrt{N_{\text{eff}}} \cdot S \tag{14.9a}$$

$$R_{\text{S}} = \frac{1}{4}\sqrt{6400} \cdot 0{,}095 = 1{,}9. \tag{14.9b}$$

Da der Wert >1,5 ist, liegt vollständige Grundlinientrennung vor.

Aufgabe 14.2.19

Ein Hersteller gibt für seine Säule 100000 TP/m, ein anderer für eine Säule gleichen Typs 80000 TP/m an. Welche Säule ist besser?

<u>Lösung</u>

Um das zu entscheiden, müssen die Testbedingungen in beiden Fällen streng vergleichbar oder identisch sein. Im übrigen sollte man folgendes im Auge behalten:

Die Böden (theoretischen Trennstufen) einer Säule sind ein relatives Maß ihrer chromatographischen „Qualität". Bei der „Jagd" nach Böden wird leicht übersehen, daß Bodenangaben stark vom Phasensystem und in Verbindung damit von den injizierten Bezugskomponenten abhängen. Durch geeignete (oder ungeeignete) Wahl der Bezugskomponente kann man mehr (oder weniger) Böden „erzeugen". In homologen Reihen erhöhen sich zudem die Trennstufenzahlen für die folgenden Glieder.

Kurze Retentionszeiten sind zur Demonstration hoher Bodenzahlen generell wenig geignet, obwohl für $k_i = 0$ die beiden k_i-abhängigen Massenaustauschterme der $H_{\text{T}}(u)$-Funktion entfallen und N einen großen Wert erreichen sollte. Diese „nutzlosen" Bodenzahlen werden aber i. allg. durch den unmittelbaren Einfluß externer Varianzen stark reduziert.

Trennstufen lassen sich auch über den Fluß manipulieren. Man kann trotz ungünstiger $H_{\text{T}}(u)$-Kurve bei einer Säule mit ausgeprägtem Minimum den Fluß dicht an das Minimum legen und so ihre Böden „steigern". Eine solche Säule ist trotzdem mit „weniger gut" zu beurteilen als eine Säule, deren Trennstufenzahl in der Nähe des Minimums zwar schlechter ist, die aber aufgrund einer gering-flußabhängigen $H_{\text{T}}(u)$-

Kurve bei höheren Flüssen besser liegt. Leider sind gerade die $H_T(u)$-Kurven von Trennsäulen in den wenigsten Fällen bekannt bzw. für den Chromatographer verfügbar.

Den entscheidenden Einfluß auf die Höhe der Trennstufenzahlen kann schließlich die Auswertemethode ausüben (vgl. Aufgabe 14.2.20 und Abschn. 2.5), die meistens auch nicht bekannt ist. Vordergründig sollte deshalb interessieren, ob eine Trennsäule das betreffende Trennproblem in vernünftiger Trennzeit meistert und dabei hinreichende Langzeitstabilität beweist.

Aufgabe 14.2.20

Bestimmen Sie die Trennstufenzahl nach Bild 14.3 a) für den GAUSS-Peak und b) für den asymmetrischen Peak.

Vergleichen Sie die Werte!

Danach ermitteln Sie die Trennstufen nochmals c) für den asymmetrischen Peak, aber nach der meist praktizierten Methode „Peakbreite in halber Höhe" (Gl. (2.39)).

Was stellen Sie fest?

Anmerkung:

Verwenden Sie für das Beispiel: $t_R \equiv t_{max} = 25,38$ min, $\bar{t} = 25,50$ min.

Die Breiten in halber Höhe wurden für beide Peaks zu $z_{1/2} = 0,66$ min bestimmt.

<u>Lösung</u>

a) Für die GAUSS-Peaks gilt Gl. (2.39). Sie lautet nach N umgeformt[1]

$$N_G = \frac{L}{H_T} = 5,545 \cdot \frac{t_{Ri}^2}{z_{1/2}^2} = 5,545 \cdot \frac{25,38^2}{0,66^2} = 8200. \tag{14.10a}$$

b) Hierfür muß Gl. (2.37b) verwendet werden. σ_A entnehmen Sie bitte Aufgabe 14.4.1

$$N_A = \frac{t_{Ri}^2}{\sigma_t^2} = \frac{\bar{t}^2}{\sigma_A^2} = \frac{25,50^2}{0,40^2} = 4064. \tag{14.10b}$$

Die gezeigte Peakverzerrung erniedrigt die Trennstufenzahl immerhin auf die Hälfte.

c) Im Normalfall würden Sie sicher den asymmetrischen Peak so wie den GAUSS-Peak auswerten:

$$N = 5,545 \cdot \frac{25,38^2}{0,66^2} = 8200. \tag{14.10c}$$

Sie erhalten, wie der Vergleich mit dem wahren Wert unter b) zeigt, ein irreführendes Ergebnis!

---

[1] Sie können hier auch Gl. (2.37b) benutzen (σ_G s. Aufgabe 14.4.1):

$$N_G = \frac{t_{Ri}^2}{\sigma_t^2} = \frac{25,38^2}{0,28^2} = 8216$$

Aufgabe 14.2.21

Welche Einflußgrößen für die Auflösung R_S kennen Sie? Welche ist am wichtigsten?

Lösung

Die Auflösungsgleichung (Gl. (2.76)) enthält 3 Terme mit den Größen k_i (Retentionskapazität), α (Selektivitätskoeffizient) und N (theoretische Trennstufenzahl). Am wenigsten praktische Bedeutung zur Verbesserung von R_S kommt k_i zu, da man die Analysenzeit ungern verlängert. Größte Bedeutung besitzt α, denn hohe Werte für die Selektivitätskoeffizienten erlauben in Verbindung mit guten Trennstufenzahlen kurze Säulen und deshalb schnelles Arbeiten.

Aufgabe 14.2.22

Sie schalten zwei gleichwertige Trennsäulen gleicher Länge in Serie. Verdoppelt sich hierdurch die Auflösung für das kritische Paar?

Lösung

Nein! Sie verdoppeln zwar die Zahl der Trennstufen, aber die Auflösung R_S ist der Wurzel aus den Trennstufen N proportional (Gln. (2.77)–(2.79)). $R_S \sim \sqrt{2N} = 1{,}41\sqrt{N}$ wächst somit nur um das 1,4fache.

Aufgabe 14.2.23

Hinter eine Trennsäule 100 x 3 mm mit 3 μm-Material soll eine Trennsäule 100 x 3 mm mit 6 μm-Material geschaltet werden. Die erste Säule besitzt 110000 TP/m, die zweite 60000 TP/m (Herstellerangaben). Welchen Gewinn an Trennstufen erzielen Sie?

Lösung

Bei oberflächlicher Betrachtung könnten Sie für die Serienschaltung ein arithmetisches Mittel von 85000 TP/m bzw. 8500 TP/Säule annehmen. Nach den Ausführungen von Abschn. 2.4.2.1 haben Sie aber mit dem harmonischen Mittel zu rechnen. Für die Serienschaltung erhalten Sie exakt

$$N_S = 2 \cdot \frac{2}{1/11000 + 1/6000} = 2 \cdot 7765 = 15530 \text{ TP} \tag{14.11}$$

oder 7765 TP/Säule. Der erhoffte Zuwachs an Trennstufen beträgt somit nicht 6000 TP, sondern nur 4530 (76 %). Würde man zwei gleich wirksame Säulen koppeln, wäre der Zuwachs 100 %. Immer die „schlechteste" Säule bestimmt die Wirksamkeit der Säulenkopplung.

Aufgabe 14.2.24

Wie entscheiden Sie schnell und ohne apparative Vorversuche, welches chromatographische Trennverfahren für Ihre Probe vermutlich am besten geeignet ist?[1]

Lösung

Im allgemeinen weiß man, ob hoch- oder niedermolekulare Proben vorliegen. Bei höher molekularen Proben (M >2000) wird die Molekülgrößen-Ausschlußchromatographie (vgl. Bild 2.2) attraktiv und je nachdem, ob das Material in organischen Lösungsmitteln oder nur in Wasser löslich ist, die GPC oder die GFC einsetzbar.

Für niedermolekulare Proben stellt sich ebenfalls die Frage „bevorzugt in organischen Lösungsmitteln oder in Wasser löslich?". Trifft ersteres zu, stellt man fest, ob zur Lösung polare oder unpolare Lösungsmittel besser geeignet sind. Die Probe wird so als polar bzw. unpolar eingestuft. Jetzt lassen sich die Trennverfahren etwa wie folgt tabellarisch zuordnen:

Tabelle 14.1 Auswahl des chromatographischen Trennverfahrens

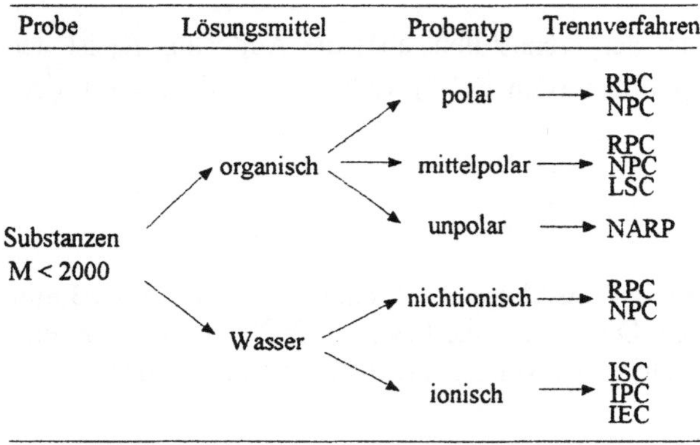

Aufgabe 14.2.25

Was können Sie für analytische Arbeiten über die maximal zu injizierende Probenmenge und zur Probenkonzentration sagen?

Nehmen Sie für die Lösung die Packungsdichte der HPLC-Säule mit 0,8 g/cm^3 und die Probenkapazität des Trägers mit 0,2 mg/g Träger an[2]. Wählen Sie eine Säule 200 x 3 mm und 5 µm-Material!

Lösung

Allgemeine Aussagen:

Die zu injizierende Probenmenge muß im Injektionsvolumen vollständig und klar löslich sein.

---

[1] Spezielle Verfahren, wie z. B. die Affinitätschromatographie, sollen hier außer Betracht bleiben

[2] Bei RP-Trägern kann man etwa mit einer Kapazität von 0,1–1 mg Probe/g Träger rechnen. Für Silikagele ist eine Größenordnung weniger zu veranschlagen.

Die Menge sollte grundsätzlich nicht so groß gewählt werden, daß sie außerhalb des linearen Bereichs der Adsorptionsisotherme liegt.

Spezielle Aussagen:

Das Volumen der angenommenen Trennsäule ergibt sich zu $V = \pi \cdot L \cdot d^2 / 4 = 1,41$ ml. Darin sind $1,41 \cdot 0,8 = 1,13$ g Träger enthalten. Somit errechnet sich die Probenkapazität der Säule zu $1,13 \cdot 0,2 = 0,23$ mg, d. h. die maximal zu injizierende Probenmenge beträgt 0,23 mg.

Das benötigte maximale Injektionsvolumen V_{max} für die Säule kann mittels Gl. (2.29e) berechnet werden. Zu H_T bzw. N kommt man mittels Gl. (2.83a) für $h = 3$ (vgl. auch Aufgabe 14.4.5).

$$N = L / h \cdot d_p = 200 / 3 \cdot 0,005 = 13333 \quad \text{TP} \tag{14.12a}$$

$$V_{max} = 0,2 \cdot d_S^2 \cdot L / \sqrt{N} \tag{14.12b}$$
$$= 0,2 \cdot 9 \cdot 200 / 115,47 = 3,1 \;\mu\text{l}$$

Die maximale Probenkonzentration errechnet sich jetzt zu $0,23 \cdot 100/3,1 = 7\ \%$.

Aufgabe 14.2.26

Sie untersuchen ein Produkt auf Stereoisomere. Dabei erscheinen zwei Peaks. Läßt sich bei Verwendung eines UV-Photometers mit einfachen Mitteln feststellen, ob beide Peaks den Isomeren zugeordnet werden können?

<u>Lösung</u>

Sehr einfach kann man das Peakhöhenverhältnis bei zwei Wellenlängen messen: $(h_1/h_2)_{\lambda 1}$ und $(h_1/h_2)_{\lambda 2}$. Ist der erste Wert mit dem zweiten identisch und bestätigt sich das Ergebnis auch bei anderen Wellenlängen, ist anzunehmen, daß die UV-Spektren der Verbindungen gleich oder zumindest sehr ähnlich sind.

Gleiche UV-Spektren findet man an allen D,L-Isomeren (Enantiomeren), aber auch an anderen Stereoisomeren, wenn die Stellungsisomerie keinen Einfluß auf das UV-Spektrum ausüben kann. Im Falle von cis-/trans-Isomeren sind z. B. für *alkyl*substituierte cis-/trans-Alkene gleiche UV-Spektren zu erwarten. Andererseits würden solche Verbindungen mit *Aryl*substituenten auf Grund der Doppelbindungskonjugation deutlich unterschiedliche Spektren aufweisen (cis-/trans-Stilben). Wirksam werden außer intramolekularen Einflüssen auch intermolekulare Wechselwirkungen.

Aufgabe 14.2.27

Bei der Chromatographie organischer Basen stellt man fest, daß trotz Verwendung eines hierfür empfohlenen RP-Trägers zu starkes Tailing auftritt. Was würden Sie zur Abhilfe vorschlagen?

<u>Lösung</u>

Tailingreduzierend wirken stets *nicht zu geringe* Pufferionenkonzentrationen. Als Regel für die Wahl der Pufferkonzentration gilt: „immer so hoch wie notwendig", nicht etwa „so hoch wie möglich". Übliche Konzentrationen liegen zwischen 0,02–0,05 mol/l.

Ein günstiger Puffer ist Posphatpuffer. Phosphorsäure besitzt gute Pufferwirkung und wirkt zudem komplexbildend gegenüber Eisen. Im Sauren herrscht das Gleichgewicht

$$H_3PO_4 \quad \underset{pH<2}{\overset{pH>2}{\rightleftharpoons}} \quad H_2PO_4^- + H^+ . \tag{14.13}$$

Als Gegenionen wird man quaternäre und tertiäre Ammoniumsalze bevorzugen.

Tailingreduzierend wirkt ferner eine Erhöhung der Elutionstemperatur auf 40–50 °C, allerdings auf Kosten der Lebensdauer der Trennsäulen.

Neben den anorganischen Anionen ist auch der Einsatz kurzkettiger Sulfonate vorteilhaft. Sie wirken gleichzeitig ionenpaarend, hinreichend niedrige pH-Werte vorausgesetzt. Einer zwangsläufigen Retentionszeiterhöhung der basischen Analyte wird, falls erforderlich, mit höheren Anteilen des organischen Lösungsmittels entgegengewirkt.

14.3 Einfache und mittelschwere Aufgaben

Aufgabe 14.3.1

Welche Konzentrationsmaße sind in der Flüssigchromatographie gebräuchlich, und welche Schreibweisen für die Verteilungskonstante ergeben sich daraus?

<u>Lösung</u>

1. Thermodynamische Gleichgewichtskonstante K^{th} unter Verwendung des Molenbruchs $x_i = n_i/(n_i + n_{\text{K,F}})$[1]. Im Falle der verdünnten Lösungen der analytischen Chromatographie gilt wegen $n_i \to 0$ für die Verteilungskonstante

$$K_{i\,\text{x}}^{\text{th}} = \frac{x_{i\,\text{K}}}{x_{i\,\text{F}}} \approx \frac{n_{i\,\text{K}}/n_{\text{K}}}{n_{i\,\text{F}}/n_{\text{F}}} = \frac{n_{i\,\text{K}}}{n_{i\,\text{F}}} \cdot \frac{n_{\text{F}}}{n_{\text{K}}} \tag{14.14a}$$

2. NERNSTsche Verteilungskonstante K_i (Gl. (2.6a)) unter Verwendung von molaren (c_{n}) oder Gewichts(Massen)-konzentrationen (c_{m}). Die Bezugsgröße X der Kompaktphase ist hierbei ihr Volumen V_{K}

$$K_{i\,\text{n}} = \frac{c_{\text{K}}}{c_{\text{F}}} = \frac{n_{i\,\text{K}}/X}{n_{i\,\text{F}}/V_{\text{F}}} = \frac{n_{i\,\text{K}}}{n_{i\,\text{F}}} \cdot \frac{V_{\text{M}}}{V_{\text{K}}} \tag{14.14b}$$

$$K_{i\,\text{m}} = \frac{c_{\text{K}}}{c_{\text{F}}} = \frac{m_{i\,\text{K}}/X}{m_{i\,\text{F}}/V_{\text{F}}} = \frac{m_{i\,\text{K}}}{m_{i\,\text{F}}} \cdot \frac{V_{\text{M}}}{V_{\text{K}}} \tag{14.14c}$$

V_{K} wird auch das Volumen einer aufgebrachten Phase oder das Volumen der Lösungsmittelmonoschicht zugeordnet.

Wegen $m_i = n_i \cdot M_i$ ist $K_{i\,\text{n}} = K_{i\,\text{m}} = K_i$, so daß die zusätzliche Indizierung weggelassen werden kann. Die Verteilungskonstante K_i hat auch keine Einheit, es sei denn, man verwendet für die Konzentrationsangaben in den Phasen unterschiedliche Bezugsgrößen.

So wird für X die Masse der Kompaktphase m_{K} benutzt, wodurch sich zwei weitere Schreibweisen $K'_{i\,\text{n}}$ und $K'_{i\,\text{m}}$ mit der Einheit [Volumen/g] ergeben.

Eine Beziehung zwischen $K_{i\,\text{x}}^{\text{th}}$ und K_i erhält man über das Molzahlenverhältnis der Phasen $n_{\text{K}}/n_{\text{F}}$

$$K_{i\,\text{x}}^{\text{th}} = K_i \cdot \frac{V_{\text{K}}}{V_{\text{M}}} \cdot \frac{n_{\text{F}}}{n_{\text{K}}} \,. \tag{14.14d}$$

Allgemein gilt für hinreichend verdünnte Lösungen $K_{i\,\text{x}}^{\text{th}} \sim K_i$ und $x_i \sim c_i$.

---

[1] Symbolbedeutung hier und im folgenden siehe Kapitel 16 (Symbol- und Abkürzungsverzeichnis).

Aufgabe 14.3.2

Eine 125 x 4 mm-Trennsäule mit 5 µm-RP-Material (Nucleosil) zeigt bei 1,2 ml/min Fluß und Wasser als Eluens einen Säulenvordruck von $\Delta P = 120$ bar. Welchen Wert hat die Permeabilitätskonstante der Trennsäule? Welcher Vordruck ΔP würde sich mit Acetonitril (AN) einstellen?

<u>Lösung</u>

Zur Berechnung verwenden wir Gl. (2.91)

$$K = \frac{u \cdot \eta \cdot L}{\Delta P} \tag{14.15a}$$

Hierzu wird u benötigt, dessen Wert nicht bekannt ist. Für Übungszwecke genügt es, u mittels Gl. (4.2) zu berechnen

$$u = \frac{\dot{V}}{\varepsilon_m \cdot q_S} = \frac{1,2 \cdot 10^3}{0,8 \cdot 4\pi} \left[\frac{mm^3/min}{mm^2} \right] \tag{14.15b}$$

$u = 120$ mm/min $= 2$ mm/s.

η entnehmen wir Tab. 17.3. Für Wasser ist der Wert 1 mPa·s, für AN $= 0,37$ mPa·s $(1\ mPa = 10^{-8}\ bar)$.

$$K = \frac{2 \cdot 10^{-8} \cdot 125}{120} \left[\frac{mm \cdot bar \cdot s \cdot mm}{s \cdot bar} \right] \tag{14.15c}$$

$K = 2,08 \cdot 10^{-10}$ cm^2 (vgl. Fußnote auf S. 44).

Der Vordruck würde mit AN nur $\Delta P_{AN} = \Delta P_W \cdot \eta_{AN} = 120 \cdot 0,37 = 44,4$ bar betragen.

Will man ΔP-Werte vorausberechnen, lassen sich Literaturwerte für K i. allg. nicht verwenden. Man muß den für die betreffende Säule bzw. den für das verwendete Trägermaterial zutreffenden Wert von K kennen.

Aufgabe 14.3.3

Eine Verbindung mit dem Kapazitätsfaktor $k_i = 9$ braucht 20 min bis zum Verlassen der Trennsäule.

a) Wie lange hält sie sich in der fluiden, wie lange in der kompakten Phase auf?

b) Wieviel Substanz befand sich durchschnittlich in der fluiden, wieviel in der Kompaktphase?

c) Können Sie aus den Angaben die Verteilungskonstante berechnen?

<u>Lösung</u>

Für die Bruttoretentionszeit der Substanz i gilt

$$t_{Ri} = t_M + t'_{Ri} = 20\ min. \tag{14.16a}$$

Aus dem Kapazitätsfaktor erhalten Sie die Nettoretentionszeit $t'_{Ri} = 9\ t_M$ und daraus mittels Gl. (14.16a) $t_M = 2$ min sowie $t'_{Ri} = 18$ min. Die Substanz i hielt sich also während ihrer Wanderung durchschnittlich 2 min in der Fluidphase und 18 min in der Kompaktphase auf.

b) Die Molekülanteile bzw. Substanzmengen in den Phasen errechnen sich gemäß Gl. (2.70) und Gl. (2.69).

$$\frac{1}{1+k_i} = \frac{1}{10} \quad \text{Substanzmenge in der Fluidphase} \tag{14.16b}$$

$$\frac{k_i}{1+k_i} = \frac{9}{10} \quad \text{Substanzmenge in der Kompaktphase.} \tag{14.16c}$$

Die Substanzmengen verhalten sich wie ihre Aufenthaltszeiten t_M / t'_{Ri} in den Phasen.

c) Die Verteilungskonstante können Sie aus den Werten nur berechnen, wenn Sie das Phasenverhältnis (Gl. (2.6b)) oder eine Bezugsgröße für die Kompaktphase und den Fluß kennen (Gl. (2.12.a)).

Aufgabe 14.3.4

In diesem Buch werden die Begriffe Selektivität und Selektivitätskoeffizient streng unterschieden. Was versteht man darunter? Geben Sie Erläuterungen!

<u>Lösung</u>

Der Selektivitätskoeffizient α_{21} ist das Verhältnis der Nettoretentionsgrößen zweier Komponenten. Er ist ferner gleich dem Verhältnis ihrer Kapazitätsfaktoren k_i oder ihrer Verteilungskonstanten K_i (Gl. (2.72)).

Die Selektivität S für die Trennung des betreffenden Paares ergibt sich aus α_{21} durch Logarithmieren (Gl. (2.73)).

Für $\alpha_{21} = 1$ (keine Trennung) ist $S_{21} = 0$. Für sehr weit auseinander liegende Peaks nimmt S_{21} den Wert 1 an ($\alpha = e = 2{,}7183$).

S_{21} stellt ein unmittelbares Maß für die freie Enthalpie des Trennvorgangs dar, denn aus Gl. (2.5) folgt

$$\Delta G_2^\circ - \Delta G_1^\circ = - RT \ln K_2 + RT \ln K_1 \tag{14.17a}$$

$$\Delta\Delta G_{21}^\circ = - RT \ln (K_2/K_1) \tag{14.17b}$$

$$\Delta\Delta G_{21}^\circ = - RT \ln \alpha_{21} \tag{14.17c}$$

$$\Delta\Delta G_{21}^\circ = - RT\, S_{21} \tag{14.17d}$$

$$\Delta\Delta G_{21}^\circ = - 2{,}5\, S_{21}\ [\text{kJ/mol}]\ (25\text{--}30\ ^\circ\text{C}) \tag{14.17e}$$

Nach dem Inkrementenkonzept von A. J. P. MARTIN (1949) sollte jedes molekulare Strukturelement einen additiven Beitrag für ΔG ergeben. Somit ist Gl. (14.17e) auch zu schreiben als

$$\Delta(\textstyle\sum \Delta G_{\text{Inkr.}}^\circ)_{21} = - 2{,}5\, S_{21}\ [\text{kJ/mol}] \tag{14.17f}$$

Praktische Beispiele:

a) 2 Verbindungen sind nur wenig getrennt. Das Verhältnis ihrer Nettoretentionszeiten beträgt $\alpha_{21} = 5{,}2/5 = 1{,}04$.

b) 2 Peaks zeigen Grundlinientrennung und ein Nettoretentionsgrößenverhältnis von $\alpha_{21} = 12{,}0/10{,}0 = 1{,}20$.

Im ersten Fall ergibt sich $S_{21} = \ln 1{,}04 = 0{,}039$ bzw. nach Gl. (2.73)

$$S_{21} \equiv T_S = 2 \cdot \frac{\alpha - 1}{\alpha + 1} = 0{,}039 \approx 0{,}04$$

und mittels Gl. (14.17e)

$$\Delta\Delta G^{\circ}_{21} = 0{,}1 \ \text{kJ/mol}.$$

Im zweiten Fall erhält man $S_{21} = \ln 1{,}2 = 0{,}18$ bzw.

$$S_{21} \equiv T_S = 2 \cdot \frac{0{,}2}{2{,}2} = 0{,}18 \ \text{und}$$

$$\Delta\Delta G^{\circ}_{21} = 0{,}45 \ \text{kJ/mol}.$$

Nehmen wir an, daß sich die Moleküle im Falle b) allein durch das Strukturelement X unterscheiden (z. B. eine Nitrogruppe), dann heben sich sämtliche Inkrementbeiträge in Gl. (14.17f) bis auf ΔG°_X auf. Man erhält

$$S_{21} = -\frac{\Delta G^{\circ}_X}{2{,}5 \ \text{kJ} / \text{mol}}$$

und mit $\Delta\Delta G^{\circ}_{21} = \Delta G^{\circ}_X = -0{,}45 \ \text{kJ/mol}$

$$S_{21} = -\frac{-0{,}45}{2{,}5} = 0{,}18 \ .$$

Da sich α auch über die Aktivitätskoeffizienten ausdrücken läßt (Gl. 2.72a), gilt

$$S = \ln \alpha_{21} = \ln\left(\frac{f_{1\infty}}{f_{2\infty}}\right)_K + \ln\left(\frac{f_{2\infty}}{f_{1\infty}}\right)_F \qquad (14.18)$$
$$= S_K + S_F \ ,$$

d. h. beide Phasen liefern unabhängig voneinander additive Selektivitätsbeiträge. Programmierte Optimierungsstrategien wurden bisher nur für die Fluidphase entwickelt. So wird eine potentielle Optimierungsmöglichkeit verschenkt.

Für den Fall, daß die Aktivitätskoeffizienten beider Stoffe in beiden Phasen gleich sind, gilt $S_K = S_F = S = 0$.

Die Selektivität bezieht sich immer auf ein Stoffpaar und ein Phasensystem. Sie drückt den Unterschied der gelösten Substanzen (Analyte) in der freien Enthalpie des Phasenübergangs bzw. in den Aktivitätskoeffizienten im betreffenden Phasensystem aus (vgl. auch S. 87).

Aufgabe 14.3.5

An einem Flüssigchromatographen hat man festgestellt, daß die äußeren Varianzbeiträge des Gerätes 20 % des Varianzbeitrages der Trennsäule ausmachen.

Berechnen Sie:

1. Wie verschlechtert sich die Peakauflösung durch die externen Varianzen?

2. Wie groß ist ungefähr das Verhältnis der Bandenspreizung außerhalb und innerhalb der Trennsäule?

<u>Lösung</u>

Zu 1. Die Peakvarianz σ^2 ergibt sich additiv aus den externen Varianzen σ_{ex}^2 und des Varianzbeitrages der Trennsäule σ_S^2

$$\sigma^2 = \sigma_{ex}^2 + \sigma_S^2 \tag{14.19a}$$

$$\sigma = \sqrt{\sigma_{ex}^2 + \sigma_S^2} = \sqrt{0,2\,\sigma_S^2 + \sigma_S^2} = \sqrt{1,2}\ \sigma_S = 1,095\,\sigma_S. \tag{14.19b}$$

Nach Rundung erhält man für die Peakstandardabweichung $\sigma = 1,1\,\sigma_S$.

Die Auflösung zweier Peaks mit dem Abstand Δt ist nach Gl. (2.75a) gegeben. Unter Berücksichtigung der vergrößerten Peakbreiten beträgt sie

$$R_S' = \frac{\Delta t}{4 \cdot 1,1\,\overline{\sigma}_S} = \frac{1}{1,1} \cdot \frac{\Delta t}{4\,\overline{\sigma}_S} = \frac{1}{1,1}\,R_S \tag{14.19c}$$

$$R_S' = 0,909\,R_S.$$

Die Peakauflösung verschlechtert sich um $\approx 10\ \%$.

Zu 2.

$$\sigma_{ex}^2 = 0,2\,\sigma_S^2$$

$$\sigma_{ex} = \sqrt{0,2}\,\sigma_S$$

$$\frac{\sigma_{ex}}{\sigma_S} = 0,45 \approx 0,5$$

Das Verhältnis der Bandenspreizung beträgt etwa 1:2.

Aufgabe 14.3.6

In Abschn. 2.4.1 wird die Aussage gemacht, daß das maximale Probenvolumen bei Verdoppelung der Säulenlänge das 1,4fache betragen kann. Warum?

<u>Lösung</u>

Eine Verdopplung der Säulenlänge L hat die doppelte Anzahl Trennstufen zur Folge. Das Glied $L/\sqrt{N}$ in Gl. (2.29e) oder Gl. (2.29f) ergibt so den Faktor $2/\sqrt{2} = 1,4$.

Aufgabe 14.3.7

Läßt sich aus der Trennstufenzahl einer Säule *a priori* auf die Qualität ihrer Packung schließen? Können Sie einen anderen Parameter heranziehen?

<u>Lösung</u>

H_T (bzw. die Trennstufenzahl N) hängt nicht zuletzt vom Partikeldurchmesser d_p ab (Gl. 2.48). Vereinfacht läßt sich schreiben $H_T \approx d_p^\beta$ (vgl. S. 44). Eine Trennsäule mit gröberen Partikeln kann demnach auch bei bester Packungsqualität nicht die Trennstufen einer Säule mit kleinen Partikeln bringen.

Als Parameter zur Beurteilung der Packungsqualität dient die reduzierte Trennstufen-höhe (Gl. 2.83a) $h = H_T/d_p$.

Werte für h von 2,5 bis $\leq 3,0$ ergeben nach allgemeiner Einschätzung das Prädikat „sehr gut gepackt", Werte von >3 bis 3,5 „gut" bis „noch gut"[1].

Nehmen wir an, Sie haben aus den Chromatogrammen zweier Säulen jeweils $H_T = 0,018$ mm = 18 µm ermittelt. Dann ergäbe sich für die ansonsten gleichen Säulen bei unterschiedlichen Partikeldurchmessern folgende Einschätzung:

$d_p = 6$ µm; $h = 18/6 = 3,0$; Packungsgüte: „sehr gut",

$d_p = 5$ µm; $h = 18/5 = 3,6$; Packungsgüte: „nicht mehr gut",

Obwohl Sie wegen der gleichen Trennstufenzahl beider Säulen die gleiche Trennquali-tät erreichen, werden Sie sich im vorliegenden Fall für die 6 µm-Säule entscheiden, da deren Vordruck ΔP_6 (vgl. Abschn. 2.7) gemäß

$$\frac{d_{p5}^2}{d_{p6}^2} = \frac{\Delta P_6}{\Delta P_5} = \frac{25}{36} = 0,69 \tag{14.20}$$

um etwa 30 % niedriger ist, als der für die 5 µm-Säule, d. h. Sie könnten statt z. B. bei 200 bar mit der 6 µm-Säule schon bei 140 bar arbeiten.

Wenn man den höheren Säulenvordruck in Kauf nimmt, sollten für die 5 µm-Partikel-säule $H_T = 3 \cdot 5 = 15$ µm bzw. wegen $H_{T6}/H_{T5} = 18/15 = 1,2$ jedenfalls 1,2 mal mehr Trennstufen gefordert werden; statt beispielsweise rd. 60000 TP/m 72000 TP/m. Dann lohnt sich der höhere Vordruck, weil die Peakauflösung (vgl. Gl. (2.79)) immerhin um $\sqrt{1,2} = 1,095$, d. h. um ≈ 10 % verbessert wird.

Zusammengefaßt: Die Trennstufenzahl einer Trennsäule läßt Rückschlüsse auf die Qualität des Säulenpackens nur in Verbindung mit dem (wahren) Partikeldurchmesser des Trägermaterials zu. Der hierfür relevante Parameter ist die reduzierte Trennstufen-höhe h.

---

[1] Wenn Sie für d_p den vom Hersteller angegebenen Partikeldurchmesser einsetzen, müssen Sie beachten, daß dieser Durchmesser ein „nomineller Durchmesser" ist, dessen Wert vom wahren Partikeldurchmesser der Charge abweichen kann.

Aufgabe 14.3.8

Retentionszeiten und Peakflächen ändern sich bei Flußänderungen im Sinne gleichseitiger Hyperbeln. Stimmt das? Wenn ja, warum?

<u>Lösung</u>

Nach Abschn. 2.5 gilt

$$V_{Ri} = t_{Ri} \cdot \dot{V} \, . \tag{14.21a}$$

Das Retentionsvolumen ist für jede Verbindung eine unter gegebenen Bedingungen (Phasensystem, Temperatur) konstante Größe. Folglich gilt

$$t_{Ri} = \mathrm{const.} \cdot \frac{1}{\dot{V}} \, , \tag{14.21b}$$

was der Gleichung einer gleichseitigen Hyperbel entspricht.

Die Fläche F_t eines Konzentrationspeaks[1] erhalten Sie durch Integration seiner Konzentrationsverteilung über die Zeit

$$F_t = \int_{-\infty}^{+\infty} c_t \cdot \mathrm{d}t \, . \tag{14.21c}$$

Mit $c_t = \dfrac{\mathrm{d}Q}{\mathrm{d}V}$ (Masse durch Volumen) wird

$$F_t = \int \frac{\mathrm{d}Q}{\mathrm{d}V} \cdot \mathrm{d}t = \frac{1}{\dot{V}} \int \mathrm{d}Q \quad \text{und} \tag{14.21d}$$

$$F_t = \frac{1}{\dot{V}} \int_{-\infty}^{+\infty} \mathrm{d}Q = \frac{Q}{\dot{V}} \, . \tag{14.21e}$$

Da die Gesamtprobenmenge während der Chromatographie stets konstant bleibt, ändert sich bei Flußänderungen die Peakfläche ebenfalls im Sinne einer gleichseitigen Hyperbel. Streng genommen muß in Gl. (14.21e) noch der Responsefaktor eingefügt werden (vgl. Gl. (7.4)). Die Beziehung gilt für alle konzentrationsempfindlichen Detektoren, bei denen der Elutionsmittelfluß deshalb sehr konstant zu halten ist, um Flächenfehler in der quantitativen Auswertung gering zu halten.

Mathematisch analog kann man bei massenstromempfindlichen Detektoren verfahren. Hier ist das Signal nicht der Konzentration, sondern dem Massenfluß $\mathrm{d}Q/\mathrm{d}t$ proportional, und wir erhalten

$$F_t = \int_{-\infty}^{+\infty} \frac{\mathrm{d}Q}{\mathrm{d}t} \cdot \mathrm{d}t = \int_{-\infty}^{+\infty} \mathrm{d}Q = Q \, . \tag{14.21f}$$

Bei solchen Detektoren ist die Fläche der eingeführten Probenmenge Q proportional (Responsefaktor = Proportionalitätsfaktor) und flußunabhängig (vgl. Aufgabe 14.2.16).

---

[1] Die Massenverteilung eines Peaks kann man je nach Detektor als Konzentrationsverteilung $c = \mathrm{d}Q/\mathrm{d}V$ oder Massenstromverteilung $\mathrm{d}Q/\mathrm{d}t$ auswerten.

Aufgabe 14.3.9

Was versteht man unter linearer und nichtlinearer Chromatographie? Sind die Bezeichnungen ideale und nichtideale Chromatographie damit identisch? Geben Sie eine ausführliche Erläuterung dieser für die Chromatographie grundlegenden Begriffe!

<u>Lösung</u>

Die Bezeichnungen lineare und nichtlineare Chromatographie nehmen Bezug auf die Verteilungsisotherme. Befindet man sich im linearen Isothermenteil, ist die Kompaktphasenkonzentration der Fluidphasenkonzentration proportional, andernfalls nicht, und die Peaks erhalten Tailing oder Leading (Abschn. 2.2). Diesem Phänomen liegen rein thermodynamische Gesetzmäßigkeiten zugrunde, kinetische Erscheinungen werden nicht betrachtet.

Kinetische Effekte sind der verzögerte Massenaustausch (verzögerte Gleichgewichtseinstellung) zwischen den Phasen oder innerhalb der Phasen sowie jedwede Probendiffusion. Sie führen (auch im linearen Teil der Isotherme) zu unerwünschten Peakverbreiterungen, weswegen man in diesen Fällen von nichtidealer Chromatographie spricht.

Aus dem Zusammenspiel kinetischer und thermodynamischer Einflüsse ergeben sich somit vier peakformbestimmende Kategorien des Stofftransports.

Tabelle 14.2 Peakformbestimmende Kategorien des Stofftransports

Isotherme	*keine* kinetischen Effekte	kinetische Effekte	Peakform
linear	ideale lineare Chromatographie	*nicht*ideale lineare Chromatographie	symmetrisch
nichtlinear	ideale *nicht*lineare Chromatographie	*nicht*ideale *nicht*lineare Chromatographie	unsymmetrisch

Die ideale lineare Chromatographie würde bei niedrigen Probenkonzentrationen (lineare Isotherme) vorliegen, falls keinerlei kinetische Effekte, aber auch keine Strömungseinflüsse wirksam werden.

Die Grundgleichung der idealen linearen Chromatographie für das Retentionsvolumen einer Komponente i lautet (Gl. (2.12b)):

$$V_{Ri} = V_M + K_i \cdot X . \tag{14.22}$$

Das reale Erscheinungsbild bei analytischen Trennungen ist die nichtideale lineare Chromatographie mit relativ symmetrischen, aber kinetisch verbreiterten Peakprofilen.

Nichtlineare (gekrümmte) Isothermen bedeuten stets konzentrationsabhängige Verteilungskonstanten K_i, wodurch jede Konzentration c mit der ihr eigenen Geschwindigkeit durch die Trennsäule wandert. Es gilt die Grundgleichung der idealen *nicht*linearen Chromatographie (Gl. (13.8)):

$$V_{Ri} = V_M + \frac{dc_{Ki}}{dc_{Fi}} \cdot X \quad (X \text{ ist die Bezugsgröße der Kompaktphase}). \tag{14.23}$$

Bei Säulenüberladung arbeitet man stets unter den Bedingungen der nichtidealen nichtlinearen Chromatographie.

14.4 Anspruchsvollere Aufgabenstellungen mit mathematischen Ableitungen

Aufgabe 14.4.1

Kann man mit der Standardabweichung σ bzw. σ^2 (Varianz) nur GAUSS-Peaks oder beliebige (verzogene) Peaks beschreiben?

<u>Lösung</u>

Die Standardabweichung ist für beliebige Verteilungen definiert. Für die Varianz solcher Kurven gilt allgemein

$$\sigma^2 = \int_{-\infty}^{+\infty} (x-\bar{x})^2 f(x)\,\mathrm{d}x \Big/ \int_{-\infty}^{+\infty} f(x)\,\mathrm{d}x\,. \tag{14.24a}$$

Bezieht man sich auf die Kurvenfläche $= 1$, wird

$$\sigma^2 = \int_{-\infty}^{+\infty} (x-\bar{x})^2 f(x)\,\mathrm{d}x \tag{14.24b}$$

oder für die Retentionszeit $t_{\mathrm{R}i}$ ausgedrückt

$$\sigma_t^2 = \int_{-\infty}^{+\infty} \left(t - t_{\mathrm{R}i}\right)^2 f(t)\,\mathrm{d}t\,. \tag{14.24c}$$

$\bar{x}$ ist die x-Koordinate des Schwerpunktes der Verteilungsdichtekurve, in der Chromatographie Retentionsgröße genannt, und stellt (anschaulich formuliert) das über die statistische Häufigkeit der Verteilung „gewogene" arithmetische Mittel aller x-Werte dar. Man bezeichnet es auch als erstes Moment m_1 der Verteilung (Abschn. 2.3 und 2.9).

Die Varianz der Verteilung drückt das (gewogene arithmetische) Mittel $\overline{\sigma^2}$ aller quadratischen Abweichungen $\sigma^2 = (x-\bar{x})^2$ vom arithmetischen Mittel $\bar{x}$ aus. Sie läßt sich durch das erste und zweite statistische Moment beschreiben (Gl. (2.98a)).

Für einen asymmetrischen Peak ist σ immer größer als für einen GAUSS-Peak gleicher Höhe und Fläche (Bild 14.3).

Während man σ_G aus dem halben Wendepunktsabstand der GAUSS-Kurve erhält, gilt für die asymmetrische Kurve

$$\bar{t} = m_1 = \frac{t_{\mathrm{w}1} + t_{\mathrm{w}2}}{2} \tag{14.25}$$

und ferner, wie GRUBNER (s. [35], Kap. 2) zeigen konnte, bezüglich der Standardabweichung σ_A

$$\sigma_\mathrm{A} = \frac{t_{\mathrm{w}2} - t_{\mathrm{w}1}}{1{,}496}\,. \tag{14.26}$$

Aus dem Beispiel in Bild 14.3 findet man

$\sigma_G = 0,28$ min

$\sigma_A = 0,40$ min.

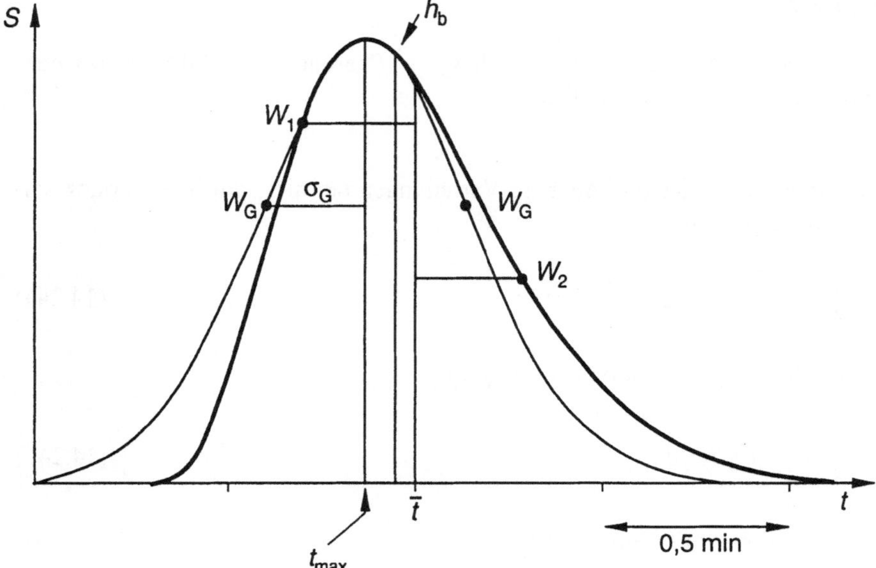

Bild 14.3 GAUSS-Peak und asymmetrischer Peak (stärker ausgezogen) gleicher Fläche
t_{max} – Zeit zum Peakmaximum. Die Senkrechte in diesem Punkt teilt die symmetrische GAUSS-
Kurve in 2 gleichgroße Hälften. $\bar{t}$ – Zeit des Peakschwerpunktes oder erstes statistisches
Moment, wahre Bruttoretentionszeit der asymmetrischen Verteilung; h_b – Senkrechte, die die
asymmetrische Kurve in 2 gleichgroße Hälften teilt; σ_G – Standardabweichung der GAUSS-Ver-
teilung am Wendepunkt der GAUSS-Kurve; W_G – Wendepunkte der GAUSS-Kurve;
W_1 – 1. Wendepunkt der asymmetrischen Kurve; W_2 – 2. Wendepunkt der asymmetrischen
Kurve

Aufgabe 14.4.2

Wie finden Sie für Ihre Säule die optimale Flußgeschwindigkeit im Minimum der
$H_T(u)$-Kurve, ohne diese Kurve experimentell zu ermitteln? Welche Schlußfolgerungen
lassen sich ziehen?

<u>Lösung</u>

Die lineare Flußgeschwindigkeit u hängt mit dem Partikeldurchmesser d_p der Packung
gemäß Gl. (2.83b) wie folgt zusammen:

$$u = v \cdot \frac{D_i}{d_p} \quad \text{und} \quad u_{opt} = v_{opt} \cdot \frac{D_i}{d_p}. \tag{14.27a}$$

v ist die sog. reduzierte lineare Flußgeschwindigkeit, D_i der Diffusionskoeffizient des
Analyten.

Trägt man reduzierte Bodenhöhen h gegen v oder zweckmäßiger $\lg h$ gegen $\lg v$ auf (Abschn. 2.6), ergibt das eine von d_p unabhängige Kurvenschar je nach k_i-Wert oder Packungsgüte parallel zur Abszisse (v-Achse) verschobener Kurven. Sie fallen bei Säulen gleicher Packungsgüte und inerter Analyte in einer gemeinsamen Kurve zusammen.

Das Minimum aller $h(v)$-Kurven liegt bei etwa $v = 3$. Somit läßt sich u_opt aus Gl. (14.27a) für jeden Partikeldurchmesser ermitteln.

Das Problem liegt allerdings darin, daß i. allg. nicht mit der Lineargeschwindigkeit u, sondern mit der Volumengeschwindigkeit $\dot{V}$ gearbeitet wird. Beide sind nur bei Kenntnis von t_M (V_M) (Totgrößen) oder ε_m (Säulengesamtporösität) ineinander umrechenbar (Abschn. 2.5).

Da ε_m säulenunabhängig ist, kann man das Flußoptimum mit dem Durchschnittswert von $\varepsilon_\mathrm{m} = 0{,}8$ (vgl. S. 19 und 246) ungefähr ermitteln. Aus Gl. (4.2) resultiert

$$\dot{V} = \pi \frac{d_\mathrm{S}^2}{4} \cdot \varepsilon_\mathrm{m} \cdot u. \qquad (14.27\mathrm{b})$$

Einsetzen von Gl. (14.27a) ergibt

$$\dot{V}_\mathrm{opt} = 2{,}4 \cdot \pi \cdot \frac{d_\mathrm{S}^2}{4} \cdot \frac{D_i}{d_\mathrm{p}}. \qquad (14.27\mathrm{c})$$

Die Gleichung besagt, daß sich die optimale Fließgeschwindigkeit umgekehrt proportional zum Partikeldurchmesser d_p verhält. Sie verschiebt sich mit abnehmendem Partikeldurchmesser zu günstigeren Arbeitswerten.

Wir berechnen mit $d_\mathrm{S} = 3$ mm die Werte im Falle von 6 μm- ($\dot{V}_\mathrm{opt\,6}$) und 3 μm- ($\dot{V}_\mathrm{opt\,3}$) Partikeln.

Für den Diffusionskoeffizienten ist üblicherweise $D_i = 10^{-5}$ cm^{2}s^{-1} zu setzen (Abschn. 2.3). Bei der Chromatographie mit Wasser erniedrigt sich dieser Wert auf $0{,}3\text{–}1\cdot 10^{-5}$ cm^{2}s^{-1}, in organischen Lösungsmitteln verschiebt er sich etwa zu $1\text{–}2\cdot 10^{-5}$ cm^{2}s^{-1}. Wir erhalten aus Gl. (14.27c)

$$\dot{V}_\mathrm{opt\,6} = 2{,}4 \cdot \pi \cdot \frac{0{,}09}{4} \cdot \frac{1\cdot 10^{-5}}{6\cdot 10^{-4}} = 2{,}83 \cdot 10^{-3} \frac{\mathrm{cm}^3}{\mathrm{s}} = 0{,}17 \frac{\mathrm{ml}}{\mathrm{min}} \quad \text{und}$$

$$\dot{V}_\mathrm{opt\,3} = 0{,}34 \frac{\mathrm{ml}}{\mathrm{min}}.$$

Eine gewisse Unsicherheit der Zahlen durch Verwendung pauschaler Werte für ε_m und D_i ist wegen der Breite des $H_\mathrm{T}(u)$-Minimums i. allg. weniger von Bedeutung.

Nach Bild 2.10 bestimmt die Kopplungsgleichung (Mischung) im wesentlichen die Lage der $H_\mathrm{T}(u)$-Kurve zur Geschwindigkeitsachse, der Stoffaustausch-Term jedoch die Kurvensteigung. Die Kurvensteigung ist bei hinreichend kleinen Partikeln und guter Qualität des Trägermaterials recht gering.

Vergleicht man deshalb die $H_\mathrm{T}(u)$-Werte für $\dot{V}_\mathrm{opt}$ mit $H_\mathrm{T}(u)$-Werten, die bei höheren Flüssen erhalten wurden, sind auch Rückschlüsse auf die Qualität des für die Säule verwendeten Trägermaterials möglich.

Aufgabe 14.4.3

Ihr verfügbares Kapillarrohr habe einen Innendurchmesser von 0,25 mm. Welche maximale Kapillarenlänge dürfen Sie zwischen Säulenkopf und Injektor verwenden, damit der unerwünschte Varianzbeitrag unter 10 % bleibt?

<u>Lösung</u>

Wir formen Gl. (2.32) nach der Kapillarenlänge L um und erhalten, wenn statt r der Kapillareninnendurchmesser d eingeführt wird:

$$L = \frac{24 \cdot 16 \cdot D_i}{\pi \cdot d^4 \cdot \dot{V}} \cdot \sigma_{Vex}^2. \tag{14.28a}$$

σ_{Vex}^2 ist die Varianz eines Substanzimpulses nach Passieren der Kapillare. Gemäß Aufgabenstellung soll diese Varianz einen bestimmten Anteil, nämlich 10 %, der Peakvarianz nicht überschreiten

$$\sigma_{Vex}^2 \le \Theta^2 \sigma_{SV}^2 \tag{14.28b}$$

$$L = 122{,}2 \cdot \frac{D_i}{d^4 \cdot \dot{V}} \cdot \Theta^2 \cdot \sigma_{SV}^2. \tag{14.28c}$$

Der Diffusionskoeffizient D_i kann zu 10^{-5} cm^{2}s^{-1} = $60 \cdot 10^{-5}$ cm^{2}min^{-1} angenommen werden. Wir benötigen noch die Angaben zum Trennproblem und wählen bei einer Säule von 100 mm Länge und dem Fluß $\dot{V}$ = 1 ml/min N = 10000 TP für einen Peak mit V_R = 3 ml. Gemäß Gl. (2.38b) beträgt die Peakvarianz dann $\sigma_{SV}^2 = V_{Ri}^2/N = 3^2$ ml^2/10000 = $9 \cdot 10^{-4}$ cm^6. Nun läßt sich L aus Gl. (14.28c) mit Θ^2 = 0,1 berechnen:

$$L = 122{,}2 \cdot \frac{60 \cdot 10^{-5} \text{cm}^2 \cdot \text{min}^{-1}}{(2{,}5 \cdot 10^{-2} \text{cm})^4 \cdot 1\,\text{cm}^3 \cdot \text{min}^{-1}} \cdot 0{,}1 \cdot 9 \cdot 10^{-4} \text{cm}^6 \tag{14.28d}$$

$$L = 16{,}9 \text{ cm}.$$

Wählen wir einen Peak in der Nähe der Totzeit mit V_{Ri} = 1,5 ml, wäre L auf eine Länge von $(1{,}5^2/3^2) \cdot 16{,}9$ = 4,2 cm zu verkürzen.

Man wird zwecks besserer Handhabbarkeit an der Apparatur eventuell die doppelte Länge einsetzen, wodurch Θ^2 = 0,2 wird. Was passiert jetzt mit der Auflösung? Gemäß

$$N(\Theta) = \frac{V_{Ri}^2}{(1+\Theta^2)\sigma_{SV}^2} = N \cdot \frac{1}{1+\Theta^2} \tag{14.28e}$$

sinkt N von 10000 TP auf $N \cdot 0{,}83 \approx 8000$ TP ab. Die Auflösung verkleinert sich (vgl. Auflösungsgleichungen) um den Faktor $\sqrt{83} \approx 0{,}9$, d. h. eine schon schlechte Auflösung von 0,8 würde auf $\approx 0{,}7$ weiter verschlechtert, so daß z. B. Schulterpeaks stark verflachen oder im Tailing verschwinden.

Natürlich ist die Situation weniger dramatisch, sobald spät eluierende Peaks betrachtet werden. Sie entspannt sich völlig bei Verwendung von Kapillarinnendurchmessern von 0,12 mm, da der Durchmesser mit der vierten Potenz in die Rechnung eingeht. Sogar für $\Theta^2 = 0,05$ erhalten wir dann für $\sigma_{SV}^2 = 9 \cdot 10^{-4} cm^6$ aus Gl. (14.28c) eine erlaubte Länge von 1,6 m.

Aufgabe 14.4.4

Was für Peakvolumina erwarten Sie für 1 mm- und 4 mm-Säulen? Hängt das Peakvolumen von der Einspritzmenge ab?

<u>Lösung</u>

Beträgt die Probenkonzentration $c_P = m_i/V_{Dos}$, wenn m_i die Probenmasse ist, so läßt sich für die Massenkonzentration im Peakvolumen ΔV_S $\bar{c}_S = m_i/\Delta V_S$ schreiben. Es wird dann mittels Gl. (2.105)

$$\Delta V_S = \frac{c_P}{\bar{c}_S} \cdot V_{Dos} = \pi \cdot d_S^2 \cdot \varepsilon_m \sqrt{H_T \cdot L}\,(1 + k_i) \tag{14.29a}$$

$$= \frac{\pi \cdot \varepsilon_m}{\sqrt{N}} \cdot (1 + k_i) \cdot L \cdot d_S^2. \tag{14.29b}$$

Mit $N = 10\,000$ und $\varepsilon_m = 0,8$ beträgt der erste Faktor in Gl. (14.29b) 0,025. ΔV_S ist für eine 100 x 1 mm-Säule und $k_i = 0$ (Inertkomponente) nur 2,5 µl groß, wächst aber bei 4 mm Säulendurchmesser auf 40 µl an. Ist die 4 mm-Säule 250 mm lang und $k_i = 10$, errechnet sich für ΔV_S ein Wert von 1,0 ml.

Das Peakvolumen hängt offensichtlich nicht von der Probenmasse ab, jedenfalls solange Säulenüberladung vermieden wird. Es hängt stark vom Säulendurchmesser sowie von L, k_i und auch N ab. Je weniger diese Parameter ins Gewicht fallen (insbesondere d_S), desto mehr gewinnt die Größe des Probenvolumens als externe Varianz (vgl. Fußnote 1, Seite 48) an Bedeutung.

Aufgabe 14.4.5

Angenommen, Sie verwenden eine 125 mm lange Säule, für die der Hersteller 80000 TP/m angibt. Bei einem Fluß von 1 ml/min erscheint der für Sie relevante Peak nach 10 Minuten.

Welches Probenvolumen (Dosiervolumen) V_{max} ist zulässig, damit sich die Peakflächen um höchstens 5 % nach links und rechts verschieben?

<u>Lösung</u>

Benutzen Sie Gl. (2.29b), aus der Sie nach Umformen und Wurzelziehen V_{max} erhalten.

$$V_{max} = \sqrt{\Theta^2} \cdot \frac{1}{f_x} \sqrt{12} \cdot \frac{V_{Ri}}{\sqrt{N}}. \tag{14.30a}$$

Mit $f_x = 1,73$ und $\sqrt{12} = 3,46$ sowie $V_{Ri} = t_{Ri} \cdot \dot{V}$ ergibt sich

$$V_{max} = 2\sqrt{\Theta^2} \cdot \frac{t_{Ri}}{\sqrt{N}} \cdot \dot{V} \,. \tag{14.30b}$$

Θ^2 ist nach Gl. (2.27) der mit der Probenaufgabe verursachte zusätzliche externe Varianzanteil. Anschaulicher setzt man hierfür die erlaubte Peakverbreiterung in Prozent.

Beträgt die durch die Probenaufgabe vergrößerte Varianz $(1 + \Theta^2)\sigma_S^2$, ist die neue Peakbreite, ausgedrückt durch σ, $\sigma_S' = \sqrt{1+\Theta^2}\,\sigma_S$.

Hieraus ergibt sich die prozentuale Peakverbreiterung $\Delta(\%)$ längs der Peakflanken zu

$$\Delta(\%) = \left(\frac{\sigma_S'}{\sigma_S} - 1\right) \cdot 100 = (\sqrt{1+\Theta^2} - 1) \cdot 100 \tag{14.30c}$$

und der zusätzliche externe Varianzanteil mit

$$\Theta^2 = (1 + \Delta(\%) \cdot 10^{-2})^2 - 1 \,. \tag{14.30d}$$

Auf diese Weise wird aus Gl. (14.30b)

$$V_{max} = 2\sqrt{(1 + \Delta(\%) \cdot 10^{-2})^2 - 1} \cdot \frac{t_{Ri}}{\sqrt{N}}\dot{V} \,. \tag{14.30e}$$

Tolerieren Sie eine Peakflankenverschiebung (Verbreiterung) von 5 %, erhält man

$$V_{max} = 2\sqrt{(1 + 5 \cdot 10^{-2})^2 - 1} \cdot \frac{10 \cdot 1}{\sqrt{80000 \cdot 0{,}125}} \tag{14.30f}$$

$$V_{max} = 0{,}64 \cdot \frac{10}{100} = 0{,}064 \text{ ml} = 64 \ \mu l.$$

Bei der extremen Forderung von nur 1 % Peakverbreiterung ergibt sich $V_{max} = 28 \ \mu l$.

Aufgabe 14.4.6

Wie läßt sich die Probenverdünnung während der Elution beschreiben? Berechnen Sie einen Verdünnungsfaktor!

<u>Lösung</u>

Aus Gl. (2.106) erhalten Sie die Konzentration der Probe im Peakmaximum bei Säulenaustritt zu

$$c_{max} = \frac{4m}{\pi\sqrt{2\pi} \cdot \varepsilon_m \cdot d_S^2 \sqrt{H_T \cdot L}(1 + k_i)} \qquad (m = Q)\,. \tag{14.31a}$$

Statt $\sqrt{H_T \cdot L}$ führen wir alternativ $L/\sqrt{N}$ (oder $H\sqrt{N}$) ein, und es wird z. B.

$$c_{max} = \frac{2\sqrt{2} \cdot \sqrt{N} \cdot m}{\pi^{3/2} \cdot \varepsilon_m \cdot d_S^2 \cdot L \cdot (1 + k_i)} \,. \tag{14.31b}$$

Die Probenverdünnung (Peakverdünnung) läßt sich jetzt über die Anfangskonzentration der eingeführten Probe c_{Pr} ausdrücken. Man übersieht sofort, daß für m gilt $m = c_{Pr} \cdot V_{Pr}$, wenn V_{Pr} das injizierte Probenvolumen darstellt. Aus Gl. (14.31b) resultiert so ein Faktor f'_V, mit dem die eingeführte Probenkonzentration multipliziert werden muß, um die am Säulenausgang im Peakmaximum austretende Konzentration zu berechnen:

$$f'_V = \frac{c_{max}}{c_{Pr}} = \frac{2\sqrt{2} \cdot \sqrt{N} \cdot V_{Pr}}{\pi^{3/2} \cdot \varepsilon_m} \cdot \frac{1}{d_S^2 \cdot L \cdot (1 + k_i)}. \qquad (14.31c)$$

Der reziproke Wert f_V stellt den eigentlichen Verdünnungsfaktor dar. $f_V = 1$ bedeutet: keine Verdünnung, $f_V = n$ besagt: n-fache Verdünnung.

$$f_V = \frac{\pi^{3/2}}{2\sqrt{2}} \cdot \frac{\varepsilon_m}{\sqrt{N} \cdot V_{Pr}} \cdot d_S^2 \cdot L \cdot (1 + k_i) = 1{,}969 \cdot \frac{\varepsilon_m}{\sqrt{N} \cdot V_{Pr}} \cdot d_S^2 \cdot L \cdot (1 + k_i). \quad (14.31d)$$

Die Probenverdünnung ist also proportional zum Quadrat des Säulendurchmessers, zur Säulenlänge und zum Kapazitätsfaktor bzw. umgekehrt proportional zum Molekülanteil des Stoffes i in der fluiden Phase (Gl. (2.70)). Sie ist natürlich um so kleiner, je mehr von der Probe dosiert wurde.

Aufgabe 14.4.7

Machen Sie sich ein Bild von der Probenverdünnung (Empfindlichkeitsverlust) für eine Komponente mit $k_i = 10$ bei Verwendung verschiedener Säulen der Länge L und des Durchmessers d_S. Es seien $L = 250$ mm und 100 mm und $d_S = 4$ mm und 2 mm. Die Trennstufen der Säulen sollen $N = 40000$ TP/m betragen, das Probenvolumen 1 µl.

Lösung

Wenn Sie bereits Aufgabe 14.4.6 erarbeitet haben, ist die Lösung nicht schwer. Andernfalls verwenden Sie unbesehen Gl. (14.31d).

Wir berechnen zunächst mit $\varepsilon_m = 0{,}7$ die Konstanten

$$\text{const.} = \frac{\pi^{3/2} \cdot \varepsilon_m}{2\sqrt{2}\sqrt{N} \cdot V_{Pr}} = 0{,}0138 \quad (N = 10000 \text{ TP/250 mm}) \qquad (14.32)$$

$$\text{const.} = \quad \cdots \quad = 0{,}0218 \quad (N = 4000 \text{ TP/100 mm})$$

und schließlich die Verdünnungsfaktoren f_V nach Gl. (14.31d).

Tabelle 14.3a Abhängigkeit des Verdünnungsfaktors (Probenverdünnung) von den Säulenparametern

L /mm	d_S /mm	const	d_S^2	L	$(1 + k_i)$		f_V	
250	4	$0{,}0138 \cdot$	16	$\cdot 250$	$\cdot 11$	$=$	607	$\approx$ 600
100	4	$0{,}0218 \cdot$	16	$\cdot 100$	$\cdot 11$	$=$	384	$\approx$ 380
250	2	$0{,}0138 \cdot$	4	$\cdot 250$	$\cdot 11$	$=$	152	$\approx$ 150
100	2	$0{,}0218 \cdot$	4	$\cdot 100$	$\cdot 11$	$=$	96	$\approx$ 100

Die Probenverdünnung beläuft sich auf Werte von 100–600fach.

Das zugrunde liegende $N = 40000$ TP/m entspricht ≈ 8 µm-Trägermaterial. Für ≈ 3µm-Trägermaterial könnte man mit 100000 TP/m rechnen, d. h. wenn wir auch für die kurze Säule 10000 TP veranschlagen, ergibt sich:

Tabelle 14.3b Abhängigkeit des Verdünnungsfaktors (Probenverdünnung) von den Säulenparametern

L /mm	d_S /mm	const	d_S^2	L	$(1 + k_i)$			f_V
100	4	$0,0138 \cdot$	16	$\cdot 100$	$\cdot 11$	=	243	$\approx$ 250
100	2	$0,0138 \cdot$	4	$\cdot 100$	$\cdot 11$	=	61	$\approx$ 60

Die Probenverdünnung wird bei Verwendung kurzer enger Säulen beträchtlich reduziert, die Empfindlichkeit entsprechend gesteigert. Hohe Trennstufenzahlen bedingen schlankere Peaks und damit prinzipiell weniger Probenverdünnung.

Aufgabe 14.4.8

Welche Detektorzellenvolumina darf man tolerieren? Leiten Sie eine hierfür gültige Beziehung ab, mit der Sie maximale Zellenvolumina für verschiedene Säulendurchmesser berechnen!

<u>Lösung</u>

Gl. (2.34a) gibt den Zusammenhang zwischen der Peakstandardabweichung am Zelleneingang und -ausgang in Abhängigkeit vom Zellenvolumen wieder. Durch Iteration läßt sich berechnen:

$$V_Z = 0,5\ \sigma_{VE} \qquad \text{ergibt} \qquad \sigma_{VA} = 1,01\ \sigma_{VE} \qquad\qquad (14.33a)$$

$$V_Z = \sigma_{VE} \qquad \text{ergibt} \qquad \sigma_{VA} = 1,045\ \sigma_{VE} \qquad\qquad (14.33b)$$

$$V_Z = 2\ \sigma_{VE} \qquad \text{ergibt} \qquad \sigma_{VA} = 1,20\ \sigma_{VE} \qquad\qquad (14.33c)$$

$$V_Z = 4\ \sigma_{VE} \qquad \text{ergibt} \qquad \sigma_{VA} = 2,00\ \sigma_{VE} \qquad\qquad (14.33d)$$

Führt man das Peakvolumen $\Delta V_S = 4\sigma_{VE}$ ein, wird $V_Z = k\Delta V_S$, und der Zusammenhang mit der eintretenden Peakverbreiterung Δ stellt sich folgendermaßen dar:

$$V_Z = k\ \Delta V_S \qquad\qquad\qquad\qquad\qquad (14.33e)$$

$$V_Z = 1/8\ \Delta V_S \qquad \Delta = 1\ \% \qquad\qquad\qquad (14.33f)$$

$$V_Z = 1/4\ \Delta V_S \qquad \Delta = 5\ \% \qquad\qquad\qquad (14.33g)$$

$$V_Z = 1/2\ \Delta V_S \qquad \Delta = 20\ \% \qquad\qquad\qquad (14.33h)$$

$$V_Z = \Delta V_S \qquad \Delta = 100\ \% \qquad\qquad\qquad (14.33i)$$

Zellenvolumina dürfen also auf keinen Fall in der Größenordnung der Peakvolumina liegen, die von der benutzten Trennsäule abhängen. Um das zu übersehen, substituieren wir für ΔV_S mit Gl. (2.105) ($k_i = 0$)

$$V_Z = k\ \pi \cdot \varepsilon_m \cdot d_S^2 \sqrt{H_T \cdot L} \qquad\qquad\qquad (14.34)$$

und ersetzen $\sqrt{H_T \cdot L}$ durch $L/\sqrt{N}$

$$V_Z = k \cdot \pi \cdot \varepsilon_m \cdot d_S^2 \cdot L / \sqrt{N} \tag{14.35}$$

Als konkretes Beispiel werden 4 Säulen mit $L = 100$ mm Länge und verschiedenen Säulendurchmessern d_S betrachtet. N sei 10 000 TP, $\varepsilon_m = 0{,}8$. Das Ergebnis enthält Tabelle 14.4.

Tabelle 14.4 Maximal zulässiges Zellenvolumen V_Z (µl)
bei tolerierter Flankenverbreiterung (in %)

d_S /mm	1 % ($k = 1/8$)	5 % ($k = 1/4$)	20 % ($k = 1/2$)
4	5,0	10,1	20,1
3	2,8	5,7	11,3
2	1,3	2,5	5,0
1	0,3	0,6	1,3
0,5	0,08	0,16	0,3

Aus Tabelle 14.4 ziehen wir folgende Schlußfolgerungen:

4 mm-Säulen benötigen Zellenvolumina zwischen 5 und 10 µl. 5 µl-Zellen erlauben auch gerade noch ein Arbeiten mit 3 mm-Säulen, aber für 2 mm-Säulen sollte man immer Zellen mit Zellenvolumina <3 µl einsetzen.

Ein effektives Arbeiten mit echten Microbore-Säulen (1 mm Innendurchmesser) ist nur mit Mikrozellen möglich.

Aufgabe 14.4.9

Welche Bedeutung haben Aktivitätskoeffizienten in der Flüssigchromatographie?

<u>Lösung</u>

Die in der Thermodynamik an Stelle der Konzentrationen verwendeten Aktivitäten a sind bekanntlich als Produkt aus Molenbruch x und Aktivitätskoeffizient definiert.

Standardzustand ist immer der reine Stoff (Analyt i) in beiden Phasen. Durch Wahl zweier unterschiedlicher Referenz(Bezugs)zustände (Aktivitätskoeffizient = 1) ergeben sich unterschiedliche Aktivitätskoeffizienten.

Ist der Referenzzustand die ∞-verdünnte Lösung, drücken die Aktivitätskoeffizienten (γ_i) die Abweichungen der realen Lösung von einer ideal verdünnten Lösung aus (unendliche Verdünnung des Analyten i). In ideal verdünnten Lösungen treten zwischen den gelösten Analytmolekülen keinerlei Wechselwirkungen auf. Wechselwirkungen (WW) sind aber zwischen Analytmolekülen und den Molekülen der jeweiligen Phase vorhanden. Es gilt

$$x_i \rightarrow 0 \; ; \; \gamma_i \rightarrow 1 \quad \text{(keine WW der Analyte mit sich selbst).}$$

Im 2. Fall ist der Referenzzustand mit dem Standardzustand identisch, d. h. es gilt für

$$x_i \rightarrow 1 \; ; \; f_i \rightarrow 1 \quad \text{(keine WW der Analyte mit den Phasen).}$$

Je weiter der Standardzustand verlassen wird, um so mehr weichen die Aktivitätskoeffizienten f_i von 1 ab und erreichen mit der ∞-verdünnten Lösung ($x_i \rightarrow 0$) ihre größten Abweichungen (Grenzaktivitätskoeffizienten $f_{i\infty}$). *In den Grenzaktivitätskoeffizienten drücken sich die Wechselwirkungen des Analyten mit den Molekülen der jeweiligen Phase aus.*

Beide Normierungen führen unter den für die analytische Chromatographie gültigen Bedingungen ($x_i \rightarrow 0$) zu

$$K_{ix}^{th} = \frac{x_i K}{x_i F}. \tag{14.36}$$

(vgl. auch Aufgabe 14.3.1 und Abschn. 2.2, S. 10)

Aufgabe 14.4.10

Die Verteilungskonstante K_i wurde für p-Kresol im System Wasser/RP18 bei 47,3 und 55,8 °C mittels Frontalchromatographie (Abschn. 13.1) zu 0,0162 bzw. 0,0133 l/ml[1] bestimmt. Berechnen Sie die Standardadsorptionsenthalpie $\Delta H°$!

<u>Lösung</u>

$\Delta H_i°$ ist mit der thermodynamischen Verteilungskonstanten gemäß Gl. (2.7a) verknüpft. Durch Integration erhält man

$$\ln K_i^{th} = \int \frac{\Delta H_i°}{RT^2}\, dt = -\frac{\Delta H_i°}{RT} \tag{14.37}$$

und für zwei hinreichend benachbarte Temperaturen T_2 und T_1

$$\ln \frac{K_{i2}^{th}}{K_{i1}^{th}} = \frac{\Delta H_i°}{R}\left(\frac{1}{T_1} - \frac{1}{T_2}\right) = \frac{\Delta H_i°}{R}\cdot\frac{(T_2 - T_1)}{T_2 T_1}. \tag{14.38}$$

Da für die in Frage kommenden verdünnten Lösungen $K_i^{th} \approx K_i$ ist (vgl. Aufgabe 14.3.1), lassen sich die oben angegebenen Werte unmittelbar einsetzen. T(K) ist aus t(°C) gemäß $T = t + 273{,}15$ zu berechnen. Man erhält[2]

$$\ln \frac{0{,}0162}{0{,}0133} = \frac{\Delta H°}{1{,}986}\left(\frac{1}{329{,}0} - \frac{1}{320{,}5}\right)\left[\frac{K\cdot mol}{cal\cdot K}\right] \tag{14.39}$$

$$0{,}197 = \frac{\Delta H°}{1{,}986}\cdot\left(-0{,}806\cdot 10^{-4}\right)$$

$$\Delta H° = -4{,}85\cdot 10^3\,\frac{cal}{mol} = -20{,}3 \quad KJ\,/\,mol$$

---

[1] Die Einheit resultiert aus den Konzentrationsangaben mmol/ml und mmol/l gelöster Analyt.

[2] Zur Umrechnung der Einheiten siehe Kapitel 16.

Aufgabe 14.4.11

Wie ermitteln Sie Standardentropien ΔS° des chromatographischen Prozesses und worüber geben die Werte Auskunft?

<u>Lösung</u>

Aus Gl. (2.7b) folgt

$$\Delta S^{\circ} = (\Delta H^{\circ} - \Delta G^{\circ})/T\,. \tag{14.40a}$$

Zur Entropieberechnung benötigen wir offensichtlich ΔH° und ΔG°, die beide über die Gleichgewichtskonstante (Verteilungskonstante) des chromatographischen Prozesses zugänglich sind. Wie Aufgabe 14.3.1 zu entnehmen ist, gilt

$$K_{i\,\mathrm{x}}^{\mathrm{th}} = k_i \cdot \frac{n_{\mathrm{F}}}{n_{\mathrm{K}}} \quad \text{bzw.} \quad K_i = k_i \cdot \frac{V_{\mathrm{M}}}{V_{\mathrm{K}}}\,. \tag{14.40b}$$

Sofern ΔH° nicht anderweitig ermittelt wurde (Aufgabe 14.4.10), bestimmen wir es über die Kapazitätsfaktoren bei nicht zu weit auseinander liegenden Temperaturen. Unter Verwendung von Gl. (14.38) ergibt sich

$$\ln \frac{k_{i2}}{k_{i1}} = \frac{\Delta H_i^{\circ}}{R}\left(\frac{1}{T_1} - \frac{1}{T_2}\right) \quad \text{bzw.} \tag{14.40c}$$

$$\Delta \ln k_i = \frac{\Delta H_i^{\circ}}{R}\cdot\Delta\left(\frac{1}{T}\right)\,. \tag{14.40d}$$

Mittels Gl. (14.40d) erhält man $\Delta H^{\circ}/R$ graphisch als Steigung einer durch mehrere Punkte gelegten Geraden („VAN'T HOFF plot").

ΔG° kann mittels Gl. (2.5) berechnet werden. Als Gleichgewichtskonstante verwendet man i. allg. K_i (Gl. 14.40b)), legt also fest, daß der Standardzustand (Abschn. 2.2) die 1 molare Konzentration in jeder Phase sein soll. Dann ist zu schreiben:

$$\Delta G^{\circ} = -RT\cdot\ln\left(k_i \cdot \frac{V_{\mathrm{M}}}{V_{\mathrm{K}}}\right) = -RT\left(\ln k_i + \ln \frac{V_{\mathrm{M}}}{V_{\mathrm{K}}}\right)\,. \tag{14.40e}$$

$V_{\mathrm{M}}/V_{\mathrm{K}}$ stellt das Phasenverhältnis β dar, dessen Wert normalerweise nur über Modellvorstellungen zugänglich ist (Abschn. 2.2). Hierdurch resultiert eine gewisse Unsicherheit für die so ermittelten ΔG°- und ΔS°-Werte. Da für beide vordergründig relative Änderungen ($\Delta\Delta$-Werte) interessieren, ist das aber von untergeordneter Bedeutung.

Negativere Entropiewerte weisen auf einen durch die Sorption erreichten höheren Ordnungszustand hin. Der Fall ist z. B. bei polycyclischen aromatischen Kohlenwasserstoffen gegeben, je höher kondensierte Ringsysteme vorliegen.

Für Änderungen der ΔG°-Werte können entweder Änderungen der ΔH°- oder ΔS°-Werte die Ursache sein (Gl. (2.7b)). Hierbei hat die Temperatur einen maßgeblichen Einfluß. Sowohl durch Temperaturerhöhung als auch durch Temperaturerniedrigung sind Retentionszeitumkehrungen benachbarter Peakpaare möglich (vgl. auch Gl. (2.8)). In der Wechselwirkungschromatographie ist der Enthalpieterm meistens deutlich größer als der Entropieterm. Dann hat die Entropie wenig Einfluß auf die Trennung.

Aufgabe 14.4.12

Während es bei der Massenüberladung der Trennsäule zur Peakverflachung kommt, können durch Volumenüberladung gut ausgebildete Tafelberge entstehen (Abschn. 13.1). Diese Volumenüberladung kann man durch fortgesetzte Probenzugabe soweit steigern, bis sich Rückfront und Vorderfront der am wenigsten getrennten Peaks gerade noch nicht überschneiden[1].

a) Wovon hängt das maximal mögliche Dosiervolumen V_{max} bei Auftreten idealer Tafelberge (Rechteckberge) ab?

b) Wie groß darf es bei beiderseitig GAUSS-förmig verflachten Flanken sein?

<u>Lösung</u>

Eine Hilfsskizze erleichtert die Berechnung.

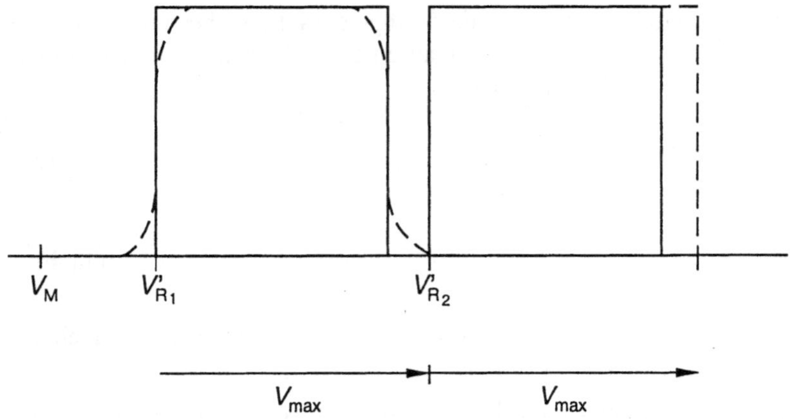

Bild 14.4 Zur Berechnung des maximalen Dosiervolumens bei Volumenüberladung

Man erkennt sofort, daß sich bei idealen Rechteckimpulsen ergibt

$$V_{max} = V'_{R2} - V'_{R1} = \alpha \cdot V'_{R1} - V'_{R1} = (\alpha - 1)V'_{R1} \tag{14.41}$$

$$V_{max} = (\alpha - 1)k_1 \cdot V_M \; . \tag{14.42}$$

Die Größe des Dosiervolumens hängt von der Auflösung der beiden Peakvorderfronten und vom Kapazitätsfaktor des ersten Tafelberges ab.

Sind die Peakflanken verflacht, wie es für den ersten Peak (gestrichelt) eingezeichnet wurde, ist V_{max} kleiner zu wählen. Toleriert man den Frontabstand $n \cdot \sigma_V$, muß V_{max} um $2n\sigma_V$ vermindert werden. σ_V errechnet sich mit Hilfe von Gl. (2.38b) zu $\sigma_V = V_{Ri}/\sqrt{N}$. Mittels $V_{R2} = V_M + V'_{R2}$ wird

---

[1] Das Problem wird für präparative Trennungen relevant, sobald relativ verdünnte Proben vorliegen, es ist aber auch für den Analytiker nicht uninteressant.

$$V_{\max} = (\alpha - 1)k_1 \cdot V_M - \frac{2n}{\sqrt{N}}\left(V_M + V'_{R2}\right) \qquad (14.43a)$$

$$= (\alpha - 1)k_1 \cdot V_M - \frac{2n}{\sqrt{N}}\left(V_M + \alpha V'_{R1}\right) \qquad (14.43b)$$

$$= V_M\left[(\alpha - 1)k_1 - \frac{2n}{\sqrt{N}}\left(1 + \alpha k_1\right)\right] . \qquad (14.43c)$$

Aufgabe 14.4.13

Zwei Peaks nähern sich allmählich und überlappen. Stellen Sie eine Beziehung zwischen ihrer Auflösung R_S und der Peaküberlappung her! Fertigen Sie ein Diagramm! Beide Peaks sollen gleich groß, gleich breit und GAUSS-förmig sein.

<u>Lösung</u>

Bild 14.5 veranschaulicht die Problemstellung. Offensichtlich gibt es drei Möglichkeiten zur Darstellung der Peaküberlappung: die gemeinsame Grundlinie, die gemeinsame Peakfläche und die gemeinsame Höhe im Peakschnittpunkt.

Untersuchen wir alle 3 Möglichkeiten an 6 verschiedenen Auflösungen! Die Ergebnisse werden in Tab. 14.5 zusammengefaßt.

Tabelle 14.5 Auflösung und Peaküberlappung

R_S	$\Delta t/\sigma$	b/σ	b (%)[1]	f_g	F (%)
0	0	6	100	2	100
0,5	2	4	66,7	1,2	32
0,7	2,8	3,2	53	0,75	16
1,0	4	2	33,3	0,27	4
1,25	5	1	16,7	0,09	1,2
1,5	6	0	0	0,02	–

Die zweite Spalte in der Tabelle läßt sich ohne weiteres ausfüllen. Die nächsten beiden Spalten erhalten Sie mit der Festlegung, daß die Peakbreite jedes Peaks $z = 6\sigma$ betragen soll (vgl. Tab. 2.1). Dann ergibt sich keine Überlappung bei $\Delta t = 6\sigma$, und es ist $b = z - \Delta t = 6\sigma - 4\sigma R_S$ (Spalte 3).

Um f_g als Vielfaches von f zu ermitteln (Spalte 5), berechnen wir zunächst die Ordinate im Punkt P (Bild 14.5). Hierzu dient Gl. (2.19), wobei man statt x die Abweichung von t_R, also $1/2\Delta t$ einführt und schreibt

$$f(t) = f \cdot e^{-\frac{1}{8}\left(\frac{\Delta t}{\sigma}\right)^2} = f \cdot e^{-\frac{1}{8}\left(\frac{6\sigma - b}{\sigma}\right)^2} \qquad (14.44a)$$

$$f_g = 2 \cdot f(t) / f . \qquad (14.44b)$$

---

[1] Beide Peaks müssen gleich breit sein, im Falle f_g und F (%) auch gleich hoch.

Nun benötigen wir noch die gemeinsame Peakfläche (letzte Spalte). Dazu muß die Fläche mittels Gl. (2.22) bis zum Punkt P integriert und von der Gesamtpeakfläche abgezogen werden. Mit 2 multipliziert, erhält man das Flächenstück F.

Für die Integration werden zweckmäßigerweise die tabellierten Werte des GAUSSschen Fehlerintegrals aus einschlägigen Tabellenwerken verwendet. Ohne Rechnung lassen sich die Werte auch graphisch, etwa nach Bild 2.6 erhalten.

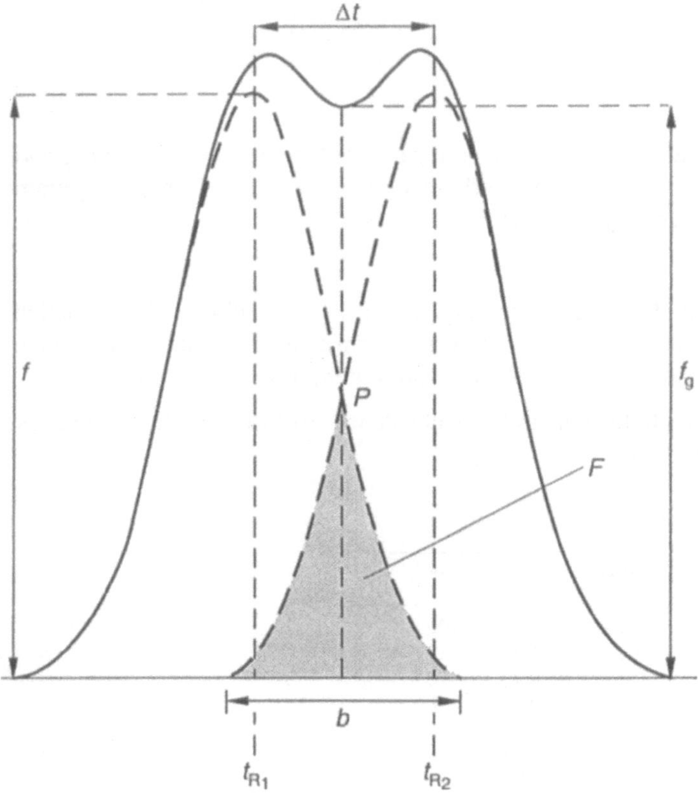

Bild 14.5 Überlappung zweier gleichgroßer GAUSS-Peaks, charakterisierbar durch
a) gemeinsame Grundlinie b; b) gemeinsame Peakfläche F; c) gemeinsame Peakhöhe f_g;
$\Delta t = 4\bar{\sigma}R_S$ (vgl. Gl. (2.75)); R_S – Auflösung; t_R = Bruttoretentionszeit
Man beachte die signifikante Verschiebung der wahren Peakzentren der Ursprungspeaks

Setzen Sie nun die ausgefüllte Tabelle in eine Zeichnung um, die Sie eventuell am Arbeitsplatz verwenden können. (Bild 14.6).

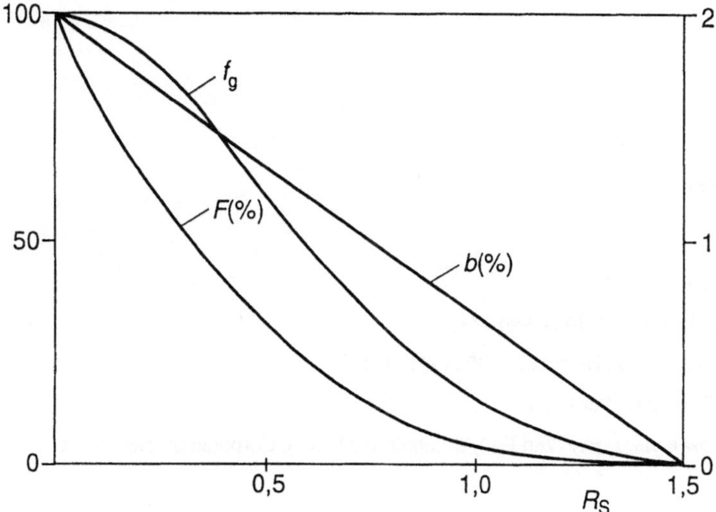

Bild 14.6 Darstellung der Peaküberlappung als Funktion der Auflösung R_S durch die Parameter F (%), f_g und b (%). Erläuterungen siehe Text

15 Literatur

Spezielle Literatur

Zu Kapitel 1:

[1]   G. EPPERT, Z. Chem. **25** (1985) 214

[2]   M. S. TSWETT, Ber. dtsch. bot. Ges. **24** (1906) 384

[3]   A. J. P. MARTIN, R. L. M. SYNGE, Biochem. J. **35** (1941) 1358

[4]   E. V. PIEL, Analytic. Chem. **38** (1966) 670

[5]   E. HEFTMANN (Ed.), *Chromatography* (2nd Ed.), Reinhold Publishing Corporation, New York, 1967, p. 88

Zu Kapitel 2:

[1]   G. EPPERT, Chem. Techn. **37** (1985) 294

[2]   L. S. ETTRE, Pure & Appl. Chem. **65** (1993) (4) 819

[3]   A. RITCHIE, in Advances in Chromatography, Vol. 3 (Ed.: J. C. GIDDINGS, R. A. KELLER), p. 119 , Marcel Dekker, Inc., New York, 1966

[4]   M. S. VIGDERGAUZ, Chromatographia **11** (1978) 119

[5]   A. LOWMAN, Science **96** (1942) 211

[6]   G. J. STROBEL, BIOforum **17** (1994) (3) 90

[7]   H. SMALL, M. A. LANGHORST, Anal. Chem **54** (1982) (8) 892A

[8]   Y. ITO, R. L. BOWMAN, Anal. Chem. **43** (1971) (13) 69A

[9]   C. R. WILKE, P. CHANG, A. I. Ch. E. Journal **1** (1955) 264

[10] B. L. KARGER, M. MARTIN, G. GUIOCHON, Analytic. Chem. **46** (1974) 1640

[11] J. P. CHERVET, R. E. J. VAN SOEST, J. P. SALZMANN, LC·GC Intern. **5** (1992) (7) 33

[12] G. TAYLOR, Proc. Roy. Soc. (London) Ser. A **219** (1953) 186

[13] I. HALÁSZ, P. WALKLING, Ber. Bunsenges. physik. Chem. **74** (1970) 66

[14] E. WICKE, Ber. Bunsenges. physik. Chem. **77** (1973) 160

[15] J. F. K. HUBER, R. VAN DER LINDEN, E. Ecker, M. Oreans, J. Chromatogr. **83** (1973) 267

[16] J. F. K. HUBER, G. VAN VUGHT, Ber. Bunsenges. physik. Chem. **69** (1965) 821

[17] H. OSTER, E. ECKER, Chromatographia **3** (1970) 220

[18] D. JENTSCH, E. OTTE, *Detektoren in der Gaschromatographie*, Akademische Verlagsgesellschaft, Frankfurt/Main, 1970

[19] A. PETHÖ, Acta chim. Acad. Sci. hung. **49** (1966) 365

[20] E. GLUECKAUF, Trans. Faraday Soc. **51** (1955) 34

[21] J. C. GIDDINGS, J. chem. Educat. **35** (1958) 588

[22] J. F. K. HUBER, Ber. Bunsenges. physik. Chem. **77** (1973) 179

[23] L. ROHRSCHNEIDER, Z. analyt. Chem. **277** (1975) 335

[24] J. C. GIDDINGS, *Dynamics of Chromatography*, Marcel Dekker, Inc., New York, 1965

[25] J. J. VAN DEEMTER, F. J. ZUIDERWEG, A. KLINKENBERG, Chem. Eng. Sc. **5** (1956) 271

[26] M. J. E. GOLAY in *Gas Chromatography* (Symp. 1957), (Eds.: V. J. COATES, H. J. NOEBELS, I. S. FAGERSON), Academic Press Inc., New York, London, 1958, p. 1

[27] M. J. E. GOLAY in *Gas Chromatography 1958* (Ed.: D. H. DESTY), Butterworths Sc. Publ., London, 1958, p. 36

[28] J. P. FOLEY, J. G. DORSEY, Anal. Chem. **55** (1983) 730

[29] B. A. BIDLINGMEYER, F. V. WARREN, Jr., Analytic. Chem. **56** (1984) No. 14, 1583A

[30] G. EPPERT, Z. Chem. **26** (1986) 325

[31] J. C. GIDDINGS, Analytic. Chem. **35** (1963) 1338

[32] J. H. KNOX, M. SALEEM, J. Chromatogr. Sci. **7** (1969) 745

[33] J. N. DONE, J. H. KNOX, J. LOHEAC, *Application of High-Speed Liquid Chromatography*, John Wiley & Sons, Inc., London, 1974

[34] I. HALÁSZ, R. ENDELE, J. ASSHAUER, J. Chromatogr. **112** (1975) 37

[35] O. GRUBNER, Analytic. Chem. **43** (1971) 1934

Zu Kapitel 3:

[1] K. K. UNGER, Analytic. Chem. **55** (1983) No. 3, 361A

[2] R. P. W. SCOTT, J. Chromatogr. **122** (1976) 35

[3] J. B. CROWTHER, R. A. HARTWICK, Chromatographia **16** (1982) 349

[4] J. F. K. HUBER, M. PAWLOWSKA, P. MARKL, Chromatographia **17** (1983) 653

[5] J. F. K. HUBER, M. PAWLOWSKA, P. MARKL, Chromatographia **19** (1984) 19

[6] L. R. SNYDER, *Principles of Adsorption Chromatography. The Separation of Nonionic Organic Compounds,* Marcel Dekker, Inc., New York, 1968

[7] F. GEISS, *Die Parameter der Dünnschichtchromatographie*, Vieweg & Sohn, Braunschweig, 1972

[8] D. L. SAUNDERS, Analytic. Chem. **46** (1974) 470

[9] L. R. SNYDER, J. J. KIRKLAND, *Introduction to Modern Liquid Chromatography*, Wiley-Interscience, New York, 1979

[10] J. J. KIRKLAND, J. Chromatogr. **83** (1973) 149

[11] P. ROUMELIOTIS, K. K. UNGER., J. Chromatogr. **185** (1979) 445

[12] F. E. REGNIER, Analytic. Chem. **55** (1983) No. 13, 1298A

[13] L. R. SNYDER, J. Chromatogr. **25** (1966) 274

[14] K. UNGER, N. BECKER, P. ROUMELIOTIS, J. Chromatogr. **125** (1976) 115

[15] I. SHAPIRO, I. M. Kolthoff, J. Amer. chem. Soc. **72** (1950) 776

[16] H. FRANK, Dissertation zur Promotion A, Karl-Marx-Universität Leipzig, 1985; Th. WELSCH, H. FRANK, G. VIGH, J. Chromatogr. **506** (1990) 97

[17] C. HORVÁTH, LC **1** (1983) 552

[18] J. CHAPPELL, LC·GC Int. **7** (1994) (5) 282

[19] G. EPPERT, I. SCHINKE, J. Chromatogr. **260** (1983) 305

[20] K. BRANDT, Nachr. Chem. Techn. Lab. **39** (1991), Nr. 1, M1-M14

[21] W. H. PIRKLE, Th. C. POCHAPSKY, Chem. Rev. **89** (1989) 347;

[22] S. AHUJA (Ed.), *Chiral Separations by Liquid Chromatography* (ACS-Symposium Series 471),
Amer. Chem. Soc., Washington, 1991

[23] G. W. SEARS, Jr., Analytic. Chem. **28** (1956) 1981

[24] A. Y. MOTTLAU, N. E. FISHER, Analytic. Chem. **34** (1962) 714

[25] K. UNGER, Angew. Chem. **84** (1972) 331

[26] M. MAUSS, H. ENGELHARDT, J. Chromatogr. **371** (1986) 235

Zu Kapitel 4:

[1]   H. FRANK, T. WELSCH, HRC & CC **7** (1984) 220; 276

[2]   J. VISSERS, J.-P. CHERVET, J.-P. SALZMANN, Intern. Lab. **26** (1996) (1) 12A

[3]   T. TAKEUCHI, D. ISHII, J. Chromatogr. **285** (1984) 97

[4]   D. ISHII, T. TAKEUCHI, J. Chromatogr. Sci. **22** (1984) 400

[5]   T. TSUDA, G. NAKAGAWA, J. Chromatogr. **268** (1983) 369

[6]   J. J. KIRKLAND, J. Chromatogr. Sci. **10** (1972) 593

[7]   J. ASSHAUER, I. HALÁSZ, J. Chromatogr. Sci. **12** (1974) 139

[8]   J. J. KIRKLAND, J. Chromatogr. Sci. **9** (1971) 206

[9]   R. ENDELE, I. HALÁSZ, K. UNGER, J. Chromatogr. **99** (1974) 377

[10] J. H. KNOX, A. PRYDE, J. Chromatogr. **112** (1975) 171

[11] L. R. SNYDER, J. W. DOLAN, S. VAN DER WAL, J. Chromatogr. **203** (1981) 3

Zu Kapitel 5:

[1]   C. REICHARDT, K. DIMROTH, Fortschr. Chem. Forschung **11** (1968) 1

[2]   D'ANS-LAX, *Taschenbuch für Chemiker und Physiker*, Bd. III, Springer-Verlag, Berlin, 1970

[3]   L. R. SNYDER, *Principles of Adsorption Chromatography. The Separation of Nonionic Organic Compounds,* Marcel Dekker, Inc., New York, 1968

[4]   G. EPPERT, Chem. Techn. **37** (1985) 384

[5]   L. R. SNYDER, J. Chromatogr. **92** (1974) 223

[6]   L. R. SNYDER, J. Chromatogr. Sci. **16** (1978) 223

[7]   L. R. SNYDER, J. W. DOLAN, J. R. GANT, J. Chromatogr. **165** (1979) 3

[8]   J. W. DOLAN, D. C. LOMMEN, L. R. SNYDER, J. Chromatogr. **485** (1989) 91

[9]   NONG CHEN, YUKUI ZHANG, PEICHANG LU, J. Chromatogr. **633** (1993) 31

[10] L.R. SNYDER, M. A. QUARRY, J. L. GLAJCH, Chromatographia **24** (1987) 33

[11] L. R. SNYDER, D. L. SAUNDERS, J. Chromatogr. Sci. **7** (1969) 195

[12] L. R. SNYDER, J. W. DOLAN, D. C. LOMMEN, J. Chromatogr. **485** (1989) 65

[13] M. A. QUARRY, R. L. GROB, L. R. SNYDER, Analyt. Chem. **58** (1986) 907

[14] A. DROUEN, J. W. DOLAN, L. R. SNYDER, A. POILE, P. J. SCHOENMAKERS, LC·GC Int. **5** (1992) (2) 28

[15] A. TSCHAPLA, P. ALLARD, S. HERON, LC·GC Int. **6** (1993) (2) 86

[16] J. H. HILDEBRAND, R. L. SCOTT, *The Solubility of Nonelectrolytes* (3rd Ed.), Dover Publ., New York, 1964

[17] R. A. KELLER, J. Chromatogr. Sci. **11** (1973) 49

[18] B. L. KARGER, L. R. SNYDER, C. EON, J. Chromatogr. **125** (1976) 71

[19] D. L. SAUNDERS, Analytic. Chem. **46** (1974) 470

Zu Kapitel 6:

[1] B. G. BELENKII, L. Z. VILENCHIK, *Modern Liquid Chromatography of Macromolecules* (J. Chromatogr. Library, Vol. 25), Elsevier Publ. Comp., Amsterdam, 1983

[2] LC Column Reports, Du Pont Instruments

[3] G. A. HOWARD, A. J. P. MARTIN, Biochem. J. **46** (1950) 532

[4] R. K. GILPIN, American Lab. **14** (1982) 104

[5] M. J. WIRTH, LC·GC Int. **7** (1994) 626

[6] G. GEISELER, H. SEIDEL, *Die Wasserstoffbrückenbindung*, Berlin 1977

[7] S. K. SHUKLA, Chromatographia **8** (1975) 27

[8] G. EPPERT, G. LIEBSCHER, J. Chromatogr. **238** (1982) 399

[9] E. J. KIKTA, Jr., E. GRUSHKA, Analytic. Chem. **48** (1976) 1098

[10] H. A. CLAESSENS, M. A. VAN STRATEN, J. J. KIRKLAND, *Effect of buffers on silica-based column stability in reversed-phase HPLC*, Vortrag und Poster, 19. Intern. Symp. on Column Liquid Chromatography, Innsbruck, 1995.

[11] G. EPPERT, G. LIEBSCHER, M. IHRKE, G. ARENDT, J. Chromatogr. **350** (1985) 471

[12] G. EPPERT, G. LIEBSCHER, J. Chromatogr. **356** (1986) 372

[13] J. S. FRITZ, D. T. GJERDE, R. M. BECKER, Analytic. Chem. **52** (1980) 1519

[14] M. DIZDAROGLU, W. HERMES, J. Chromatogr. **171** (1979) 321

[15] H. SMALL, T. S. STEVENS, W. C. BAUMAN, Analytic. Chem. **47** (1975) 1801

[16] E. L. JOHNSON, Intern. Lab. **12** (1982) (3) 110

[17] D. T. GJERDE, J. S. FRITZ, G. SCHMUCKLER, J. Chromatogr. **186** (1979) 509

[18] J. E. GIRARD, J. A. GLATZ, Intern. Lab. **11** (1981) (8) 62

[19] T. JUPILLE, Intern. Lab. **15** (1985) (9) 82

[20] G. P. AYERS, R. W. GILLETT, J. Chromatogr. **284** (1984) 510

[21] H. SMALL, T. E. MILLER, Analytic. Chem. **54** (1982) 462

[22] Z. ISKANDARANI, T. E. MILLER, Analytic. Chem. **57** (1985) 1591

[23] P. E. JACKSON, P. R. HADDAD, J. Chromatogr. **346** (1985) 125

[24] P. R. HADDAD, A. L. HECKENBERG, J. Chromatogr. **252** (1982) 177

[25] G. SCHWEDT, GIT Fachz. Lab. **29** (1985) 697

[26] R. PECINA, G. BONN, E. BURTSCHER, D. BOBLETER, J. Chromatogr. **287** (1984) 245

Zu Kapitel 7:

[1] J. SJÖDAHL, H. LUNDIN, R. ERIKSSON, J. ERICSON, Chromatographia **16** (1982) 325

[2] H. LORENZ, G. SCHÖCH, Chemie-Techn. **5** (1976) (9) 359

[3] A. T. JAMES, J. R. RAVENHILL, R. P. W. Scott, Chem. and Ind. **18** (1964) 746

[4] C. R. BLAKLEY, M. L. VESTAL, Analytic. Chem. **55** (1983) 750

[5] D. VOLMER, GIT **38** (1994) (1) 16

[6] B. Vandeginste, R. Essers, T. Bosman, J. Reijnen, G. Kateman, Analytic. Chem. **57** (1985) 971

[7] C. G. B. Frischkorn, P. Schlegel, B. Vonach, Laborpraxis **11** (1987) 462

[8] R. Wintersteiger, G. Berliz, H. Springer, GIT **34** (1990) 286

[9] C. E. Lunte, LC·GC Intern. **2** (1989)(7) 30

[10] D. C. Johnson, W. R. LaCourse, Analyt. Chem. **62** (1990) (10) 589A

Zu Kapitel 8:

[1] J. L. Glajch, J. J. Kirkland, Analytic. Chem. **54** (1982) 2593

[2] S. Nyiredy, B. Meier, C. A. J. Erdelmeier, O. Sticher, J. HRC & CC **8** (1985) 186

[3] L. R. Snyder in High *Performance Liquid Chromatography, Advances and Perspectives*, Vol. 1 (Ed.: C. Horváth), Academic Press, New York, 1980

[4] L. R. Snyder, M. A. Stadalius in *High-Performance Liquid Chromatography, Advances and Perspectives*, Vol. 4 (Ed.: C. Horváth), Academic Press, New York, 1986

[5] L. R. Snyder, J. W. Dolan, J. R. Gant, J. Chromatogr. **165** (1979) 3

[6] F. J. Yang, P. Rippington, D. Park, W. Lai, C. Watanabe, N. Shiro, A. Witzel, Laborpraxis **19** (1995) (12) 52

Zu Kapitel 9:

[1] N. Simpson, Intern. Chrom. Lab. **11** (1992) 7

[2] F. Höfler, J. Ezzell, B. Richter, Laborpraxis **19** (1995) (3) 62

[3] F. Höfler, J. Ezzell, B. Richter, Laborpraxis **19** (1995) (4) 58

[4] H. Zobel, H. Panning, S. Nowak, LaborPraxis **19** (1995) (8) 28

[5] R. E. Majors, LC·GC Int. **8** (1995) (3) 128

[6] A. Wickman, D. Otto, C. Bender, Intern. Lab. **25** (1995) (7) 8

[7] J. Rüter, B. Neidhart, GIT **29** (1985) 70

[8] P. R. Fielden, J. Chromatogr. Sci. **30** (1992) 45

[9] B. De Backer, L. J. Nagels, LC·GC Int. **8** (1995) 498

[10 W. Schleich, H. Engelhardt, GIT **32** (1988) 401

[11] W. D. Beinert, A. Meisner, M. Fuchs, E. Riedel, M. Lüpke, H. Brückner, GIT **36** (1992) 1018

[12] Y. Ohkura, H. Nohta, *Fluorescence Derivatization in HPLC*, in Advances in Chromatography Vol. **29** (Eds.: J. C. Giddings et al.), Marcel Dekker, Inc., New York, Basel, 1989

[13] K. Imai, *Derivatization in Liquid Chromatography*, in Advances in Chromatography Vol. **27** (Eds.: J. C. Giddings et al.), Marcel Dekker, Inc., New York, Basel, 1987

[14] Th. Jupille, J. Chromatogr. Sci. **17** (1979) 160

[15] S. Ahuja, *Selectivity and Detectability Optimizations in HPLC*, John Wiley & Sons, Inc., New York, 1989

[16] R. J. Laub, J. H. Purnell, J. Chromatogr. **112** (1975) 71

[17] J. L. Glajch, J. J. Kirkland,.K. M. Squire, J. M. Minor, J. Chromatogr. **199** (1980) 57

[18] J. J. Kirkland, J. L. Glajch, J. Chromatogr. **255** (1983) 27

[19] J. L. Glajch, J. J. Kirkland, Analytic. Chem. **55** (1983) (2) 319A

[20] E. Kováts, Helv. chim. Acta **41** (1958) 1915

[21] R. J. SMITH, C. S. NIEASS, M. S. WAINWRIGHT, J. Liquid Chrom. **9** (1986) 1387

[22] O. FINI, F. BRUSA, L. CHIESA, J. Chromatogr. **210** (1981) 326

[23] H. ENGELHARDT, H. MÜLLER, B. DREYER, Chromatographia **19** (1985) 240

[24] P. J. M. VAN TULDER, J. P. FRANKE, R. A. DE ZEEUW, J. HRC&Chrom. Comm. **10** (1987) 191

[25] A. KOHN, LC·GC Int. **7** (1994) 653

[26] P. C. WHITE, Analyst **113** (1988) 1625

[27] R. KAISER, *Fehler in der Chromatographie*, Teil I-IV, Chromatographia **4** (1971) 126, 220, 366, 485

[28] K. DOERFFEL, *Statistik in der analytischen Chemie*, VEB Deutscher Verlag für Grundstoffindustrie, Leipzig, 1984

[29] J. C. MILLER, J. N. MILLER, Statistics for Analytical Chemistry, Ellis Horwood Ltd., 1988

[30] DIN 51848, Teil 1–3

Zu Kapitel 10:

[1] E. STAHL, J. Chromatogr. **165** (1979) 59

[2] J. RIPPHAHN, H. HALPAAP, J. Chromatogr. **112** (1975) 81

[3] J. M. NEWMAN, Intern. Lab. **15** (1985) (5) 22

[4] N. A. ISMAILOW, M. S. SCHRAJBER, Farmazija (russ.) (1938) (3), 1; engl. Übers. in *Advances in Chromatography*, Vol. 3 (Eds.: J. C. GIDDINGS, R. A. KELLER), p. 91, Marcel Dekker, Inc., New York, 1966

[5] E. STAHL, Chemiker-Ztg. **82** (1958) 323

[6] W. JOST, H. E. HAUCK, F. EISENBEISS, Kontakte (Darmstadt) (1984) (3) 45

[7] F. GEISS, *Die Parameter der Dünnschichtchromatographie*, Vieweg & Sohn, Braunschweig, 1972

Zu Kapitel 12:

[1] R. FISCHBACH, GIT **39** (1995) 448

[2] W. GÜNTHER, Nachr. Chem. Tech. Lab. **41** (1993) (2) 16

[3] T. CULLEY, J. W. DOLAN, LC·GC Int. **8** (1995) (7) 381

Zu Kapitel 13:

[1] P. KUCERA, S. A. MOROS, A. R. MLODOZENIEC, J. Chromatogr. **210** (1981) 373

[2] E. CREMER, H. HUBER, Angew. Chemie **73** (1961) 461

[3] J. JACOBSON, J. FRENZ, C. HORVÁTH, J. Chromatogr. **316** (1984) 53

[4] P. E. BARKER, G. GANETSOS, in *Preparative-Scale Chromatography*, Chromatographic Science Series, Vol. 46 (Ed.: E. GRUSHKA), Marcel Dekker, Inc., New York, 1989

[5] H. KNIEP, *Handbuch Simulated Moving Bed* der Fa. Knauer, Berlin, 1996

[6] G. EPPERT, C. STIEF, P. LINDEMEIER, J. prakt. Chem. **316** (1974)(6) 917

[7] G. EPPERT, H. PRINZLER, K.-D. DEUTRICH, Z. Chem. **14** (1974)(8) 318

[8] C. HORVÁTH, A. NAHUM, J. FRENZ, J. Chromatogr. **218** (1981) 365

[9] J. FRENZ, PH. VAN DER SCHRIECK, C. HORVÁTH, J. Chromatogr. **330** (1985) 1

[10] G. VIGH, G. FARKAS, G. QUINTERO, J. Chromatogr. **484** (1989) 251

[11] F. CARDINALI, A. ZIGGIOTTI, G. C. VISCOMI, J. Chromatogr. **499** (1990) 37

[12] G. VIGH, L. H. IRGENS, G. FARKAS, J. Chromatogr. **502** (1990) 11

[13] J. NEWBURGER, G. GUIOCHON, J. Chromatogr. **523** (1990) 63

[14] J. F. K. HUBER, R. R. BECKER, J. Chromatogr. **142** (1977) 765

Zu Kapitel 17:

[1] R. H. EWELL, J. M. HARRISON, L. BERG, Ind. Eng. Chem. **36** (1944) 871

[2] H. H. WILLARD, L. L. MERRITT, J. A. DEAN, *Instrumental-Methods of Analysis*, D. van Nostrand Co., Inc., Princeton, 1965

[3] L. R. SNYDER, J. L. GLAJCH, J. J. KIRKLAND, *Practical HPLC Method Development*, John Wiley & Sons, Inc., New York, 1988

[4] J. W. DOLAN, LC·GC Int. **7** (1994) (7) 376

[5] D. L. SAUNDERS, Anal. Chem. **46** (1974) 470

[6] C. SEAVER, P. SADEK, LC·GC Int. **7** (1994) 631

[7] C. D. SCOTT in *Modern Practice of Liquid Chromatography* (Ed.: J. J. KIRKLAND), Wiley-Interscience, New York, Inc., 1971

Weiterführende und alternative Literatur

S. AHUJA, *Selectivity and Detectability Optimization in HPLC*, John Wiley & Sons, New York, Inc., 1989

J. ASSHAUER, H. ULLNER, *Flüssigkeits-Chromatographie* in *Ullmanns Encyklopädie der technischen Chemie*, Bd. 5, Verlag Chemie, Weinheim, 1980, S. 149-182

B. A. BIDLINGMEYER, *Practical HPLC Methodology and Applications*, John Wiley & Sons, Inc., New York, 1992

K. BLAU, J. M. HALKET (Eds.), *Handbook of Derivatives for Chromatography*, 2nd Edition, John Wiley & Sons, New York, Inc., 1995

P. D. G. DEAN, W. S. JOHNSON, F. A. MIDDLE (Eds.), *Affinity Chromatography: A Practical Approach*, IRL Press, 1985

J. W. DOLAN, L. R. SNYDER, *Troubleshooting LC Systems*, Humana Press, 1989

A. FALLON, R. F. G. BOOTH, L. D. BELLS (Eds.), *Applications of HPLC in Biochemistry: Laboratory Techniques in Biochemistry and Molecular Biology*, Elsevier Science Publishers, 1987

J. S. FRITZ, D. T. GJERDE, C. POHLANDT, *Ion Chromatography*, 2. Auflage, A. Hüthig, Heidelberg, 1987

W. S. HANCOCK (Ed.), *High Performance Liquid Chromatography in Biotechnology*, John Wiley & Sons, New York, Inc., 1990

H. HEIN, W. KUNZE, *Umweltanalytik mit Spektrometrie und Chromatographie*, VCH, Weinheim, 1994

W. J. LOUGH (Ed.), *Chiral Liquid Chromatography*, Blackie/Chapman and Hall, 1989

C. T. MANT, R. S. HODGES, *High-Performance Liquid Chromatography of Peptides and Proteins: Separation, Analysis, and Conformation*, CRC, 1991

V. R. MEYER *Praxis der Hochleistungs-Flüssigchromatographie*, Salle-Sauerländer, Frankfurt/M., 1992

W. NIESSEN, J. VAN DER GREEF, *Liquid Chromatography-Mass Spectrometry*, Marcel Dekker, Inc., 1992

G. PATONAY (Ed.), *HPLC Detection Newer Methods*, VCH Publishers, New York, 1992

A. S. SAID *Theory und Mathematics of Chromatography*, A. Hüthig, Heidelberg, 1981

G. SCHWEDT, *Chromatographische Trennmethoden: Theoretische Grundlagen, Techniken und analytische Anwendungen*, 3., erw. Auflage, Thieme, Stuttgart, 1994

R. P. W. SCOTT, *Liquid Chromatography Column Theory*, John Wiley & Sons, New York, Inc., 1992

H. SMALL, *Ion Chromatography*, Plenum Press, 1989

L. R. SNYDER, J. L. GLAJCH, J. J. KIRKLAND, *Practical HPLC Method Development*, John Wiley & Sons, New York, Inc., 1988

L. R. SNYDER, J. J. KIRKLAND, *Introduction to Modern Liquid Chromatography*, 2nd Edition, John Wiley & Sons, New York, Inc., 1979

K. K. UNGER (Hrsg.), *Handbuch der HPLC*, GIT-Verlag 1989

W. W. YAU, J. J. KIRKLAND, D. D. BLY, *Modern Size-Exclusion Liquid Chromatography (Practice of Gel Permeation and Gel Filtration Chromatography)*, John Wiley & Sons, Inc., New York, 1979

Journal of Chromatography Library, Elsevier Science Publ., Amsterdam

Vol. 25: B. G. BELENKII, L. Z. VILENCHIK, *Modern Liquid Chromatography of Macromolecules*, 1984

Vol. 28: P. KUCERA (Ed.), *Microcolumn High-Performance Liquid Chromatography*, 1984

Vol. 29: S. T. BALKE, *Quantitative Column Liquid Chromatography (A Survey of Chemometric Methods)*, 1984

Vol. 30: M. NOVOTNY, D. ISHII (Eds.), *Microcolumn Separations (Columns, Instrumentation and Ancillary Techniques)* , 1985

Vol. 31: P. JANDERA, J. CHURÁČEK, *Gradient Elution in Column Liquid Chromatography (Theory and Practice)* (1985)

Vol. 33: R. P. W. SCOTT, *Liquid Chromatography Detectors*, Second, Completely Revised Edition, 1986

Vol. 34: G. GLÖCKNER, *Polymer Characterization by Liquid Chromatography*, 1987

Vol. 35: P. J. SCHOENMAKERS, *Optimization of Chromatographic Selectivity (A Guide to Method Development)*, 1985

Vol 39A/39B: *Selective Sample Handling and Detection in High-Performance Liquid Chromatography*
Part A: R. W. FREI, K. ZECH (Eds.), 1988
Part B: K. ZECH, R. W. FREI (Eds.), 1989

Vol. 40: P. L. DUBIN (Ed.), *Aqueous Size-Exclusion Chromatography*, 1988

Vol. 45A/45B/45C: C. W. GEHRKE, K. C. T. KUO, (Eds.), *Chromatography and Modification of Nucleosides*
Part A: *Analytical Methods for Major and Modified Nucleosides – HPLC, GC, MS, NMR, UV and FT-IR*, 1990
Part B: *Biological Roles and Function of Modification*, 1990
Part C: *Modified Nucleosides in Cancer and Normal Metabolism – Methods and Applications*, 1990

Vol. 46: P. R. HADDAD, P. E. JACKSON, *Ion Chromatography (Principles and Applications)*, 1990

Vol. 50: T. HANAI (Ed.), *Liquid Chromatography in Biomedical Analysis*,1991

Vol 55: J. TURKOVÁ, *Bioaffinity Chromatography*, Second, Completely Revised Edition, 1993

Vol. 56: E. R. ADLARD (Ed.), *Chromatography in Petroleum Industry*, 1994

Vol. 57: R. M. SMITH (Ed.), *Retention and Selectivity in Liquid Chromatography (Prediction, Standardisation and Phase Comparisons)*, 1995

Vol. 58: Z. EL RASSI (Ed.), *Carbohydrate Analysis (High Performance Liquid Chromatography and Capillary Electrophoresis)*, 1995

Chromatographic Science. A Series of Monographs, J. CAZES (Ed.), Marcel Dekker, Inc., New York

Vol. 1: J. C. GIDDINGS, *Dynamics of Chromatography*, 1965

Vol. 23: T. M. VICKREY (Ed.), *Liquid Chromatography Detectors,* 1983

Vol. 31: M. T. W. HEARN (Ed.) *Ion-Pair Chromatography*, 1985

Vol. 34: I. S. KRULL (Ed.), *Reaction Detection in Liquid Chromatography*, 1986

Vol. 37: J. G. TARTER (Ed.), *Ion Chromatography*, 1987

Vol. 47: K. K. UNGER (Ed.), *Packings and Stationary Phases in Chromatographic Techniques*, 1990

Chromatographie-Zeitschriften

- Chromatography Abstracts (früher: Gas & Liquid Chromatography Abstracts), The Royal Society of Chemistry, UK (monatlich)

- Journal of Chromatography, Elsevier Scientific Publishing Comp., Amsterdam, Niederlande[1]

- Journal of Liquid Chromatography, Marcel Dekker, Inc., New York, USA

- Journal of High Resolution Chromatography, A. Hüthig, Heidelberg, BRD

- Chromatographia, Vieweg & Sohn, Braunschweig/Wiesbaden, BRD

- Journal of Chromatographic Science, Preston Publications, Inc., Niles, Illinois, USA

- LC/GC Magazine, Aster Publishing Corp., Eugene, OR, USA

- LC·GC Intern. Advanstar House, Chester, UK

- Recorder (Chromatograms for Chromatographers), Dr. G. Redant, Torhout, Belgien

---

[1] einschließlich Chromatographic Reviews und Biomedical Applications (mit eigener Bandzählung ab Vol. **652** (1993))

16 Symbol- und Abkürzungsverzeichnis

Wichtige und im Text nicht erklärte Symbole

A	Ampere
A	Fläche; Term der Eddy-Diffusion
A_a	spezifische Adsorbensoberfläche
Å	Angström; 1 Å = 0,1 nm = 10^{-8} cm
a	Aktivität; Konstante
α	Trennfaktor; Kennzahl der mittleren Oberflächenenergie; Polarisierbarkeit; Winkel
B	Term der Longitudinalvermischung Phasenverhältnis; Konstante
b	Konstante; Gradienten-Steilheitsparameter
β	Phasenverhältnis; Konstante
C	Coulomb
C	Konstante; Austauschkapazität; elektrische Kapazität
C_F	Term der Strömungsdispersion
C'_F	Massenaustauschterm der fluiden Phase
C_K	Massenaustauschterm der kompakten Phase
c	Konzentration; Leerrohrgeschwindigkeit
c_{iE}	eintretende Konzentration der Komponente i
c_{iA}	austretende Konzentration der Komponente i
D	(binärer, molekularer) Diffusionskoeffizient
$\overline{D}$	mittlerer Porendurchmesser
d	Schichtdicke; Durchmesser
d_c	Kapillareninnendurchmesser
d_f	Filmdicke der Wirkphase
d_p	Partikeldurchmesser
d_{p50}	Partikeldurchmesser bei 50 % Wahrscheinlichkeit
d_S	Säuleninnendurchmesser
$\vec{D}_{LS}$	Koeffizient der Longitudinalvermischung gepackter Säulen
$\vec{D}_T$	Koeffizient der TAYLOR-Dispersion
$\vec{D}_{TS}$	Koeffizient der Konvektionsdispersion gepackter Säulen

δ_i	HILDEBRANDscher Löslichkeitsparameter
E	Effektivität; Einwaage
ε	Zellenwinkel
ε^0	Lösungsmittelstärke (SNYDER)
ε_f	Zwischenkornporosität
ε_λ	molarer dekadischer Extinktionskoeffizient
ε_m	Kolonnengesamtporosität
ε_p	Kornporosität
η	dynamische Viskosität
F	Farad (C/V)
F	Fläche; FARADAY-Konstante (9,648 C/mol),
$F(x)$	Verteilungsfunktion
f	Ordinatenwert im Peakmaximum; Faktor
$f(x)$	Funktion allgemein
f_i	Aktivitätskoeffizient mit reiner, realer Komponente i als Bezugssubstanz
$f_{i\infty}$	Grenzaktivitätskoeffizient für $x_i \to 0$
f_r	Empfindlichkeits-(Wirkungs-)faktor
Φ	Säulenwiderstandsfaktor; Volumenanteil
Φ_S	Gemischanteil der Zweitkomponente bei Gradientenstart
Φ_E	Gemischanteil der Zweitkomponente bei Gradientenende
$\overline{\Phi}$	zu $\overline{k}_i$ gehörende mittlere Eluenszusammensetzung
Φ'	Gradientensteigung
φ	strömender Anteil der fluiden Phase; Winkel
G	Gerüstgewicht; Kompressionsfaktor
ΔG^o	partielle molare freie Standardenthalpie
γ	Parameter der Longitudinaldiffusion (Labyrinthfaktor)
γ'	Proportionalitätsfaktor
γ_i	Aktivitätskoeffizient mit ∞-verdünnter Lösung der Komponente i als Bezugssubstanz
H_{eff}	effektive Trennstufenhöhe
H_T	theoretische Trennstufenhöhe
ΔH^o	partielle molare Standardenthalpie
h	reduzierte Trennstufenhöhe; Dreieckshöhe

I	elektrischer Strom
J	Joule; 1 J = 0,2388 cal, 1 cal = 4,1868 J
K	Permeabilität; konventionelle Gleichgewichtskonstante
K_0	spezifische Permeabilität
K_G	Verteilungskonstante der Adsorption
K_{SEC}	Verteilungskonstante der Ausschlußchromatographie
K_x^{th}	thermodynamische Verteilungskonstante
Kp	Siedepunkt
k_0	Wert von k_i bei Gradientenbeginn
k_E	Kapazitätsfaktor für die Zusammensetzung Φ_E
k_i	Kapazitätsfaktor der Komponente i; Verteilungszahl (TLC)
$\overline{k}$	arithmetisches Mittel des Kapazitätsfaktors (Gl. (2.79)) und Medianwert (Bild 8.6)
k_{SEC}	Kapazitätsfaktor der Ausschlußchromatographie
k_{wi}	auf Wasser extrapolierter Kapazitätsfaktor k_i
k_z	Grenzkapazitätsfaktor
κ	spezifische elektrische Leitfähigkeit; Verhältnis zur Charakterisierung der Verteilungsbreite
L	Säulenlänge; untere Nachweisgrenze
λ	Parameter der Eddy-Diffusion (geometrische Konstante); Wellenlänge; Äquivalentleitfähigkeit
M	Molmasse
m	Masse
m_k	statistisches Moment
$\overline{m}_k$	zentrales statistisches Moment
μ	arithmetischer Mittelwert; Dipolmoment; chemisches Potential
μ^o	chemisches Standardpotential
N	Zahl der theoretischen Trennstufen
$\dot{N}$	Trennleistung
N_{eff}	Zahl der effektiven Trennstufen
$\dot{N}_{eff}$	effektive Trennleistung
n	Zahl allg.; Molzahl (Objektmenge mit der Einheit mol)
n_D^{20}	Brechungsindex bezogen auf die D-Linie (Natrium) bei 20 °C

v Zeitparameter; reduzierte Geschwindigkeit; kinematische Viskosität

ω Massenübergangsparameter für die fluide Phase (geometrische Konstante)

P Säuleneingangs-, Säulenausgangsdruck; statistische Sicherheit (Wahrscheinlichkeit)

P' Polaritätsindex (SNYDER)

p Druck allgemein

pK_a Gleichgewichtsexponent (Säure)

Ψ Peakkapazität

ψ geometrische Konstante

Q Substanzmenge; Testquotient; Trennsäulen-Leistungsparameter

$\dot{Q}$ Massenstrom

q Querschnitt allg.; Vertrauensbereich des Mittelwertes

q_f effektiver Strömungsquerschnitt

q_m freier (gesamter von der fluiden Phase erfüllter) Säulenquerschnitt

q_L Leiterquerschnitt

q_S Säulenquerschnitt

R allgemeine Gaskonstante [8,3143 J/(K·mol); 1,9858 cal/(K·mol)],
OHMscher Widerstand

R_F Quotient Substanz-/Eluenslaufstrecke

R_S Auflösung

Re   REYNOLDSsche Zahl

r Rohrrinnenradius

ρ Dichte; spezifischer Widerstand

ρ_s scheinbare Dichte

ρ_w wahre Dichte

S Peakschiefe; Lösungsmittelstärke; Ionensolvatation; Meßsignal; Selektivität

S_c Detektorsignal, konzentrationsabhängig

S_i Steigungsparameter für die Komponente i

S_{ij} Selektivität

S_R Störpegel

ΔS^o partielle molare Standardentropie

s Standardabweichung der Meßreihe

σ Standardabweichung der Grundgesamtheit

σ^2 Varianz

σ_{rel}	relative Standardabweichung
T	absolute Temperatur in K, $T = t + 273{,}15$
T_C	Kapazitätsterm
T_E	Effektivitätsterm
TP	Einheit der theoretischen Trennstufenzahl
T_S	Selektivitätsterm
t	Zeit, Zeitkoordinate; Temperatur in °C; STUDENT-Faktor
t_0	Ausschlußzeit
t_A	Analysenzeit
t_D	Diffusionszeit; Dwellzeit
t_{ex}	Gradienten-Verzögerungszeit durch externe Volumina
t_G	Gradientenzeit
t_i	Aufenthaltszeit einer nicht ausgeschlossenen Komponente in den Poren
t_{mix}	Gradienten-Verzögerungszeit durch das Mischkammervolumen
t_M	Durchbruchszeit des Inertpeaks (Totzeit, Mobilzeit)
t_R	Bruttoretentionszeit
t'_R	Nettoretentionszeit
t'_{RG}	Nettoretentionszeit „des Gradienten"
t'_{RiG}	Nettoretentionszeit der Komponente i unter Gradientenbedingungen
t_{St}	Stufenbreite eines Stufengradienten
Θ	Druckkorrekturkoeffizient für η
ϑ	Formfaktor
τ	Zeitkonstante
U	elektrische Spannung
u	lineare Wanderungsgeschwindigkeit
$u_i = L/t_{Ri}$	lineare (mittlere) Wanderungsgeschwindigkeit des Schwerpunktes der Komponente i
$u = L/t_M$	lineare (mittlere) Wanderungsgeschwindigkeit des Schwerpunktes der Inertkomponente
V	Volt
V	Volumen; Trennsäulenvolumen
ΔV	Peakvolumen
$\dot{V}$	Volumengeschwindigkeit (Volumen/Zeit)
V_D	Dwellvolumen

V_G Gerüstvolumen

V_K Kornvolumen

V_M Volumen der fluiden Phase $\equiv V_m$; Retentionsvolumen des Inertpeaks;
            Mischkammervolumen (Abschn. 8.2.5)

V_m Volumen der fließenden und stagnierenden fluiden Phase

V_R Bruttoretentionsvolumen

V_R' Nettoretentionsvolumen

V_W Wirkvolumen der Kompaktphase

V_Z Detektorzellenvolumen

V_f Zwischenkornvolumen

V_g spezifisches Nettoretentionsvolumen

V_i zugängliches Porenvolumen

V_0 Ausschlußvolumen ($\equiv V_f$)

V_p Porenvolumen

$V_p{*}$ spezifisches Porenvolumen

v Variationskoeffizient; Strömungsgeschwindigkeit über q_f

W Wendepunkt; Wiederholbarkeit

w Wahrheitsfaktor, Parameter der Verteilungsfunktion

X Bezugsgröße der Kompaktphase; Merkmal einer Zufallsgröße

x Molenbruch; Wegkoordinate; Selektivitätsparameter; Einzelwert der Zufalls-
            größe

x_i Molenbruch für die Komponente i

z Peakbreite; Laufstrecke; Nummer einer Gradientenstufe

$z_{1/2}$ Peakbreite in halber Höhe

Wichtige Indices

A   Ausgangsgröße

c   Konzentration; Kapillare

E   Eingangsgröße; Effektivität

eff   effektiv

ex   extern

F   Fluidphase (mobile Phase)

i   intern

i individuelle Komponente(n)

K   Kompaktphase (stationäre Phase)

L   Länge

M   Mischung

N   Normalphasenchromatographie

RP   Umkehrphase (reversed phase)

S   Trennsäule; Stützphase; Selektivität

t   Zeitgröße

V   Volumengröße

Wichtige Abkürzungen

ASE   *engl.*: Accelerated Solvent Extraction

AU   *engl.*: Absorbance Unit, entspricht EE

AUFS   *engl.*: Absorbance Units Full-Scale

BHT   Butylhydroxytoluene

BIE   Brechungsindexeinheit(en)

CI   Chemische Ionisation

DAD   Dioden-Array-Detektor

ECD   Elektrochemischer Detektor

EE   Extinktionseinheit(en)

ELSD   *engl.*: Evaporative Light Scattering Detector

FIA   Fluoreszenz-Indikator-Adsorption; Fließ-Injektions-Analyse

GC   Gaschromatographie

GFC   Gelfiltrationschromatographie

GLP   *engl.*: Good Laboratory Practises, Gute Laboratoriums Praktiken

GPC   Gelpermeationschromatographie

HEPES   [4-(2-Hydroxyethyl)-piperazino]-ethansulfonsäure (Zwitterionischer Puffer
            pH 7–8)

IEC   Ionentauschchromatographie

IPC   Ionenpaarchromatographie

IR   Infrarot (Ultrarot)

ISC   Ionenunterdrückungschromatographie

LC   Flüssigchromatographie

LC-MS   Flüssigchromatographie-Massenspektrometrie-Kopplung

LIMS   *engl.*: Laboratory Information Management System

LLC   Flüssig-flüssig-Chromatographie

LSC	Flüssig-fest-Chromatographie
LSS	*engl.*: Linear-Solvent-Strength
MS	Massenspektrometrie
NARP	Nichtwäßrige Umkehrphasenchromatographie
NPC	Normalphasenchromatographie
OPA	o-Phthaldialdehyd
PAH	*engl.*: Polycyclic Aromatic Hydrocarbon
PAK	Polycyclischer aromatischer Kohlenwasserstoff
RC	Widerstand/Kapazität
RI	*engl.*: Refractive Index
RLD	Reziproke lineare Dispersion
RP	Umkehrphase
RPC	Umkehrphasenchromatographie
RRM	*engl.*: Relative Resolution Map
RT	Raumtemperatur
SAX	Starker Anionentauscher
SCX	Starker Kationentauscher
SEC	Molekülgrößen-Ausschlußchromatographie
SFC	Superkritische Fluidchromatographie
SFE	*engl.*: Supercritical Fluid Extraction
SIM	*engl.*: Selected Ion Monitoring
SMB	Simuliertes „Moving"-Bett
SOP	*engl.*: Standard Operating Procedure, Standard-Arbeits-Vorschrift
SPE	*engl.*: Solid Phase Extraction
SSO	*engl.*: Solvent-Strength-Optimization
TLC	Dünnschichtchromatographie, *engl.*: Thin Layer Chromatography
TMB	„True Moving"-Bett
TP	Theoretischer Boden (Zähleinheit)
TRIS	Tris(hydroxymethyl)-aminomethan (Puffer pH 7–9)
UV-VIS	*engl.*: Ultraviolet-Visible
WAX	Schwacher Anionentauscher
WCX	Schwacher Kationentauscher

17 Arbeitshilfen

Tabelle 17.1 Fähigkeit organischer Moleküle zu Wasserstoffbrückenbindungen [1]

Protonen*akzeptoren* und Protonen*donatoren* mit starker H-Brückenbindung	Polyole, Aminoalkohole, Hydroxysäuren, mehrbasische Säuren, mehrwertige Phenole, Amide
Protonen*akzeptoren* und Protonen*donatoren* mit schwacher H-Brückenbindung	Alkohole, Säuren, Phenole, primäre und sekundäre Amine, Oxime; Nitroverbindungen und Nitrile *mit* α-H-Atom
Protonen*akzeptoren* (bilden mit sich selbst keine H-Brücken)	Ether, Ketone, Aldehyde, Ester, tertiäre Amine; Nitroverbindungen und Nitrile *ohne* α-H-Atom
Protonen*donatoren* (bilden mit sich selbst keine H-Brücken)	Chlorverbindungen des Typs $-CHCl_2$ und $>CCl-CH_2Cl$
Keine Ausbildung von H-Brückenbindungen	Kohlenwasserstoffe, Mercaptane, organische Sulfide, Halogenkohlenwasserstoffe außer o.g.

Starke H-Brücken	*Schwache H-Brücken*
$O\cdots HO$	$N\ \ \cdots HN$
$N\cdots HO$	$\cdots HCCl_2-$
$O\cdots HN$	$\left.\begin{matrix} O \\ N \end{matrix}\right\}$ $\begin{matrix} \cdots HCCl-CCl- \\ \cdots HC-NO_2 \\ \cdots HC-CN \end{matrix}$

Tabelle 17.2 Ausgewählte Absorptionsmaxima (λmax und molare (dekadische) Extinktionskoeffizienten ($\varepsilon\lambda$max) UV-aktiver Chromophore (überwiegend nach [2])

Verbindung	Chromophor	λ_{max}	$\varepsilon_{\lambda max}$	λ_{max}	$\varepsilon_{\lambda max}$
Ether	$-O-$	185	1000		
Thioether	$-S-$	194	4600	215	1600
Thiole	$-SH$	195	1400		
Disulfide	$-S-S-$	194	5500	255	400
Amine	$-NH_2$	195	2800		
Oxime	$-N-OH$	190	5000		
Ketone	$>C=O$	195	1000	270–285	18-30
Aldehyde	$-CHO$	180	10000	280–300	11-18
Sulfoxide	$>S=O$	210	1500		
Nitroverbindungen	$-NO_2$	201	4800		
Octen-(1)	$-C=C-$	177	12600		
Octin-(2)	$-C\equiv C-$	178	10000	196	2100
Benzen		202	6900	255	170
Naphthalen		220	112000	275	5600
Nitrile	$-C\equiv N$	160	–		
Ester	$-COOR$	205	50		
Carbonsäuren	$-COOH$	200-210	50-70		
Bromide	$-Br$	208	300		

Tabelle 17.3 Eluotrope Lösungsmittelreihe für Silikagel (Adsorptionschromatographie)

UV – Grenze der UV-Durchlässigkeit (Extinktion 1,0 bei 1 cm Schichtdicke gegen Luft bzw. Wasser)
Erläuterung im Abschn. 5.1. Zu ε^0 siehe Abschn. 5.2. Vgl. auch Tab. 5.2.

Lösungsmittel	η (mPa·s, 20 °C)	ρ (g·cm^{-3}, 20 °C)	Kp (°C)	n_D^{20}	UV (nm)	ε^0 (SiO$_2$)
n-Pentan	0,23	0,6262	36	1,358	205	≈ 0
n-Hexan	0,32	0,6594	69	1,375	195	≈ 0
2,2,4-Trimethylpentan	0,50	0,6918	99	1,392	200	≈ 0
1,1,2-Trichlortrifluorethan	0,71	1,575	48	1,356	231	0,02
Cyclohexan	0,98	0,7783	81	1,426	200	0,03
Tetrachlorkohlenstoff	0,97	1,5940	77	1,460	265	0,11
Toluen	0,59	0,8669	111	1,496	285	0,22
n-Propylchlorid	0,35	0,8924	47	1,388	225	0,23
Benzen	0,65	0,8789	80	1,501	280	0,25
Chloroform	0,57	1,4892	61	1,446	235	0,26
Methylenchlorid	0,44	1,3255	40	1,425	230	0,32
Diisopropylether	0,37	0,7258	68	1,368	220	0,34
Diethylether	0,23	0,7135	35	1,353	215	0,38
Ethylacetat	0,45	0,9006	77	1,372	255	0,38
Tetrahydrofuran	0,49	0,8892	66	1,405	210	0,44
Aceton	0,32	0,7906	56	1,359	330	0,47
Methyl-*tert.*-butylether	0,27	0,740	55	1,369	210	0,48
1,4-Dioxan	1,31	1,0338	101	1,422	215	0,49
Nitromethan	0,67	1,1385	101	1,382	380	0,49
Acetonitril	0,37	0,7823	82	1,344	190	0,50
Pyridin	0,96	0,9826	115	1,510	305	0,55
Dimethylformamid	0,92	0,948	153	1,431	268	–
Dimethylsulfoxid	2,47	1,1000	189	1,478	260	0,58
n-Propanol	2,26	0,8035	97	1,385	205	0,63
Isopropanol	2,37	0,7851	82	1,378	205	0,6
2-Methoxyethanol	1,72	0,964	125	1,402	210	–
Ethanol	1,20	0,7894	78	1,361	205	0,68
Methanol	0,61	0,7915	65	1,329	205	0,73
Wasser	1,00	0,9982	100	1,333	170	hoch

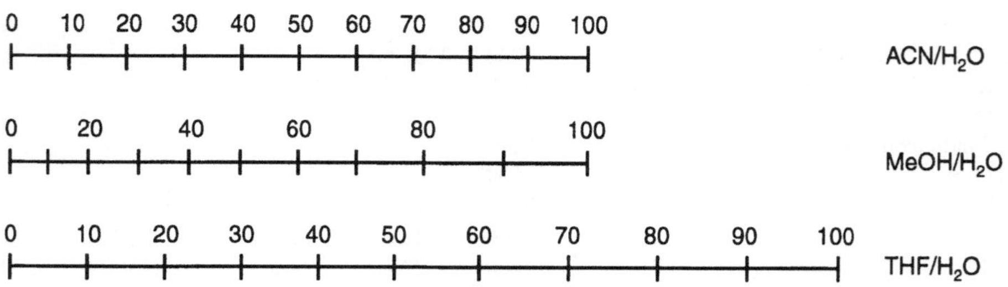

Bild 17.1 Nomogramm zur Ermittlung äquivalenter Elutionsstärken an RP-Phasen [3, 4]
Alle senkrecht übereinander stehenden Mischungen sollten etwa gleiche Elutionsstärke ergeben

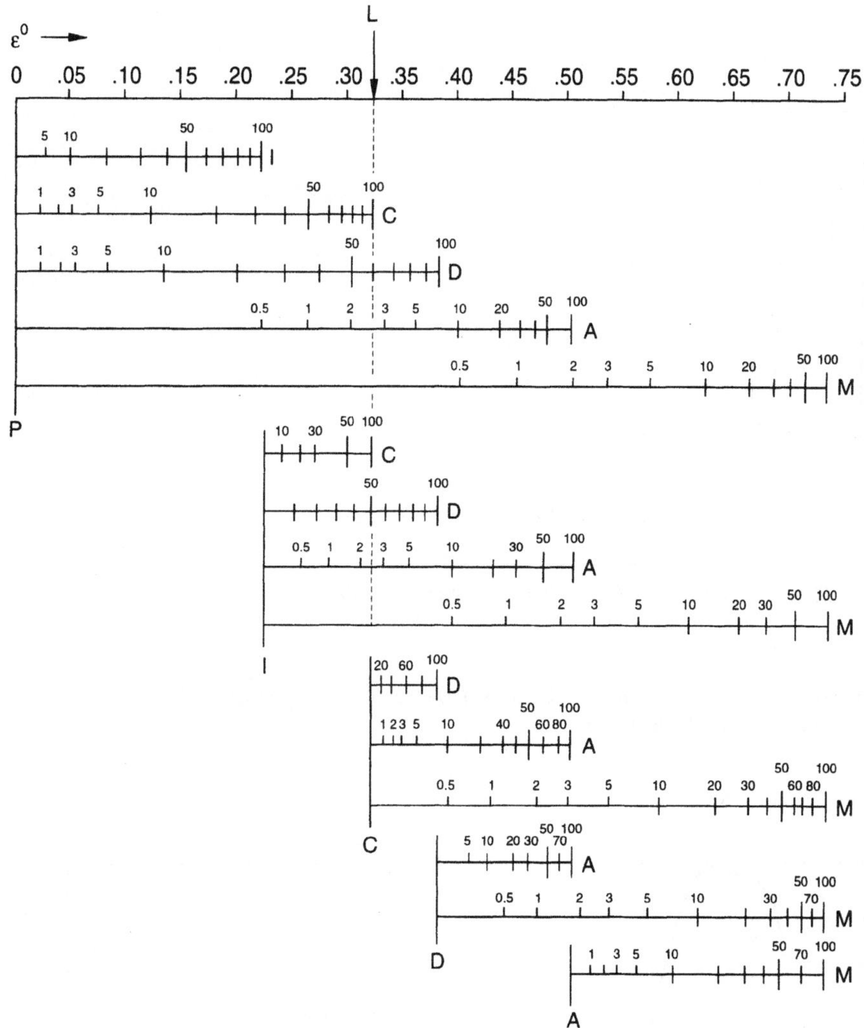

Bild 17.2 Nomogramm zur Ermittlung äquivalenter Elutionsstärken ε⁰ binärer Mischungen an Silikagel Nomogramm nach [5]

Eine senkrechte Linie L schneidet Lösungsmittel oder Lösungsmittelmischungen gleicher Elutionsstärke ε⁰. Im Beispiel sind das 100 % C (Methylenchlorid), 60 % D (Diethylether) in P (Pentan), 2,6 % A (Acetonitril) in Pentan (zwecks besserer Mischbarkeit etwas CCl₄- oder THF-Zusatz) usw. oder 50 % D in I (Isopropylchlorid) usw.

Lösungsmittel	Abk.	ε⁰
n-Pentan	P	0
Isopropylchlorid	I	0,23
Methylenchlorid	C	0,32
Diethylether	D	0,38
Acetonitril	A	0,50
Methanol	M	0,73

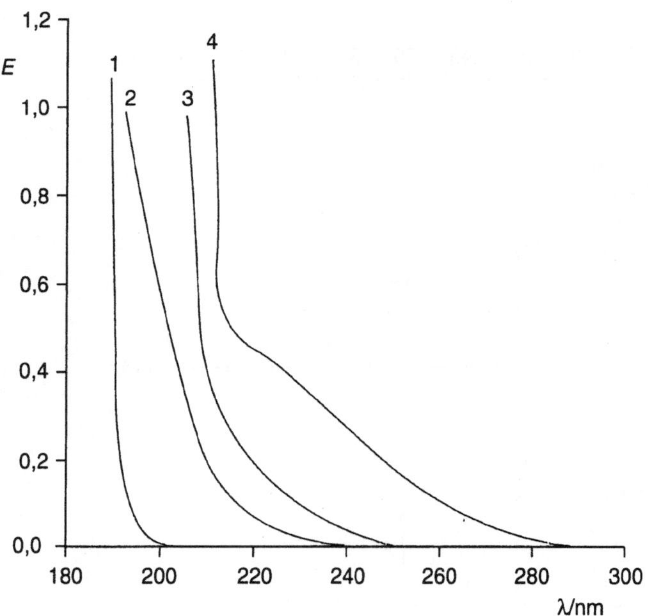

Bild 17.3 UV-Spektren von Acetonitril (1), n-Hexan (2), Methanol (3) und Tetrahydrofuran (4)
E – Extinktion; λ – Wellenlänge

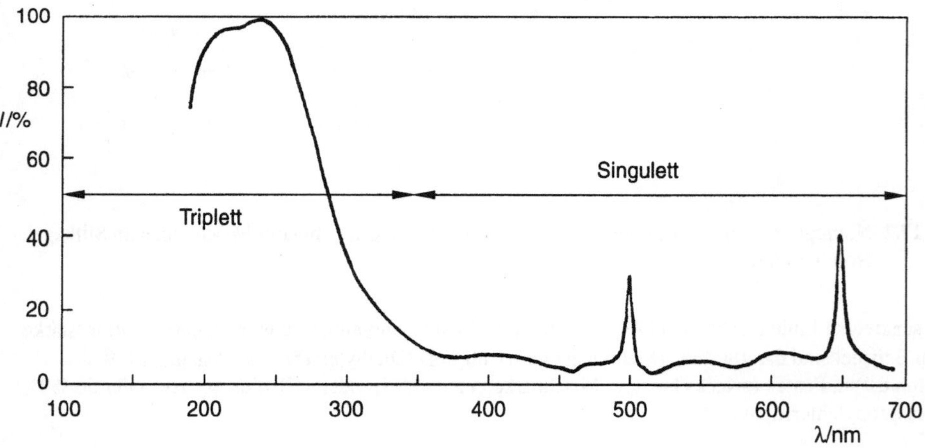

Bild 17.4 Spektrale Verteilung der relativen Strahlungsintensität I einer Deuteriumlampe Type L544
(Hamamatsu TV Co., LTD)
Man erkennt das kontinuierliche D_2-Spektrum mit konstruktiv betonter starker Triplett-
Strahlung und atomarer Emission etwa bei 500 und 650 nm infolge Dissoziation.

Chromatographisch relevante Wellenlängenbereiche

200	–	400 nm	längerwelliges (nahes) UV
400	–	800 nm	sichtbares Licht
(800	–	2500 nm	nahes IR)
2500	–	50000 nm	mittleres IR (4000 – 200 cm^{-1})

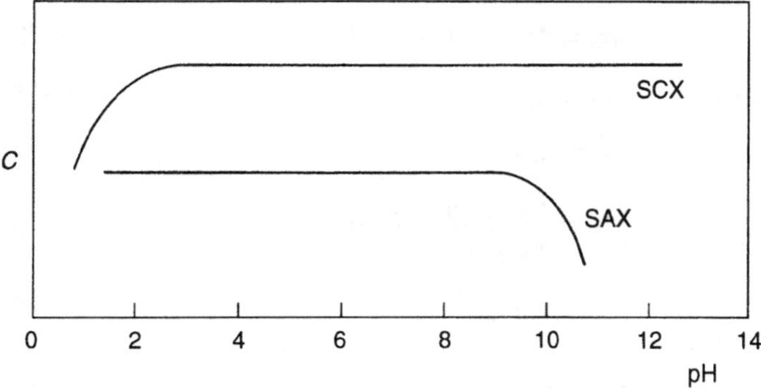

Bild 17.5a Änderung der effektiven Austauschkapazität *C* (mval/g) starker Ionentauscher SCX und SAX in Abhängigkeit vom pH-Wert

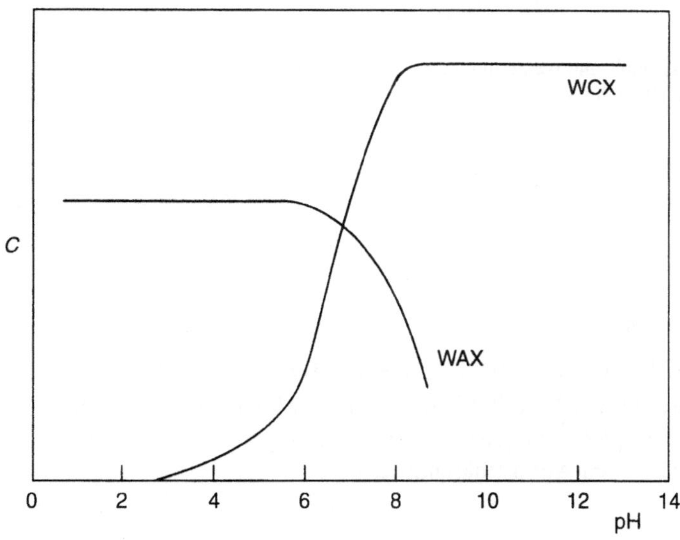

Bild 17.5b Änderung der effektiven Austauschkapazität *C* (mval/g) schwacher Ionentauscher WCX und WAX in Abhängigkeit vom pH-Wert [7]

Gleichungen, die der Chromatographer parat haben sollte[*]

		Seite
Bruttoretentionszeit[**]	$t_{Ri} = t_M + t'_{Ri}$	34
Bruttoretentionsvolumen	$V_{Ri} = t_{Ri} \cdot \dot{V}$	35
Kapazitätsfaktor/Retentionsfaktor	$k_i = t'_{Ri}/t_M = V'_{Ri}/V_M = m_K/m_F$	37
Selektivitätskoeffizient	$\alpha_{ji} = t'_{Rj}/t'_{Ri}$	38
Selektivität	$S = \ln \alpha_{ji}$	38
Auflösung	$R_S = \Delta t / \bar{z}_t = T_E \cdot T_S \cdot T_C$	38, 39
Lineare Fließgeschwindigkeit	$u = L/t_M$	35
Volumenfluß	$\dot{V} = V_M/t_M$	35
Verteilungskonstante	$K_i = \dfrac{m_K}{V_K} \Big/ \dfrac{m_F}{V_M} = k_i \cdot \beta$	10
Säulengesamtporosität (anteiliges Säulenleervolumen)	$\varepsilon_m = V_M/V_{leer}$	75
Tot(Mobil)volumen	$V_M = V_{leer} \cdot \varepsilon_m$	75
Trennstufenhöhe	$H_T = \sigma_L^2/L$	26
Trennstufenzahl	$N = L/H_T$	25
Reduzierte Trennstufenhöhe	$h = H_T/d_p$	40
Säulenpermeabilität	$K = \dfrac{u \cdot \eta \cdot L}{\Delta P}$	43

[*] Bedeutung der Symbole siehe Symbol- und Abkürzungsverzeichnis (Kapitel 16)
[**] Nettoretentionszeit (Retentionszeit) siehe S. 7

Gebräuchliche Druckeinheiten

1 bar = 750,06 Torr = 1,0197 kp/cm^2 (at) = 0,987 atm = 10^6 dyn/cm^2 = 0,1 MPa = 10^2 kPa; 1 techn. Atmosphäre (kp/cm^2) = 0,0981 MPa; MPa = Mega Pascal (SI-Einheit); psi = lb./sq.in. = 0,07031 kp/cm^2 (angelsächs. Einheit); psig = pound-force per square inch gauge (Überdruck gegen Atmosphärendruck)

Tabellenübersicht (Kurztitel)

18 Register

18.1 Namenregister

18.2 Register zu den Kontrollaufgaben Kapitel 14 (Aufgabenindex)

Aufgabennumerierung fett

18.3 Sachregister

A

Ablenkungswinkel 145
absorbance 140
Absorptions-
   maxima, UV 293
   spektrum (im Vergleich zum
     Fluoreszenzspektrum) 147
   vermögen, dekadisches 140
absorptivity 140
Abstandskette siehe Spacer
Aceton 98, 206
Acetonitril 157f, 185, 187
   Elutionsstärke Acetonitril/Wasser 294
   Viskositätsmaximum 104
   UV-Spektrum 296
Adsorption 52ff
   freie Enthalpie 53
   Rest- 155
   Standardenthalpie 270
Adsorptions-
   chromatographie 6, **52ff**, 85, 97, 114, 294
   isotherme siehe Verteilungsisotherme
   kapazität 239
   koeffizient 216
Affinitätschromatographie 6f
Agarosegel 51
Agglomerisation 69, 77f
AIA-Standard 202
Aktivität siehe Trägeraktivität
Aktivität, thermodynamische 9, 269
Aktivitäts-
   grad 54, 196
   koeffizient 9f, 256, 269f
Albumin, Rinderserum- 62
Aldehyde 105, 125
Alkaliionen 114ff
Alkansulfonate 113
Alkohole 125
n-Alkylreste 59
Alkylsilikat 55
Alterung, thermische 57
Aluminiumoxid 51, 54, 79
Amine 183, 238
Aminosäure-Analysator 2
Aminosäuren 115, 136, 183
Aminosilane 58
Aminosilikagel 198
Ammoniumsalze, quartäre 109, 114, 116, 252
Analysen-
   fehler 193
   verfahren, Robustheit 95, 193
   vorbereitungen 175
   vorschrift 232f
   zeitbedarf 8, 185

Aniline 238
Anionen
   Detektionsgrenzen 122
   UV-Absorption 121
Anionentauscher siehe Ionentauscher
Anisol 100
Anzahlverteilung 68
Äquilibrierung 54
Äquivalentleitfähigkeit 153
Arbeits-
   drücke 126
   elektrode 149ff
   gerade 222
   potential 150
   weise, isokratische 156, 200
Aromatentrennung 102
L-Ascorbinsäure 104, 240
ASE-Technik 178
Aufenthaltszeit 7
   durchschnittliche (mittlere) 13, 34, 36, 39
   molekulare 13
Auflösung **38ff**, 94f, 154, 175, 184f, 193, 246f,
   249, 257, 264, 272ff, 298
   Front- 212, 221
   Zonen- 221
Auflösungs-
   gleichung **38ff**, 94, 165, 249
   gleichung, 3-Term- 39
   gleichung in Momentenschreibweise 47
   karte 95
   vermögen, optisches 139
Aufsetzer 190
Ausfallswinkel 143
Ausgangs-
   funktion 22f
   signal 8
Ausreißertest 194
Ausschluß-
   effekte 13, 36, 55f
   volumen 35
   zeit 34
Ausschlußchromatographie 6f, 13, 34, 38
   Ionen- 124f
   Molekülgrößen- 32, 36, 55f, 81, 99, 136,
     250
Austauscher siehe Ionentauscher,
   Ligandentauscher
Austauschkapazität 64, 115ff, 238f, 297
Auswerte-
   peripherie, Anschaffung 202f
   verfahren 17, 37, 186ff
Auto-Analysator 182
Autosampler 131f, 167, 200
   Mikro- 73

Kapillar-elektrophorese
Methoden und Möglichkeiten

von Heinz Engelhardt, Wolfgang Beck und Thomas Schmitt

1994. X, 206 Seiten mit 144 Abbildungen und 34 Tabellen. Gebunden.
ISBN 3-528-06597-4

Über die Autoren: Prof. Dr. Heinz Engelhardt ist Dozent für physikalische Chemie an der Universität Saarbrücken sowie Vorsitzender der GdCh-Fachgruppe Chromatographie und Herausgeber der „Chromatographia". Seine Coautoren Dr. Wolfgang Beck und Dipl.-Chem. Thomas Schmitt sind wissenschaftliche Mitarbeiter in seinem Institut.

Aus dem Inhalt: Grundlagen der Kapillarelektrophorese - Elektroosmotischer Fluß - Elektrophoretische Wanderung - Bandenverbreiterung - Apparatur - Thermostatisierung - Detektion - Quantitative Analyse - Kapillarzonenelektrophorese - Indirekte UV-Detektion in der CE - Kapillarzonenelektrophorese von Proteinen - Micellare Elektrokinetische Chromatographie - Trennung von Enantiomeren - Kapillar-Gelektrophorese - Isoelektrische Fokussierung (IEF) in Kapillaren - Isotachophorese: ITP - Elektrochromatographie: EC.

Die Kapillarelektrophorese verbindet die analytische Trenntechnik der klassischen Elektrophorese mit den apparativen Möglichkeiten der Chromatographie hinsichtlich Detektion und Automatisierung. Ihr Einsatzbereich ist mit der Trennung von kleinen Kationen bis hin zu ionischen Biopolymeren äußerst breit. Dieses Buch stellt eine praktische Einführung in die kapillarelektrophoretische Trenntechnik dar. Besonderer Wert wurde dabei auf die Erklärung der Prozesse gelegt, die zur Entwicklung und Optimierung einer Trennung bekannt sein müssen. Soweit wie möglich wurde auf die mathematische Darstellung verzichtet, sondern eher instruktive Beispiele zur Erläuterung der Vorgänge gewählt. Damit soll diese Einführung dem Anfänger den Einstieg in diese leistungsfähige Technik erleichtern.

Verlag Vieweg · Postfach 1547 · 65005 Wiesbaden · Fax (0611) 78 78-420